U0461340

科技创新与文化建设的理论与实践

钱振华 ◎ 著

知识产权出版社

全国百佳图书出版单位

图书在版编目（CIP）数据

科技创新与文化建设的理论与实践/钱振华著. —北京：知识产权出版社，2015.10
ISBN 978 - 7 - 5130 - 3985 - 7

Ⅰ.①科… Ⅱ.①钱… Ⅲ.①技术革新—关系—文化发展—研究 Ⅳ.①G30

中国版本图书馆 CIP 数据核字（2015）第 308225 号

责任编辑：石陇辉　　　　　　　　　　　　　　责任校对：董志英
封面设计：刘　伟　　　　　　　　　　　　　　责任出版：刘译文

科技创新与文化建设的理论与实践

钱振华　著

出版发行：知识产权出版社 有限责任公司	网　　　址：http：//www.ipph.cn	
社　　址：北京市海淀区西外太平庄 55 号（邮编：100081）	天猫旗舰店：http：//zscqcbs.tmall.com	
责编电话：010 - 82000860 转 8175	责 编 邮 箱：shilonghui@ cnipr.com	
发行电话：010 - 82000860 转 8101/8102	发 行 传 真：010 - 82000893/82005070/82000270	
印　　刷：北京富生印刷厂	经　　销：各大网上书店、新华书店及相关专业书店	
开　　本：787mm × 1092mm　1/16	印　　张：16.25	
版　　次：2015 年 10 月第 1 版	印　　次：2015 年 10 月第 1 次印刷	
字　　数：410 千字	定　　价：45.00 元	

ISBN 978 - 7 - 5130 - 3985 - 7

前　言

　　科学技术是人类用于认识世界、改造世界的成果和工具，也是人类文化的组成部分。不论是作为生产力的要素，还是作为文化的要素，科学技术都以多种方式作用于文化的发展；同时，文化作为一种环境和传统，也会有形或无形地制约着科学技术的发展。文化与科技的不断创新是人类社会文明演进的主旋律。创新驱动，就是以创新为动力，驱动经济社会又好又快发展。科技创新与文化创新是创新驱动的两轮。

　　近现代科技史、文化史表明，文化的发展水平与科技的发展水平成正相关。特别是现代意义上的文化产业，其出现、发展、优化，关键因素都在于科技创新！科技与创意、形制与内容、载体与意象，结合得越紧密，融合得越无间，文化发展得就越好。科技创新归根结底要回归于文化的创新，因为文化是一个民族的母体，是人类思想的底蕴。要实现科技和体制上的创新，就必须把建立创新文化当作一个首要的前提。总之，创新与文化的关系体现在两个层面上，即文化包容创新、创新体现文化。

　　为了探寻科技创新与文化建设的内在关联，越来越多的思想家和理论家开始深入研究科技创新与文化创新之间的"互构性驱动"思想及内涵。这一方面要求从理论层面进行阐释与分析，另一方面要求对世界各国的实践成果进行论证与说明。在形形色色的创新理论中，科技创新与文化创新之间的"互构性驱动"思想很快脱颖而出，日益引起人们的关注。"科技创新与文化建设的理论与实践"问题更是成为学术界分析的热点和难点。

　　本书以从创新系统角度进行理论分析为出发点，并从以各国实践为依托的实证论证视角进行全面系统的研究。在全球以创新为理念、以科技创新与文化建设为依托的新经济发展模式中，研究"科技创新与文化建设的理论与实践"问题具有重大的理论意义和现实意义。

　　首先，本书从科技创新和文化创新的基本概念入手，详细论述了科技创新与文化建设的"互构性"推动作用，阐述了科技创新在文化内容上能够创造丰富的精神文化产品，在文化表现形式上能够提升传统文化产业、创造新的文化形态和文化业态，在文化传播手段上能够创造新的传播方式，在文化影响方面能够提升民族文化的软实力。与此同时，还阐释了科技的文化本质，科技创新与主体文化（科学精神与人文精神）、科技创新与组织文化（共同价值观与组织秩序）、科技创新与社会文化（民族文化）的关系。

　　其次，本书从创新扩散与创新途径的基本内涵出发，论证了"创新只有扩散，才能够创造出规模效益"的原理（在西方经济学中称为可以产生"增值效应"思想）。创新扩散理论是多级传播模式在创新领域的具体运用。这一理论说明，在创新向社会推广和扩散的过程中，大众传播能够有效地提供相关的知识和信息，而在说服人们接受和使用创新方面，人际传播则显得更为直接、有效。从创新扩散路径来说，社会支撑环境、技术因素、社会中介因素皆是主要影响要素。

　　最后，本书总结世界各国科技创新与文化建设经验，通过比较与反思，推广先进经验和成功做法，以此作为借鉴，不断推动中国科技创新文化建设向纵深发展，从而为中国"科技创新和文化建设"提供宝贵的理论视野和实践经验，抓住发展战略机遇期的时机，不断提高中国科技"硬实力"和文化"软实力"的发展。

本书包括两篇。理论篇是理论论述部分，共六章。第一章阐释了创新的基本理论；第二章分析了创新系统中的科技创新内涵；第三章介绍了创新系统中的文化创新内涵；第四章分析了创新中的科技与文化互构性驱动过程；第五章介绍了创新扩散与创新路径；第六章论述了创新主体的培养。实践篇是各国实践经验部分，共六章。第七章分析美国成就辉煌的自主创新能力体系；第八章分析日本显示神威的"技术立国"创新方略；第九章分析英国在包容中走向大国创新的经验；第十章分析韩国的科技创新与传统文化的张力；第十一章分析印度以创新彰显发展中国家后发优势的经验；第十二章分析中国从实现"中国制造"到"中国创造"的蜕变经验。

本书内容新颖、结构合理，理论论证具有一定深度，实践案例具有典型性，能满足理工科院校相关专业的教学需求，也可为科技管理岗位的领导提供借鉴。

目 录

理 论 篇

第一章　创新的基本理论 ································ 3
　第一节　创新基本概念辨析 ························· 3
　第二节　创新的理论演进 ·························· 8
　第三节　当代社会创新系统 ························ 16
第二章　创新系统中的科技创新 ······················ 23
　第一节　作为生产力的科学技术 ···················· 23
　第二节　科技创新的本质及模式 ···················· 36
　第三节　科技创新管理 ·························· 41
第三章　创新系统中的文化创新 ······················ 46
　第一节　文化作为生产力 ························· 46
　第二节　创新文化对社会发展的驱动 ·················· 53
　第三节　文化产业的组织管理 ······················ 56
第四章　科技创新与文化创新互构性驱动 ·················· 61
　第一节　科技文化与人文文化的关系 ·················· 61
　第二节　科技创新的文化引领 ······················ 67
　第三节　文化创新的科技支撑 ······················ 72
第五章　创新扩散与创新路径 ························· 80
　第一节　创新的扩散 ··························· 80
　第二节　创新扩散路径 ·························· 81
第六章　创新主体的培养 ··························· 84
　第一节　创新教育的发展 ························· 84
　第二节　创新教育的支持系统 ······················ 86

实 践 篇

第七章　美国：自主创新能力体系成就辉煌 ················· 93
　第一节　美国创新理念与创新体制 ··················· 93
　第二节　美国创新体系中的科技力量 ················· 102
　第三节　美国创新体系中的文化国力建设 ··············· 110
　第四节　助推美国创新的人才教育途径 ··············· 117
第八章　日本："技术立国"方略显示创新神威 ············· 122
　第一节　日本的创新理念与创新体制 ················· 122

第二节 日本创新体系中"官、产、学"一体化架构 ················· 133
第三节 日本创新体系中的文化力 ·················· 138
第四节 驱动日本创新战略的人才教育体系 ·················· 146

第九章 英国：在传承与发展中推进创新 ·················· 153
第一节 英国创新体系理念与创新体制 ·················· 153
第二节 英国创新体系中的科技力量 ·················· 160
第三节 英国创新体系中的文化力建设 ·················· 166
第四节 英国创新人才培养模式 ·················· 173

第十章 韩国：科技创新与传统文化保持张力 ·················· 179
第一节 韩国创新理念与创新体制 ·················· 179
第二节 韩国科技创新战略及政策 ·················· 185
第三节 韩国发展文化国力的实践 ·················· 192
第四节 助推韩国创新的人才培养模式 ·················· 199

第十一章 印度：从"世界办公室"迈向"创新型国家" ·················· 203
第一节 印度创新理念与创新体制 ·················· 203
第二节 印度创新体系中的科技力量 ·················· 208
第三节 印度创新文化建设 ·················· 212
第四节 印度创新人才培养模式 ·················· 216

第十二章 中国：实现"中国制造"到"中国创造"的蜕变 ·················· 222
第一节 中国创新理念与制度建设 ·················· 222
第二节 中国创新体系中的科技力量 ·················· 227
第三节 中国创新体系中的文化国力建设 ·················· 235
第四节 中国的创新教育 ·················· 243

参考文献 ·················· 248
后　　记 ·················· 252

理 论 篇

第一章　创新的基本理论

创新是人类活动的特点。人类的历史就是一部不断创新的历史。今天，创新已成为一个组织、一个社会、一个国家发展的关键。各个领域里的创新使当代社会比以往任何时期都更加充满活力。创新形式多样、涉及面广，且每个人对创新有不同的理解，因此有必要从理论上对创新进行探讨。

第一节　创新基本概念辨析

从人的历史开始，创新塑造了人的生活，创新带来了增长与成功，经济福利来自创新。缺乏创新经常是产业界和政府的主要忧虑，发明家、企业家、各种组织和政府需要并且推动着成功的创新。

一、创新概念的产生

在汉语里，从字面意义讲，创新既包括事物发展的过程，又包括事物发展的结果。"创"是动词，而"新"在这里已经由形容词演变为代词，意为一切新事物，如新思想、新理论、新学说、新技术、新方法等。关于创新的思想，中国古代典籍屡有记载。例如，中国儒家经典《大学》第三章，讲述了"苟日新，日日新，又日新"，就是从动态的角度来强调不断革新的思想。"创新"一词最早则出现在《南史·后妃传·上宋世祖殷淑仪》中，是创立或创造新的东西的意思。创新的英文"Innovation"这个词起源于拉丁语，它原意有三层含义：一是更新，二是创造新的东西，三是改变。

现代意义的创新，是20世纪现代社会和科学技术飞速发展的产物。1912年美籍奥地利经济学家熊彼特（J. A. Schumperter）在《经济学发展论》中从技术发明应用的角度首先提出了创新的概念。他从经济角度，把创新界定为"执行新的组合"，指从新思想的产生到产品的设计、试制、营销和市场等一系列活动。这种看法为此后研究创新的多数学者所继承。如英国苏塞克斯大学科学政策研究所所长弗里曼（C. Freeman）明确指出，"创新本身可定义为将新制造品引入市场，新技术工艺投入实际应用的技术的、工艺的及商业的系列步骤……其中最关键的步骤是新产品或新系统的首次商业应用"。[1] 美国经济学家曼斯菲尔德（E. Mansfield）也认为，创新就是"一项发明的首次应用"。[2] 厄特巴克（J. M. Utterback）也曾指出，"与发明或技术样品相区别，创新就是技术的实际采用或首次应用"。[3] 罗杰斯（Rogers）则把创新定义为"创新是被个人或采用部门认为是新的思想、行为或目标"。

❶ 陈文化，彭福扬. 产于创新理论和技术创新的思考 [J]. 自然辩证法研究，1998，14（6）：38.

❷ V Mole，D Elliott. Enterprising Innovation：An Alternative Approach [M]. London：France Pinter，1987：15.

❸ 傅家骥. 技术创新学 [M]. 北京：清华大学出版社，1998：6.

纳尔逊（Nelson）认为，"创新是新产品和新方法引入经济系统的过程"，强调创新是一种过程。

二、创新的含义

创新在当代已成为各个学科的课题。在不同的学科，主要的概念存在着区别，相同的概念在不同意义上使用着。而且，大多数著作都隐含地同意真正的创新必须是在实践层面是有用的，或更确切地说，能觉察到是有用的。简单来讲，创新可区分为狭义和广义两个层面。

1. 狭义的创新

熊彼特的定义是将已经发明的技术发展成为社会能够接受，并具有商业价值的活动。根据熊彼特的理论，"创新"的含义比发明创造的含义要宽。发明创造是指首创的前所未有的新事物，而创新还包括将已有的东西予以重新组合以产生新的效益。狭义的创新包括五个方面：①产品创新，就是生产一种新的产品，要采取一种新的生产方法；②工艺创新；③市场开拓创新，要开辟市场，通过市场开拓创新；④要素创新，要采用新的生产要素；⑤制度的创新，指管理体制、管理机制等的创新。

2. 广义的创新

在当代社会，创新一词显然已超越了经济领域，涵盖了政治、经济、文化等方面。新思潮、新观点的提出，科技的发展，观念的更新，体制的改进等，都可归之为创新。

首先，创新是一个系统。社会是由一个个复杂的子系统构成的更加复杂的大系统，既有事物、观念、以科技为核心的生产要素，也包括政治体制、管理制度、生活方式、人际关系、价值取向、文化环境等各个方面。它不是单纯指某项技术或工艺发明，而是整个社会的创造性变化和整体转型的一项系统工程。一般地，创新是指能为人类社会的文明和进步创造出有价值的、前所未有的新物质产品或精神产品的活动。创新涉及技术、制度、组织等多个维度的相互关联，是"由不同参与者和机构的共同体大量互动作用的结果"。❶

其次，创新是一个过程。创新是一种活动，而不仅仅是一种物化的结果。作为人的活动，必然有思想、意识、知识的因素参与其中。创新是从认识到实践不断反复的一个过程。一般来说，思想是行动的先导，创新起于创意，创新是从思想到行动、从构想到现实的过程。认识的创新与实践的创新彼此影响、交互作用，共同推动着创新系统的运动变化与发展。思维的创新、理论的创新的作用体现于人们的认识活动领域，发生的是客观见之于主观及客体主体化活动，最本质特征是具有主观能动性；实践的创新的作用体现于人们的实践活动领域，发生的是主观见之于客观及主体客体化活动。

概括而言，创新就是作为活动主体的人所从事的产生新思想和新事物的活动，是对既有事物、观念的创造性发展，它不局限于经济方面，凡是新生的、有益的事物代替不合时宜、落后的事物，或者在原有事物基础上进行改进，都可归之为创新。所以，创新首先是技术和经济（以及教育文化）相结合的综合性活动，创新不仅是一种技术能力，而且是科技与经济、教育及文化相结合的综合能力。创新还是一个系统工程，而不是某一种单项活动或某一个环节。

---

❶ OECD. National Innovation Systems. Paris, 1997.

三、创新的基本特性

1. 创造性

人类的一切进步都是人类创造力的表现。创新主要表现为创造性，在产生途径上是理论与实践的高度结合，在发展趋势上具有无限性，在最终效果方面有良好的经济和社会效益。所以说，创新是新创意的产生、设计、论证、应用、反馈、进一步改进等一系列活动。一次创新，不管是客观化的精神，诸如制度、机制、技术、观点、作品，还是物化的产品，诸如新产品、新设备、新能源，其形成都需要经过一系列复杂、相互衔接的过程，初始阶段都表现为观念的东西，经过严密思考、论证，或者将其制度化、规则化，包括形成观点、文章、小说、影视作品等精神产品，或者把这种观念物化到产品、设备、原材料中，经过如此复杂处理后方能具体应用。

创新的创造性主要体现在三个方面。第一，思想观念的更新。社会实践的发展会使某些思想观念显得陈旧过时，有的需要代之以新的内容，有的需要进一步解释，使之与时代要求更相符合。第二，修改或重新制定制度、规则、体制、机制。制定制度、规则、体制、机制应根据事物的客观发展规律，当客观条件变化时，要么局部修改，要么整体废除，代之以新的东西。第三，技术、设备、工具、工艺流程的改进或新创，这是创新的主要内容，是推动生产力发展的最经常、最主要的动力，突出地表现在创造新的事物、提高生产效率、给人们生活提供更多便利上。

2. 变革性

熊彼特认为，创新过程"不断地从内部使这个经济结构革命化，不断毁灭老的，又不断创造新的结构。"创新的企业家不同于经营旧企业的例行事务，他不那么依靠传统和社会关系，"他的独特任务——从理论上讲以及从历史上讲——恰恰在于打破旧传统，创造新传统"。❶ 熊彼特把这称为"产业突变"，也称为"创造性的破坏过程"。

熊彼特的这一思想提示人们，创新意味着对传统的超越，它既是创造，又是破坏。但这种"破坏"并非全盘否定、彻底摧毁，从本质上说它是创造性、建设性的，不仅不能否定旧东西中合理的、积极的因素，而且必须创造出新的东西，如新的理论、新的产品等，逐步取代旧的东西。可见，创新是创造与破坏、破与立、新与旧的统一。创新是"破坏性创造"，是基于在原质上对异质的追求，这种追求必须要求突破因循守旧的思想禁锢、必须抛弃传统习惯与传统权威的"迷信"束缚，以期实现经济与科技的"改朝换代"。英国著名哲学家怀特海（Whitehead）曾提出"思想的历险"概念。爱因斯坦（Einstein）一再强调科学研究要有"内心的自由"和"外部的自由"，从另一个侧面印证了怀特海的思想历险之说。而创新就在于改变这种习惯于按既定轨道运行的传统思维方式和行为方式，从顺流游泳到逆流游泳，重新建立指导自己思想和行动的规则。

3. 风险性

创新是面向未来的，又是动态的过程，具有一定的不可预测的风险性。在创新活动中，存在着不确定性因素，创新的程度越高，不确定性就越大。创新的实现与扩散过程，也就

---

❶ 熊彼特. 经济发展理论 [M]. 北京：商务印书馆，1990：102.

是创新不确定性逐步消除的过程。国外有关机构统计研究指出❶，技术创新过程中产生的风险对创新成败的影响很大，即便在市场经济高度发达的美国，新产品开发的成功率并不高：消费类工业新产品设计，研制的成功率为50%，新产品工业化试生产的成功率为45%，新产品市场消费的成功率为70%，最后综合起来的成功率也仅为16%左右。所以说，创新意味着风险，充满了不确定性。它既可能正确也可能错误，既可能成功也可能失败，既可能得到承认也可能得不到承认。

4. 实践性

创新的主要动力来自市场需求的拉动和技术发展的推动，又以市场应用的成功作为项目实现的重要标志。创新的发生经常不是任何深思熟虑的研究与开发活动的结果，而是工程师和其他直接参与生产活动的人员的发明和提出的改进意见的结果，或者是用户建议的结果。因而相当数目的创新产生于"干中学"（Learning by doing）和"用中学"（Learning by using）。❷ 从创新的整个过程看，社会需求形成了创新的动力，刺激了关于创新的认识活动，直至创新的认识付诸实践，取得成果。

5. 社会性

创新不仅是经济增长的动因，而且是社会发展的源泉。创新既是一种自然过程，又是一种经济社会过程，因此具有很强的社会性。一方面，技术创新是科技成果向直接生产力转化的社会化过程；另一方面，技术创新又必须在一定的社会经济条件下才能实现。与科学发现和技术发明相比，技术创新更贴近现实的社会生活，它与社会之间的相互关联和相互作用更直接、更强烈。

四、几种主要的创新形式

创新已成为现代社会的一种理性自觉、一种组织现象、一种系统筹划的事宜，并维系着一个组织、一个社会、一个国家的命脉。创新作为这个时代的普遍现象，在社会生活的各个领域里显示出来，其主要形式有以下几种。

1. 科技创新

"科学技术创新"常简称为"科技创新"或"技术创新"。从熊彼特首次提出"技术创新"至今的近一个世纪里，世界上不少国家的哲学家、教育家、科学家、工程技术学家、经济技术管理学家、创新学家和企业家们都对"科技创新"开展了大量的研究，普遍结论是科技创新与科技创新成果创造效益存在辩证关系。这种辩证关系表现为：创新—创效—再创新—再创效，循环往复，循序渐进，最终使一个有经济价值和社会价值的科技成果得到实际的成功应用。

2. 文化创新

全球竞争继资源、资本、技术、人才和信息之后，已经进入文化竞争的时代，文化创新和文化战略在21世纪将主导全球竞争。文化创新涉及文化传统、文化体制、文化政策、文化产业。20世纪中期到21世纪初期以来，在完全型市场经济国家基本形成了"开放调节

---

❶ 李志榕，王希俊. 创新设计与风险制控［J］. 求索，2007（7）：65－66.
❷ N Rosenberg. Perspectiues on Technology［M］. Cambridge：Cambridge University Press，1976.

型"文化体制和"多元交叉型"文化体制，以美国、英国、法国、加拿大、日本、韩国等为代表。这些国家采取集权、分权、放权为一体的文化发展模式，国家干预与市场调节相结合的政策模式，对处于向市场经济转型、文化资源丰厚、文化软实力迅速提升的中国来说具有一定借鉴意义。文化体制是一个国家或地区为了更好地实现文化发展战略而制定的刚性体系，它是民族文化价值的外化形态，包括决策、管理、评判、监督等环节，每个环节以政策、法规、制度等构成运作机制，这些机制有机地整合、协调与运作，形成了完整的文化体制系统。文化创新则为技术创新活动营造有利的软环境。

3. 制度创新

制度创新和科技创新相互作用，共同促进。企业和政府双方要想获得合理的收益，双方都只有采取创新策略。制度创新可以保证技术创新顺利进行，技术创新可以引致制度创新，从而实现政府和企业的双赢。产权制度的核心专利制度是将技术创新外部性内在化；科技制度通过促进"产学研"合作网络的建设促进并规范创新主体的研发活动；金融制度对创新活动具有节约功能、约束功能、激励功能和稳定功能。政府应当完善产权制度、科技制度、金融制度，为各创新主体构造有效的激励机制、稳定的运作机制和技术创新系统的保障机制。制度创新是科技创新的内在要求，也就是说一定的科技创新要求有一定的制度创新与之相适应。反过来，制度创新对技术创新又存在很强的反作用。因为制度的作用就是在一个不确定的环境中降低不确定的因素，从而促进技术创新的发展。制度创新也需要技术前提和管理发展。

4. 组织创新

组织创新中的"组织"一词应该被视为一个社会实体和开放系统。组织创新是组织中的管理者和其他成员为使组织系统适应外部环境的变化或满足组织自身内在成长的需要，对内部各个系统及其相互作用机制或组织与外部环境的相互作用机制的调整、开发和完善过程。

从组织创新与技术创新的关系来看，技术创新只是组织创新的动力来源之一。从技术创新的角度看，无论是产品创新、工艺创新还是服务创新，都要求有相应的组织系统与其匹配。技术创新可能会对现有的组织系统产生冲击，推动组织创新的出现。从组织创新的角度看，相当数量的组织创新源于技术创新产生的新要求，组织创新是技术创新的基础和保障，对技术创新的活动过程及其成果的应用有重要影响。

5. 管理创新

先进的技术创新只有同与之相适应的管理水平相结合才能形成强大的生产力。管理创新是为了更有效地运用资源以实现目标而进行的创新活动或过程，管理的实质在于创新。管理的革命总是与技术的革命相伴而生的。管理创新与技术创新是一对孪生兄弟，它们相互联系，相互促进。企业管理创新为企业技术创新提供了组织管理方面的保证，因为技术创新活动本身就是一种有计划、有目的的集体活动，是一个"研究开发—市场成功—创新扩散"的完整过程，具有很强的不确定性，必然面临着一定的组织管理问题。没有不断的企业管理创新，逐渐提高企业管理水平，大规模的技术创新是不可能的。美国两个最有影响的"大科学"项目"曼哈顿工程计划"与"阿波罗登月计划"便是明证。奥本海默（Oppenheimer）在总结曼哈顿工程计划的成功经验时说，"使科学技术充分发挥威力的是科学的组织管理。"

企业技术创新为管理创新提供了物质技术条件，先进的技术为管理的创新提供了科学的、先进的方法和手段。例如，计算机和网络技术的创新与发展，为管理电算化、电子商务、虚拟公司以及网络营销的创新提供了技术保障与支持。此外，当技术创新达到一定阶段之后，往往又会呼唤和迫使管理体制和运作方式发生相应的变化，从而实现整个生产方式的和谐运作与发展。如由于技术创新中生产技术的创新（产品、工艺创新），企业中组织结构、人员安排、市场营销及管理理念也都要做出相应的变革，以适应技术创新的需要。

第二节　创新的理论演进

随着智力、脑力劳动成为财富的主要创造来源，创新成为社会发展的主要动力和途径，不同学者纷纷从不同角度提出了关于创新的理论。经济学家、管理学家和科技政策专家等均从不同角度赋予创新不同的内涵。

一、熊彼特：创新的"经济学命题"

1912 年，熊彼特在其成名之作《经济发展理论》一书中首次提出创新一词，认为创新是经济发展的实质和根本现象。❶ 1939 年在《商业周刊》中比较全面地阐述了其创新理论。他认为创新就是"建立一种新的生产函数"，即把一种从来没有过的关于生产要素和生产条件的"新组合"引入生产体系之中。❷ 熊彼特将创新的内容概括为五个方面：①采用一种新的产品或一种产品的一种新特性；②引入新的生产方法、新的工艺流程；③开辟新的市场；④开拓原材料的新供应源；⑤采用新的组织、管理方式。❸ 新组合意味着通过竞争对旧组合的否定与替代，新组合所代表的创新是经济发展的根本现象。

实现生产要素的新组合，也就是新的观念与思想产生市场经济价值的过程，这就是我们通常意义上所说的技术创新。在熊彼特这里，整个创新是以产品创新和工艺创新，即技术变革，为主要内容和基础的，因而后来的经济学将创新称为"技术创新"。在熊彼特看来，"先有发明，后有创新；发明是新工具或新方法的发现，创新是新工具或新方法的实施""只要发明还没有得到实际上的应用，那么在经济上就是不起作用的。"❹ 由此可以看出，"创新"和发明不同，它的含义更广，它是在经济活动中引入某些新因素。一种新的发明，只有当它被应用于人们的经济活动中的时候才能成为"创新"。从本质上来讲，这是一个经济学命题。

后来许多学者从熊彼特的创新概念演化出技术创新和制度创新两大类型，并把它们作为创新的重要组成部分。熊彼特建立的创新概念及理论范式在今天仍有影响和启发。20 世纪以来，经济发展及其理论研究也在不断"创新"。创新理论也日益精致化、专门化，不断发掘作为人的认识与实践活动的创新，特别是经济活动的本质特征创新的完整意义与深层含义。同时创新也在从企业到国家的不同层次、从商业到知识的不同领域被理解和使用。

---

❶ 熊彼特. 经济发展理论 [M]. 北京：商务印书馆，1990.
❷ 熊彼特. 资本主义、社会主义和民主主义 [M]. 北京：商务印书馆，1985.
❸ 熊彼特. 经济发展理论 [M]. 北京：商务印书馆，1990：73、74.
❹ I A Schumpeter. Theorie der Wirtschaftlichen Entwicklung [M]. Leipzig：Duncker & Humblot GmbH，1912.
　 I A Schumpeter. The Theory of Economic Development [M]. Cambridge：Harvard University Press，1934.

到 20 世纪 80 年代，人们关于创新的研究主要集中于技术创新（technological innovation）和制度创新（systematic innovation）问题。对国家财富做了里程碑式研究的西蒙·库兹涅茨（Simon Kuznets）很清楚地表达了他对技术主导作用的自信："我们可以肯定地说，以科学发展为基础的技术进步——在电力、内燃机、电子、原子能和生物等领域——成为发达国家经济增长的主要源泉"。❶

二、罗默：知识溢出模型

保罗·罗默（P. Romer）在 1986 年《收益递增经济增长模型》中提出了知识溢出模型，他认为知识和技术研发是经济增长的源泉。罗默的模型中，除了列入资本和劳动这两个生产要素以外，还有人力资本和技术水平另外两个要素。模型中列入的劳动是指非熟练劳动，而人力资本则指熟练劳动，用正式教育和在职培训等受教育时间长度来表示。这样，就把知识或教育水平在经济增长中的作用考虑进去了。罗默又于 1990 年给出了第二个模型，其中假设有资本、劳动、人力资本和技术四种投入，经济中有研究部门、中间产品部门和最终产品部门三种类型的部门。其中，最终产品 Y 是劳动力 X、物资资本 L 和用于最终产品生产的人力资本 H 的函数；中间产品的生产指对资本品的生产；研究部门的投入是人力资本 H 和已有的知识存量，产出是新技术。由此，罗默明确提出：新技术是经济的内在要素，经济增长内含着技术创新的基本过程；正是这一过程，才能保持经济的增长。❷

技术进步的决定力量在很大程度上是经济的，而绝不是什么外生变量，因而完全可以直接进行经济学分析。这一观点最有代表性的是索洛（R. Solow）用总量生产函数的方法对技术变迁在经济增长中的贡献所做的定量研究。❸ 与此同时，卢卡斯（Robert Lucos）的新经济增长理论则将技术进步和知识积累重点地投射到人力资本上。他认为，特殊的、专业化的、表现为劳动者技能的人力资本者才是经济增长的真正源泉。显而易见，在知识生产的过程中，知识既在使用也在探求。这种由个人拥有和探索的知识的种类与数量，以及知识如何使用对于创新的成功，也许具有极大的重要性。❹

罗默的知识溢出理论的合理之处在于，专门阐述经济学中最难以理解的，但又是极其重要的课题——增长的根本原因。在罗默看来，知识是追逐利润的厂商进行投资决策的产物，知识不同于普通商品之处是知识有溢出效应。知识溢出过程具有连锁效应、模仿效应、交流效应、竞争效应、带动效应、激励效应。这使任何厂商所生产的知识都能提高全社会的生产率，即内生的技术进步是经济增长的动力。罗默看到了知识与技术对经济增长的作用，把技术创新理解为技术与经济和社会的有机结合，突出了研究与开发对经济增长的贡献，有其实际价值，这与事实相符。实践表明，技术创新是技术发明同社会经济相结合变为产业技术的过程。技术发明只提供了实现技术目的的可能性，这种可能性要转化为现实，必须满足社会经济性的要求，即一项发明只有在一定的经济、社会条件下才能变为产业技术。

❶ 西蒙·库兹涅茨. 现代经济增长：速率、结构和扩展 [M]. 北京：北京经济学院出版社，1989：10.
❷ 陈晓田，杨列勋. 技术创新十年 [M]. 北京：科学出版社，1999：4-5.
❸ R Solow. Technical Change and the Aggregate Production Function [J]. The Review of Economics and Statistics, 1957, 39（3）：312-320.
❹ K Gronhaug, G Kaufmann. Innovation：A Cross-Disciplinary [M]. Oslo：Norwegian University Press, 1988：1-4.

罗默观点的合理性还在于，它不把技术创新狭义地理解为技术与经济的结合，而广义地理解成科学、技术、管理、教育等因素与经济的融合。"创新包括了科学、技术、组织、金融和商业的一系列活动"。❶ 它表明技术创新确实可以被看作"一种至少从工业革命以来的社会转型的基础发动机"。❷ 由于罗默的模型从经济的和社会的条件出发对技术创新作了较为充分的阐释，从根本上摆脱了技术作用于经济的线性模式。例如，美国经济学家克兰（S. J. Kline）和罗森堡（N. Rosenberg）就明确指出创新不是一个线性过程，而是多种因素交互作用的非线性过程。在他们提出的技术创新的"链环—回路模型"中，科学知识已不再是创新的起点，科学、技术与经济以互动的方式贯穿于整个创新过程之中。❸ 科学、技术与经济之间的这种复杂的交互作用，使得研究与创新、发明与创新构成了互为因果的作用链环。实际上，研究与创新、发明与创新是十分紧密地、甚至是不可分割地联系在一起的。但是技术创新不能自身成为动力，它需要一定的创新环境与之相适合，还要特定的主体即创新主体来把握。

三、德鲁克："社会创新"理论

美国管理学家德鲁克（P. F. Drucker）从 20 世纪 50 年代起研究创新理论与实践，把创新引进管理领域。在其创新研究的主要著作《创新与企业家精神》中，德鲁克对创新做出了定义："创新是企业家的专有手段，依靠这种手段，企业家利用变化的机会，开创新的实业或推出新的服务；创新是可以作为一门学科引进，并且能够学习和实践的""创新是给予资源以新的创造财富能力的行动。创新确实创造出资源。人们在自然界发现某种有用物并且使它产生经济价值之前，并没有'资源'这样一种东西"。❹ 与其说创新是个技术词汇，不如说是个经济或社会词汇更为恰当。创新是使资源产生新的生产能力的行动；创新是社会普遍的变革行为；创新是企业、经济和社会的生存之本。"在这个要求创新的时代中，一个不能创新的已有公司是注定要衰落和灭亡的。在这样一个时代中，一个不知道如何对创新进行管理的管理当局是无能的，不能胜任其工作。对创新进行管理将日益成为管理当局、特别是高层管理当局的一种挑战，并且成为它的能力的一种试金石。"❺

德鲁克吸收了进化论的思想，认为人是能够创新的动物，社会是能够创新的群体，人及其社会在一个变动的环境中生存就是依赖于自身的创新能力。社会创新比任何科技创新要产生更大的重要性和更加广泛的影响。"工业革命时代的一些社会创新（如现代军队、行政机构、邮政局和商业银行）所产生的影响与铁路或汽船所产生的影响同样重要。同样，当代的企业创新精神对社会创新（尤其是对政治、政府、教育与经济上的创新）的重要性与对任何新技术或新物质产品的重要性是一样的。"❻ 而且，社会创新比起技术创新来更为艰难。创新不仅提供了新的产品和服务、创造了市场新的需求，也改变了社会与人的行为，改进了人的工作方式与社会的运行方式。

❶ 经济合作与发展组织. 技术创新统计手册 ［M］. 北京：中国统计出版社，1992：26 - 28.

❷ G Dosi. Technical Change and Industrial Transformation ［M］. London：the Macmillan Press，1984：137.

❸ S J Kline，N Rosenberg. An overview of innovation ［G］//R Landon，N Rosenberg. The Positive sum strategy，Harmessing Technology for Economics Growth ［M］. Washington DC：National Academy Press，1986：275 - 306.

❹ P F Drucker. Innovation and Enterprenureship：Practice and Principles ［M］. New York：Harper & Row，1985：18，30.

❺ 德鲁克. 管理——任务、责任、实践 ［M］. 北京：中国社会科学出版社，1987：966.

❻ 德鲁克. 新现实——走向 21 世纪 ［M］. 北京：中国经济出版社，1993：208.

德鲁克的创新定义力图把企业创新外扩为社会创新，涉及人及其社会的普遍的创新性质，认为创新本身不单纯是一种技术过程，它是一种激情，是一种不满足于现状的追求。尽管创新这个词是从经济学发展出来的，但创新适用于所有人类的活动，创新和企业家精神是社会领域、经济领域、公共服务部门和企业共同需要的。任何组织包括企业、政府机构、大学、医院等都可以创新，也都可以学会发挥创业精神。创新精神的增强，需要人们具有推动社会进步的责任感，需要有创造新世界、新生活的巨大热情和内在动力。我国著名学者陈昌曙也指出，"必须把技术创新看作是科技成果向直接生产力转化的社会化过程"，认为技术的体系化与社会化是技术创新的本质特征。而所谓"技术的体系化"，就是"技术发明的成果，必须与其他一系列技术相匹配，形成产业技术，才能生产出产品和商品"；所谓"技术的社会化"，即是"技术创新的活动和目的又必须在一定的社会经济条件下才能实现"。❶ 这样，技术创新就不仅仅是一个纯技术的过程，而必然又是社会的和经济的过程，也就是一个技术与经济和社会相结合的过程。

德鲁克创新理论不足之处在于，还没有进一步思考比企业创新更为一般的创新定义，仍把资源产出水平的改变作为分析的工具。

四、马克思和恩格斯：创新是认识与实践双向运动的过程

在马克思和恩格斯看来，创新是使现存世界实际地改变与变革的过程，也就是说创新是改进现实世界的创造性活动。

首先，创新存在于人的实践本性中。人是实践的动物，人不是被动地依靠自然界的赐予生存，而是根据对自然物的属性的认识，运用工具加工改造自然物，使其更好地满足人的需要。"整个所谓世界历史不外是人通过人的劳动而诞生的过程，是自然界对人来说的生成过程""工业的历史和工业的已经产生的对象性的存在，是一本打开了的关于人的本质力量的书""某种新的生产方式和某种新的生产对象具有何等的意义：人的本质力量的新的证明和人的本质的新的充实"。❷ 费尔巴哈（Feuerbach）的缺陷在于，"他没有看到，他周围的感性世界绝不是某种开天辟地以来就直接存在的始终如一的东西，而是工业和社会状况的产物，是历史的产物，是世世代代活动的结果，其中每一代都立足于前一代所达到的基础上，继续发展前一代的工业和交往，并随着需要的改变而改变它的社会制度。"❸ 在这里，马克思和恩格斯从根本上揭示了创新的根源是实践创新，规定了实践的属性是创新实践。对外部世界、现存事物的变革性活动，都是追求与导致创新的活动。创新是实践的自然产物、必然结果。创新表现在人类活动的各个领域，物质生产领域、经济领域的创新最为根本。

其次，创新的基本属性是创造性。人的活动的创造性表现在：人在"劳动过程结束时得到的结果，在这个过程开始时就已经在劳动者的表象中存在着，即已经观念地存在着"。❹ 这种观念不是简单的反映，而是现存事物各种因素加上人的目的需要的重构，是思维的创造性表现。在实践活动中，"劳动者利用物的机械的、物理的和化学的属性，以便把这些物

❶ 陈晓田，杨列勋. 技术创新十年［M］. 北京：科学出版社，1999：3.
❷ 马克思恩格斯全集（第42卷）［M］. 北京：人民出版社，1979：127，132.
❸ 马克思恩格斯全集（第1卷）［M］. 2版. 北京：人民出版社，1995：75，76.
❹ 马克思恩格斯全集（第23卷）［M］. 北京：人民出版社，1972：202.

当作发挥力量的手段，依照自己的目的作用于其他的物。"❶ 此即黑格尔（Hegerl）所说的"理性的狡猾"，这是人利用工具的创造性。人把自己的目的及其实践观念，加上工具的力量作用于自然对象，就使自然物发生了形式变化，产生了人工事物，形成了人化自然，以致越来越膨胀的人工世界。这就是实践活动本身的创造性。创造性塑造了一个新的世界。

再次，创新活动的评价标准是生存与发展。改变现实世界的活动有其价值取向与评价标准，即这种改变更有利于人的生存和发展，能满足人的新的需要，是对现存事物的改进，是使现实世界变得更好，而不是相反。生产力的创新，如科学在工艺上的自觉应用，生产的分工与协作，都促进了劳动生产率的提高，增加了社会自由时间，为社会非生产部门的发展提供了物质基础。生产关系的创新，建立了更有效率的产权关系与分配关系及其制度，进一步解放和发展了生产力，推动了社会上层建筑领域以及思想观念的创新。创新不是简单地以新与旧为标准，也不是以主观判定为标准，而是以是否有利的发展作为衡量标准。

最后，科学技术是生产力。科学与技术从它们一诞生就体现了"人对自然界的理论关系和实践关系"。❷ 在人与自然之间，科学与技术是人用以能动地调节和控制自身与自然之间相互作用的一种手段，是物质生产的前提条件，是衡量生产力水平的尺度，是发展和提高人的素质和智力的基本手段，是显示人类智慧的重要标志。马克思和恩格斯对科学技术对生产力的发展所产生的巨大影响，作了精辟地论述。

马克思在《政治经济学批判》（1857—1858 草稿）中明确提出"生产力中也包括科学""最后，在固定资本中，劳动的社会生产力表现为资本固有的属性；它既包括科学的力量，又包括生产过程中社会力量的结合。"❸ 在《资本论（第一卷）》中马克思再次提出"劳动生产力是由多种情况决定的，其中包括：工人的平均熟练程度，科学的发展水平和它在工艺上应用的程度，生产过程的社会结合，生产资料的规模和效能，以及自然条件""大工业把巨大的自然力和自然科学并入生产过程，必然大大提高劳动生产率，这一点是一目了然的""劳动生产力是随着科学和技术的不断进步而不断发展的"❹ 马克思在《机器、自然力和科学的应用》中指出，"科学的力量也是不费资本家分文的另一种生产力"。在《资本的流通过程》中指出"一方面，资本是以生产力的一定的现有的历史发展为前提的，——在这些生产力中也包括科学"。❺ 在《共产党宣言》中就明确的指出"资产阶级在它的不到一百年的阶级统治中所创造的生产力，比过去一切时代创造的全部生产力还要多，还要大""增加劳动生产力的首要办法是更细地分工，更全面地应用和经常地改进机器"。❻

在马克思看来，从 18 世纪中叶开始的工业革命，科学技术的大力发展对生产力的发展起到了十分重要的作用，推动了生产力的极大发展。马克思首先提出科学技术的发展是工业革命产生的基础，正如马克思在《哲学的贫困》中提到的，"在英国，机器发明之后分工才有了巨大进步，这一点无须再来提醒""机器的发明完成了工场劳动同农业劳动的分离"，❼ 机器的发明形成了新的世界市场，分工的规模已经脱离了本国基地。而在《共产党

❶ 马克思恩格斯全集（第 23 卷）[M]. 北京：人民出版社，1972：203.
❷ 马克思恩格斯全集（第 2 卷）[M]. 北京：人民出版社，1957：191.
❸ 马克思恩格斯全集（第 46 卷）（下）[M]. 北京：人民出版社，1980：229.
❹ 马克思恩格斯选集（第 2 卷）[M]. 北京：人民出版社，1995：118，207，243.
❺ 马克思恩格斯全集（第 46 卷）（下）[M]. 北京：人民出版社，1980：211.
❻ 马克思恩格斯选集（第 1 卷）[M]. 北京：人民出版社，1995：277，356.
❼ 马克思恩格斯选集（第 1 卷）[M]. 北京：人民出版社，1995：166.

宣言》中，马克思更是明确地提出"蒸汽和机器引起了工业生产的革命"。在《资本论》中，马克思再次阐述了这一观点："机器的这一部分——工具机，是 18 世纪工业革命的起点"。这些重要论述都表明，科学技术的发展给世界社会带来的巨大变化。在马克思的《1861—1863 经济学手稿》中指出"火药、指南针、印刷术——这是预告资产阶级社会到来的三大发明。火药把骑士阶层炸得粉碎，指南针打开了世界市场并建立了殖民地，而印刷术则变成新教的工具，总的来说变成科学复兴的手段，变成对精神发展创造必要前提的最强大的杠杆。"❶

马克思还以生产部门生产力的发展举例说明科学技术对生产力发展的重要作用，"一个生产部门（如铁、煤、机器的生产或建筑业等）的劳动生产力的发展，这种发展部分地又可以和精神生产领域内的进步，特别是和自然科学及其应用方面的进步联系在一起"，❷ 生产力的这种发展"来源于智力劳动特别是自然科学的发展"。在《1861—1863 经济学手稿》中指出"（提高劳动生产力的）主要形式是：协作、分工和机器或科学的力量的应用等。"而在《工资、价格和利润》中，马克思还论述了技术的升级改造对生产力的影响，"变革劳动过程的技术条件和社会条件，从而变革生产方式本身，以提高劳动生产力"。❸

恩格斯在《反杜林论》中，更加明确地论述了科学技术的发展对生产力发展的重要作用，"自从蒸汽和新的工具机把旧的工场手工业变成大工业以后，在资产阶级领导下造成的生产力，就以前所未闻的速度和前所未闻的规模发展起来了"。❹ 恩格斯在论述科学技术对世界社会所产生的变革中指出，"正是由于这种工业革命，人的劳动生产力才达到了相当高的水平，以致在人类历史上破天荒第一次创造了这样的可能性：在所有的人实行明智分工的条件下，不仅生产的东西可以满足全体社会成员丰裕的消费和造成充足的储备，而且使每个人都有充分的闲暇时间去获得历史上遗留下来的文化——科学、艺术、社会方式等——中一切真正有价值的东西。"❺

马克思和恩格斯通过对科学技术对生产力发展的研究，还发现了由于科学技术的发展，生产力得到极大发展，同时也促进了世界社会的发展与变革。

五、弗里曼：国家创新体系

1987 年，英国学者弗里曼在他的著作《技术政策与经济业绩：来自日本的经验》中提出了"国家创新系统"（National Innovation System）的概念。其后，伦德瓦尔（Lundvall）、纳尔逊、帕特尔和帕维特（Patel & Pavitt）、梅特卡夫（Metcalfe）和埃德基（Edquist）进一步完善和发展了这个概念。

弗里曼在 1987 年研究日本时发现，日本在技术落后的情况下，以技术创新为主导，辅以组织创新和制度创新，只用了几十年的时间，便使国家的经济出现了强劲的发展势头，成为工业化大国。这说明国家在推动一国的技术创新中起着十分重要的作用。他认为，在人类历史上，技术领先国家从英国，到德国、美国，再到日本，这种追赶、跨越，不仅是

❶ 马克思恩格斯全集（第 47 卷）[M]．北京：人民出版社，1980：427．
❷ 马克思恩格斯选集（第 2 卷）[M]．北京：人民出版社，1995：410．
❸ 马克思恩格斯选集（第 2 卷）[M]．北京：人民出版社，1995：202．
❹ 马克思恩格斯选集（第 2 卷）[M]．北京：人民出版社，1995：618．
❺ 马克思恩格斯选集（第 3 卷）[M]．北京：人民出版社，1995：150．

技术创新的结果，而且还有许多制度、组织的创新，从而是一种国家创新体系演变的结果。根据弗里曼的定义，"国家创新系统是创造、吸收、改进和扩散新技术的活动和相互作用所受到的公共和私有网络的支持，这种网络的效用不仅支持研究与发展活动，还包括创新所需的资源组织或管理活动"。● 在这里，国家创新系统表征了一个复杂的创新活动的外在环境或"后方"支撑系统。这一支撑系统对前沿的技术创新系统的支持程度和适应程度决定了技术创新的进程，即技术创新的支撑系统即国家创新系统。

自从弗里曼首次提出国家创新体系以来，建立国家创新体系以逐渐成为各国的共识，并已成为一个国家创新能力和核心竞争力的象征。20 世纪 90 年代以后，这一理论在经济合作与发展组织国家中广泛采用，并逐渐丰富完善。如经济合作发展组织（OECD）在其1996 年的年度报告中把它定义为"创新是由不同参与者和机构的共同体大量互动作用的结果，把这些看成一个整体就称作国家创新体系"。次年又进一步指出，"国家创新体系是这样一组专门的机构，它们分别地和联合地推进新技术的发展和扩散，向政府提供形成和执行关于创新的政策架构，是创造、储存和转移知识、技能和新技术的相互联系的机构体系"。由此可见，国家创新体系是由不同的创新体系或创新活动构成的，不同的创新活动有不同的创新主体，并发挥着不同的创新功能。

从参与主体上来讲，国家创新体系是由科研机构、大学、企业及政府等组成的网络，它能够更加有效地提升创新能力和创新效率，是社会经济与可持续发展的引擎和基础，是培养造就高素质人才、实现社会进步的摇篮，是国家提高综合竞争能力的关键所在。各个行为主体分工明晰，功能互补，相互协同。其中，国家科研院所围绕经济建设、国家安全与社会可持续发展，开展基础性、战略性和前瞻性的创新活动；企业是研究开发、创新投入产出和市场开拓的主体；大学是从事基础研究、高技术前沿探索的知识创新基地，并为创新提供和培训各类高素质人才。在这个系统中，相互之间的互动作用直接影响着企业的创新成效和整个经济体系。

从其构成要素角度而言，国家创新体系一般包括五个方面，即理念创新、科技创新、产业创新、管理创新和制度创新。这五大要素相互关联、不可或缺，共同构成国家创新体系的整体。其中，理念创新是国家创新体系的灵魂，理念是具有指导性意义的理论、思想与观念，是行动的指针；科技创新是生产力发展的巨大动力，是经济增长、财富创造的不竭源泉，科技创新的最终目的是通过科技成果产业化转化为现实生产力，推动经济增长和社会进步；产业创新是国家创新体系的归宿；管理创新是国家创新体系的保障，管理的功能主要体现在营造一种环境，是实现各种资源最佳配置的组织保障；而制度创新则是国家创新体系的基础。正如当代著名制度经济学家青木昌彦所认为的，"制度可以理解为有形的机构、组织或社会现象，如国家、公司、工会、家庭、垄断等，也可以理解为无形的社会心理、行为动机和思维方式等的表现形式，如所有权、集团行为、社会习俗、生活方式、社会意识等""制度作为共有信念的自我维系系统，其实质是对博弈均衡的概要表征（信息浓缩），它作为许多可能的表征形式之一起着协调参与人信念的作用。制度也许存在于人们的意会理解之中，也许存在于人们头脑之外的某种符号表征之中。但在任何情况下，某

● C Freeman. Technology Policy and Economic Performance：Lessons from Japan ［M］. London：Frances Pinter Publisher, 1987.

种信念被参与人共同分享和维系，由于具备足够的均衡基础而逐渐演化为制度"。❶ 科技创新是国家创新体系的核心。科技创新极大地改变了和改变着现代社会的生产力，从而极大地改变了和改变着现代社会的产业结构、经济结构、社会结构，极大地改变了和改变着现代社会的政治生活和思想、文化、精神生活的条件与方式，这种改变的急剧和深刻，在近100多年来达到了前人难以想象的程度。

显然，国家创新体系是象征一个国家创新能力和核心竞争力的重要因素之一。随着科学技术的快速发展，世界各国都很重视国家创新体系的建设。尤其在当下，国家创新能力是关系到一个国家综合国力和国际竞争力在世界总体格局和经济全球化中所处地位的重要因素。未来综合国力的竞争是创新能力的竞争。因此，高扬创新精神，提高创新能力，塑造并熔铸中华民族进步之魂，理当成为中国在 21 世纪致力奋斗的重中之重，也理当成为世纪关注的焦点。

创新是科学技术的本质，是衡量科技活动的主要价值标准。历史上的科学发现和技术突破，无一不是创新的结果。目前来讲，创新理论和创新体系建设的提出使"科学技术是第一生产力"这一理论深化和具体化了。科技创新具有多重价值目标，除学术价值外，还有经济价值、社会价值、认识价值和审美价值等。

六、杉浦勉：新经济与文化

杉浦勉认为，新经济"是一个人们用头脑替代双手进行劳动的世界，是通信技术创造出国际竞争力的世界，是技术革新重于批量生产的世界，是投资流向新概念及其创造手段而非新设备的世界"。❷ 而新经济也表现为三种形式，即人才经济、注意力经济以及创造力经济。

所谓"人才经济"，其特征是以人的才能为中心。杉浦勉认为，新经济是一种人的经济，人们的思想、观念创造了价值，而不是人们的手。20 世纪有了工业革命，改善了工业布局。21 世纪的社会是一个服务业的社会、知识经济的社会；而且老龄化也是一个问题，所有的这些趋势都表明，新经济主要是建立在人与人的接触之上。在这样一个社会里，经济活动主要是商业的，这里面不光是金融资本，主要是和人相关联的一种经济。那些非常有天分的人，进入了各个行业，创造了新的经济，创造了人的经济。很多公司主要是建立在有天分的人的基础上，有创造力的理念基础之上，所以理念是最大的资产。所以，在人才经济中，许多新企业不是追逐资本，而是竞相求得具有多种才能的创造型人才。

所谓"注意力经济"，其特点是千方百计寻求人们的注意力，也被戏称为"眼球经济"。随着经济的发展，从前每个国家的工作重点是要物质的驱动，这是一种旧经济。但在新经济里面，人们更加强调满足感。在很多国家，人们的温饱已经解决了，进入了信息领域，信息经济也就是注意力的经济时代已经到来了。随着人们的温饱满足以后，就会追求一种更高的目标。

所谓"创造力经济"，其特征是以创造力为核心。在信息技术化和全球化日益发展的世界里，劳动者被要求具有与以往不同的技能。全球化带来的竞争变得日益激烈，创造力也会带来高回报。创造型产业在经济当中正有扩大趋势。经济合作与发展组织指出，创造型

---

❶ 青木昌彦. 比较制度分析 [M]. 周黎安，译. 上海：上海远东出版社，2001：260，12.
❷ 杉浦勉. 文化创造新经济 [J]. 企业文化，2007（8）：12.

产业的年增长率比服务业高 1 倍，比整个制造业高 3 倍。在消费支出方面，英国人、美国人和日本人在娱乐上的花费远远高出在服装和健康方面的花费。

新经济的特征就是以人为本，还有注意力和创造力，这三点的共同特征是一种精神的特征，也就是说以精神为主的一种经济。"这三种经济共通的地方在于给人的活动或人或物增添魅力变得很重要，而能够增添这种魅力的就是'文化'"。❶ 文化力是以人为中心的，和文化是密切相关的，文化力和创造力是紧密相关的，是在信息化和全球化时代最能吸引人们"注意力"的有力资源。创意产业的重要性以及它和文化产业的相关度，引领我们进入了未来社会。文化产业代表了一个国家的文化，对企业的影响也非常大。

第三节　当代社会创新系统

随着创新理论的发展和创新实践的深化，创新已经成为整个社会的系统工程，可以说，当代社会已经步入了"创新生态系统"时代。在社会创新系统中，创新和技术进步是不同参与者和机构的共同体在生产、分配和应用种种知识中的复杂相互关系的产物。理解创新中行动者之间的相互作用对于改进创新绩效是关键性的。创新绩效在很大程度上取决于这些行动者作为要素在系统中的相互作用。可以说，随着创新研究从线性创新模型和熊氏创新理论发展到非线性创新模型，系统观念成为这种新的创新研究范式的基本出发点。

一、社会创新系统演进

目前，创新环境发生着剧烈的变化，不确定性、复杂性和模糊性进一步增强，创新的范围、组织和行为相应地发生新变化，这对创新理论提出了新的挑战。从线性创新模型发展到熊彼特基于"企业家精神"的系统创新，到目前的创新系统和创新网络理论，最核心的理念在于强调创新的"系统范式"。从发展来看，创新理论经历了企业创新系统、国家创新系统、区域创新系统、产业创新系统和创新生态系统五个阶段。这些系统范式既相互联系，又相互区别。

1. 企业创新系统

从创新"系统范式"的历史发展观看，从熊彼特提出创新理论之日起，到创新系统概念被正式提出这一段时期，称为企业创新系统阶段。❷ 1985 年，朗德沃尔率先使用创新系统（system of innovation）概念。❸ 以后企业创新系统的研究一直延续至今，成为创新领域研究的一个经久不衰的课题。之后的新熊彼特主义（又称新熊彼特学派）学者，基本遵循熊彼特传统，注重对技术创新过程、技术创新产生的技术经济基础、技术轨迹与技术范式、技术创新扩散问题的研究，这些研究的视角本身就强调微观系统分析。

2. 国家创新系统

20 世纪 80 年代末 90 年代初国家创新系统理论受到学术界和政府部门的广泛关注。国家创新系统研究的主要代表人物有弗里曼、伦德瓦尔、纳尔逊、埃德基、多西（Dosi）、帕

❶ 杉浦勉. 文化创造新经济 [J]. 企业文化，2007 (8)：13.
❷ 魏江. 创新系统演进和集群创新系统构建 [J]. 自然辩证法通讯，2004，26 (1)：48 – 54.
❸ Lundvall B A. Product Innovation and User—Producer Interaction [M]. Aalborg：Aalborg University Press，1985.

维特等。目前，国家创新系统研究主要从实体和制度安排两个角度进行，强调国家创新系统不同的内在结构和机理。

弗里曼把国家创新系统看作是由公共部门和私人部门各种机构组成的网络，这些机构的运行和互动决定了新技术的开发、引进、改进和扩散。他认为创新不是孤立的，不是企业家的功劳，是由国家创新系统推动的。此外，他还认为，国家要实现经济跨越，仅靠自由竞争的市场经济是不够的，必须在国家的干预下加强国家创新系统的建设。❶ 伦德瓦尔着重于国家创新系统的理论研究，从微观视域分析了国家创新系统的构成，强调生产者与消费者的相互作用以及"学习"对创新的重要性，认为国家创新系统的核心就是学习活动。❷ 纳尔逊偏重于历史和案例研究，认为国家创新系统具有复杂性和多样性，而各国的具体情况千差万别，因此没有一个统一的创新模式。❸ 帕特尔和帕维特认为，提出国家创新系统的重要性在于，它可以帮助一国针对国内所需求的技术来进行投资。此外，还认为国家制度的激励结构（incentive structures）和能力决定着技术学习的效率和方向，或者说制度要素决定着生产活动的变迁。❹ 埃德基从演化经济学的视角讨论了国家创新系统的概念及其系统转化等方面问题，把创新活动的系统描述为"要素间相互制约的复杂行为从而构筑整个系统的复杂性"。❺ 梅特卡夫认为，国家创新系统的实质是以劳动分工和特定信息为基础的制度，该制度将各私营企业、大学、科研机构、社会团体和其他相关组织机构联结在一起，使其产生互动关系。❻

经济合作与发展组织的定义最全面。该组织认为，国家创新系统是一组独特的机构，它们分别地或联合地推进新技术的发展和扩散，提供政府形成和执行关于创新政策的框架，是创造、储存和转移知识、技能和新技术的相互联系的机构系统。

从以上这些定义看，国家创新系统包含这样几层基本内涵。一是一套机构和制度；二是包含了促进知识产生、扩散和应用的各种活动和相互关系；三是包括技术交易、法律、社会和金融等系列支持系统。

3. 区域创新系统

伴随经济区域化的过程，区域创新系统（Regional Innovation System）的概念和理论应运而生。

英国的梅特卡夫教授提出，把国家作为一个单位来分析一个技术体系的动态图像可能太大了，因此，"应该考虑一组有特色的、以技术为基础的体系，其中的每一个体系以在一个国家的地理和制度为边界，而它们之间又进行连接，支撑国家或国际创新体系的发展"。❼

❶ Freeman C. Technology Policy and Economic Performance: Lessons from Japan [M]. London: Frances Pinter Publisher, 1987.

❷ Lundvall B A. National System of Innovation, Towards a Theory of Innovation and Interactive Learning [M]. London: Frances Printer Publisher, 1992.

❸ Nelson R R. National Innovation Systems—A Comparative Analysis [M]. Oxford: Oxford University Press, 1993.

❹ Patel P, Pavitt K. The Nature and Economic Importance of National Innovation Systems [J]. STI Review, 1994 (14).

❺ Edquist C. Systems of Innovation: Technologies, Institutions and Organization [M]. London: Frances Pinter Publisher, 1997.

❻ J S Metcalfte. The Economic Foundation of Technology Policy: Equilibrium and Evolutionary Perspectives [G] //P Stonman. Handbook of the Economocs of Innovation and Technological Change. Oxford: Blackwell Publishers, 1995.

❼ J S Metcalfte. Technological System and Technology Policy in Evolutionary from Work [J]. Cambridge Journal of Economics, 1995 (19): 41.

奥马（Ohmae）认为，全球一体化和国际边界的消失，从经济意义上，"国家状态"日益让位于"区域状态"，区域成为真正意义上的经济利益体。库克（Cooke）等人在对欧洲企业的研究中也得出，虽然经济全球化和外资控股迅猛发展，但是这些企业关键性的商业联系仍集中于区域范围内。于是，在区域发展理论和国家创新系统理论基础上出现了区域创新系统理论。与此平行的还有欧洲创新环境理论（Aydalot, Keeble）和以美国硅谷为代表的"技术区"（Saxenian）观点等。对于后两者，目前理论上统一于区域创新理论中。❶

英国卡迪夫大学的库克（Philip Nicholas Cooke）教授在《区域创新系统：全球化背景下区域政府管理的作用》一书中，较早地对区域创新系统的概念进行了较为详细系统的阐述，认为区域创新系统主要是由在地理上相互分工与关联的生产企业、研究机构和高等教育机构等构成的区域性组织体系，而这种体系支持并产生创新，突出强调了区域创新系统具有的地理性与网络性特征。对于区域创新系统的定义，库克从"区域""创新"和"系统"三个方面对此作了分析，以此为基础分析了金融资本、制度性学习和系统创新的生产文化对区域创新系统构建的作用。克鲁格曼（Krugman）认为区域成为全球竞争力的关键要素，区域治理系统成为组织和促进经济发展的关键。对区域创新系统的要素和结构分析，豪厄尔斯（Howells）将国家创新系统的要素分析方法应用到区域层面上，他指出地方政府官僚结构、地方特殊产业的长期发展、产业结构核心和外围的差异性以及创新绩效等是区域创新系统的分析要素。在强调创新系统多层次性的同时，提出了国家、亚国家、区域和地方创新系统的地理层次是部分重叠的或者是重叠的。另外，库克、逊斯托克（Schienstock）和拉多舍维奇（Radosevic）的研究对我们很有启示。库克和逊斯托克认为，地理概念的区域创新系统，由具有明确地理界定和行政安排的创新网络与机构组成，这些创新网络和机构以正式和非正式的方式强相互作用，以不断提高区域内部企业的创新产出。该创新系统内部的机构包括研究机构、大学、技术转移机构、商会或行业协会、银行、投资者、政府部门、个体企业以及企业网络和产业集群等。他们还提出，区域创新系统的架构可以从知识应用及开发子系统、知识产生和扩散子系统两个方面进行分析。拉多舍维奇通过对中东欧区域创新系统研究，给出了区域创新系统的四要素框架：国家层次要素、行业层次要素、区域层面要素和微观层面要素。

4. 产业创新系统

1984年，帕维特的研究已发现，在不同的产业技术模式下，产业之间的创新能力以及解决问题的能力是不同的，导致各个产业创新成功的因素也存在很大的差异。❷ 为此，梅特卡夫指出，许多创新系统方法对所有技术或产业不加区分、视为一致的论点是非常不妥的，认为创新系统的边界不会受到固定地理边界的制约，并因此提出了"产业创新系统"（sectoral innovations system）的概念。❸

马莱尔巴（Malerba）和布雷斯基（Breschi）是产业创新系统研究的开拓者和重要贡献者。他们不仅界定了产业创新系统，而且还对产业创新系统的分类和模型的构建进行了深

---

❶ 魏江. 创新系统演进和集群创新系统构建［J］. 自然辩证法通讯，2004（1）：49.

❷ Pavitt K. Sectoral Patterns of Technical Change: towards a Taxonomy and a Theory［J］. Research Policy, 1984, 13: 343-375.

❸ J S Metcalfe. The Economic Foundations of Technology Policy: Equilibrium and Evolutionary Perspectives［G］//P Stoneman. Handbook of the Economics of Innovation and Technological Change［M］. Oxford: Blackwell Publishers, 1995.

入的探讨：在定义上，认为产业创新系统可被定义为开发、制造产业产品和产生、利用产业技术的公司活动的系统（集合）；❶ 在分类上，把产业创新系统分为传统部门、机械行业、汽车行业、计算机主机行业和软件行业五类。在模型构建上，马莱尔巴认为产业创新系统由知识与技术（knowledge and technology）、行为者与网络（actors and networks）以及制度（institutions）三个模块组成。❷ 此外，伯尔格（Bergeki）等人提出了产业创新系统的分析框架，该框架是作为一个手册或者指南提出来的，内容比较具体，为研究者和政策制定者提供了一个操作性很强的分析工具。❸

5. 创新生态系统

从"创新系统"到"创新生态系统"的理论和实践，很大程度上与日本追赶和美国再度振兴相关联。在美国，硅谷的持续创新发展，导致了创新生态思想提出。硅谷的最大特点是作为"高新技术创业精神的'栖息地'"，要从生态学的角度来思考才能解释硅谷的难以复制性，"如果要建立一个强有力的知识经济，就必须学会如何建设（而并非单纯模仿）一个强有力的知识生态体系。"❹ 美国总统科技顾问委员会（PCAST）为探索美国的创新领导力以及国家的创新生态面临的挑战，于2003年年初开展了一项研究，这项研究包括两个部分，先后发表了两个研究报告，❺ 正式将创新生态系统（Innovation Ecosystem）概念作为总括性核心概念。美国竞争力委员会在2005年发布的《创新美国》❻ 的报告中指出，创新最好不要看作是某种线性的或机械的过程，而是看作在我们的经济和社会的许多方面具有多面性并不断相互作用的生态系统，并提出如图1.1所示的创新生态系统模型。❼

日本在20世纪90年代的一系列持续创新调整的基础上，产业结构审议会也提出要实施重大的政策转向，从技术政策转向基于生态概念的创新政策，❽ 强调将创新生态作为日本维持今后持续的创新能力的根基所在。

朱迪·埃斯特琳（Judy Estrin）提出一个创新生态模型（见图1.2）。朱迪指出，任何一家企业或组织的创新生态系统，都要依靠整个国家和世界的创新大环境。创新生态系统里的不同栖息者，主要可以分为三大群落：研究、开发和应用。正是三个群落之间健康的平衡决定了国家创新生态系统的可持续性。

❶ Breschi S, Malerba F. Sectoral Systems of Innovation: Technological Regimes, Schumpeterian Dynamics and Spatial Boundaries [G] //Edquist C. Systems of Innovation [M]. London: Frances Pinter Publisher, 1997.

❷ Malerba F. Sectoral Systems: How and Why Innovation Differs across Sectors [G] //Faferberg J, Mowery D C, Nelson R. The Oxford Handbook of Innovation [M]. Oxford: Oxford University Press, 2005.

❸ Bergeki A, Jacobsson S, Carlsson B, et al. Analyzing the Dynamics and Functionality of Sectoral Innovation Systems – a Manual [R]. Paper to be presented at the DRUID Summer Conference, 2005.

❹ 李钟文，威廉·米勒，玛格丽特·韩柯克，亨利·罗文. 硅谷优势：创新与创业精神的栖息地 [M]. 北京：人民出版社，2002.

❺ PCAST. Sustaining the Nation's Innovation Ecosystems, Information Technology Manufacturing and Competitiveness [R]. 2004.

PCAST. Sustaining the Nation's Innovation Ecosystem: Maintaining the Strength of Our Science & Engineering Capabilities [R]. 2004.

❻ Council on Competitiveness. Innovate America: National Innovation Initiative Summit and Report [R]. 2005.

❼ 朱迪·埃斯特琳. 美国创新在衰退？[M]. 北京：机械工业出版社，2010.

❽ Industrial Structure Council. Science and Technology Policy Inducing Technological Innovation [R]. Tokyo: Industrial Structure Council METI, 2005.

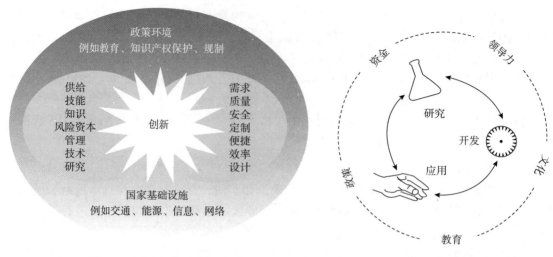

图 1.1　创新生态系统模型　　　　　　　图 1.2　创新生态模型

朱迪特别强调，正如生物生态系统背景有着基本的规律一样，扶持创新也有一套包括五个要素的核心价值观：询问、冒险、开放、耐心与信任；正是这些价值观，成为创新的基础，它们共同地决定个人、组织和国家的应变能力。❶

阿德纳（Adner）认为，创新生态系统作为一种协同整合机制，将系统中各个企业的创新成果整合成一套协调一致、面向客户的解决方案；❷ 卢奥马 – 阿霍（Luoma – aho）等人把创新生态系统定义为一个在生态环境中起互动和交流作用的长久性或临时性系统，在这个生态环境中存在着各种各样的创新主体，它们能在这个环境中相互传授思想，推动创新发展；❸ 而罗素（Russell）等人则认为，创新生态系统是指由跨组织、政治、经济、环境和技术等各子系统组成的系统，通过各子系统的互动，形成一个有利的创新氛围，以催化和促进业务持续增长。一个创新生态系统就是一个由各种关系联结而成的网络，经过信息和人才等要素在网络系统中的流动，以实现持续性的共创价值。❹

创新生态系统是一个由创新个体、创新组织和创新环境等要素组成的动态性开放系统。在系统中，各要素为了创新的总体目标而相互依赖、相互交流、协同演化和互动适应。

二、社会创新系统理论基础

1. 系统论

1952 年，一般系统论和理论生物学创始人拜尔陶隆菲（L. Von. Bertalanffy）发表了"抗体系统论"，提出了系统论思想。1960 年，拜尔陶隆菲将开放系统论应用于生物学研究的概念、方法与数学模型等，奠基了系统生物学，并导致了系统生态学、系统生理学的学科体系发展。随着一般系统论的逐渐形成，系统思想逐渐被引入到创新领域中，这为后来

---

❶ 朱迪·埃斯特琳. 美国创新在衰退？［M］. 北京：机械工业出版社，2010.

❷ Adner R. Match Your Innovation Strategy to Your Innovation Ecosystem ［J］. Harvard Business Review，2006：84.

❸ Luoma – aho，Vilma，Saara Halonen. Intangibles and Innovation：The Role of Communication in the Innovation Ecosystem ［J］. Innovation Journalism，2010，7（2）：1 – 19.

❹ Russell M G，Still K，Huhtamaki J，Rubensn. Transforming Innovation Ecosystems through Shared Vision and Network Orchestration ［R］. Triple Helix IX International Conference，2011.

创新系统理论产生和发展奠定了坚实的基础。一般系统论（General System Theory）是研究复杂系统的一般规律的学科，又称为普通系统论。现代科学可按所研究的对象系统的具体形式划分成各门学科，如物理学、化学、生物学、经济学和社会学等；也可按研究方法划分成两大类别，即简单系统理论和复杂系统理论。一般系统论是研究复杂系统理论的学科，着重研究复杂系统的潜在的一般规律。

2. 簇群理论

簇群创新系统相对国家创新系统和企业创新系统而言，正是由于其内部要素、结构和联结模式的特殊性，为其在全球范围内迅速发展提供了基础。

簇群（Clusters）概念是由美国哈佛商学院的迈克尔·波特（Michael Ei Porter）提出的。他认为，产业簇群的出现是激烈竞争推动众多企业创新带来的结果。生产要素、需求条件、支援产业与相关产业、企业战略、结构与竞争状态是产业簇群得以发展的基本条件，它们构成了国家和地区的竞争优势。荷兰学者范戴克（M. P. Van Dijk）认为，企业集群是一群企业在一定区域内的聚集，这种聚集给企业带来积极的外部经济性效果。马歇尔（Marshall）在《经济学原理》中，把专业化产业积聚的特定区域称作"产业区"（industrial district）。国内的一些学者用"产业簇群""地方企业网络""块状经济"等概念描述这种现象。

簇群包括一批对竞争起重要作用的、相互联系的产业和其他实体。一般来讲，簇群是指在某一特定领域内互相联系的、在地理位置上集中的公司和机构的集合。事实上，簇群是每个国家国民经济、区域经济、州内经济，甚至都市经济的一个显著特征，在经济发达的国家尤其如此，硅谷和好莱坞就是最有名的簇群。所以，创新的簇群分析可以根据其技术和网络特征划分成几类：既可以研究围绕一个或几个特定的技术而出现的集群现象，研究一种技术路径的产生和扩散而导致的系统性；也可以关注以特定类型的产业为中心而展开的公司和部门之间的相互作用。另外，对创新系统也可以从不同水平上进行分析：亚区域（sub‐regional）、国家、泛区域（pan‐regional）和国际。

20 世纪 80 年代以来，经济学家、管理学家、社会学家、经济地理学者又提出了一系列的理论概念和模型，具体包括柔性专业化理论、新竞争理论、竞争优势理论、企业网络理论、递增报酬理论、劳动分工理论、集体效率理论以及社会文化环境理论等。这些理论都抓住了集群现象的一些重要特征和解释变量，特别是技术创新和扩散现象。同时这些理论也有侧重，如钻石模型、社会文化环境模型强调了企业外部经营环境，而柔性专业化理论则突出了技术本身的重要作用。

三、社会创新系统的主要要素分析

按照系统论等相关理论，社会创新系统由一系列要素构成，其中科技要素和文化要素构成了社会创新系统的核心软硬件。本小节就这两种要素进行分析，并对二者之间的相互作用及机理进行阐释。

1. 科技要素

一方面，创新的系统范式是科技创新研究的核心内容；另一方面，科技创新是创新系统的核心要素。万尼瓦尔·布什（Vannevar Bush）的"科学推动"的线性模型有一致性，在熊彼特那里已经有"技术发明—产品研发—市场市场化"的"技术推动"线性模型，创新生态系统是系统中科技创新"序参量"主导的演化系统，重视科技创新资源的优化配置。

从知识转移促进因素角度来看，国家创新系统关注大学、产业和政府三方密切合作，强调知识创新、技术创新、扩散、产业化的完整体系。区域创新系统以形成产业优势为主，强调区域内隐性知识的共享和社会网络的链接。产业创新系统以产业部门或技术活动范围为边界，强调技术互补与协同以及科技的关联，并以创新知识的扩散和利用，促使创新成果产业化。创新生态系统则把技术变迁看作是一个没有终点的进化过程，强调创新中的学习过程和互动关系。

2. 文化要素

在理论上，沃尔纳和门拉德提出了"扩展创新生态系统的框架"，并指出，"大多数已有的创新系统模型都将文化作为一个因素，但是它们都不将其视为变量因素或并不提供对其影响的手段。由系统理论提出来的开放系统进路，可作为一种去满足当前的竞争挑战的组织范式。它可以应用于个体水平、组织水平上和社会系统水平。由于创新性是一种文化特征，因此文化是创新生态系统的一种关键组分。创新性和文化是社会系统的涌现品质。它们不可能被创造，但是它们可以由有目的的行动而改变。开放系统范式的原理恰恰与属于创新文化的价值相一致，可以作为一个指导性框架。"❶库克的区域创新系统理论从"区域""创新"和"系统"三个方面对此作了分析，并且以此作为基础分析了金融资本、制度性学习和系统创新的生产文化对区域创新系统构建的作用。国家创新系统认为创新是历史和文化的产物。创新生态系统观点认为，任何一个创新体系都是在一个特定的地理空间、政治经济环境、社会文化环境下生成，把创新活动看成是某种生命体，从而探索其生成、进化、衰退及与周边环境的互动关系，强调创新系统的多样性和适应性。

在现实实践中可以看到，美国硅谷的优势在于其以地区网络为基础的工业体系，鼓励协作和竞争的文化环境。该地区开放交流的人际关系和文化网络为调整和学习的过程创造了有利条件。"硅谷的全部文化可以归纳为两个字：变化。……这就是你作为初创企业所面临的环境，一种迅速决断、迅速行动、迅速变化的文化氛围。"而"128 公路地区的诸多公司及机构能在这么短的时间内改变长期以来一直沿用的高度保密、自给自足、规避风险的文化和做法。"❷

总之，社会创新生态系统是创新全要素资源的协调系统，政产学研用结合、"科技 + X"（产业、金融、文化等）的协同乃至融合不可或缺；只有在序参量与其他参量的相互作用和贯通、科技创新与整个社会创新的结合，才可能有创新能力的持续提高；与社会发展结合不紧密的科技发展，难有可持续发展的活力。但是，科技有机融入社会发展方方面面之中依然需要下大气力。这就必须重视有利于科技成果的形成和转化、创新创业促进科技与经济结合的内在机理和文化环境；重视创新生态系统建设，必然导致对于"政产学研资介"的结合、科技研发机构改革和新兴科研机构的兴起以及创新和创业结合、中小企业繁荣成长的重视，最终转化为社会生产力的大力提升。

---

❶ Thomas Wallner, Martin Menrad. Extending the Innovation Ecosystem Framework [R]. Upper Austria University of Applied Sciences, School of Business, 2010.

❷ 安纳利·萨克森宁. 硅谷优势：硅谷和 128 号公路的文化和竞争 [M]. 上海：上海远东出版社，2000.

第二章 创新系统中的科技创新

创新系统是一个包含着科技创新、文化创新、制度创新等的综合创新系统。其中，科技进步和创新是增强综合国力的决定性因素。美国著名学者迈克尔·波特首次从国家的竞争发展层面阐释了创新型国家的概念，认为创新型国家政府至少具备以下 4 个基本特征：①创新投入高，国家的研发投入占 GDP 的比例一般在 2% 以上；②科技进步对经济社会发展的贡献率达 70% 以上；③自主创新能力强，国家的对外技术依存度指标通常在 30% 以下；④创新产出高。据统计，目前有 20 多个国家被认为是创新型的国家，他们拥有的发明专利数量占世界发明专利总数的 98% 以上。从本质上看，创新型国家之所以具有很高的创新投入和产出，并具有突出的国际竞争能力，关键在于大力推动科技。科技创新日益成为当今世界各国经济兴旺发达的不竭动力。

第一节　作为生产力的科学技术

从生产力上说，科学技术系统之间发生相互作用而产生整体效应，并显示更多的社会功能，会对人类社会发展产生巨大的推动作用。早在 19 世纪 20 年代，马克思就提出，科学技术是比当时法国一些著名的革命家"更危险万分的革命家""生产力中也包括科学"。[1]恩格斯也认为，"在马克思看来，科学是一种在历史上起推动作用的、革命的力量。"马克思"把科学首先看成是历史的有力的杠杆，看成是最高意义上的革命力量。"[2]恩格斯还从生产关系的角度论述了科学技术革命对生产关系的深刻影响。他说，"英国工人阶级的历史是从 17 世纪后半期，从蒸汽机和棉花加工机的发明开始的。大家知道，这些发明推动了产业革命，产业革命同时又引起了市民社会中的全面变革。"[3]

一、科学与技术的本质

"科技"一词作为"科学技术"的简称，在当今社会的使用频率很高，但究其含义，在学术界却未有定论，所以会引起一系列的混乱和争论。在学术上，对科学与技术进行区分是复杂同时也是必要的。一方面，从科学技术发展历史出发，考察科学转化为技术的演进历程，对今天科学转化为现实生产力，开展技术开发、技术创新研究具有重要的现实意义。另一方面，考察这些在生产实践中产生并以经验形态存在于技术之中的自然科学知识，对于推动自然科学研究具有重要的推动作用。

---

[1] 马克思恩格斯全集（第 46 卷）（下）[M]. 北京：人民出版社，1982：211.
[2] 马克思恩格斯全集（第 19 卷）[M]. 北京：人民出版社，1982：375，372.
[3] 马克思恩格斯全集（第 2 卷）[M]. 北京：人民出版社，1982：281.

1. 科学与技术的区别

在生产力的意义上，技术科学与自然科学是有区别的。与自然科学一样，虽然技术科学要成为直接的、物质的、本来意义上的生产力也需要一个转化或物化过程，但与自然科学比较起来，它和上述含义上的生产力的联系更直接、更紧密，从而向直接的、物质的、本来意义上的生产力转化的中间环节也就更少。例如，马克思在《资本论》及其手稿中所讲的工艺学、农艺学等，现代的微电子技术、自动化技术、能源和原子能技术、空间技术、有机合成技术、新材料技术等，都属于技术科学。马克思曾把技术称为"死的生产力上的技巧"，他说，作为固定资本的社会生产力就包括"从直接劳动转移到机器即死的生产力上的技巧。"❶ 当然，技术同时也是活的生产力，即劳动主体的技巧，确切地说，技术只有首先作为活的生产力的技巧，才能进而成为"死的生产力上的技巧"。一般说来，技术是属于直接的、现实的、物质的、本来意义上的生产力，无论是把技术视为已经物化在劳动者身体上的技能（技艺），还是把技术视为装备、生产工具或操作方式、工艺方式的别名，其规定都属于直接的、现实的、物质的、本来意义上的生产力。例如，恩格斯所讲的作为决定产品的交换形式以及分配方式的"全部技术装备"，指的就是技术。恩格斯的这一论述阐明了科学技术在生产力中所扮演的杠杆作用、革命力量的角色，为人们正确地看待科学技术的本质作用拨开了迷雾。

2. 科学的本质

科学意味着人理解自身和世界的努力。从这个意义上讲，科学的道路汇集了我们认识自然的独特思维方法和行动方式。科学始终在发展，人类对科学本质的认识也是不断深化的过程。

在古印度的梵语中，"科学"一词是指"特殊的智慧"；古希腊人则认为科学是一种知识。而拉丁文的"scientia"（scire，学或知）来自于希腊文的"episteme"（$\varepsilon\pi\iota\sigma\tau\eta\mu\eta$），泛指"知识"和"学问"，英文"science"、德文"wissenschaft"、法语"scientia"皆由此衍生转变而来。16世纪西学东渐时，中国学者将 science 对应于"格物致知"，简称"格致"。《礼记·大学》云："致知在格物，物格而后知至"。朱熹注云："所谓致知在格物者，言欲致吾之知，在即物而穷其理也"。"即"意思是接近；"穷"意思是推究、穷究。意思就是说要通过接触事物而穷究事物的道理。日本直到19世纪下半叶还沿用"格致学"。日本著名科学启蒙大师福泽谕吉把"science"译为"科学"，意为"分科之学"，以区别于中国儒家那种综合性的学问。汉语的科学也是从日文中的汉字而来，到了1885年，康有为引进并使用"科学"二字。1894~1897年严复译《天演论》时，也用"科学"二字。此后，"科学"二字便在中国广泛运用。

在古代科学时期，人类只能直观地认识自然界，并将所获得的知识包罗在统一的古代哲学之中。如古希腊自然哲学包容哲学和早期各门自然科学，那时哲学和自然科学还没有"分家"，没有单独分立的学科，后人为了研究方便把有关世界本原论以及对于运动一般规律的认识提列出来归到哲学里，形成自然哲学独特的认知领域。中国古代哲学更是带有浓郁思辨性质的自然观。显然，古代人把自然界作为一个整体加以考察，古代自然哲学所关心的是那些诸如世界本原和运动的源泉问题，虽然从直观上对自然界的认识是综合性的，

---

❶ 马克思恩格斯全集（第46卷）（下）[M]. 北京：人民出版社，1982：229.

但还仅是对现象描述、经验总结，有时还带有思辨性和猜测性，因而不可能深刻揭示自然界各种现象之间的相互联系。

在近代科学时期，人类已能对自然界进行系统的观察、比较精确的实验，并初步建立起严密的逻辑体系。科学开始分化，形成了相当精细的专门学科，这与古代科学综合的整体认识相比，确实有了很大的进步。科学家着眼于自然界的特殊的具体问题，探索各种运动形式的特殊规律。为了揭示现象背后的规律，要求必须把自然现象从实际的生产过程和技术实践中抽取出来，在人为控制下加以研究，这就是近代自然科学所开创的实验方法。科学实验作为一种独立的实践活动从生产中分化出来，成为近代自然科学赖以发展的一个最切近的基础。恩格斯在总结近代自然科学的发展时指出，"现代自然科学与古代人的天才的自然哲学的直觉相反，同阿拉伯人的非常重要的但是零散的并且大部分已经无结果的消逝了的发现相反，他唯一地达到了科学的、系统的和全面的发展。"❶

但是，近代科学这种分化脱离了自然界综合的抽象，不足以真正认识自然现象的全部内在联系。在现代科学时期，科学的发展把分化与综合紧密地联系起来了，把人为分解的各个环节重新整合起来了。科学作为人对自然的理论关系，是以一套思维体系，经过不断的修正，而留传下来的一些深厚的、完整的、稳定的东西。特别是第二次世界大战以后，科学活动进入国家规模，人们已把科学称为"大科学"，认为"科学是一种建制"，即科学已成为一项国家事业。进入 21 世纪，科学则已成为一项国际事业或产业，越来越多的科学家把科学事业列入第四产业。

归根到底，科学的研究内容和方法论性质的发展变化，都是由社会需要解决的现实问题的特点所决定的，是随着实践的发展而发展的。科学是在人类积极地适应、改造、调控自然过程中所表现出来的精神力量的主要构成，同时也是生产这种精神力量的主要部门。其实，马克思早在《1844 年经济学哲学手稿》中就从哲学基本问题的角度正确地回答了科学的基本属性问题。他说，自然科学和艺术一样，"都是人的意识的一部分，是人的精神的无机界，是人必须先进行加工以便享用和消化的精神食粮。"❷ 在《资本论》中他更进一步地指出，不仅科学本身属于精神生产力，而且科学的应用也属于精神生产力。❸ 恩格斯也说，"科学的产生和发展一开始就是由生产决定的。"❹ "如果说，在中世纪的黑夜之后，科学以意想不到的力量一下子重新兴起，并且以神奇的速度生长起来，那么，我们要再次把这个奇迹归功于生产。"❺ 科学产生于人们在实践过程中技术的需要，"社会一旦有技术上的需要，这种需要就会比十所大学更能把科学推向前进"。❻

3. 技术的本质

技术的发生是人与自然的关系所决定的。人类从脱离其自然状态而上升为理性的人的时候起，就处在与大自然的既和谐又对立的关系之中。技术"揭示出人对自然的能力关系，人的生活的直接生产过程，以及人的社会生活条件和由此产生的精神观念的直接生产过

❶ 马克思恩格斯选集（第 3 卷）［M］. 北京：人民出版社，1972：444.
❷ 马克思恩格斯全集（第 42 卷）［M］. 北京：人民出版社，1995：96.
❸ 马克思恩格斯全集（第 25 卷）［M］. 北京：人民出版社，1974：97.
❹ 马克思恩格斯选集（第 4 卷）［M］. 北京：人民出版社，1995：280.
❺ 魏屹东. 社会语境中的科学［J］. 自然辩证法研究，2000，（9）：28.
❻ 马克思恩格斯选集（第 4 卷）［M］. 北京：人民出版社，1995：732.

程"。● 在人与社会之间，技术作为劳动资料，不仅是人类劳动力的测量器，而且是劳动借以进行的社会关系的指示器。人们往往把某一时代的主导技术作为这一时代的标志，如蒸汽机时代、电气时代、原子能时代、信息时代等。著名的科技史家辛格（Singer）在其主编的鸿篇巨制《技术史》中指出，"一个简明的观点，植物种子的播种就成为技术进化史的里程碑。"●

技术作为一种人对自然的变革，这样的人类活动则远在近代技术产生之前就早已随着人类各种文明的发展而出现了。从词源学上来说，"技术""技艺"等概念最早出现于古希腊语 "τεχνη"（Technē）。据考证，"τεχνη" 与印欧语系词根 "tekhn –"（"木器"或"木工"）和梵语中的 "táksan"（木匠、建筑工）同根，还与赫梯语中的 "takkss –"（建造、制造）和拉丁语中的 "texere"（编织、建造）以及 "tegere"（覆盖、建房顶）有着某种同源关系，在非哲学语境中一般表示"工艺""手艺""技艺"和"技术"等意思。● 可见，希腊语 "τεχνη"（Technē）一词有很多意思，它原用作表示所有与自然相区别的人类活动，尤其是表示一种技能性的劳动，一种有目的的制造行为。对技术的阐释，中国古已有之，主要指技巧、技艺。比如具有同现代汉语"技术"相近含义的"技""工""巧""劳"等单字词汇首见于春秋时期的文献之中。先秦经典中，有许多是记述当时中国科技成就最集中的文献。《易传》就把历史上的重大技术发明作为"制器尚象"纳入易学体系，主张动脑研究道，动手制造器。西汉时期《考工记》这部古代工艺总汇作为"冬官"纳入儒教经典《周礼》。据郭沫若考证，● 在春秋年间齐国的官书《考工记》，是一部珍贵的文献，其中记述了当时 30 项手工生产的设计规范和制造工艺，可以看作工艺规范的总汇。它还提出了制器的四大要素："天有时，地有气，材有美，工有巧，合此四者，然后可以为良。"●其中，"巧"就是高超的技术，而具有高超技术的工匠称为"国工"。墨学则形成了独具的注重技术的精神。墨子提倡举贤任能，兼相爱交相利的交流等级制社会。他认为"以德就列，以官服事，以劳殿赏。量功而分禄，故官无常贵，而民无终贱。"（《墨子·尚贤》上）。《庄子》的独到之处，在于它刻画了众多栩栩如生的工匠劳作形象，如庖丁解牛、轮扁斫轮等。而"技术"一词，作为技艺和中国古代医、卜、星、相等方术的统称，最早见诸《汉书·艺文志》："汉兴有仓公，今其技术晻昧。"西汉历史学家司马迁（前145—?）的《史记·货殖传》记载"医方诸食技术之人，焦神极能，为重糈也。"后来中国用技艺、方术、开物取代了"技术"一词。可见，在古代，"技术"的原意，既指人造物品、精巧的器具，又指人的创造天才和能力，即经过实践获得的经验、技能和技艺，反映人类与天然自然界的能动关系，它与人工自然的创造密切相关，主要是指生产技术和工程技术。随着这些技术的产生和发展，人类也就积累着越来越多的经验形态的自然知识。

近代以来，技术一词有了新的外延。1615 年，英国人首先使用"technology"一词，他们把希腊文"techne"（艺术、技巧）和"logos"（言词、说话）进行组合，用于指称各种

● 马克思恩格斯全集（第23卷）［C］. 北京：人民出版社，1972：410.
● Charles Singer. History of Technology ［M］. Oxford：Oxford University Press，1958：374.
● George Bogliarello，Dean B Doner. The History and Philosophy of Technology ［M］. Urbana：University of Illinois Press，1979：172 – 173.
● 郭沫若. 郭沫若全集（历史篇）：第2卷［M］. 北京：人民出版社，1982：31，370.
● 栾玉广. 自然辩证法原理［M］. 合肥：中国科学技术大学出版社，2001.

应用技艺。英国哲学家弗朗西斯·培根（Francis Bacon）最先提出将技术史作为一门学问加以研究的主张。接着，技术一词在法文中变成"technique"（17 世纪），在德文中变成"technik"（18 世纪），其所指则均为与各种生产技能相联系的过程和活动领域。1772 年，德国经济学家贝希曼（J. Bechmann）首先创用德文的"technologie"（技术、工艺学）一词，随后出版了《技术入门》（1777 年）、《发明史》（1782～1785 年）、《对发明史的贡献》（1780～1805 年）、《技术大纲》（1806 年）等著作，开了对于技术的整体性研究的先河。中国的技术一词在唐朝时传入日本。日本在 18 世纪大量翻译西方书籍时，将"technology"用从中国引进的由汉字表述的"技术"对译。19 世纪末 20 世纪初，康有为、梁启超翻译日文书籍时，又将"技术"一词引回中国。1877 年，德国学者卡普（E. Kapp）出版《技术哲学原理》一书，首创"技术哲学"这一学科名称，自此，技术成为哲学所真正思考的对象。当代德国技术哲学家拉普（Friedrich Rapp）认为，"按照我们的理解，狭义的'技术'（technology）就是指'工艺技术'（technique）即某种工艺方法。在最简单的情况下，它指的是可以研习的技能，如驾驶汽车的技术、弹钢琴的技术和滑冰的技术。"❶ 这种把技术等同于生产制作技能的定义很有代表性，也符合从古希腊至 18 世纪社会经济发展现状的需要。

当代技术形成的标志是 20 世纪四五十年代相继出现的原子能技术、电子计算机技术和空间技术。经过初期发展，当代技术于 20 世纪中期转入所谓"高技术"发展轨道。这些技术的问世被认为构成一场技术革命，这场技术革命的产物还包括自动控制技术、激光技术、遥感技术和化学合成技术。"二战"之后，随着经济与社会秩序的重建以及随之而来的"福利社会"，西欧再度唤起了对技术问题的思考。其主要代表是以 F. 德塞尔（F. Dessnuer）为先的一批工程技术专家，研究重点放在技术制造活动中所体现的对技术的理解上。现代技术已经与古代，甚至近代技术范式有着本质的不同。它不仅是人们改造世界的手段、方式、实践性的知识体系，而且本身就包含或体现着人与技术或人与人以及自然与技术的复杂关系，它是现代文明、经济运行和社会发展的重要组成部分和综合体现，是重要而复杂的社会实践过程。

虽然技术概念的外延发生了巨大变化，但技术作为人与自然之间的实践关系的本质并没有改变。可以说，技术的实践性是古代技术、近代技术和现代技术所共同的。所以说，技术既是社会用以改造和利用自然的物质手段和方法，又是推动社会发展和变革的重要力量。正如马克思所言，"自然界不能造出任何机器，没有造出机车、铁路、电报、自动走锭精纺机等。它们都是人的产业劳动的产物，是转化为人的意志驾驭自然界的器官或者说在自然界实现人的意志的器官的自然物质。它们是人的手创造出来的人脑的器官；是对象化的知识力量。"❷ 人"通过实践创造对象世界，改造无机界，人证明自己是有意识的类存在物"。"在人类历史中即在人类社会的形成过程中生成的自然界，是人的现实的自然界；因此，通过工业——尽管以异化的形式——形成的自然界，是真正的、人类学的自然界。"随着人类技术实践的发展，自然界在愈来愈广泛的意义上成为"人化的自然界"。❸

❶　F 拉普. 技术哲学导论［M］. 刘武，等译. 沈阳：辽宁科学技术出版社，1986：27.

❷　马克思恩格斯全集（第 31 卷）［M］. 北京：人民出版社，1998：102.

❸　马克思恩格斯全集（第 3 卷）［M］. 北京：人民出版社，2002：273，307，305.

二、科技一体化的发展阶段

现代科学与技术是一个辩证统一的整体，科学和技术既有联系又有区别，科学离不开技术，技术也离不开科学，它们互为前提、互为基础。科学中有技术，技术中有科学。

恩格斯在给德国青年大学生瓦·博尔吉乌斯的一封信中，曾指出，"如果像您所说的，技术在很大程度上依赖于科学状况，那么科学却在更大得多的程度上依赖于技术的状况和需要。社会一旦有技术上的需要，这种需要就会比 10 所大学更能把科学推向前进。整个流体静力学（托里拆利等）是由于 16 和 17 世纪调节意大利山洪的需要而产生的。关于电，只是在发现它能应用于技术以后，我们才知道一些合理的东西。"❶ 近代以来，一次又一次的科学革命与技术革命，使科学、技术和生产三者相互作用日益加强，学者与工匠的工作日益结合，科学与技术的联系才越来越密切起来。回顾历史，科学与技术的关系发展到今天大致经历了三个发展阶段。

1. 科学与技术游离发展的阶段

在漫长的古代社会，技术的起源比科学的历史早得多，技术从生产、生活实践中直接起源，如火的使用，石斧等石器的制作，风车、水车等利用自然力的土具的制作等。这种最早的技术是直接发端于实践经验的手工技艺，它与生产活动融为一体。那时几乎没有以科学理论的应用为特征的技术。火的使用，石器的制作，风车、水车等的利用无不体现着技术的运用。此时的技术以经验为基础，发展较慢。这一阶段一直持续到欧洲的中世纪结束。欧洲漫长的中世纪中，实验方法的创立和发展成为科学最重要的实践基础，科学也从经验形态发展为实验形态，逐渐从自然哲学体系中分化出来。分化出来的自然科学开始向技术接近，技术也加入了科学的成分，但基本上还是在工匠那里延续，科学与技术仍处于各行其道的分离状态。科学在这一时期更多地和古代哲学融合为自然哲学，掌握在少数哲人手中，技术则掌握在工匠手中。所以在近代中期以前，科学与技术几乎是游离的，即使有着某些相互影响，也主要是"生产—技术—科学"的序列关系。

2. 科学与技术平行发展的阶段

这一阶段从 15 世纪下半叶持续到 18 世纪中叶。近代自然科学产生于人类历史上一个伟大的变革时代。首先，资本主义生产方式的出现和地理大发现是近代自然科学产生的社会历史动因。地理大发现推动了商业、航海业和工业的发展，也扩大了人们的视野，鼓舞了人们的探索和创新精神。其次，文艺复兴和宗教改革是近代自然科学兴起的文化前提和思想基础。这场思想解放运动大大促进了科学精神的发扬和科学的发展。在这个背景下，以哥白尼（Copernicus）提出的日心说为标志，自然科学本身为争得自己独立地位、摆脱宗教的桎梏，也进行了不屈不挠的斗争。实验科学的兴趣，更使自然科学有了独立的实践基础。从此，近代自然科学开始它的相对独立发展的新时代。

然而，近代科学和技术的关系并不十分密切，近代科学产生背景与产生过程及社会影响首先发生在思想包括宗教和人文领域，是一场观念变革。所以，近代科学在 15 ~ 17 世纪成功之后，也没有立即带来一场技术革命。工业革命的核心技术，蒸汽机和煤、钢铁技术等，都是人类长期实践中摸索出来的。可见，近代科学与技术是在相对独立的基础

---

❶ 马克思恩格斯选集（第 4 卷）[M]．北京：人民出版社，1995：371，372．

上并行产生、发展的。技术在社会发展的过程中仍处于主导地位，科学只是配角。18 世纪中期以后，科学家致力于运用科学知识进行技术创造，同时技术家也努力发挥科学知识的作用。

3. 科学与技术交互发展的阶段

这一段时间从 19 世纪中叶一直持续到现在。19 世纪 60 年代开始，工业革命的成果被引进到中国、日本等国。而"二战"后期开始的第三次科技革命一直持续至今，它无论从规模、速度和影响等方面都远远超过前两次，各国的政治、经济、社会生活等各个领域产生了极其深刻的影响。科学随着工业革命和生产力的巨大进步，迎来全面发展的繁荣时代。正如马克思所说，"随着资本主义生产的扩展，科学因素第一次被有意识地和广泛地加以发展、应用并体现在生活中，其规模是以往的时代根本想象不到的。"❶也"只有在这种生产方式下，才第一次产生了只有用科学方法才能解决的实际问题，只有现在，实验和观察——以及生产过程本身的迫切需要——才第一次达到使科学的应用成为可能和必要的那样一种规模。"❷ 科学引导技术发展或导致新的技术产生，是以电磁理论的提出和电力技术的发明为主要标志的，英国科学史学家贝尔纳（Bernard）指出，"自第二次工业革命以后，在化学、染料、电力和公共健康方面的技术进步明显地依靠科学、物理学和生物学的进步""电和磁的故事在历史上提供了第一个实例，把一套纯科学性的实验和理论变成了大规模的工业，电力业必然是彻头彻尾科学性的"。❸

三、科技一体化发展趋势

"现代的科学更加技术化，现代的技术更加科学化，科学与技术逐渐一体化"，❹ 这已成为现代科技发展的特点和趋势。从科学技术体系的内部来看，科学与技术是从相对独立、并行发展，走到了相互作用、形成了"技术科学化""科学技术化"的。科学进步与技术进步互为前提，互相推动，促进了科学技术连续体的形成。这种连续体的形成一般通过两种途径：一种是科学的技术化与技术的科学化两个过程相对展开，衔接后由于实践需要的推动相互渗透与融合而成；另一种是由于科学实验装置的技术原理符合某种理论需要，科学的技术化连续演变成新技术。可见，科学技术化和技术科学化是发展技术和科学的两条基本途径，既要重视科学技术化，更要重视技术科学化。

1. 科学的技术化趋势

任何技术都蕴含着一定的科学原理，即便在原始技术中如飞矛、投杖、弓箭的发明也都暗含着一定的力学原理。任何科学理论的产生，都离不开现实的生活实践，尤其是技术的扶助。近代以来的实验科学，更是离不开技术提供的实验仪器等方面的支持。

一方面，科学的技术化成为一种科学技术观，早在 1929 年，杜威（Dewey）就在《确定性的寻求：关于知行关系的研究》中将科学视为一种借助行动来进行认知的知行合一的探究活动，而且强调科学的目的在于控制，知识的价值取决于操作结果。这是一种典型的

❶ 马克思恩格斯全集（第47卷）[M]. 北京：人民出版社，1982：572.
❷ 马克思. 机器、自然力和科学的应用 [M]. 北京：人民出版社，1978：206.
❸ 贝尔纳. 历史上的科学 [M]. 北京：科学出版社，1981：356.
❹ 刘大椿. 学技术哲学导论 [M]. 北京：中国人民大学出版社，2002.

实用主义的科学技术观。海德格（Heidegger）在对现代技术与科学的批判时认为，现代技术与科学统一于现代技术之本质，现代技术与科学是一种操控性和制造性的实践。此后，西方科学哲学领域内的一些学者或者视技术为科学的内在要素，或将技术与科学整合进异质性的实践网络，或将技术与科学统一于人的知觉层面的现象，开启了对"技术化科学"的研究。他们关注物质性对于我们在世活动的深刻影响，使科学研究与技术研究开始融合为科学与技术研究，并从新经验主义、科学与技术研究（如后 SSK）和现象学等不同的视角关注"作为技术的科学"。那种将技术视为低科学一等的"科学的应用"的观念被彻底抛弃，相反，从技术与科学相互交织的角度统观二者，深入到实验实体与现象创造、作为实践和文化的技术化科学、知觉拓展与工具实在等层面，形成了一组不同于基础主义的科学与技术意象的非表征主义的技术化科学意象。技术化科学对物质性与技术性的强调，体现了对人的在世生存的关照，这种面向技术化科学的科学哲学观不仅有助于把握当代科技的真实过程，还使我们能通过对兼具有效性和有限性的技术化科学实践的追问，审视当代科技活动的内在风险和价值负载。

另一方面，技术是科学的基础。科学的技术化还指在总体的科学研究活动中包含着大量的技术科学研究，技术发展研究和技术应用研究作为其辅助部分。这些辅助的技术活动并非用于科学研究成果向相应技术领域的转化，而是服务于科学研究活动自身的需要。一些重要领域的科学研究活动不仅离不开现代化的昂贵的技术设备，而且研究的突破在很大程度上取决于技术上的突破。科学技术化中的"技术"是指来源于科学的技术，这时科学是技术的来源，技术是科学的应用。现代科学的发展在越来越大的程度上依赖于先进复杂的技术手段，如高能加速器、自动化检测仪器、射电望远镜、电子显微镜、电子计算机等，使现代科学技术研究有可能向新的深度和广度进军。而且现代科学研究工作本身越来越带有工程技术的性质和特点，离不开各种类型的技术人员的合作，科学研究活动也就技术化了，已变成预定的知识生产过程。所以，科学技术化是促进和加速"科学—技术—生产"循环的关键环节，重视科学技术化既是重视发展来源于科学的技术，也是对科学的丰富和发展。技术科学化中的"技术"是指来源于人类实践的技术，此时技术是科学的来源，科学是技术的提升。技术科学化也是促进和加速"生产—技术—科学"循环的关键环节，重视技术科学化既是重视发展和提升来源人类实践的技术，又是发展科学的途径之一。科学向技术的转化问题一直是制约我国经济发展的瓶颈问题，是落实科学技术是第一生产力的关键。这同以往技术产生了不同之处在于，它的技术原理和实践两个方面，不是人们长期经验的积累总结，而是首创的、源于科学理论，因而电力技术的产生和发展是科学技术化的重要标志。

2. 技术的科学化趋势

近代的一些思想家不仅比较明确地意识到科学和技术的区别，而且还初步探察了这两者间的联系：认为自然科学是一切知识的基础。例如，罗杰·培根（Roger Bacon）和弗朗西斯·培根曾建议工匠要研究科学，掌握更多的科学知识，从而使自己的技艺向更高的层次发展。霍布斯（Hobbes）在《利维坦》一书中初步总结了近代科学的发展，论述了工匠劳动的重要意义。他指出，修筑城堡、制造兵器等技艺，有助于国防和战争胜利，但是，"产生这一切的母亲是一种学术——数学"。他在这里所讲的"数学"，实际上就是指整个自然科学。马克思在《剩余价值论》中曾提到霍布斯的这段论述，并认为这段论述表明他已认识到"技艺之母是科学，而不是实行者的劳动"，❶ 即不是实行者的狭隘经验。近代以来，科学已经开始走到技术的前面，同时蒸汽机技术的改进，内燃机技术的发明和化工技术的兴起也是科学指导技术、技术科学化的标志。可见，在得到科学指导以前，技术发明是偶然的、经验的，一旦得到科学理论的指导，掌握了规律，技术的进步就成了自由的过程。可以看出，以上科学对技术的作用，主要来源于两个方面：一是技术创造来源于科学理论和科学预见的物化，二是技术创造来源于科学实验的放大和扩展。现代技术的特征则是，技术作为制造活动和制造物都依赖于对科学知识的运用。也正是从这时候起，科学原理开始对技术起决定作用。

当代技术表现出两个明显的特点。其一，与现代技术相比，它在更大得多的程度上运用科学知识，知识含量空前地高。当代技术的这种"知识密集"特征在于不是以单项技术而是以整个技术领域来运用科学知识。原子能技术、计算机技术和空间技术等都是庞大的技术领域，靠科学知识填充、支撑。同时，每个技术领域又都不是局限于运用单一的科学门类，而是跨学科综合运用多门科学的知识。其实，当代技术所以称为"高技术"，意图正在于用"高"喻示对科学知识的"高度"运用和包容。其二，当代技术以自主性区别于现代技术的表征。这种自主性表现在当代技术按其自身的内在逻辑发展，独立于人的控制。无论哪个特点，都凸显着技术更加成为文化产生、形成和发展的物质基础、手段、动力和源泉。它还是文化的有机构成，表现在技术的各个层面中。

总之，一方面，技术的科学化是指已有的技术上升到技术科学，通过相应基础科学的指导，形成系统的技术知识体系，反过来完善和提高已有的技术。如工程结构力学和材料力学使建筑工程师不必像古代工匠那样反复用试错法才能找出新建筑的最佳结构，而只需运用该学科形成的技术科学体系就能设计出新的最佳结构。米切姆（Mitchem）认为，虽然技术不同于科学，并且具有应用性和实践性的特征，但现代技术并不完全局限于纯粹的应用性领域，而是一门独特的理论性的应用学科。这突出地表现在现代技术形成了自己独特的概念和思想体系。现代技术，如信息论、控制论、系统论、工程伦理学、计算机和网络理论等学科中都有具体的技术思想。米切姆指出，正如科学有其自身的概念和发现的逻辑一样，技术自身也有其自身的概念和逻辑。

另一方面，技术的科学化是指技术创造发明根据已有的基础科研成果而得出，即技术进步以科学进步为先导。现代技术的发展也在越来越大的程度上依赖于科学的进步，许多新兴技术特别是高新技术的产生和发展，就直接来自于现代科学的成就。以科学为基础而不是以经验为核心的技术，已变成物化的科学，技术活动科学化了。19 世纪后期出现的电力技术，20 世纪发展起来的电子技术、计算机技术、微电子技术、激光技术等就是先有基础科研的成果，其后由于实践需要的推动再转化为实用技术的。现代的尖端技术都是以坚实的科学理论为前提的，离开了科学理论的指导，重大技术的发明几乎不可能，这就是技术的科学化趋势。"技术的科学化"表明，科学是技术发展的动力，科学对技术起着理论的指导作用，为技术的发展提供理论的依据。

3. 科技一体化的意义

过去认为科学是认识世界，技术是改造世界，界限分明，现在已结合成为统一的科学

---

❶ 霍布斯. 利维坦［M］. 北京：商务印书馆，1986：64.

技术系统，很难分清它们是科学还是技术了。

首先，科学技术一体化的趋势彰显着科学技术体系内部各学科的统一。现代科技发展表现出了一些新的特征，这些特征概括起来就是整体化、数学化、加速化。科学技术的整体化（综合化）、数学化是指各门学科、各种知识体系趋向综合统一。现代科学与技术的密切结合，一方面使得各自获得前所未有的发展速度，引起新的革命；另一方面，科学革命与技术革命相互交融，统一发展，不仅前次革命与后次革命的界限不清，而且科学革命与技术革命的分界也难以辨识，因而人们统称为现代科技革命或当代科技革命。此外，科学技术的一体化对科学与技术的研究方式及发展速度、价值取向产生了深刻的影响。当代科技革命的浪潮扑面而来，其快速的发展主要体现在以下几个方面：一是科学技术的总量以指数方式增长，人类在20世纪的100年间开发应用的发现与发明超过了人类前2000年发现与发明总和的4倍；二是世界范围内各国的科技投入大幅度增加，科技活动的规模不断增大，科学技术的发展与经济的关系更加紧密；三是在快速发展的社会经济推动下，科学技术转化为现实生产力的速度继续加快，并且在这转化过程中又不断孕育了更多更新的科学技术发展机会。由此，科学家大胆估计，未来10年所取得的科技进步将超过20世纪的100年。

其次，科学技术一体化的趋势体现大科学时代科技社会化和社会科技化的统一。现代科技发展趋势越来越表现为科技的社会化、社会的科技化。一方面，科学技术一体化是科技社会化的部分或阶段。在科学技术一体化过程中，社会因素不断介入。首先表现在主体方面，科学研究主体与技术开发主体都具有社会属性，他们要受社会诸多方面的影响，如文化传统、价值观、生活水平等。其次表现在科学的价值和生产功能通过技术化被社会认同，尤其是科学的经济价值。再次表现在科学的内容被社会应用，这不仅表现在经济方面，而且还表现在社会方面——科学不必通过技术同样也会对社会产生深远影响，如管理科学就可以直接（不必通过技术）对生产过程发生影响；此外，科学方法、科学精神、科学态度等对社会也有直接影响。最后表现为科学得到社会因素的支持、支撑、养育而成长、成熟。因此，科学技术一体化过程也是科技的社会化过程。另一方面，科学技术一体化也是社会科技化的一个具体表现。从科技与社会的关系视域看，伴随科技融入社会系统释放出巨大的社会功能的同时，形成了社会科技化的社会舆境。因为，任何科技活动总是在一定的社会背景下、基于一定的社会需求而产生的；科技活动的进行有赖于相关的社会条件，会受到社会条件的制约；科技活动又会产生一定的社会后果，这种社会后果可能是积极的，也可能是消极的，因而人类会按照一定的社会价值观念来对科技活动的后果进行社会评价，并且以评价作为杠杆，将科技活动的发展纳入人类的价值体系中。从系统论角度考察，现代"科技与社会一体化"社会舆境的形成是由不同维度的各种原因所导致的，这些原因主要包括：相对独立的现代科技体系结构是其"内在"根据；高度完善的现代科技社会建制是其组织基础和中介保障；现代经济社会对科技的需要以及相应的社会中介是其"外在"动因和社会保障；现代科技与社会经济、文化、教育等子系统的互动以及与此相适应的现代科技的"大科学"运行与管理模式等，它们相互联系、相互渗透、相互交织和相互作用，共同构筑了现代科技融入社会大系统的社会舆境。

四、科技的社会功能

科技创新对社会具有驱动作用，由于科学技术在现代世界经济发展中的巨大作用，各国经济竞争的焦点已经从产品竞争深入到生产要素的竞争，发展到科学技术的竞争，特别是国家科技创新能力的竞争。科技文化价值在制度层面的拓展，主要通过四个理论体系得以体现：其一，"第三次浪潮"理论与托夫勒的"信息时代"；其二，后工业时代理论与贝尔的"知识型社会"；其三，马库塞的"单向度社会"即科技文化在制度层面的异化；其四，萨顿"新人文主义理论"与文明社会。

1. "第三次浪潮"理论与托夫勒（Alvin Toffler）的"信息时代"

科技革命是由技术创新和制度创新共同推动的。人类历史的上三次科学技术革命，不仅创造了巨大的生产力，先后使人类进入"蒸汽时代""电气时代"和"信息时代"，还引起了生产关系的变革，改变了世界的面貌，推动人类历史的发展进程。

美国著名未来学家托夫勒在《第三次浪潮》一书中将人类社会划分为三个阶段：第一次浪潮为农业阶段，从 1 万年前开始；第二阶段为工业阶段，从 17 世纪末开始；第三阶段为信息化（或者服务业）阶段，从 20 世纪 50 年代开始，以电子工业、宇航工业、海洋工业、遗传工程组成工业群，是对未来社会设计的一种蓝图，其立足点是现代科技的发展。

新一轮科技革命和产业变革正在蓬勃兴起，这已成为共识。那么，新一轮科技革命和产业变革的方向究竟是什么呢？或者说，究竟以什么标准来判断新一轮科技革命和产业变革的方向呢？从过去几次大的科技革命和产业变革看，其一般都具备以下几个特征或标志：一是要有科学技术的革命性突破为基础和先导；二是要有紧迫和现实的重大需求；三是应对经济社会发展带来革命性的变化，包括引发生产方式、产业结构和组织等方面的变革，对人们的生活方式带来革命性变化。迎接新一轮科技革命和产业变革，必须以改革创新为动力，着力构造有利于新技术发明、产业化和新兴企业成长壮大的体制机制和政策环境。

为抢占新一轮科技革命和产业变革制高点，世界主要发达国家纷纷制定战略规划，加强科技创新，大力培育和发展新兴产业。比如，美国政府制定了《美国创新战略：促进可持续增长和提供优良的工作机会》《重整美国制造业政策框架》《美国生物经济蓝图》《宽带美国》等战略规划和行动计划，明确提出发动一场清洁能源革命，加速生物技术、纳米技术、先进制造技术、空间技术等的发展，继续保持作为世界科学发现和技术创新发动机的作用。欧盟则制定了《欧洲 2020 年》《地平线 2020》《为持续增长创新：欧洲生物经济》等规划，重点发展能源与环境、生物等产业；日本制定了《面向辉煌日本的新成长战略（2020）》，提出重点推进绿色创新、生物科技创新，发展节能环保、生物与健康等产业；德国教育与研究部制定了《德国高技术战略 2020》，提出实施工业 4.0 等战略行动计划；等等。

2. "后工业时代"理论与贝尔（Daniel Bell）的"知识型社会"

美国哈佛大学的社会学家贝尔于 1959 年第一次提出"后工业社会"的名称。经过十多年的时间，到 1973 年出版《后工业社会的来临》，标志着"后工业社会"理论的成熟。

贝尔从工业社会出发，将社会分成三种类型：前工业社会、工业社会和后工业社会。所谓前工业社会即是生产力发展水平不高、机械化程度很低、多数劳动力从事农林渔矿业等采集作业、生活主要是对自然的挑战的这种社会形态。工业社会的主要特征是大机器工业生产取代一批以往的农业、手工业生产，生产力水平大幅度提高，经济部门主要以制造业和加工业（即第二产业）为主，技术化、合理化得到了推进。后工业社会是工业社会进一步发展的产物，从时间上是 20 世纪七八十年代电子信息技术广泛应用之后。

贝尔认为，分析后工业社会，可分为技术－经济领域、政治领域和文化领域三个部分。后工业社会的特点是以理论知识为中轴，轴心原则是理论知识日益成为创新的源泉和制定社会政策和依据。经济的中轴原理是效益原则，根本目的是最大限度地追求经济效益；政治的中轴原理是平等原则；文化的中轴原理是自我实现、自我满足原则。工业社会是生产商品、协调人和机器关系的社会。后工业社会则是围绕知识，为了创新和变革，实施社会控制和指导而组织起来的社会，这样也就形成了必须从政治上加以管理的新型社会关系和新型结构。在后工业社会，人与人之间的竞争是知识的竞争，科技精英成为社会的统治人物。科技专家之所以拥有权力，全凭他们受的专业教育与技术专长。实际上，当今任一现代社会，都依赖于创新和变革实行社会控制。实施社会控制，使社会产生了计划和预测的需要。正是由于人们对创新性质的看法有了变化，才使理论知识变得无比重要。理论和知识日益成为社会的战略资源即轴心原则，而学校、研究所和智力部门正日益成为新型社会的轴心机构。

3. 马库塞（Herbert Marcuse）的"单向度"理论与社会批判

在法兰克福学派知名代表人物马库塞那里，"单向度"一词既用来批判发达工业社会，也用来分析现代人。其中心含义是，工具理性、技术控制的发展，使发达工业社会成为现代版本的"达玛斯忒斯之床"，在社会的各个方面，无论是经济、政治、思想、文化甚至生活，都只剩下一个向度，即肯定与维护这一个单向度。而生活在发达工业社会中的人，也被现代社会这个"达玛斯忒斯之床"标准化、范式化了，丧失了批判与否定的能力，在"舒舒服服、平平稳稳、合理而又民主的不自由"中，成为维护这个社会的工具和奴隶。

马库塞的《单向度的人》一书还揭示了当代资本主义社会依靠技术进步维持并强化"单向度"统治的秘密，描述了技术理性统治和技术异化的世界中现代人异化的生存境遇和生存状态。马库塞认为，单向度社会的直接原因是科学技术的进步：单向度社会从科学技术的合理性出发，整个社会都变成了这样的一种合理性，最终由专制给以保障，成为正式的合理性。而人在这样的合理性当中只是工艺装置中的一个零件。科学技术的统治最终变为意识形态的统治。这就是说我们的意识形态已经科学技术化了。

从价值学的视角来看，马库塞深刻地揭示了现代科学技术和技术理性的发展及其在生产体系中的运用所带来的劳动者的地位及其价值观的变化。马库塞认为，单向度的人的出现，对于社会的进化而言不是一种积极的现象，虽然在现代技术世界中，人的物质生活条件得到了极大改善，劳动者甚至主动与现存体制认同。但是，在实际上，劳动者丧失了人之所以为人的一个基本维度，即否定和批判的维度，其后果是使社会失去了自我超越的内在驱动力，人的基本生存是由个人无法控制的力量和机制所决定的。

对于如何打破西方资本主义社会单向度的铁板一块的局面，马库塞在《单向度的人》中持悲观主义的态度。在革命的现实形式上，马库塞寄希望于出于边境地带的"无家可归者"。在革命的心理－本能结构上，他则继承浪漫派的思路，强调艺术的解放功能，他说，"艺术的改造破坏了自然现象，而被破坏的自然对象本身就是压迫人的；因此，艺术的改造即是解放。"在这种物化深重的社会中，人的感性只有由艺术和诗来救护。只有艺术能永恒地祝福人的激情、回忆、想象、爱恋，并创造出一个属人的世界。艺术既然承担着救治物化社会的重任，那么它就需要完成一个由个体感性审美向现实社会审美的转变，也即"使艺术的规范性成为现实的内容和实质，使现实社会转换成另一种生活世界"。他的审美解放论带有明显的浪漫派运动的弱点，其历史的替代选择总显得是一种乌托邦的东西，成为一种"无能的力量",但是他仍然对此抱有希望和企盼。

4. 萨顿 (George Sarton) "新人文主义" 理论与社会文明

20 世纪伟大的科学史学家萨顿提出的新人文主义理论指出,单单科学本身并不是文化,尽管它是文化的一个基本部分。尽管科学有很多好处,但只靠科学却不能使我们的生命变得更有意义。人们必须找到把科学和文化的其他部分结合起来的方法,使"科学人性化",让科学的发展得到理性的制约,而不能让科学作为一种与文化无关的工具来发展。"没有智慧的科学确实是很糟糕的东西,而没有智慧的技术就更是糟糕了"。❶ 人类的进步不单是经济的发展史,更是人类智力展开的历史。全部文明进程是以精神法则战胜自然法则——人类战胜自然为标志的。萨顿认为,只有当我们成功地把历史精神和科学精神结合起来的时候,我们才将是一个真正的人文主义者。

新人文主义思想有助于建立适应科学发展需求的社会制约机制。要使科学不至于失控,使之只为人类的进步发展服务,就必须将之视为人类文化的一部分,而不能将之视为一种与人类无关的工具加以发展。同时,要找到使科学与人文融合的方法,这就是使科学人性化。萨顿指出,"由于精神上的混乱是如此之深,以致单靠任何一种方法都不可能消除弊病,大概可以肯定,任何不把科学人性化包括在内的药方都不会有任何功效"。❷

萨顿的科学人性化的主要内容体现在以下几方面:第一,科学的"人性"其实质是指科学本身所具有的"魅力"或者说"意义",这种意义由人赋予,它与宗教一样是人类独有的成就。萨顿认为,科学不但本身具有人性,而且,我们还可以并且应该将人性赋予它,"我们必须使科学人文主义化,最好是说明科学与人类其他活动的多种多样关系——科学与我们 人类本性的关系。这不是贬低科学,相反地,科学仍然是人类进化的中心及其最高目标;使科学人文主义化不是使它不重要,而是使它更有意义、更为动人、更为亲切"。❸ 第二,萨顿强调科学中的主体性或主观因素,否定了科学是并且应该追求"纯粹客观"的传统观念。"科学可以定义为自然界(即所有事物)在人的心灵中的反映。"❹ 科学是一种最为高级、最为纯洁和充满生命力的活动。既然它作为一种人为的和为人的事业,那么,从它的诞生到成熟都彻底是人性的。尽管科学研究素来被要求尽可能客观化,但是,既然研究者是人,就必然始终以人类的经验和价值观来对研究对象进行观察和解释。科学中的人性之所以未能同艺术、宗教一样被我们看出来,是由于"它的人性是暗含的"。实际上"没有同人文学科对立的自然科学,科学或知识的每一个分支一旦形成,就都既是自然的,同时也是人文的。"❺

科技文化是社会文化的主导,它在其中呈现比较高级的形式,它是在一种特殊条件下才可能得到发展的成果。哈伯马斯 (Habermas) 认为,"科技文化的产生原因并不是理论信息的内涵,而是由研究者的素质形成创造的,欧洲社会发展的目的就是为了让这种科技文化形成。"❻ 马凯 (Marquer) 指出,"科技文化是一种不受环境干扰的标准社会规范和行为

❶ 乔治·萨顿. 科学史和新人文主义 [M]. 陈恒六,刘兵,仲维光,译. 北京:华夏出版社,1989:137,138.
❷ 乔治·萨顿. 科学史和新人文主义 [M]. 陈恒六,刘兵,仲维光,译. 北京:华夏出版社,1989:141.
❸ 乔治·萨顿. 科学的生命 [M]. 刘珺珺,译. 北京:商务印书馆,1987:51.
❹ 乔治·萨顿. 科学的历史研究 [M]. 陈恒六,刘兵,仲维光,译. 北京:华夏出版社,1990:2.
❺ 乔治·萨顿. 科学史和新人文主义 [M]. 陈恒六,刘兵,仲维光,译. 北京:华夏出版社,1989:9.
❻ 哈伯马斯. 作为意识形态的技术与科学 [M]. 李黎,郭官义,译. 上海:学林出版社,2002:64.

约束的形式，这种规则是典型的明确目标的。"❶ 科技文化对社会发展产生深远影响，没有科技文化科技是无法进步的，也就没有人类今天辉煌的社会文明。美国哈佛大学教授塞缪尔·亨廷顿（Samuer Huntington）先生说，"不属于任何文明的、缺少一个文化核心的国家……不可能作为一个具有内聚力的社会而长期存在。"❷

第二节　科技创新的本质及模式

进入21世纪以来，科技创新已成为在国际竞争中成败的主导因素，科技竞争力将决定一个国家或地区在未来世界竞争格局中的命运和前途，成为维护国家安全、增进民族凝聚力的关键所在。早在1990年，《美国新闻与世界报道》就在一篇文章中指出，"90年代的竞争将集中在下述战场进行：用于研究和投资的资金、科技、人力和基础设施，以及国外市场的竞争力""至关重要的竞争将是发展科技、创造高附加价值的产品和高薪职位"。美国前总统克林顿在1993年公布了一项技术支持计划，计划中指出，"投资于技术就是投资于美国的前途"。1996年7月，日本政府通过了一项计划，决定在其后的5年内向科技投入1550亿美元的研究开发经费，以资助"争夺地盘的战斗"。

一、科技创新的本质

1. 科技创新的内涵

科技创新概念的提出与运用有它的历史必然性，是技术创新的深化与发展。科技创新有广义和狭义之分。狭义的科技创新主要是指工程技术或生产劳动体系手段的变革，如生产领域中对劳动工具、劳动对象、工艺流程、操作方法及劳动者的知识、技能等的改进、更新和发展。广义的科技创新是指在科学技术引入生产过程后，引起综合生产要素效率提高的宏观经济效应。它不但包括狭义的科技进步，而且还包括政策、社会等多方面的内容。

科技创新又包括科研创新和技术创新。科研创新是技术创新的基础和先导，技术创新是科研创新的延伸和向生产力的转化。首先，科学是一种创造性的精神生产。马克思把科学规定为一种高级的、复杂的"精神生产""智力劳动"，爱因斯坦也认为科学是一种"高尚的文化成就"。其次，技术创新只是整个科技活动过程中的一个特殊阶段。1988年联合国经济合作与发展组织（OECD）在《科技政策概要》中就曾指出，"技术进步通常被看作是一个包括三种互相重叠又相互作用的要素的综合过程。第一个要素是技术发明，即有关新的或改进的技术设想，发明的重要来源是科学研究。第二个要素是技术创新，它是指发明的首次商业化应用。第三个要素是技术扩散，它是指创新随后被许多使用者采用。"❸ 科技创新一旦发生，就要求生产、管理等微观制度变革，科技创新的不断实现，会逐渐带来产业结构、消费结构、分配制度、企业组织和劳动者地位等宏观经济制度变革，进而国家政体、民主法治、精神文化等上层建筑领域也会出现相应变革。与此同时，这个时代比任何时候都迫切地需要科学技术走在实践的前面。所以，科学技术的发展及其走在实践的前面，已经不是单纯提高实践效率的问题，而是日益成为摆脱文明的困境、寻求进步出路及

---

❶ 迈克尔·马凯. 科学与知识社会学 [M]. 林聚任，译. 北京：东方出版社，2001：45.
❷ 塞缪尔·亨廷顿. 文明的冲突与世界秩序的重建 [M]. 周琪，译. 北京：新华出版社，1999：353，354.
❸ 国家贸易技术装备公司. 技术创新思路探索 [M]. 北京：中国经济出版社，1997：234.

人类生存的问题。

科技创新是一个社会系统工程。科技创新必然要求其他社会系统创新，如制度创新、观念创新等，它们与科技创新一起构成社会进步的不可或缺的组成部分。科技创新在其整个创新体系中处于主导性地位。科技创新不断产生新发现、新发明、新方法、新知识、新思想、新工具、新手段，不断强化人们的竞争意识，激发人们不断创造、进取，推动经济社会进步，并对社会其他领域的创新活动起辐射和示范作用。其一，科技创新实践不断培养造就充满创造活力的高素质群体，使之成为社会众多领域创新活动的骨干和中坚，使全社会更具创造活力。其二，科技创新所蕴含的追求真理、崇尚创新、尊重实践、坚持理性质疑、鼓励竞争合作等科学精神，已成为全人类共同的精神财富。科学知识、科学精神、科学思想和科学方法的广泛传播，能够培养人们创新的兴趣，提高全社会的创新意识和公民的科学素养，不断拓宽人的视野、深化人的认识、升华人的精神境界。其三，科技创新促进形成激励创新、竞争合作、和谐共进的文化氛围。要在全社会进一步倡导讲科学、爱科学、学科学、用科学的社会风气，大力提倡敢于改革创新、敢为人先、敢冒风险的精神，营造有利于创新创业的良好社会环境。

2. 科技创新的过程

从创新阶段来看，这个过程一般包括"确定有待解决的问题—构想各种可能的解决方案—确立最优解决方案--设计实施最优方案"四个阶段，而且每一阶段的研究都有其普遍的合理性思维图式。

科技创新从问题开始。一部新旧科技的交替兴衰史就是不断提出有关科技问题的历史，是人们对问题的认识不断展开和深入的历史。问题就是人们意识到的矛盾和疑难，主要来源于对社会需求的准确把握和对科技目标的深刻理解。科技的社会需求可大体分为直接社会需求、间接社会需求和潜在社会需求三种类型。

方案构思阶段的主要任务，是提出解决问题的科技方案。科技创造学的研究表明，在科技创造的构思阶段，创造者的心理活动和思维过程一般可区分为如下几个小阶段：围绕问题了解创新的基本方向和待创造对象的本质；发散思维，寻找创新的各种素材、媒介和模型；信息处理，萌发一个初步的方案框架；集中思维，优化方案框架。方案构思过程又是证实和证伪的统一。在构思过程中，创新主体会不断提出一些新的设想，并对它的根据、效果和实施条件给予自觉或不自觉的检验。

科技创新过程中的方案检验，是通过逻辑或实践的手段，对具体科技构思进行检核和验证的过程。科技方案的检验按其形式分为逻辑检验、实验检验和社会实践检验。构思方案经检验和优化处理后，一个新科技就随之诞生了。问题—构思—检验以及伴随检验而对方案的完善和优化，这就是科技创新的全过程。

3. 科技创新的主体要素

创新主体是分层次的，包括由国家、地区、行业、企业、研究机构、高校、工作小组和个人层次所构成的创新活动。所以，构成创新主体的要素包括：政府、企业、用户、中介组织、高校、研究机构等。

不同主体的结构，既包括基础设施等硬件设施，又包括思想、信息、知识、劳动、资本等软件内容。

科技创新基础设施是国家或区域科技创新结构中的必需要素，包括技术标准、数据库、科技情报信息中心与信息网络、大型科研设施、国家和地区重点实验室、科技开发与成果转化基地、虚拟科技园、孵化器、图书馆等基本条件。当前，特别要加快信息基础设施、大型数据库、重点实验室和科技成果转化基地的建设。由于虚拟科技园是把互联网技术与科技园结合起来的网络园区，一方面通过互联网与创新中心联系，另一方面为科技创新活动提供地点，保证科技创新高效运行，因而受到国内外的广泛重视。

二、科技创新模式

根据科技创新过程及各国的科技创新实践，一般有如下几种创新模式。

1. 自主原发式创新

自主原发式创新活动主要集中在基础科学和前沿技术领域，自主原发式创新是为未来发展奠定坚实基础的创新，其本质属性是原创性和第一性。自主原发式创新是最根本的创新，是最能体现智慧的创新，是一个民族对人类文明进步做出贡献的重要体现。在实践中，自主原发式创新则是指独立开发一种全新技术并实现商业化的过程。劳尔斯·彼得（Lois S. Peters）认为自主原发式创新即为根本性创新，是指采用新技术，包括新产品、新工艺或者二者的结合。美国学者纳尔逊在美国支持技术创新的制度研究中，探究了自主原发式创新能力在创新体系中的应用和基础研究中自主原发式创新的意义和表现形式，并且阐明了自主原发式创新需要创新思维、科学积累、探究者个人的学术积累以及科学的宽容精神。一般来说，一个国家和地区科技研发中，属于自主研发首创的填补空白的创新项目，都可以占领世界和国家级科研的前沿。例如，我国古代的四大发明——造纸术、指南针、火药、印刷术——就属于自主原发式创新，为全球的相关产业带来了突破性进展，具有划时代的创新意义。我国是中医药大国，中药新产品的研发大多属于自主创新项目。美国研发的苹果计算机和手机技术，就属于自主原发式创新，始终引领全球电子信息技术的新潮头。这种自主研发的新技术，它的自主性和首创性是不可替代的，也是不可侵犯而受知识产权保护的。

自主原发式创新动力的影响要素可以分为两个层面。从内部看主要包括企业家的创新精神和意识、内部激励机制和企业文化等。陈雅兰就曾提出，影响自主原发式创新的主要因素有原始积累、核心人物、创新文化、科研兴趣、激励机制、团队合作和原创技巧七个方面。❶ 从外部看主要有生产要素、市场价格、市场环境、需求牵引、刺激拉动力和政府等因素。创新氛围、激励机制（包括经费支持、合理的立项审查和成果评价体系、待遇等政策体系及相应制度）为外在因素。雅各布·戈尔登贝格（Jacob Goldenberg）认为，自主原发式创新中的替换思想是十分重要的，没有自主原发式创新思想的人一般不会产生替换思想。从创新的阶段来看，在一个没有形成公认的潜在需求阶段，更容易产生自主原发式创新。

对一个创新型企业的发展来讲，对区域创新系统的知识配置能力、创新文化重视程度、政府支持力度、知识产权保护力度、金融市场完善程度、技术市场成熟度、人才市场成熟度、市场集中度、技术发展阶段、大型企业整体能力、企业生命周期等都是影响企业自主原发式创新的因素。

---

❶ 陈雅兰. 原始性创新理论与实证研究［M］. 北京：人民出版社，2007.

2. 引进消化后的再创新

引进消化后的再创新模式，是最常见、最基本的创新形式。其核心概念是利用各种引进的技术资源，在消化吸收基础上完成重大创新。引进消化后的再创新是各国尤其是发展中国家普遍采取的方式。

在经济全球化的大格局中，一个国家和地区不可能独立自主研发一切科技成果。中国改革开放后，积极引进西方的科研成果，在吸收消化中进行再创新。例如，我国从日本引进电视机生产技术，通过消化吸收后再创新，在屏幕技术上用液晶屏幕替代了等离子屏幕，使电视机的体积、功能、寿命等方面都实现了再创新，并实现了国产化，打破过去几十年日本索尼、松下电视在中国垄断市场的局面。

3. 集成式创新

随着全球科技革命的深入开展，各种技术之间的关联性进一步增强。各种技术之间整合资源、互补集成成为一种科技创新的新潮流和新模式。例如，过去医疗技术与微电子技术是毫不相干的独立技术体系。20 个世纪 70 年代开始，美国、日本等科技大国率先用微电子技术研发了 ECT、核磁技术等高档医疗产品，带来了人类医疗史上诊断和医疗技术的新突破。全球金融危机后引发了第三次工业革命，就是技术集成式创新的重大成果。

集成式创新是指将别的现有的产品或知识进行重组和搭配而形成新的产品或事物，实现新的功能和作用。集成式创新的主体是企业，企业利用各种信息技术、管理技术与工具，对各个创新要素和创新内容进行选择、优化和系统集成，以此更多地占有市场份额，创造更大的经济效益。它与原发式创新的区别是，集成式创新所应用的所有单项技术都不是原创的，都是已经存在的，其创新之处就在于对这些已经存在的单项技术按照自己的需要进行系统集成并创造出全新的产品或工艺。

现在的创新，绝不是关起门来搞封闭的创新，而是要广泛整合全球的创新资源，走集成式创新的道路。

4. 链环—回路创新模式

传统的线性创新模式是对创新过程的一种描述性观点，它将创新过程视为一个从基础科学研究—应用科学研究—生产制造—扩散和市场化的单向度、逐次渐进的过程。但是，随着科学技术的发展，它受到了质疑。因为，现实情形往往是应用技术在前，基础科学研究在后。罗森堡对人们长期认为的先有科学后有技术以及只有科学影响技术而不能反之提出了质疑。在否定了科技创新过程的线性关系之后，克兰和罗森堡提出了非线性创新模式，即"链环—回路模型"。

这一模式主要说明了三点。其一，创新过程有多种，不是线性的，而是链环的。其二，强大的经济冲击决定或限定了科学活动方向，工业社会创造了一个广阔的、由经济需求限定的技术领域，这些领域限定了科学活动所需的物质流方向和科学所研究的问题。其三，创新是一个数次的反馈过程：重要的信息流从创新的后期阶段又反馈到早期阶段，整个过程存在紧密的内在联系。在线性创新模式中，创新的刺激主要来自于研发的扩展，而在非线性创新模式中，同客户的紧密联系、与供货商或合作方在技术上的关系可以成为实现技术革新的路径。

5. 协同创新模式

协同创新泛指在科技创新中，企业、高校、科研单位要协同作战，密切配合，对相关科研成果融合再创新的一种新模式。协同创新包含两种协同：一种是同类单位之间（如高校之间、科研单位之间，企业之间）要整合力量，协同配合，集中智慧，群策群力再创新；另一种是不同类别和属性的单位，如"官、产、学、研"也要协同配合，打破行业界线，集中人财物力和科研成果，实现协同创新。在经济全球化的大平台，整合资源和科技力量，协同创新成为一种新时尚、新模式。

三、科技创新动力

科技创新动力是指在科技创新活动中，能有效推动科技创新的主要要素条件。自20世纪50年代，国际上出现了五种有代表性的创新动力模型，即"技术推动"模型、"需求拉动"模型、"交互作用"模型、"一体化"模型和"战略集成与网络"模型。

20世纪50年代，人们把创新看成是一个线性的过程，它开始于科学发现，通过产业研发、工程化和制造活动，以被市场接受的新产品和新工艺而结束。这在一定程度上促进了众多技术发明和创新的出现，科技与经济的发展进入到前所未有的阶段。西方发达国家最开始的技术创新大多数都是这种由技术推动而进行的创新形式，无线电、晶体管、计算机的发明和使用以及由此而引起的大量创新都属于这种情况。但研究与开发在创新过程中并非是起决定作用的唯一元素，因为科技创新过程中还有大量的非研究与开发的因素，它们也是创新成功所不可缺少的。

20世纪60年代中后期，线性的市场拉动即需求拉动流行起来，该模型是从生产需要或者市场需求开始，经过研究开发、生产和销售，将创新引入市场中。相关研究表明，有超过60%的创新行为是由市场需求引发的。因此，对于大部分的企业和科研单位来说，市场需求拉动型的创新在实际中占据很重要的位置。在市场需求拉动的技术创新模型中，市场需求为技术创新提供了机会，而技术创新是市场需求拉动的最终结果。这种模型能让创新适应某一特定的市场需求，但只考虑了一种因素，也是一种简单的线性模型。

20世纪70年代，出现了科学、技术、市场间"交互作用"的模型。该模型认为，技术创新是由技术和市场两者的共同作用所引发的，社会与市场的需求和新的技术能力都可以导致新构思的产生；同时，创新过程中各个环节之间创新与市场需求以及技术进展之间存在着交互作用的关系。与技术推动模型和市场拉动模型相比，技术创新过程的交互模型加强了市场与技术的连接，这就说明企业的创新管理是要将市场需求和新的技术能力进行匹配的。

20世纪80年代又出现"一体化"模型，把创新过程看成是相互作用的过程。"战略集成与网络"则代表的是创新的电子化过程，它更多地使用专家系统作为开发手段，其中仿真模型部分地代替了实物原形，它把创新不仅看成是一个跨部门的协作过程，而且看作跨机构的网络过程。总体上说，创新的五种动力模型，从根本上反映着人们对创新本质的逐步深化过程。

四、科技创新趋势

当今世界，科技创新、转化和产业化的速度不断加快，原始科学创新、关键技术创新和系统集成的作用日益突出。科学技术在经济社会发展、人类文明进程中发挥了愈加明显的基础性和带动性作用，这具体表现在以下方面。

首先，科学技术呈现着群体突破的态势。无论是信息、生物、纳米技术，还是能源、材料科学等，它都出现了新的同步发展的态势，而且它们之间创新突破往往是互相影响、互相促进的。与此同时，学科交叉融合进一步加快，新学科不断涌现。例如，生物学家做分子生物学工作离不开数学家和物理学家的帮助，离不开计算机专家的帮助，离不开仪器、高科技人才的帮助。再如，纳米技术的研制、应用绝不仅局限于物理和化学领域，同样也拓展到生命科学、生态环境、能源等领域。所以学科交叉融合已经成为一个大的趋势。科学家再不能局限于本学科领域方面的单纯研究，必须要注重跟其他学科领域的科学家共同探讨、共同发展、交叉融合、共同合作。

其次，科学技术推动社会组织结构和管理模式的变革。科技的发展改变着社会劳动力的构成，随着社会、科学的发展，体力劳动会越来越少，而且简单、重复的脑力劳动也要减少，更多的人要从事创造性的脑力劳动。推向市场、完全产业化，当然不能靠科学家个人去完成，而且要有一个完整的创新链条去实现。科学技术与经济、社会、教育、文化的关系日益紧密，国际科学技术交流与合作越来越广泛。科学技术推动社会生产力发生巨变，这同时推动着生产方式发生根本变革，机械化、自动化生产方式使人从笨重的体力劳动中解放出来，而信息化的生产方式不光代替了一部分脑力劳动，更重要的是原先封闭的生产方式转变为全球化的、开放的生产方式，使得全球的每一个生产资源都可以被带动、被优化、被组合。这就使各种要素在全球范围内得以优化配置。科技不断改变人类的生活方式，使得人们可以更加便捷地学习知识、欣赏艺术和享受生活，丰富了人与人之间的交流，激励了人的创造性的活动，使人们的生活面貌也彻底改观。

再次，科技产业化的速度越来越快。过去从一个科学发现到一项关键技术发明，再到规模的商业化过程，往往要经历半个世纪，后来缩短到十几年，像激光技术从发现到应用也要2~5年。但是现在一项新技术的出现，尤其是在新兴领域，几个月时间就走向大规模市场并传播到全球。当今世界科技，尤其是技术竞争和创新的激烈程度变得前所未有，一项技术如果不能及时被应用，它就要被更新的技术所淘汰，它在科学史上占据不了任何位置。如果一项技术及时得到推广应用、造福了人类，即便今后被新的技术替代，也已经为人类的进步发挥了作用，它将记录在科学历史上。

最后，科技创新与文化创新的互动共进是现代人类文明演进的显著特点。科技创新活动是最具时代特征的创造活动，创新不仅是一个技术过程，更是一个科技与人文的整合过程。创新本身就是一种文化积淀，文化对整个创新系统具有无与伦比的渗透力。面向21世纪，文化理念、价值观的变革与创新对一个国家的科技创新、经济繁荣、民族振兴至关重要。当代科学技术发展日新月异，预计在21世纪上半叶，科学技术会出现重大原始性创新突破，将导致生产力的根本变革，并引发全球生产关系的全面调整和利益格局的重新分配。这种高速的变革，先进文化的引领与推动是前提，能否抓住这样的历史机遇，大力创建崇尚创新的文化，铸造民族创新之魂，构建中国特色的国家创新体系，全力提升民族自主创新能力，对于中华民族的复兴是一次历史性挑战。

第三节　科技创新管理

科技创新管理是人们根据科技实践和科技管理实践总结出来的，它对科技管理活动起重要而稳定的指导和制约作用。它适应科技发展时，促进科技的发展；反之，则阻碍科技的发展。

一、科技创新管理内涵

科技创新管理是围绕着科技活动的管理原则、运行机制和组织体系的总称，也被称作科技体制，即"与各科学技术领域中科技知识的产生、发展、传播和应用密切相关的全部有计划的活动"。❶

1. 科技管理体制的内容

科技管理体制简称科技体制，是科技活动的组织结构、管理体系和制度的总称。科技管理体制可分为科研组织和科研管理制度两大部分，主要涉及科技体系、科技政策、科技法制、科技发展战略、科技规划和计划、科技成果管理、科技人才管理、科学技术合作与交流等内容。

科技体系是"科学技术研究与管理的机构设置、职责范围、权属关系和管理方式的结构体系"。❷ 科技创新的执行机构主要包括企业、高校、政府科研机构与民间科研机构、科技咨询与中介机构。企业是科技创新的主体，高校、科研院所是科技创新源，科技咨询与中介机构是科技与经济对接的黏合剂，它们缺一不可。区域科技创新主要依靠区域内的企业、高校、科研院所、科技投资与中介机构实行自主创新，但绝不是排他的集团。同时，还要大量吸引区域外科技创新力量与成果，重视模仿创新，开展合作创新，从而提高科技创新执行机构的科技创新效能。

科技政策是一个国家为了实现某阶段性时期的科技任务而专门制定的具有指导未来科技事业发展方向的有关战略和策略的基本行动准则。

科技法制是保障科技健康发展的重要制度和措施，依法推动科技进步，为科技发展创造良好的法制环境。

科技发展战略是国家发展战略的重要组成部分，在促进科学技术发展的同时，也为社会经济发展服务，是一项立足长远的科技工作。

科技规划是长期性的、纲领性的科学技术发展计划，它体现了科技发展的战略目标、方向、思想和主要任务，为制订科技计划提供依据。科技计划是科技规划的具体实施，实现科学技术战略目标必然要经历一个从科技规划到科技计划的发展过程。

科技成果是科技人员在科技活动中获得、再经过鉴定得出的且被公认的具有学术意义或经济价值的创造性结果。科技成果管理包括成果的评审和奖励。科技成果的水平和数量，是衡量科技人才质量和评价单位科技工作成就的重要参考指标准。

科技人才管理是为了充分发挥科技人才的团体效应，对科技人员进行开发、调整和控制的过程。"科技人才是在社会科学技术劳动中，以自己较高的创造力、科学的探索精神，为科学技术发展和人类进步做出较大贡献的人"。❸

科学技术合作与交流是就科学知识、技术成果以及科技能力的交流、转让、引进和推广普及等目的促进科学技术在不同行业间、地区间输出与输入的重要活动。

2. 科技管理体制的类型

科技管理体制的类型因不同国家自身科技发展的需求不同而各异。其中，政府、企业、

---

❶ 戴钧陶. 关于科学技术的活动分类 [J]. 科学管理研究, 1986, 4 (3): 29, 30.

❷ 何洁, 邓心安. 对我国新一轮科技体制改革共性问题的思考 [J]. 中国科技论坛, 2004 (3): 18–21.

❸ 林枭. 科技型人才聚集中隐性知识转移障碍研究 [D]. 太原: 太原理工大学, 2010: 5.

研发机构及其他主体在科技活动中的职能与权限应该如何划分，是科技管理体制的核心问题。根据组织结构的不同，可将科技管理体制分为多元分散型、集中协调型和集中统一型三种类型。

市场经济发达的西方国家通常采用多元分散型的科技管理体制，这种模式下，政府对科技管理的介入比较少，美国是最典型代表。其主要特征是决策机构多元化、管理机构分散化。在这种体制下，科技界有较大的自由性，高校在科研工作中的作用突出，且工业企业的研究与市场密切。但因为美国行政、立法、司法三个系统都有科技决策权，各系统工作程序不一样，工作效率就不一样，最后在实际决策中的作用也就不一样。另外，管理机构的分散，也会造成经费使用的低效率。

日本和西欧一些国家采用的是集中协调型的科技管理体制。政府主导、分散管理、分工有序、协调合作以及管理方式灵活多样是它的主要特点。这种体制下政府主导作用突出，同时注重管理权限的下放、中央与地方关系的协调、管理方式的多样化、各类管理主体积极性的调动，因而能够实现科技的快速发展。

发展中国家和新型工业化国家的科技管理体制大多为集中统一型，这种体制主要具有科技管理权力集中、科技计划约束性很强和科技经费主要来自国家预算拨款的特点。因此，为了尽快实现以科技来追赶发达国家的目标，新兴工业化国家和发展中国家都非常强调政府在资源配置和科技政策上的集中作用。这种管理体制更容易达到"集中力量办大事"的目的。

二、科技管理演化历程

科技管理是人类理性地运用科学技术的理论、方法和实践，来促进科学技术的迅速发展的过程。随着科技发展的历史进程，科技管理也呈现阶段性特征。

1. 经验管理阶段

19世纪前的科技活动，主要表现为一种个体作为，从珍妮纺织机到瓦特蒸汽机，基本上都是个人发明创造或技术改革，与之相对应的科技管理，则主要凭个人经验。

2. 科学管理阶段

蒸汽机的发明及广泛应用，引发了第一次科技革命，人类由手工劳作逐渐进入机械化时代。19世纪以电气技术为先导，人类开始第二次科技革命。与第一次科技革命不同的是，它不是直接来源于工场或其他生产实践领域，而是来源于科学实验室。至此，科技组织和科技管理机构相继出现，科学管理取代了经验管理。

3. 系统管理阶段

20世纪40年代至80年代，以计算机的诞生为标志，人类开始第三次科技革命。以数字革命为先导，以信息高速公路为主要内容引发的第三次科技革命的高潮，不仅带来了经济发展模式的转变和经济的高增长，而且带来了新的社会转型，使人们的生产方式、生活方式、沟通方式及思维模式发生了巨大变化。科技研究开始形成了多层次的、综合的统一体。这时，任何重大科技成果的出现、任何重大的科技创新，不再来源于单纯的、经验性的创造发明，而来源于系统的、综合的科技研究。同时，大量的科技研究，已从单纯的个人活动转化为社会化的集体活动，科技活动形成了企业规模、国家规模，甚至国际规模。❶现代科技的规模化、社会化发展，使单一的管理理念在指导科技方面已显得力不从心，科技管理必须以科学管理为基础，综合行为科学、管理科学、决策理论、控制论等而形成系统的科技管理理念。

三、科技管理理论发展

科技管理学是一门新兴的综合性应用学科，是科学学的一门应用学科，也是管理学的一门分支学科。科技管理学主要研究科技发展趋势和科技战略管理，研究科技政策和科技法，研究科技规划、计划的组织制定，还有科技项目、科技人力资源、经费、信息、成果、学术、"三技"服务等的管理方法、管理艺术等。

1. 科技管理的古典范式理论

科技管理的古典范式理论一般将科技管理内涵定义为满足社会公共科技需要、维护国家和社会公共利益、生产和消费由市场机制无法提供的科技产品（或称为公共科技产品）的政府科技管理行为。❷ 因此，在科技管理基础上形成的科技管理制度，是运用科技制度设计合理配置科技资源的过程。这一研究视角突出了"国家目标论"，注重的是政府对公共科技资源配置的干预，而对公共科技政策、公共科技成果的转化等方面关注较少。

公共科技管理的作用就在于弥补市场失灵。市场失灵成为新古典经济学进行公共科技管理分析的逻辑基础，通常称为市场失灵的管理范式。同时，市场失灵也为判断政府应何时干预科学技术提供了一个相当清晰的分析工具。理论基础是以公共选择理论和市场失灵理论为其理论基础，认为纠正市场失灵、谋求科技资源的最优配置以及满足社会对公共科技产品和服务的需求，便成为公共科技管理存在的前提。假设政策制定者是完全理性的，对市场行为与科技机会有更好的理解，政策制定者的关注焦点在于如何更好地设计政策来实现预定的科技政策效果，以及在个人追求私人福利最大化的情境中寻求社会福利最大化。

然而，科技管理的古典范式理论的关注焦点，在于科技资源的有效配置问题，侧重于政府对公共科技资源配置的干预，而对科技资源的创新未曾涉及。在分析方法上采用静态或比较静态的分析方法，这不能反映出公共科技管理作为一种制度所具有的适应性、连续性和渐进性等制度变迁的特征，也无法反映出公共科技管理自身会随着管理对象——公共科技的发展而演化变迁，从而会影响到公共科技管理内涵的进一步拓展，减弱了公共科技管理对国家战略目标和经济体系选择的适应性。

2. 科技管理的演化范式理论

从 20 世纪 70 年代末 80 年代初开始，起源于英国、美国、澳大利亚和新西兰的"新公共管理"运动，在西方各国掀起了一场声势浩大且旷日持久的政府改革运动，它包括美国的企业化政府改革运动、法国的革新公共行政计划、澳大利亚的财政管理改进计划等。这场运动推动了科技管理制度的新范式的产生。

科技管理制度的新范式，是一种以演化经济学为基础、以自主创新为导向的公共科技管理制度。其理论基础是演化经济学，关注经济系统发展变化的动态过程，坚持从演化的、

---

❶ 倪正茂. 科技法原理 ［M］. 上海：上海社会科学出版社，1998：10 - 12.

❷ 朱星华，高志前. 树立公共科技观建设公共科技 ［J］. 科学学与科学技术管理，2004（10）：7 - 23.

动态的视角来理解和分析经济系统的运行。它将技术创新视为一个非线性的由多种内容组成的系统，考察技术变迁的动态过程，并认为技术创新和技术变迁是众多经济现象背后的根本力量。自主创新导向型公共科技管理制度设计需要认识到技术创新在经济增长中的核心作用，将增长政策和创新政策联系起来共同置于经济系统之中，以系统的视角来看待两者的内在联系。通过发挥两者的系统协同效应，实现经济增长活动的转变。正是基于此，演化框架将技术创新纳入到公共科技管理分析之中。

演化范式下的科技管理认为公共科技管理应是一种选择机制。它通过提供有效的制度安排，增强各创新主体间的交互式学习及知识积累与扩散，促进经济体内创新性企业的产生，并在此基础上对企业的创新行为进行选择，其目的在于使适应国家战略的创新行为得以保留、遗传，并在经济体内进行扩散，最终实现自主创新和创新型国家这一战略目标。演化范式下的科技管理致力于能够最大限度地激发自主创新潜能的创新制度，即立足于自主研发和内源式学习，探索新的技术轨道，并达到技术前沿的创新制度。按照演化经济学理论，政府借助公共科技管理制度保护新知识的生产，促进自主创新，而不仅仅是纠正市场失灵。为此，演化经济学可以提供的非常重要的见解是，政府在制定和执行公共科技管理时面临的是一个终端开放的世界，在其中存在着根本的不确定性，此时的问题不是在一个封闭系统中求解最优问题，而是为了培育学习能力、系统地整合增长的知识和适应变化着的环境。演化的科技政策制定者关注的焦点是创新过程，核心的科技政策问题变成了增加实验行为的概率，政府在追踪和鼓励创新方面具有极其重要的作用。❶

显然，当代科技活动的主题、领域和目的在全球范围内得到认同，科技活动要素在全球范围内自由流动与合理配置，科技活动成果实现全球共享，以及科技活动规则与制度环境在全球范围内渐趋一致。❷这使科技管理必须创新，才能服从和服务于科技的创新发展。强调以人为本，由重"物"的管理变为更重"人"的管理，由重科研过程的管理变为更重科技战略的管理，由重纯理性的"刚性"管理变为更重激励性的"柔性"管理，由重有形资产的管理变为更重无形资产（如知识产权等）的管理，在科技管理的制度、模式、方法中体现得越来越充分了。

---

❶ 孙斐. 公共科技管理制度：从新古典范式走向演化范式［J］. 中国科技论坛，2013（9）：29.
❷ 冯之浚. 论科技全球化［G］//世纪之交的国外科学学研究［M］. 杭州：浙江教育出版社，2000：13.

第三章　创新系统中的文化创新

第一节　文化作为生产力

文化的意义就在于显现人的本质力量，印证社会发展的水平。文化的本质也成为人的非自然化。科学技术丰富了文化，也意味着人的非自然化的加强。与此同时，科学技术的发展也彰显着人与自然矛盾的演变，这实质上则是人与文化矛盾的显现。

一、文化的本质及分层

1. 文化的本质

西方"文化"一词，本源于拉丁文"cultusl"，其义是指由人为的耕作、培养、教育而发展出来的东西，是与自然存在的事物相对而言的，如农业在英文中为"agriculture"，丝织业为"silkculture"。后来西方社会将这一术语逐渐引申到精神生活领域，泛指人类由于理性思维的发展而引发的社会生活的变化。

在中国古代思想史上，"文化"一词最早出现于《易经》中的"观乎人文，以化成天下"。其中的"文"，原本是指"色彩交错，好看的纹理，以及华美文章、文采"等意思。引申一下可以理解为"使……变得有条理、合理、好看"的意思，也就是表示一种将事物人工化，由人的标准和尺度观察对象的行为和效果。

总之，文化就是人化和化人，是人文教化的道理与方法。其本质含义是自然的人化，是人和社会的存在方式，它映视着在历史发展过程中人类的物质和精神力量所达到的程度、方式和成果。显然，文化是人类适应环境的产物。人类活动的环境可以分为两大类型，一类为"自然环境"，包括天文、地理、生物等；另一类则由人为过程所创造和发展有关物质、精神和社会的环境，包括工具、文字、艺术、文学、宗教、哲学、伦理、科学、技术、经济、风俗、政治和各种制度等，统称为"文化环境"。人类文化是在劳动中后天习得的，因为人类是唯一具有高度抽象思想能力的生物，所以可以创造自然界所没有的"人类文化"。

英国著名文化人类学家泰勒（E. B. Tylor）早在1871年首先提出文化的定义，"文化……是包括全部的知识、信仰、艺术、道德、法律、风俗以及作为社会成员的人所掌握和接受的任何其他的才能和习惯的复合体"。[❶] 可见，文化是一个内容极其丰富和广泛的复合体。文化是人类相对于动物状态的一种禀赋，是人之所以为人的本质规定。

---

❶　爱德华·泰勒. 原始文化［M］. 上海：上海文艺出版社，1992：1.

2. 文化的分类

荷兰哲学家皮尔森（C. A. von Peursen）强调，文化不是名词，而是动词，意在突出作为创造活动的文化。❶可见，只有体现人的向往和追求的才是文化，它是产生于人类、依附于人类、作用于人类的魂魄，是一个民族历史的沉淀和累积，是人类社会经济的指示灯。无论在哪个方面，科学技术都在文化之内。

文化作为人类进化的载体，是人类生活的世界，是寓实践和创新于一体的客观过程。文化的本质也恰恰体现于该实践过程中。从内容上看，文化是人类征服自然、社会及人类自身的活动、过程、成果等多方面内容的总和；从时间上看，文化存在于人类生存的始终，人类文化是历史地发展着的，是人类进化能力不断提高的体现；从发展上看，文化是动态的渐进的不间断的发展过程；从表现形态上看，文化以区域世界的文化形态出现，不同区域有不同的文化特色，如出现过的河谷文化、游牧文化、岛屿文化、内海文化等，都对人类文化做出各自的贡献。正是文化的进步使人类社会的文明进程呈现出跃进的阶梯。从这个层面说，文化是一个主观过程，它体现为一定社会集团典型生活方式的总和，包括这一集团的思想理论、伦理道德、教育科学、文学艺术、社会心理、宗教信仰等内容。这样，文化的内在矛盾也就是主体和客体的矛盾，解决主客体的矛盾过程就是自然科学、社会科学和思维科学产生和发展的过程。科学转化为生产力又必须创造技术，科学和技术从过程到结果无不饱含着人类的主观能动性、创造性。文化的状态直接影响着人们的精神状态，文化的精神成果潜入社会的群体意识，进而引发系列创新。人类社会发展历程充分说明，文化创新是社会创新的领跑者。文化创新与科技创新的连接，直接作用于国家创新体系的性质和结构。

3. 文化的分层

由于人的文化活动是一种中介活动，即借助中介系统（如科学技术等）进行的一种实践创新过程，所以人们展开文化生活、进行文化创造时，也就把"文"和"人"的标准与理想物化到这些中介系统、活动成果中。器物、制度和精神、价值等成果中寄寓了人们关于"人"的理念、理想和"样法"，因此我们也说它们是文化，是文化成果的具体表现形式。例如，黄顺基曾在其《科学论》中提出了文化的四个层次，即器物层、制度层、精神智能层和价值规范层。托马斯·哈丁（Thomas Harding）在《文化与进化》则把文化分为三个层次，即技术层、社会层、观念层。佩西（A. Pacey）1983年把文化划分为三个层面，即器具层面、制度层面和观念层面。就整个文化发展史所呈现的演化图景表明，作为人类生存方式的文化包括器物、制度、精神和价值四个子系统。

从文化的器物层面来看，人类的物质生产活动方式和产品的总和是可触知的具有物质实体的物态文化层，包含物质和技术产品。古埃及的金字塔，中国的长城、兵马俑等都是不同民族留下的文化遗迹。西方人的所谓文化，原只是谋生的一种手段，所指的主要在物质层面。在中国文化里面，我们的四大发明可谓影响深远，并形成了技术主导文化系统的一段辉煌历史。同时，作为物质文化的发明创造是累积的和扩散的，如交通工具，不同时期先后发明的马车、汽车、火车、飞机等直到现在仍存在。而且，一项发明一旦公之于世，便会迅速传播到世界各地，且随着历史的发展而发展进步。

---

❶ 皮尔森. 文化战略［M］. 北京：中国社会科学出版社，1992.

从文化的制度层面来讲，人类在社会实践中组建了各种社会行为规范以及相应的体制、政策建设。不同的历史时代、不同的民族大都形成了自己的制度文化。例如，我国西汉的刘向曾在《说苑·指武》中指出，"圣人之治天下也，先文德而后武力。凡武之兴，为不服也。文化不改，然后加诛。"在这里，刘向指的是文化的"文治教化"作用，这实际上是强调文化的制度化功能。在《中国大百科辞典》中则指出，"文化——广义，指人类在社会历史活动过程中创造的物质财富和精神财富的总和；狭义，则指社会的意识形态以及与之相适应的制度和组织机构。"在这个意义上，制度文化是与时俱进的，为特定阶层和集团服务的。在今天，世界各国都纷纷意识到，要依赖制度文化的深度改造，建设有利于科技进步的服务体系，其中包括需要政府政策牵引形成的多元化的、有利于科技发展的一系列政策，引进企业的风险投资机制、商业化的科技转移担保机制、专业化的科技转移的评估机制以及规范化的科技服务中介机制。

在文化的精神层面，文化是观念与行为的体系。一般意义上亦即狭义的文化专指语言、文字、文学、艺术、风俗、习惯以及人类其他精神活动及其产物。行为文化层是人际交往中约定俗成的以礼俗、民俗、风俗等形态表现出来的行为模式。观念文化是人类在社会意识活动中孕育出来的审美情趣、思维方式等主观因素，相当于通常所说的精神文化、社会意识等概念。这是文化的核心。反之，作为精神文化，能够内化成行为模式和思维模式。从精神层面来讲，文明程度是人文化程度的自我判断。近些年，随着经济的发展、社会的进步，人们越来越开始关注文化、思考文化。文化没有高低之分，却有着强与弱、先进与落后的差别。文明的价值含量越高，越能满足人类精神物质的需求，这种文化就越具有生命力；凡是具有较高文明价值的文化产品或文化系统，无论是西方还是东方的，都可以兼收并蓄、发扬光大。中国要想发达、强盛，必须广泛吸收和学习西方的先进文化。

文化的价值层面则是指对象对规范和优化人的生命存在具有的价值，它是一种标准化和理想状态。所以，文化价值是优化、提升人的生命存在的价值，是促进人"更是人"的价值。人成为"人"是一个过程，人有一个不断优化、完善与提高的过程，表现为人不满足于世俗、市侩、平庸的生活而追求高品位、高境界的生活，表现为人努力地设计和创造自由、理想的状态。文化价值就表现为一种意义和境界，起着提升人格的建设性工作，借此使人前进到更高级、更文明的状态。可见，文化的本质是"人化"，即按照"人"的标准和理想改变人自身及其世界，使之美、善、雅、文明等。自然原本是自在的、混沌的、天然的、野蛮的，不具有属人性，不是文化的；文化则能改造这种野性、天然性，使之具有属人性，并符合"人"的标准，趋向"人"的理想。所以，"文化"可以简略地界定为"人化"。❶也就是说，文化是指人按照"文""人"的标准展开的生活，是人使自己及其周围世界"向文而化""向人而化"的能动的历史活动。文化的其他含义则是它的转义。如马利诺夫斯基（Malinowski）则把文化看作是一种装备，"通过这种装备，人才能克服他所面临的一些具体特殊的问题"。❷他还用文化价值指出一种文化能经常地满足人的需要，包括文化需要和生理心理需要的功能。

显然，文化是一种有结构、有形态的复合体。正如美国文化人类学家克罗伯（Kroeber）和克拉克洪（Kluckhohn）在《文化，其概念与定义的批评》中所指出的，"文化存在

---

❶ 李德顺，等. 家园：文化建设论纲［M］. 哈尔滨：黑龙江教育出版社，2000.
❷ 朱狄. 原始文化研究［M］. 北京：三联书店，1988：138.

于各种内隐的和外显的模式当中，它凭借符号的运用得以学习和传播，并构成了人类社会的特殊成就，其中包括他们制造物品的各种具体方式和模式。文化的基本要素是传统（通过历史科学衍生的和由选择得到的）思想观念和价值，其中以价值观尤为最重要。"❶

二、文化与文明的关系

文化与文明是一对使用频率极高而又区别极为模糊的概念，常常被混用。这是因为，无论文化还是文明，都不是指某种具体事物，而是指包含人类创造这些具体事物的总体成就和不同的样态。从这个角度讲，文化与文明有时候可以混用，有时又有严格的区别。

从联系的角度来讲，文化推动文明进步，文明促进文化发展。布罗代尔（Braudel）说，文明是一个空间，一个文化领域，是文化特征和现象的一个集合。道森（Dawson）说，文明是一个特定民族发挥其文化创造力的原始过程的产物。斯彭格勒（Spengler）说，文明是文化不可避免的命运，是一个从形成到成熟的结局。比如，近代科技文化的发展促进了现代文明社会的进程。从近代科技革命的发展，到近代产业革命的演进，引领了工业文明的进程。

可见，一方面，文明是文化发展的一定阶段和积极成果。文明是文化外化的展现和载体，是人的生活方式及物质成果，是人们生活的外在形态；另一方面，文化作为人类生存发展的渐进式实践创造过程，是人类文明进化的依托。文化是文明背后的核心和灵魂，是人的自觉能动性与创造性，是人们生活的内在依据。所以说，文化产品和文化系统的丰富能使我们享受的文明质量随之提高。而文明的价值含量越高，越能满足人类精神物质的需求，这种文化就越具有生命力；凡是具有较高文明价值的文化产品或文化系统，无论是西方还是东方的，都可以兼收并蓄、发扬光大。这样，文明的内在价值通过文化的外在形式得以体现，文化的外在形式借助文明的内在价值而显示其内涵和意义。

从区别的角度看，文化强调"文而化之"的动态过程，文明则是指有形的状态与结果，英文"civilization"一词源于城邦、规则、体制之间，它是文化的外化与放大。此外，文明是一元的，是以人类基本需求和全面发展的满足程度为共同尺度的。从这个意义上讲，人类文明有着相对统一的价值标准。比如，无论在西方世界还是东方国家，污言秽语、恃强凌弱、坑蒙拐骗、欺上瞒下等，都是不文明行为。尽管东西方有着不同的文化形态，但却有着相同或者相近的文明标准。而文化则是多元的，是以不同民族、不同地域、不同时代的不同条件为依据的。由于人类文明是由不同的民族、在不同的时代和不同的地域中分别发展起来的，因而也就必然会表现出不同的特征、风格、习俗和样式。此外，文化没有高低之分，却有着强与弱、先进与落后的差别。文化的差异原本产生于时代、地域和民族的不同，但随着科技的进步、信息传播的加速、经济一体化的发展、文化交流的增多，不同文化系统之间的相互影响、相互渗透、相互兼容，也就成为历史的必然。而这一过程，正是人类文化不断提高其内在文明总量的过程，同时也是人类文明不断减少其外在文化差异的过程。

了解了文明与文化的联系和区别，我们就应该明确：无论是科技文化建设还是创新文化建设，都应该以文明建设为核心和底蕴，文明建设以文化建设为基础和形式。无论是文

❶ 刘在平，秦永楠. 中国小百科全书·第四卷·人类社会（一）［M］. 长春：吉林大学出版社，2011：107.

化建设还是文明建设，其根本目的都是为了满足人们日益增长的物质精神需求，都必须着眼于人的全面发展，只有这样才能使文明建设和文化建设走上正确的轨道。

三、文化的生产力特征

文化生产力被誉为第三代生产力，其重要特征是"文化的经济化、科技化"和"经济、科技的文化化"，以及由此产生的当代文化、科技、经济的一体化趋势。

1. 文化力概念的由来

对文化力（power of culture）的研究可以追溯到美国哈佛大学肯尼迪政府学院院长约瑟夫·奈（Joseph Nye）于 20 世纪 90 年代初最早提出的"软实力"（soft power）概念。在其堪称关于"软实力"理论的开山之作《美国注定领导世界？美国权力性质的变迁》❶ 中提出了权力来源中"权力的第二张脸——软实力"的概念，并且比较完整地阐述了软实力与硬实力之间的关系。他认为美国既拥有传统经济、科技、军事的"硬实力"优势，而且还拥有文化、价值观和国民凝聚力等新型的"软实力"优势。只要能够将这些潜在的权力资源转化为实际的影响力，美国定能主导世界。约瑟夫·奈进一步指出，"软实力是一种能力，它能通过吸引力而非威逼或利诱达到目的。这种吸引力来自一国的文化、政治价值观和外交政策。当在别人眼里我们的政策合法、正当时，软实力就获得了提升。"❷

文化"软实力"概念引入中国后，中国的学界对其进行了本土化的研究和探讨，并提出了"文化软实力""文化力""文化国力"等概念。如国内较早进行"文化力研究"的贾春峰于 1993 年提出了"文化力"这一概念。贾春峰认为，"文化力"概念的出现，被认为是 1980～1990 年中期"新经济"的崛起，并认为要加强市场经济中"文化力"研究。党的十六届四中全会通过的《中共中央关于加强党的执政能力建设的决定》明确提出了"文化生产力"这一概念，并就如何"解放和发展文化生产力"问题做出重要部署。党的十七大提出了"推动社会主义文化大发展大繁荣""提高国家文化软实力"的重要任务。习近平总书记在主持中央政治局 2013 年第十二次集体学习时指出，提高国家文化软实力，关系"两个一百年"奋斗目标和中华民族伟大复兴中国梦的实现。总书记围绕努力夯实国家文化软实力的根基、努力传播当代中国价值观念、努力展示中华文化独特魅力、努力提高国际话语权四个方面所做的精辟阐述，是建设社会主义文化强国、提高国家文化软实力的根本指引。由此，将文化生产力的理论诉求于实践、实现的社会的普遍重视，推进到了一个前所未有的高度。❸

2. 文化力概念内涵

根据日本学者杉浦勉的观点，文化力是与新经济相伴而来，是一个社会文明历史推进、发展的必然趋势和结果，并且借助全球化、信息化迸发出前所未有的物质与精神能量。文化力可以理解为，"是在知识经济发展到来之际，在全球化、信息化条件下，人类社会所拥有的，以其一切文明在精神上的反映而去改造这一社会物质与精神存在结果的综合能力"。❹

❶ 约瑟夫·奈. 美国注定领导世界？美国权力性质的变迁 [M]. 北京：中国人民大学出版社，2012.
❷ 唐晋. 论剑——崛起中的中国式软实力 [M]. 北京：人民日报出版社，2008：62.
❸ 方伟. 文化生产力：一种社会文明驱动源流的个人观 [M]. 石家庄：河北教育出版社，2006：30.
❹ 方伟. 文化生产力：一种社会文明驱动源流的个人观 [M]. 石家庄：河北教育出版社，2006：34.

文化力的内涵包括四个方面：①包括科技教育在内的智力因素；②包括理想、信念、价值观、道德伦理、人格魅力在内的精神理念；③包括图书馆、博物馆、信息网络等在内的文化网络；④作用于现实生活的优秀传统文化力量。

3. 文化作为生产力的具体特征

文化力是以文化为依托的实力形态。1998 年，联合国教科文组织提出了一份《文化政策促进发展行动计划》，指出，"发展最终以文化概念来定义，文化的繁荣是发展的最高目标，文化的创造性是人类进步的源泉，文化的多样性是人类最宝贵的财富，对发展至关重要。"因此，未来世界的竞争必将是文化的竞争，发展文化生产力非常重要。

首先，文化生产力具有溢出效应。文化生产力的发展将对政治、经济、文化、社会、生态产生积极或消极的影响。先进管理理念、最新知识的传播能促进经济发展，传统文化、非物质文化遗产、外国先进文化的传播能促进文化发展，公益文化的传播能促进社会发展，生态文化、节约文化的传播能促进资源和生态环境保护。

其次，文化生产力具有生产力功能。一方面，文化生产力体现了文化生产者的精神创造能力。在文化生产中，文化生产者以其对象化的独特方式，将自身的主观精神因素，如思想、艺术知觉、审美、道德、智力、想象力、情感、愿望等渗透于全部文化生产过程，形成政治思想、道德、艺术、宗教、科学、哲学等精神成果，体现了人对世界、社会以及自身的基本观点，反映了人对外部世界认识和改造的广度和深度。因此，加强文化人才的培养，提升他们的主观精神世界，以及尊重文化生产者的创造性劳动，是发展文化生产力应有之义。另一方面，文化生产力具有物质生产属性。文化生产的过程也表现为一个物化的过程，即形成物质形态的生产过程，文化生产力依赖于人类活动的各种中介形式，如物质工具形式（数字技术、互联网等）、语言符号形式、社会体制形式（特别是文化体制）等。

再次，文化生产力具有传续性。文化生产力不是抽象的、超历史的、预成的实体。文化是一种社会现象，是人们长期创造形成的产物，同时又是一种历史现象，是社会历史的积淀物。文化生产力的发展依赖于继承前人生产的文化产品。每一时代的文化产品都是前人文化活动的客观成果，它帮助人们从中学习和继承特定的文化活动方式，获得从事文化活动、推动文化发展的基本能力。文化的生产要"受到他（艺术家）以前的艺术所达到的技术成就条件的制约"，这构成了人们当前文化生产力的既定前提，而这是不能自由选择的。从世代的角度看，如果文化能向新的世代流传，即下一代也认同、共享上一代的文化，那么，文化就有了传续功能。

最后，文化生产力具有地域性。一方面，文化是凝结在物质之中又游离于物质之外的，能够被传承的国家或民族的历史、地理、风土人情、传统习俗、生活方式、文学艺术、行为规范、思维方式、价值观念等，是人类之间进行交流的普遍认可的一种能够传承的意识形态；另一方面，文化市场上的文化商品当然要用于满足国内人民群众的文化消费需求，但在经济全球化的背景下，注重文化产品的输出，如本民族语言的国际传播、在重要的城市树立带有民族标志的景观等，这在一定程度上推动民族文化在世界上的扩散，对于提高一个国家的经济辐射力有积极的意义，同时也对我们如何发展文化、使民族文化走向世界提出了挑战。

四、社会创新系统中的文化力

文化力是文化"硬实力"和文化"软实力"的有机结合。文化生产力在当代已经成为综合国力的构成要素之一。文化产业和文化事业构成文化生产力的两个方面。

1. 文化产业

"文化产业"一词，源于 20 世纪初以霍克海默尔（Horkheimer）和阿多尔诺（Adorno）为代表的法兰克福学派关于"大众文化"的研究。他们在《启蒙辩证法》一书中使用了"文化工业"一词，对越来越商业化、大众化、标准化的文化产品进行分析和批判。在他们看来，大众文化是一种隐秘的统治意识形态；另一位法兰克福学派的代表人物本亚明（Benjamin）虽然认同艺术品的大量复制会导致"光晕"的消失，但对于文化工业却持相对肯定和乐观的态度。20 世纪 60 年代，雷蒙德·威廉斯（Raymond Williams）、斯图亚特·霍尔（Stuart Hall）、特里·伊格尔顿（Terry Eagleton）等人对法兰克福学派大众文化批判的精英主义立场进行再思考，肯定了文化产业在社会发展中的积极作用。

联合国教科文组织对文化产业的定义只包括可以由工业化生产并符合四个特征（即系列化、标准化、生产过程分工精细化和消费的大众化）的产品（如书籍报刊等印刷品和电子出版物有声制品、视听制品等）及其相关服务，而不包括舞台演出和造型艺术的生产与服务。事实上，世界各国对文化产业并没有一个统一的定义。美国没有文化产业的说法，他们一般只说版权产业，主要是从文化产品具有知识产权的角度进行界定的。日本政府则认为，凡是与文化相关联的产业都属于文化产业。除传统的演出、展览、新闻出版外，还包括休闲娱乐、广播影视、体育、旅游等，他们称之为内容产业，更强调内容的精神属性。2003 年 9 月，我国文化部制定下发的《关于支持和促进文化产业发展的若干意见》，将文化产业界定为从事文化产品生产和提供文化服务的经营性行业。文化产业是与文化事业相对应的概念，两者都是社会主义文化建设的重要组成部分。

文化是一种生产，而且是一种大规模的生产。它具有社会生产的基本特征；具有流通、交换、消费等基本环节，具有市场经济条件下经济运作的全部过程。随着传播媒介的高速发展和信息时代的来临，文化生产日益成为当代经济生活和经济结构中的重要部分，文化进入市场、文化进入产业，文化中渗透着经济的、科技的、商品的要素，文化本身已具有经济力、科技力，已现实地成为社会生产力中的一个重要组成部分，文化产业在国民经济中的地位越来越重要，它成为世界经济中的支柱产业之一，已引起了世界各国的普遍关注，成为世界各国竞争的焦点。特别是进入 20 世纪 90 年代以来，文化产业逐渐成为以美国为首的西方发达国家的支柱产业，文化商品和文化服务直接参与国民经济的运行，推动了经济发展，扩大了文化影响力。

近来所说的文化产业包括相当广泛的领域，有艺术、媒体、工艺、时装、设计、体育、建筑、历史的自然遗产和文化遗产、观光、饮食、娱乐、地方历史、城市主体性和对外形象等。美国、澳大利亚等国出现了不少公开研究报告，就创造型产业提出了很多新的观点。这些报告把广告与行为艺术、传播媒体与美术馆、软件开发与交响乐团都列入文化定义当中，认识到以创造型产业为中心的文化产业的经济侧面，对构筑未来社会非常重要。

2. 文化事业

文化事业是政府为提高国民素质而兴办的公益性文化内容，既包括具有原创性的文化成果和大量的知识产权，还包括如图书馆、博物馆、文化馆等公益性文化设施及内涵。

文化产业强调经济效益，而文化事业强调社会效应。一方面，发达的文化产业，为文化事业的发展提供动力、资金、民族文化的竞争力和影响力；另一方面，文化事业具有意识形态性，具有导向功能和维持秩序的作用。文化的导向功能是指文化可以为人们的行动提供方向和可供选择的方式。通过共享文化，行动者可以知道自己的何种行为在对方看来是适宜的、可以引起积极回应的，并倾向于选择有效的行动，这就是文化对行为的导向作用。文化是人们以往共同生活经验的积累，是人们通过比较和选择认为是合理并被普遍接受的东西。某种文化的形成和确立，就意味着某种价值观和行为规范被认可和被遵从，这也意味着某种秩序的形成。而且只要这种文化在起作用，那么由这种文化所确立的社会秩序就会被维持下去，这就是文化维持社会秩序的功能。

第二节　创新文化对社会发展的驱动

创新文化首先属于文化的范畴，文化对整个创新系统具有无与伦比的渗透力。而"文化存在于各种内隐和外显的模式中"。❶ 文化的内隐结构由思维方式、价值观念、审美方式构成，是文化中最一般、最抽象、最稳定的东西；文化的外显结构则由精神文化、制度文化和物质文化构成，是文化内隐结构的存在和表现形式，其中尤以价值观最为重要。

一、创新文化与文化创新

1. 创新文化

所谓创新文化，就是指与创新相关的文化形态，说到底就是能够最大限度地激励或激发人们去创新的文化，它包括一切崇尚创新、激励创新、保障创新的理念、精神、制度、环境。创新文化是指在一定的社会历史条件下，人们在创新过程及管理中所创新和形成的创新精神财富和创新物质形态的总和。创新文化在精神和实践上最大限度地激励或激发人们进行创新。

创新文化应当充分体现科学之魂与人文之魂的融合，即科学精神与人文精神的融合。一方面，创新文化最深刻的含义之一就是要最大限度地挖掘和利用内在的动力，从而激励科学家们自觉地进行科技创新，特别是重大的原始性创新；另一方面，创新文化是一种有利于创新活动的文化观念和行为道德规范，是一种给人归属感的"精神家园"，一种良性循环的"生态环境"。这一文化体系，将创新本身的文化意涵投射到社会生活的各个领域，以至于创新具有了铸造现代文化的"能力"。

2. 文化创新

文化发展的实质，就在于文化创新。文化创新包括内容和形式的创新，主要表现为理论、观念创新，文化内容、产品创新，文化模式创新，文化体制机制创新，文化传播方式创新，文化产业创新等。

社会实践是文化创新的动力和基础。一方面，社会实践不断出现新情况，提出新问题，需要文化不断创新，以适应新情况，回答新问题；另一方面，社会实践的发展，为文化创

---

❶ 中国大百科全书·社会学卷 [M]. 北京：中国大百科全书出版社，1991：409.

新提供了更为丰富的资源，准备了更加充足的条件。

实现文化创新，既需要着眼于文化的继承，又需要博采众家之长。对于一个民族和国家来说，如果漠视对传统文化的批判性继承，其民族文化的创新就会失去根基；不同民族文化之间的交流、借鉴与融合，也是文化创新必然要经历的过程。

3. 二者之间的关系

创新文化着眼于创新，而文化创新则重在文化，但二者都要求文化的发展。文化在每个时代都起着推动时代前进的巨大作用。

创新文化是指与创新相关的文化形态。它主要涉及两个方面：一是文化对创新的作用，二是如何营造一种有利于创新的文化氛围。文化创新是文化发展的实质，要发展必须有所超越，必须有所创新。

文化创新是国家创新体系建设中不可或缺的基础性工作，要以增强自主创新能力为核心，以改革促进文化理论创新、文化观念创新、传统文化创新和文化体制创新，推动文化内容、文化形式、文化工具等的全面进步。

创新文化是尊重知识和人才的文化，是彼此相互信任、相互合作、在合作中竞争和在竞争中合作的良性文化，是信息与知识及时交流与共享，而不是相互封闭、相互拆台的文化。所以，创新文化需要有服务国家、奉献社会、追求真理的价值观，要具有尊重实际、理性质疑、创新开拓的科学精神，以及正直诚信、敬业严谨的职业道德等规范。

文化创新是创新文化建设、变迁和完善的过程。无论是创新文化，还是文化创新，它们都是以文化的形态支持创新。具体说来，创新文化激发与聚集起一种精神与智慧实现科技创新；文化创新则营造一种有利于创新的良好氛围与环境。我们提倡文化创新，旨在通过文化创新改善其创新的宏观条件，从而营造一种"创新文化"氛围，即通过建设一种真正意义上的创新文化以推动科技创新，使国家和企业的发展与进步获得文化的驱动力。

二、创新文化的形式

自牛顿时代以来，科学技术的迅猛发展及其创造的奇迹一直为人们所叹服，甚至造成了科学包含着人类文明最进步因素的幻象。德国著名哲学家恩斯特·卡西雷尔（Ernst Cassirer）曾经指出，在我们现代世界中，再没有第二种力量可以与科学思想的力量相匹敌。它被看成我们全部人类活动的顶点和极致，被看成是人类历史的最后篇章和人的哲学的最重要主题。

1. 利用科技成果丰富文化内涵

世界的发展历史证明，越是创新文化活跃的地方，越容易形成工业化的广阔舞台，成为世界科技经济中心。18 世纪以来，世界科技中心和工业中心从英国转到德国，再转到美国。这种现象的实质是创新能力由弱向强的转移，是有利于创新的体制、机制和文化相互作用的结果。

然而，在这种潮流中也有不和谐的因素，正如英国著名的文学家和科学家斯诺（C. P. Snow）提出的"两种文化"之间的鸿沟，即在人文学者和科学家之间存在着"文化裂隙"，即各自代表的文化之间的分裂。❶ 这实际上是人为割裂科学文化与人文文化造成的，

---

❶ 斯诺. 对科学的傲慢与偏见［M］. 陈恒六，等译. 成都：四川人民出版社，1987.

在当代，人文文化中无不渗透着科技的成果。美国著名的科学史学家萨顿提出一种新的文化，它是建立在人性化的科学之上的文化，即新人文主义。萨顿一生的最高理想是实现科学人性化，使科学与人文精神、人文价值有机地统一起来。他指出，"必须把科学和我们的文化的其他部分结合起来，而不能使之作为一种与我们的文化无关的工具来发展"。❶ 强调科学在人类精神文化方面的巨大作用，强调科学与人文主义结合的必要性和可能性。

2. 利用人文文化内涵促进科技成果转化

科学的发展需要人文文化的滋养。在现代化进程中，人文主义传统得以复兴。例如，文艺复兴时期人文主义倡导艺术与技术的结合，新古典时期的人文主义体系倡导人性与科学的融合；而在当代，守护自然的生态人文主义则成为新时代的人文思想中的重要精神内涵。

萨顿提出的新人文主义之所以必要，正是因为 20 世纪以来科学技术的飞速发展为社会带来了太多的不确定性。萨顿认为，有两类人是令人不愉快的。❷ 一是古典学者和文人墨客，他们总认为自己是古代和近代文化的保卫者，他们看不到科学正在他们面前展示出整个完美的世界。二是一部分科学家和发明家，他们似乎对人类在五六千年中积累起来的全部美和知识财富一无所知，他们不能领略和欣赏过去的魅力和高尚，并且认为艺术家和历史学家等都是一些毫无用场的梦想家。而"新人文主义并不排斥科学，相反将最大限度地开发科学"。❸

显然，科学人文主义将为科技提供人文支撑，这样做的目的是使科学"更有意义，更为动人，更为亲切"。❹

三、创新文化的社会意义

创新文化的理念、价值观的变革对一个国家的科技创新、经济繁荣、社会发展、民族振兴至关重要。从文艺复兴的历史启示到当今时代的现实证据都表明了社会文化环境对科技进步和技术创新有着重要的影响。

1. 创新文化有利于新思想的产生

好的文化氛围有利于新思想的产生。技术的发展与其他事物一样都是不确定的、不可预测的，不可能是线性的发展序列，有可能会有根本性的变革，这需要持续创新，需要自主开发。

创新的主体是人，而人的观念、精神状态等决定了主体对创新的态度，也就决定了其能否创新。文化生产力的运行实践，有着一般性规律和普遍法则。文化国力需要在具体国家、社会环境下才能得以体现。美国前劳工部长曾强调说，新经济中最需要的高素质人才，是与从事工厂流水作业或服务行业者相反的"创造型革新人才"。❺ 创新文化的实质是思想解放，创新文化要做到最大限度地激励人和激发人，让人的潜能和创造性发挥到极致。

❶ 乔治·萨顿. 科学史与新人文主义 [M]. 北京：华夏出版社，1987：141.
❷ 韩建民. 萨顿新人文主义思想主脉 [N]. 科学时报，2003 - 3 - 21.
❸ 乔治·萨顿. 科学史与新人文主义 [M]. 刘兵，等译. 上海：上海交通大学出版社，2007：133.
❹ 乔治·萨顿. 科学的生命 [M]. 上海：商务印书馆，1987：51.
❺ 杉浦勉. 文化创造新经济 [J]. 企业文化，2007（8）：13.

2. 创新文化有利于促进科技成果产业化

好的文化环境有利于新思想转变成为新产品，从而实现其社会经济价值。发展创新文化既是建设创新型国家的一项重要工作，同时创新文化也是创新型国家的一个有机组成部分。

创新文化对于企业发展、地区与城市经济发展、整个经济与社会发展都是一种强大的内在的驱动力量，是一种凝聚力、鼓舞力、激励力、启动力、推动力、纽带力、创造力。不仅东京、纽约和伦敦等国际大都市，一些中小城市也认识到创造型文化产业对城市发展和保持活力的必要性。此外，企业也开始认为，商品经济价值的主要部分不在于物质性价值，而在于文化联想、设计等审美价值。以往文化政策的对象一般偏重高雅文化，而现在大众文化或漫画、动画等所谓"俗文化"也开始成为文化政策的涵盖对象。

第三节 文化产业的组织管理

文化产业在社会生活中的作用日益重要，已经成为当今世界各国文化实力和综合国力竞争的新的角力场。美国、法国、日本、韩国等国家文化产业发展的成功，不仅是由于发达的经济和大量的投入，更重要的是这些国家将文化产业发展提到国家发展战略的高度，不遗余力地进行扶持和引导。1986 年 7 月，上海制定了《关于上海文化发展战略的汇报提纲》，标志着中国已将"发展战略"这一概念被引入文化领域。文化发展战略问题开始引起全国文化界、学术界与政界的普遍关注。

一、文化发展战略

文化建设是一项复杂而艰巨的系统工程。文化发展战略是国家关于文化发展的长远的整体规划，是有关文化发展的目标、对策措施以及实施方式。具体来讲，文化发展战略是指战略主体对国内、国外文化发展的战略环境进行全面分析，在此基础上，以文化发展的战略指导思想和战略方针为指引，科学确立文化发展的战略目标和任务，制定有效的战略措施和实施方式。

文化发展和进步已成为世界发展的潮流。1995 年，联合国教科文组织在《世界文化发展报告：我们创造性的多样性》提出要把文化置于发展的中心位置。1998 年，该组织在其《文化政策促进发展行动计划》中指出，"社会发展的最高目标是文化的繁荣"。❶ 在全球化不断发展和文化经济时代初现的大背景下，许多国家和地方政府在世纪之交都重新思考并制定了 21 世纪的文化发展战略，以响应文化全球化的挑战，增强本国文化的竞争力。

对一个国家来讲，文化发展战略的制定有利于促进民族归属感。为了让"世界""现代"不至于落入全球一体化的误区，1997 年 5 月在哥伦比亚城市麦德林，113 个不结盟国家的代表团通过决议明确指出，"丧失自己身份、社团观念、个人价值和自身文化归属感的全球化是一种消极全球化，应当发展和促进积极全球化观念，以此作为南方国家丰富人类文化财富的唯一选择。"未来学家托夫勒曾预言，"一个高技术的社会必然也是一个高文化

---

❶ 毛少莹. 现代发达国家和地区公共文化管理与服务的实践与启示［J/OL］. 深圳市特区文化研究中心网, http：//www. szcrc. org/ns_ detai. l php? id = 21181&nowmenuid = 35813.

的社会，以此来保持整体的平衡"，并强调说，"文化意义上的民族身份，构成一个民族的精神世界和行为规范，并以特有的形式表现出来，如安全感和自信心。一个民族正向的身份感，能产生强大的心理力量，给个体带来安全感、自豪感、独立意识和自我尊重。"❶

文化就是经济、文化就是市场的理念越来越被认同。文化产业也被视为21世纪的"朝阳工业"。毫无疑问，文化产业将成为未来世界经济新的增长点，而文化产业也将成为国民经济的重要支柱产业之一。

二、文化产业管理

文化产业属于第三产业，主要是指为社会公众提供文化、娱乐产品及服务的活动，以及与这些活动相关的活动集合，如书籍出版、广播电视服务、文艺表演等产品及活动。随着文化与经济一体化趋势的发展，以文化产业为代表的文化经济和知识经济的重要性越来越凸显，西方发达国家在综合国力竞争中更加重视文化的战略地位，不同主体从文化产业的政策管理、文化产业市场机制管理、文化产业环境管理、人力资源管理等内容进行管理细分。

1. 政府规划

在文化产业发展中，政府扮演何种角色、政府作用如何发挥，成为一个地区在发展文化产业时迫切需要解决的现实问题。文化产业中市场失灵、文化产业的经济效益和社会效益的矛盾性以及文化产业制度扶持等决定了政府行为的必要性。如在英国，英国文化委员会负责文化战略发展规划及调整事宜，1997年布莱尔当选为首相后，积极推动成立"创意产业特别工作小组"，由他本人担任主席一职。这个工作小组于1998年和2001年两次发布研究报告，分析英国创意产业的现状，并对英国文化艺术产业的未来发展作出规划。法国历来非常重视本国的文化艺术和文化产业的发展，从第四个五年计划（1962—1965年）开始，就把文化列入了五年计划之中。法国对自己的历史传统非常自豪，在1993年首先提出"文化不是一般商品""文化例外"的概念，反对文化入侵。法国文化发展的战略方向是对内扶持、赞助本国文化产业，对外积极推动文化交流，提升法语地位，加强法国文化的世界影响力。20世纪80年代以来，日本非常重视本国文化产业的发展，特别是在经历了20世纪90年代长期的经济低迷之后，日本经济加快了从传统的制造业向新兴文化产业转型的步伐。1995年，日本文化政策推进会议发表重要报告《新文化立国：关于振兴文化的几个策略》，确立了日本在21世纪的"文化立国"方略。随后在2001年，日本提出知识产权立国战略，其目标是力争在10年之内把日本建成世界第一知识产权强国。总体来说，政府在推进区域文化产业发展中应着力扮演好战略的规划者、服务的提供者、环境的营造者、市场的监管者四个方面的角色。

2. 市场引导

21世纪人类社会的竞争形态，将由"武力竞争"转为"经济竞争"，再转为"文化竞争"，"各国的胜负决定于文化领域，其胜负的重点就在文化产业"。文化产业进入到一个新的发展阶段。提升文化产业发展质量和效率的出路只有一条，那就是开放市场。例如，美国拥有世界上最庞大、繁荣和活跃的文化产业，是文化产品出口最多的国家。美国不设

---

❶ 托夫勒·未来的冲击［M］. 北京：中信出版社，2006.

文化部，指导文化产业发展的理念是开放的自由市场原则。美国文化产业的投资主体多样，实行商业运作、按市场规律经营；拥有丰富的人才；通过法律法规和政策杠杆来鼓励各州、各企业集团以及全社会对文化艺术进行支持；政府充分利用其国际政治经济优势来支持其文化商品占领国际市场。又如，日本通过法律法规调控文化市场的手段已经逐渐机制化；拥有完备和成熟的文化市场体系和网络；积极参与国际或地区文化市场的竞争；总量规模大，产业程度高，竞争能力强；产业结构合理，文化产品科技含量高。

3. 组织搭台

文化产业发展需要有载体，而各种正式组织与非正式组织是启发、酝酿、交流、升华创业文化的最佳环境与场所。例如，外国专家把硅谷的真正含义理解为"技术学者共同体"，强调的正是创业者之间这种看似松散，但随时可能来上"厉害的一招"的特殊"自我支持"与"合作技术创新"关系。公正地说，这样一些正式组织在感情交流、信息沟通、学术研讨方面起到了一定的作用。像硅谷工程师协会之类的国外同类正式组织在行业信息沟通交流方面是很起作用的。

三、文化产业发展原则

文化创造力是人类进步的源泉，文化多样性是人类的财富，各国政府和公民应努力制定和实施与发展战略相融合的文化策略。

1. 实现全球一体化背景下文化一元化和多元化的辩证统一

在人类社会的发展中，科学技术已成为社会经济发展的关键因素，成为人类实现自我解放的巨大力量。科学技术及其研究过程已经国际化，科学技术的全球一体化在21世纪将越来越完善。科学技术的全球化势必引发世界文化的进一步融合。一方面，随着科学技术的广泛应用，人类生活的空间距离在迅速缩短，不同文化间的交流与互动日益频繁，原有的隔膜逐渐被消解，甚至使原本被认为很不同的文化样式也变得模糊起来，一种创意、一个发明、一项技术被运用于一个地域后，经过或短或长的时间便逐渐传入另一群落、另一区域。其传播速度日益加快，传播区域越来越广泛。科学技术的全球一体化势必引发全球文化的大融合，它必将触发世界各民族心态发生剧变。另一方面，目前，科学研究已打破原有的分科状况，发展出许多新兴学科、边缘学科。自然科学与社会科学、人文科学也进行着越来越多的合作。比如，中国1996年5月正式启动的"夏商周断代工程"，以自然科学与人文社会科学相结合、多学科互相交叉配合的方式，联合历史学、文献学、考古学、天文学、文字学、地质学、人类学、文化学、基因工程学等学科的170余位优秀学者，借鉴外国古代文明年代学研究的情况，研究中国古代，主要是夏、商、西周三个时期的年代学问题。❶

然而，只有民族的才是世界的。每种文化都存在着历史局限性。正如每种学科对自己领域的研究一样，只有跨文化、跨学科的交流与研究，才能使原有文化与学科永葆活力。一种文化只有不断吸收其他文化的精华才能使自己的文化永远展示出异彩。世界上任何国家、民族以及个体的思维意识，应该是"全球意识"和"民族意识"的结合，应该承认其文化是世界文化大系统中的一个子系统。各个国家、各个民族在大科学技术的全球化一体

---

❶ 李学勤，郭志坤. 中国古史寻证 [M]. 上海：上海科技教育出版社，2002：341-351.

的发展中，都在优先考虑自己国家与民族经济的迅速发展，但同时也比以往更加注重发展其自身的文化。如今，各种文化形态、文化范式间的比较、渗透空前活跃，世界各地的人们都受到诸种文化或多或少的熏陶。美国学者塞缪尔·亨廷顿认为，"21世纪是作为文化的世纪而开始的，各种不同文化之间的差异、互动、冲突走上了中心舞台，这已经在各个方面而变得非常清楚。"❶ 事实上，正是因为这种差异，才能在交流中互相借鉴、吸收与融合。科学技术的全球化不可避免，由此引发的世界文化的进一步融合的局面将迅速出现。各国各民族间的文化交流也越来越多，在"全球意识"的框架下坚持"和而不同"的原则，才能顺应时代发展的潮流。

2. 要实现文化创新与文化继承之间的辩证统一

文化是一个发展的概念。一种文化唯有与时俱进、推陈出新，才能保持其先进性。有无创新精神，是我们判断先进文化的关键所在，只有对传统文化进行创新，才能提高竞争力、增强凝聚力。这是因为，创新是古往今来都存在的事情。人类既必须在创新中获得自己生存的基本物质资料，又必须在创新中谋求发展的各种手段，还必须在创新中寻找扩展活动的崭新空间与机会。而且，人类传统的发展手段已经无法为人类心智的成长、智性空间的拓展，以及开拓崭新的活动领域提供相宜的手段。创新在现时代不仅是人类活动标志之一的事件，而且已成为人类活动的本质属性。人类传统的谋生方式已经无法为人类提供起码的物质生存保障条件，必须借助于科学研究与技术发明，以不断创新的方式来为数量日益庞大的人类群体提供衣食住行等基本供给条件。人们只有以不断进入新领域、开辟新天地、寻觅新方法、找寻新工具的创新性活动，才可能为整个人类的发展提供足够的手段，以防止因发展手段的短缺而造成发展的迟滞。今天的创新已经显示在社会生活的各个领域，而不只是某个领域、某个时期、某类事件、某些阶段的事情。

但是，进行文化创新不仅要确保其先进性，更存在着文化继承的问题。发扬传统与开拓创新是统一的。对优秀民族文化的继承并不排斥创新，相反，任何一个走在时代前列的民族，其民族文化都是民族性和时代性的结合。中华民族文化之所以历经五千年而不衰落，原因就在于它总是在继承和弘扬自身传统中发展，在不断发展变化的社会实践中更新。"苟日新，日日新，又日新""穷则变，变则通，通则久"就是中华民族文化因时变革、革故鼎新精神的鲜明写照。创新是最有效的继承，民族文化的创新最根本的是要弘扬优秀传统文化，尊重民族文化传统，充分体现民族文化的历史继承关系。离开对优秀民族文化的继承和弘扬，所谓文化创新就会成为无源之水、无本之木。继承是创新的重要基础，在时代的历史性转折的关头，任何文化传统都面临能不能被科学论证的考验，于是便产生了如何在新旧文化转接中创造新文化的问题，关键在于我们的创新文化探索是否忽略了与传统的衔接。因此，引导社会文化在其实践上就是弘扬主旋律，就是价值观的改造和重构。文化创新的重要任务就是摒弃这些压抑个性和创造力的文化因素，确立具有创新意识和开拓精神的以人为本的价值理念，从而引导人们确立正确的价值取向。

四、文化"软实力"的传播体系

美国学者福山（Fukuyama）在《文化的优越》一书中指出，在后意识形态时期，文化

---

❶ 塞缪尔·亨廷顿. 再论文明的冲突［J］. 新华文摘, 2003（5）: 160.

已经成为全球竞争的最后高地。约瑟夫·奈认为，以文化这种易于接受的方式，可以在世界上建立美国的影响力。显然，构建文化"软实力"的传播体系对提升国家形象日益重要。良好的国家形象不仅能够提升一国的国际影响力，而且能够增强本国公众的凝聚力。现阶段，文化传播对国内外经济、政治、文化等方面的影响日趋加强，越来越多的国家开始认识到文化传播之于国家形象塑造的必要性和重要性。文化传播的发生方式可以是自然的、和平的方式，如原始部落之间的文化渗透、城乡文化融合等；也可能是带有强迫性的、蓄意的，主要通过侵略、征服等方式来发生，与这种传播方式相伴而生的是"文化帝国主义""文化强权""文化殖民"等概念。随着经济全球化和政治多极化的今天，当代的文化传播更具有时代性和多元性。

总体来说，当代文化"软实力"的传播体系包括文化理念的构建、文化产业、文化教育、文化普及、文化贸易等内容，并且贯穿于消费、娱乐等各个生活领域，传播途径也日益与现代高科技手段相结合，形成一种立体化、多层面、全面性的传播体系。

第四章　科技创新与文化创新互构性驱动

科学技术是人类用于认识世界、改造世界的成果和工具，也是人类文化的组成部分。不论科学技术是作为生产力的要素，或是作为文化的要素，它都以多种方式作用于文化的发展；同时，文化作为一种环境和传统，也会有形或无形地制约着科学技术的发展。文化与科技的不断创新是人类社会文明演进的主旋律。创新驱动，就是以创新为动力，驱动经济社会又好又快发展。科技创新与文化创新是创新驱动的两轮。

第一节　科技文化与人文文化的关系

文化与科技发展具有同源性。近现代科技史、文化史表明，文化的发展水平与科技的发展水平成正相关。特别是现代意义上的文化产业，其出现、发展、优化，关键因素都在于科技创新。科技与创意、形制与内容、载体与意象结合得越紧密，融合得越无间，文化就发展越好。科技创新归根结底要回归于文化的创新，因为文化是一个民族的母体，是人类思想的底蕴。要实现科技创新和体制上的创新，就须把建立创新文化当作一个首要的前提。对美国硅谷等科技园区的研究表明，一个科技园区要取得较好的发展，至少需要具备三个条件：强大的技术创新能力、完善的制度和浓厚的创新文化氛围。总之，创新与文化的关系体现在两个层面上，即文化包容创新、创新体现文化。

一、科学文化

从文化角度看科学技术，是以文化为标准，即以文化起源、性质、结构等来考察、衡量科学技术的。文化是包括全部的知识、信仰、艺术、道德、法律、风俗以及作为社会成员的人所掌握和接受的任何其他的才能和习惯的复合体。"文化"一词，本源于拉丁文"cultusl"，指由人为的耕作、培养、教育而发展出来的东西，与自然存在的事物相对。广义的文化是指人类在社会实践过程中所获得的物质的、精神的生产能力和创造物质财富、精神财富的总和；狭义的文化是指精神生产能力和精神产品。但不论是广义的理解，还是狭义的理解，科学技术都在文化之内。科学技术属于文化，是人类文化系统的组成部分、构成要素。人们越来越认识到，科学文化是人类文化的一种形态和重要构成要素，是人类的诸多亚文化之一。

1. 科学文化探源

历史上把科学作为一种文化形态的观念最初可以追溯到 17 世纪。弗朗西斯·培根在 1627 年出版的《新大西岛》中为人们描绘了一个"科学文化岛"，这个岛上设立了专门的科学研究组织，以"探明事物的本质和它们运行的秘密"。❶ 人们生活在这个岛国里，由于能够认识自然、控制自然，从而享受到一个完美社会的乐趣。18 世纪的启蒙运动是牛顿革命的延续，"这种延续的内涵，质言之，在于科学的理性精神——不仅仅是自然科学"。❷ 显然，近代科学把西方的"思想面貌完全改变了"，而"这种新思想方式甚至比新科学和新技术更为重要"，❸ 它造成了"西方文化特有的理性主义"。❹ 近代科学的理性被西方文化内化为现代性的核心基础和灵魂。西方文化的现代性反过来又规定着近代科学的文化本质及其发展的文化轨迹，从文化层面规定着它之为科学的一种历史形态。

在现代，最早对科学进行文化分析的是德国哲学家、历史学家施彭格勒。他在 1918 年出版的第一部全面反省西方文化危机的理论著作《西方的没落》中把科学看作是一种文化，主张将科学放到特定的文化背景中加以考察。他受社会达尔文主义思潮的影响，从社会历史哲学的角度认识到科学的文化意义。20 世纪 40 年代，德国著名哲学家恩斯特·卡西雷尔在《人论》一书中指出，"科学是人的智力发展中的最后一步，并且可以被看成人类文化最高最独特的成就"。他写道，"在我们现代世界中，再没有第二种力量可以与科学思想力相匹敌。它被看成是我们全部人类活动的顶点，被看成是人类历史的最后章和人的哲学的最重要的主题。"❺ 1959 年，英国科学家、文学家斯诺在剑桥大学所做的题为《两种文化与科学革命》的著名演讲中指出，"科学文化确实是一种文化，不仅是智力意义上的文化，也是人类学意义上的文化。……其成员……具有共同的态度、共同的行为标准和模式、共同的方法和设想。这些相同之处往往令人吃惊地深刻而广泛，贯穿于任何其他精神模式之中，诸如宗教、政治或阶级模式。"❻ 英国科学社会学家贝尔纳也把科学放到人类文明史的线索之中加以认识和理解，并且一再强调要"把科学当作整个文化的一个组成部分来对待"，❼ 才能正确认识和理解科学，促进科学的健康发展。1972 年，美国学者里克特（M. N. Richter）进一步提出了科学是一种文化过程的观点。❽ 与此同时，科学的历史意识也激起了文化意识，科学史家通过对科学的历史考察，同样走向了科学的文化分析。例如，著名科学史家萨顿深刻地洞察到科学的文化本质与价值，把科学史确定为人类文明史的一部分。他说，"从最高意义上说，它实际上是人类文明的历史。"❾

科学就文化本质而言，最关键之处在于"人"进入了知识领域。"人"不仅是"理智主体"，而且是有生命的、作为社会实践者的"文化人"。从智力上讲，科学家从事科学探索活动，科学探索本质上是智力创造活动，是对自然界实现智力建构。他们把科学探索的结果以系统化的形式加以表述，形成科学知识体系，因此科学知识构成文化的一个重要组成部分。从人类学意义上讲，科学共同体作为科学家集合体，其成员往往有共同的态度、类似的价值倾向和共同的行为模式等，因此科学家的思维方式、行为价值规范等构成了科学文化的又一重要组成部分。这表明科学在文化层面上不仅包含知识理性，同样兼容"人

❶ F 培根. 新大西岛 [M]. 北京：商务印书馆，1979：28.
❷ 汉金斯. 科学与启蒙运动 [M]. 上海：复旦大学出版社，2000：2.
❸ 怀特海. 科学与近代世界 [M]. 北京：商务印书馆，1989：21.
❹ 韦伯. 新教伦理与资本主义精神 [M]. 北京：三联书店，1987：151.
❺ 恩斯特·卡西雷尔. 人论 [M]. 上海：上海译文出版社，1985：263.
❻ 斯诺. 两种文化 [M]. 北京：三联书店，1994：9.
❼ J D 贝尔纳. 科学的社会功能 [M]. 北京：商务印书馆，1982：24.
❽ 里克特. 科学是一种文化过程 [M]. 北京：三联书店，1989.
❾ G 萨顿. 科学的生命 [M]. 北京：商务印书馆，1987：29.

文因素"。巴恩斯（Barnes）表明，"科学并非首先是提供特殊的技能，而是要成为一种生活方式的文化和思想基础"。❶马凯作了精当的概括性说明，他说，"科学知识在对自然界做出解释时必然受到可用的文化资源的影响；而这些资源又绝不是确定性的。科学标准的不确定性，科学的基本知识主张的非决定性，这些主张对可用的符号资源的依赖性，所有这些都表明，我们能够运用不同于现代科学共同体所使用的语言和基本假定对自然界做出非常恰当的分析。所以，研究共同体的结论不仅仅受自然界的决定。当然，外部世界限制着科学结论，这也是不言自明的，但它本质上是非决定性的、不断变化的，而且部分地依赖于进行解释所处的社会背景。如果接受了作为新科学哲学核心的这一观点，那么就只能把科学产品看作跟所有文化产品一样是社会建构的产物。因此，似乎有充分的理由去探讨科学知识是如何及以什么方式受它所处的社会环境的决定、意义的变化是如何发生的、知识如何被用作进行各种不同的互动的文化资源。"❷科学知识的社会向度概因于科学知识本身是文化产品和文化资源。这样，科学知识社会学便从社会层面彰显了科学与人在文化上的本质关联。

对科学而言，科学精神是科学文化的精髓：求真精神，即科学的主要目的是真理的发现或探求真理；务实精神，就是坚持"实事"为科学的认识对象，通过科学实践去"求是"，并把实践作为检验真理的唯一标准；创新精神，认为科学的本质就是创新，要不断有所发现、有所发明；开放精神，即一方面，科学无国界；另一方面，科学是开放性体系，它不承认终极真理；批判精神，即不迷信权威，敢于向权威挑战，怀疑地、批判地考察世界。

科学文化是现代文化结构层次中最基础的部分。这个结构层次自下而上依次是：科学技术（知识、观念、商品）—物质（商品）—社会制度、体制—精神理想、信仰、社会价值观、行为规范、文学艺术。

2. 科学文化的特性

科学文化以科学为载体，蕴涵着科学的禀性，体现了科学以及科学共同体的精神气质。科学文化的一些成分已经潜移默化地浸淫了人们的思想和心理，塑造了时人的思维方式和心理定式，乃至成为人性的不可或缺的要素。所以，进一步彰扬科学的文化意蕴和智慧魅力，可以促进人与自然的和谐发展，推动人类社会的进步和人的自我完善。

首先，理性和实证是科学文化的主体特征。科学主要是对世界的认知探索和对真理的理性揭示，它强烈地受到理性和经验的制约。科学文化的最大特色之一是以经验实证为根基，以纯粹理性为先导，理性和实证成为科学文化的鲜明标识。考尔迪恩说曾指出，科学是一种理性生活形式，它采纳了所有理性生活的某些共同原则。它要求感觉经验、仔细的观察和谨慎的证实，通过经验了解自然。它要求理智的探求，用理性解释经验，把秩序引入感觉资料；要求严格的逻辑、有控制的想象、理智的洞察、明确的分析和广泛的综合，以及精神对新奇事物的警觉。它是以经验和理性的连续作用为特征的，科学生活要求思想和行动的理性统一。❸

其次，独创性是科学文化的独特要求。齐曼说，"科学是对未知的发现。这就是说，科

❶ 巴里·巴恩斯. 局外人看科学 [M]. 鲁旭东，译. 北京：东方出版社，2001：22.
❷ 迈克尔·马凯. 科学与知识社会学 [M]. 林聚任，等译. 北京：东方出版社，2001：79，80.
❸ E F Caldin. The Power and Limit of Science [M]. London：Chapman & Hall Ltd, 1949.

学研究成果总应该是新颖的。一项研究没有给充分了解和理解的东西增添新内容，则无所贡献于科学。"❶ 现代科学的文化本质的一个主要规定在于它从以求真为唯一目标转向同时地而且相对而言更着重地追求创新。现代科学作为认识活动，其目标不仅是寻求真理，而主要地致力于创造新的地方性理论，哪怕眼前看来这是任重而道远的事。总之，科学文化已然成为孕育和生长新知识和新思想的沃土和园地。

再次，怀疑和批判是科学文化的生命，也是科学文化发展的内在动力。难怪英国哲人科学家皮尔森这样写道，"在像当代这样的本质上是科学探索的时代，怀疑和批判的盛行不应该被视为绝望和颓废的征兆。它是进步的保护措施之一，我们必须再次重申：批判是科学的生命。科学的最不幸的（并非不可能如此）前途也许是科学统治集团的成规，该集团把对它的结论的一切怀疑、把对它的结果的一切批判都打上异端的烙印。"❷

最后，示范性是科学文化的鲜明旗帜。齐曼说过，"学术科学不只是一种碰巧在特定历史时期发生的公共活动，它是我们'认识制度'的标准范例。同时，学术研究不只是一种特定的文化形式，它是我们'知识生产模式'的理想形态。"❸斯诺也认为，"我们需要有一种共有文化，科学属于其中一个不可缺少的成分。"❹ 美国科学社会学家默顿（Merton）则认为，普遍性、公有性、无私利性和有条理的怀疑性构成科学的精神气质。科学活动通过其规范将无私、公正、诚实以及一往无前的探索精神内化为科学家和更多人的品格，从而由人的内心世界来影响文化。

二、技术文化

当人们从文化的视野中看技术时，技术就是文化，技术就是文化的集中体现。技术与文化之间是"同生共进"的关系。因为技术不是单纯的劳动指向。"从起源上看，技术与人性整个地联系在一起的。原始技术是生活指向的（life centered），不是狭隘的劳动指向的……"。❺ 从生产力、生产关系和意识形态的关系角度看，技术不仅是"第一生产力"，而且还包括相关的生产关系——"技术关系"❻（属于技术制度层）和以其为基础的意识形态——技术意识形态（属于技术观念层），可见，技术也具有文化那样的层次结构。这样，技术的文化本质也是相应由技术器物、技术制度、体制和技术意识形态这四个层次组成的文化——"技术文化"。即是说，技术不仅表现出有形的物质文化特征，而且它还体现出无形的文化特征，它是以"技术文化"的角色存在于文化之中的。技术与文化并生是在人类初始使用技术的时刻开始的。

1. 技术文化

在西方，"技术文化"的起源，最早可以追溯到古希腊。"技术文化"的原型是古希腊哲学中的"技艺"（即技术与艺术的综合体）。在中国古代，春秋时代的《考工记》就系统阐释了道家文化的技术人类学思想，而明代的《天工开物》也阐述了技术与文化的关系。

❶ 齐曼. 元科学导论［M］. 刘珺珺，等译. 长沙：湖南人民出版社，1988：125.
❷ 皮尔森. 科学的规范［M］. 李醒民，译. 北京：华夏出版社，1999：54.
❸ 齐曼. 真科学：它是什么，它指什么［M］. 曾国屏，等译. 上海：上海科学教育出版社，2002：71.
❹ 斯诺. 两种文化［M］. 纪树立，译. 北京：三联书店，1994：9.
❺ 高亮华. 人文视野中的技术［M］. 北京：中国社会科学出版社，1996.
❻ 远德玉，等. 论技术［M］. 沈阳：辽宁人民出版社，1988：105.

18 世纪以狄德罗（Diderot）为代表的百科全书派就把技术看作是人类文化领域之一对其展开研究，并且自斯诺关于"两种文化"的讲演之后，技术与文化的关系问题倍受人们关注。日本学者白根礼吉于 1985 年首先提出了"技术文化"的概念❶（其英语为 techno‑culture），此后，将技术理解为一种"特殊的文化形态"的观点已经屡见不鲜。例如，日本学者相川春喜的《现代技术论》、三木清的《技术哲学》、栗原史郎的《未来的技术哲学》等都对这一问题进行了论述，都倾向于把技术看成是一种"文化技术"，主张文化包括技术；马利诺夫斯基在他的文化定义中，把技术看成是一种文化因素；卡普则把技术看成是促进文化进步的手段；怀特把技术作为文化系统中的一个组成部分，是文化发展的动力；埃吕尔（Ellul）、拉普和里克特等人则把技术看成是一种文化现象或一种文化过程；❷ 德国学者伍鲁利亚·伍德则认为，技术本质上是一种"精神活动"；法国技术哲学家路易·多洛认为，应把技术归于文化之列；卡西雷尔把技术看成是"文化中活生生的一部分"。上述各位学者的论述虽在形式上各有差异，但在本质上大都把技术看成是文化中的一个组成部分，是一种文化，从而确定了技术在文化中的位置。美国技术史学会还出版了《技术与文化》刊物，以此倡导进行这方面的研究。1989 年弗雷（Frey）提出的一个观点比较全面而深刻。他认为，技术是人类的一种文化活动，它的根基是人类有目的的行动或实践，而不是抽象的概念或理论。它有四个特征：①作为物品的技术；②作为程序的技术；③作为知识的技术；④作为意志的技术。❸ 美国的"技术与哲学学会"会刊《Techne》曾刊登过拉普的一篇文章——《技术的物质和文化面相》，该文对于技术的本质作了文化学的理解，作者认为技术是一种亚文化，是文化系统的一个子系统。❹ 另外一位学者维亚努（Tudor Vianu）指出，"当我们研究文化含义的问题时，强调所有的客观的文化含义就是一个简单的词：技术（technique）。"❺ 著名哲学家邦格（Mario Bunge）强调"技术是现代文化的一个重要构成因素"，❻ 认为就是在文化的组成部分中，技术作为一种亚系统与其他系统之间具有相关性，技术文化与经济、政治三种文化成为最基本的部分。而数学和基础科学成为子级文化层。技术学和人文科学成为文化关联的最有弹性的部分。这种把技术看成是文化系统的重要组成部分的观点是近现代以来特有的哲学主张。作为文化存在亚系统的技术，一方面表现为直接的文化传播功能，另一方面成为人们生活中的一部分。因此作为文化存在的技术是人类文化的中文明传递的实体和中介。我国学者也提出了这一概念，并给出了定义："技术文化是通过技术对人类的进化过程和生存环境的描述，并设法以此来解释人类的各种活动和社会文化现象"，是"以技术为本体或源所形成和发展起来的文化联系"。❼

2. 技术文化特性

文化的词源学研究表明，文化的内涵从一开始就打上了技术的烙印。技术作为文化的

❶ 张明国. "技术—文化"论——一种对技术与文化关系的新阐释 [J]. 自然辩证法研究，1999（6）.

❷ F 拉普. 技术哲学导论 [M]. 沈阳：辽宁科技出版社，1985：10，57，100.

里克特. 科学是一种文化过程 [M]. 北京：三联书店，1985：53.

❸ 李隆盛. 科技与职业教育的课题，师大书苑有限公司出版社发行，25。

❹ Rapp F. The Material and Cultural Aspects of Technology [J]. Techne‑society for philosophy and technology. http：//scholar. lib. vt. edu/ejournals/SPT/v4_ n3pdf/RAPP. PDF

❺ Liana Pop. Philosophy and Technology [J]. 20th WCP philosophy of technology. 1991. http：//www. bu. edu/wcp/Papers/Tech/TechPop. htm.

❻ M 邦格. 技术的哲学输入和哲学输出 [J]. 自然科学哲学问题丛刊，1984（1）：56.

❼ 王海山，等. 技术论研究的文化视角——一种新的技术观和方法论 [J]. 自然辩证法研究，1990（5）.

一个亚系统对于文化的性质和构成会产生重要影响，技术的构成因素表现出文化的特征，技术是理解和透视文化的重要方面。虽然文化意识形态以非理性为主要标志，但人们对物质利益的追求是和技术效用、功利价值密切相关的。如同海德格所说，文化由技术来支撑，依靠技术程序来实施。在技术视野中，现代乃至后现代社会的文化在很大程度上是依靠技术塑造出来的，离开了技术，文化就失去了坚硬的骨骼、理性的根基。

技术是文化，是说技术符合文化的内涵和特质，在技术上凝结着人类物质创造和精神创造的成果，在技术上领悟到了文化的特质。技术作为客体的种类包括穿着、器皿、器械、设施、土具、机器和自动机等。作为客体的技术的基本的特性是物质性、客观性。在技术中，由工具、机器、手段组成的"物化技术"属于器物层。历史上，技术与文化是同时发生的：一方面，技术创造出文化，并通过促进语言、智力的产生，促进文化的发展；另一方面，文化的产生又反过来促进技术的发明创造。

三、科技与文化互构论

文化的功能与用途是保障人类生活的安定与种族的延续，而科技的功能也同样是为了人类的生存与发展，这与文化的本质作用是相通的。科技在实施的过程、结果中同时伴随文化的产生。正是由于科技与文化同生共进的关系，所以科技被用作划分人类文化历史的标尺。如美国人类学家摩尔根（Morgan）在他的"人类文化的几个发展阶段"一文中，以技术为标志划分人类文化分期。他说，"顺序相承的各种生存技术每隔一段长时间就出现一次革新，它们对人类的生活状况必然产生很大的影响，因此以这些生存技术作为人类文化分期的基础也许最能使我们满意。"❶ 所以说，科技创新与文化发展融合有其哲学基础、历史基础和现实基础。

1. 科技与文化同构论

科学技术与文化是互构关系。这种互构关系主要是指科学技术与文化在其主体、结构、起源、性质等方面是一体的，即所谓同源同体、同质同构，二者构成一个有机整体。一方面，人是科学技术与文化的共同主体；另一方面，同属于该共同主体的科学技术主体与文化主体由古代和近代的分离（即工匠与文人的分离）发展到现代的综合（即科技专家与人文专家的联盟），并由此使科学技术与文化研究走向新的融合。科学技术与文化的发展表明，没有离开科学技术的文化，也没有离开文化的科学技术。文化离开科学技术，就会失去存在与发展的基础和动力，科学技术脱离文化，就会失去发展方向和目的，二者只有融为一体，才能达到科学技术与文化的可持续发展。科学技术是以"科技文化"的角色存在于文化之中的；文化以科学技术为基础，并对科学技术发展的目标和方向进行宏观调控。

2. 文化技术化

文化是一个与自然相对立的概念，要通过人的文明程度体现出来。在当代，科技化成为人的文明程度的尺度。现代科技创造了许多新的文化形式，而且自身就是文化的重要内容，构成了独特的科技文化现象。任何发明、发现或其他重大文化进展都只是文化进程中的一个事件，它是在交互作用的文化河流中各要素的一种新的结合和综合，它是先前已有

---

❶ 庄锡昌，顾晓鸣，顾云深. 多维视野中的文化理论［M］. 杭州：浙江人民出版社，1987.

的和同时伴随的各种文化力量和要素相结合的产物。所以，科学发现和技术发明作为人类文化史中的重大文化事件也必然是构成文化传统的各种要素综合作用的结果。现代科学重新建构了当代人的世界观，现代科技的双重效应成为社会文化的重大主题，科技在现代文化中的分量日益加重，形成了后工业社会的文化模式。纵观人类文明的发展史，科学技术的每一次革命，都会引起生产力的深刻变革和人类社会的巨大进步，促成社会文化的重大发展与变化。科技进步与文化发展之间，存在着内在的联系及规律。

从技术的观点看，即从技术视野看文化，认为文化是一种技术。技术视野中的文化，是指文化是技术产生、发展的源泉、母体，新的技术理念和技术价值观都离不开生活文化的培植。正如日本学者村上阳一郎在《技术思想的变迁》中所说，是文化创造技术，"创造技术时，必须从该技术以前的文化出发，从新技术改变生活方式的技术创新中产生理念，同时，从新的生活方式改变技术的文化创新中追求理念。"日本学者三木清提出了"社会技术"的概念，并从技术角度认为，"精神文化也是技术"；❶ 我国学者则从强调文化的经济价值及功能角度认为，文化与技术一样是一种"生产力"，并以此提出了"文化力"的概念，创立了"文化经济学"新学科。德国技术哲学家海德格从技术角度认为，"文化的本质就是技术展现的过程和结果""文化具有技术的性质"；❷ 海德格进一步提出，人作为此在，其原始的存在机制便是在世内"烦忙"。这种"烦忙"在于与世内的存在者打交道，而这也就是对存在者进行操作，而认识它们倒在其次。这就是说"烦忙"是技术的活动。❸ 他特别强调，技术的本质在于制造和使用人造物的活动，而不在于人造物本身。可见，这种现象学视野首先揭示技术的存有论本质，表明技术是人的在世方式，显然这本质是生存论的。

技术视野中的文化不仅是技术产生的源泉，同时也是技术活动的过程及结果。文化通过对技术进行认识和反映，在思维及行为方式上以技术方式、程序、规范为基础并凭借由其衍生出来的一种适宜的运行或操作机制，从而对技术发展方向和目标进行调控。在技术视野中，现代乃至后现代社会的文化在很大程度上是依靠技术塑造出来的，离开了技术，文化就失去了坚硬的骨骼（表现在器物、制度层上），失去了理性之光（表现在精神层上），也失去了人性之美（价值层面）。技术视野中的文化层次结构不仅在形式上与技术相对应，而且在内容上更是相融的。文化器物几乎就是物化了的技术或技术的产物；现代意义上的文化制度与价值理念则在一定意义上是以技术手段或技术关系、规范和技术理性（价值理性或功能理性）为基础衍生及升华的结果。

第二节 科技创新的文化引领

科技创新必须依靠创新文化的引领和支撑。就文化对于创新的作用而言，文化是一个自变量，文化氛围的好坏直接影响到创新的绩效。科技作为人类文化最独特的成就，作为全部人类活动的顶点并不是孤立存在和发展的，而是受制于由人类的各种知识、文化形态构成的"文化力场"的综合作用。

❶ 三木清. 技术哲学 [M]. 东京：岩波书店，1942：9.
❷ 冈特·绍伊博尔德. 海德格尔分析新时代的科技 [M]. 北京：中国社会科学出版社，1993：168.
❸ 海德格. 存在与时间 [M]. 北京：三联书店，1987：273，83，85，86.

一、科技创新与主体文化

科技创新的主体是科技创新活动的出发者、实施者和承担者。科技创新主体具有内在的主体性。文化作为一种精神，会对科技创新主体产生多层面的影响。因为创新特别是原始性创新的特点，从根本上决定了作为创新主体的科技工作者，必须要有强烈的创新意识动力、健全的心理素质作支撑，科学的思维方法作武器，合理的知识结构作储备，良好的外部环境作保障，才有可能在原始性创新中有所作为。

1. 科学精神

科学精神是科技创新主体能动性长期积淀起来的精神状态。科学精神将人的智力因素融入非智力因素之中，把科学思想、科学方法和科学知识引入科技创新活动，以科学理性来展现求真的态度，形成一种严谨、务实而又超越现实的、创造性的心理倾向。文化以不同形式推动着科技的发展。如神话极大地刺激了人们热爱和认识自然的自觉行动，丰富了人的想象力、创造力和求知欲。进步的宗教也对科学起过积极的作用。科技绝不是一种孤立的知识形态，它和各种文化形态既有逻辑联系、也成为历史源流。只要对每种理论、学说的演变历史进行追索，就可见各种知识形态文化因素之间的相互联系和相互作用。总之，文化的作用是多方面的，没有先进的文化背景，就不可能有发达的科技。当然，落后的文化形态会束缚科技的发展。文化阻碍科学进步在历史上最突出的例子是宗教裁判所对科学家的迫害。"自然科学把它的殉道者送进了火刑场和宗教裁判所的牢狱。特别是，新教徒在迫害自然科学家的自由研究上超过了天主教徒。塞尔维特正要发现血液循环过程，加尔文便烧死了他并且是在活活地把他烤了两个钟头之后，而宗教裁判所只是把乔尔丹诺·布鲁诺简单地烧死便心满意足了。"❶

2. 人文精神

人文精神是科技创新主体在创新活动中对现实及内在的超越而表现出来的一种精神气概，可以通过世界观、价值观和人生观来加以显示，体现在尊重人的价值、发挥人的作用、关注人的生存、促进人的自由和全面发展。

人文文化是文化最凝练的部分，其中包含的人文精神，即是人文思想的升华，其内涵主要是人类对自己生存意义和价值的珍视与关怀，包含对人的价值的至高信仰，对人类处境的无限关切，对开放、民主、自由等准则的不懈追求，凝结为人的价值理性、道德情操、理想人格和精神境界。事实上，每一个重大的时代到来之前，都会有重大的知识变革，而每一个经济繁荣的时代，都会有重大的人文创新完成。历史也是如此：先有先秦诸子百家的思想自由、繁荣的时代，接着就出现了两汉农业文明的成熟；先有魏晋时代的思想解放和自由，接着就出现了唐宋明经济和文化的繁荣；宋明理学和人性学说的矛盾冲撞所爆发的巨大思想力量，产生了康乾盛世。现代也是这样，"五四"的思想解放，产生了现代文明、现代社会。世界科学中心的转移和硅谷创新的现实都表明了这一点。在缔造全球性的新文化过程中，我们需要寻找新文化得以破土而出的种子，以便在现代科技文明的"土壤"中生长出新的科学知识系统和人文的社会价值体系。

---

❶ 恩格斯. 自然辩证法［M］. 于光远，等编译. 北京：人民出版社，1984：7.

二、科技创新与组织文化

对于一个企业组织或区域发展来说，其创新优势的建立需要适宜的文化环境的支持，特别是科技创新须臾离不开良好的文化环境。这主要体现在组织文化能够为科技创新主体提供价值支持、秩序维护及风险分担的作用。

1. 共同价值观

共同价值观是科技创新组织秉承科技创新精神而积淀起来的，是以科技创新为价值追求和实现目标的，把科学精神确立为共同立场。美国南加州大学马歇尔工商学院全球创新主任杰勒德·泰利斯（Gerard Tellis）提出一个观点：企业的内部文化，是创新的主要推动因素。"文化不是企业创新的驱动因素之一，而是企业创新的驱动因素之全部。"❶ "微软公司取得的成功是建立在其吸引、甄选、开发和留住人才的能力基础之上的。由于认识到个人技能和工作态度对于软件行业来说至关重要，因而公司一直十分注重提供具有创造性和能够起到支持作用的合适的公司文化。"❷ 比尔·盖茨高度重视文化的作用，他强调，"我们营造一种鼓励创造性思维和发挥员工最大潜能的氛围。"❸ 与此同时，号称"美国公司中的巨人"的IBM在20世纪90年代陷入困境，"失去了它的美国梦"，原因也是在文化上。"IBM（原来）尊重个性的传统在官僚主义的重压下被碾为碎末，为墨守成规之风所替代。公司里不再有协调的个人与组织关系的合作性小组。就过程而言，冒险精神受到了强调规避风险的官僚主义的束缚。IBM，位于美国东海岸的巨人歌利亚就这样衰败了；而微软公司，美国西海岸的大卫却正一步步崛起。"❹

2. 组织秩序

组织秩序是基于共同价值观基础的一套组织运行模式。创新组织文化在于合作，表现为组织的习俗、惯例、规范或行为规则，功能在于把不同的创新要素，如信息、知识、思想、物质、人员等，在创新目标的驱动下进行有效的交融和组合，凝聚或融合成一个有机整体，以实现创新目标。在有效的组织秩序激励与约束下，对组织的人员作合理的秩序安排及功能定位，使其各司其职、各负其责，充分挖掘人的潜力，构建人力资源共享与开发的平台，促进相关创新知识和创新信息在组织中的流动与传播，特别是促进显性知识与隐性知识的相互转化，提高科技创新的效率。安纳利·萨克森宁在其《硅谷和128公路地区的文化与竞争：地区优势》中对美国的两个地区——硅谷和128公路地区——高新技术产业基地发展差异的社会经济文化因素进行深刻比较分析。尽管128公路地区与硅谷开发相近的技术，在同一市场上活动，结果却是硅谷蒸蒸日上，128公路则逐渐走向衰落。发生这种差异的根本原因在于，它们存在的制度环境和文化背景完全不同。中国著名经济学家吴敬琏认为，"这两个地区在生产组织方式上其实存在着诸多差异，这些差异反映了本地区约束因素对工业发展能否适应变化起着十分重要的作用。……正是由于硅谷的组织方式支持了工业的进展，而128公路地区的工业组织方式则限制了地区利用新技术的能力，这解释

❶ 泰利斯. 创新无止境［M］. 付稳，译. 北京：中国电力出版社，2014：212.
❷ 尼古拉斯·尼葛洛庞帝. 创新的空气［N］. 余智骁，译. 经济观察报，2004-3-8.
❸ 奥托·卡尔特霍夫，野中郁次郎. 光与影——企业创新［M］. 上海：上海交通大学出版社，1999：34.
❹ 吴敬琏. 发展中国高新技术产业——制度重于技术［M］. 北京：中国发展出版社，2002.

了硅谷和128公路地区不同的经济表现。"❶ 由此可以得到这样的结论：不同的社会文化环境就会产生不同的经济表现和创新结果。

硅谷作为一个成功的高科技企业聚集地区的优势在于，它有一种使创业精神转换成科技创新的环境条件。"硅谷的成功的确是企业家的积极性和创造性的充分发挥""硅谷不是政府造出来的，也不是产生于僵化的体制。只有一种自由的创业体制，分散的决策过程才能创造硅谷这样的奇迹。发展高科技，资金固然重要，但更重要的是能充分发挥人的创造力的各种体制和文化、用以造就创业的栖息地。"❷

3. 风险分担

适于创新的重要特质之一是用于冒险。科技创新受到不确定性的影响，一项创新的技术在通往成功的道路上总会经历各种失败，失败是创新不可避免的经历。据统计，在创新技术的开发及实现商业化的不同阶段，失败率为50%～90%。❸ 所以说，创新是一项高风险的事业。而风险分担是科技创新持续下去的组织文化保障。因此，鼓励创新的一个关键措施就是提供激励措施鼓励创新精神。这样的激励措施在奖励结构上应该是不对称的：对于成功的创新予以重赏，对于失败的创新给予轻罚。这样不对称的激励结构可以鼓励员工承担有风险的项目。例如，谷歌公司允许员工将20%的工作时间花在创新工作上，并鼓励所有的员工大胆进行各种实验。如果员工成功了，公司会奖励他们；失败了，公司仅仅要求他们从导致失败的错误中吸取教训，然后可以继续下一步或者下一个项目了。

"硅谷栖息地"是由许多具有创新创业精神的人士所组成的小网络构成的一个巨大的网络，它以其范围广和密集度高而著称。"对话、项目和交易积累逐渐建立了密切的联系，这种丰富而有建设性的关系转变成为一个巨大的财富。这种交互作用具有合作、竞争和相互反馈的显著特征，它促进了知识、创意、人员、资本的必要流动""硅谷盛行的商业哲学是鼓励开放、学习、信息共享、创意共生、灵活性、互相反馈和对机会与挑战的迅速反应"。❹所有这一切归结起来用一句话表达，就是硅谷有一个良好的文化环境。有了这种整体性的文化环境才使硅谷获得繁荣，即使遇到危机，也能从绝处中新生。

三、科技创新与社会文化

人类的科技创新活动表明，社会文化对创新具有重要作用。科技创新是一项理性的创造活动，是为了追求科学技术变革与进步的最大化；同时科学是人的"自由创造"，是为全人类谋幸福的事业。社会文化作为科技进步的母体，不仅影响着科技成果的生成，而且影响着科技成果的传播以及向现实生产力的转化。历史告诉我们，越是具有良好的创新文化氛围，科技创新就越活跃。可以说，科技创新与创新文化环境的关系，既是一个深刻的理论问题，也是一个现实的实践问题。

1. 从理论的角度看

文化的人类学决定论认为，人及美好生活的向度必须成为科技导向。由于条件千差万

❶ 吴敬琏. 发展中国高新技术产业——制度重于技术［M］. 北京：中国发展出版社，2002.
❷ 李钟文，威廉·米勒，等. 硅谷优势——创新与创业精神的栖息地［M］. 北京：人民出版社，2002：3-5.
❸ 泰利斯. 创新无止境［M］. 付稳，译. 北京：中国电力出版社，2014：12.
❹ 李钟文，威廉·米勒，等. 硅谷优势——创新与创业精神的栖息地［M］. 北京：人民出版社，2002：7.

别，科技发展参差不齐，文化背景丰富多样，21 世纪必将是多种科技并存的时代。但是无论采取何种科技，都不应该只将科技建立在经济的"浅滩"之上，而应该沿着超越性的方向前行。

社会文化是科技产生的源泉，新的技术理念和技术价值观要从生活文化中产生出来，在创造技术时，必须从该科技以前的文化出发，从新科技改变生活方式的科技创新中产生理念，同时，从新的生活方式改变科技的文化创新中追求理念，在此种意义上可以说，文化创造科技。也就是说科技必须植根于相应的社会文化土壤，才能符合人类文明可持续发展的需要。科技的发展应适应文化及人文情境，这是当今社会所要求的。

文化是一个民族的母体，是人类思想的底蕴；而创新是一个民族的灵魂，创新文化则是这个灵魂生长的土壤。创新时代注定了创新文化的出台。人类的创新是不间断的。但是，以创新标榜的这个时代，如何以更为广泛、深入、持久且有效的创新来支持一个创新状态，而不至于使创新的动力逐渐耗散、使创新重新归之于保守的状态，则是创新时代的一个难题。文化影响着科技的生成、发展与传播，影响着创新的进程和结果。先进生产力的出现不以人的意志为转移，它总要寻找它的落脚点，而且往往在最适宜的文化环境里实现突破。一个社会的文化氛围不仅影响科技知识和成果的出现，更会影响到科学知识的传播以及科技成果向现实的转化。人类文化发展的历史就是文化创新的历史。一部近代工业在各国发展的历史，就是一部创新文化的各国发展史。18 世纪以来，世界的科学中心和工业重心从英国转到德国、再转到美国，表面上是地理位置的更替，实质上是创新能力强弱转换的结果，其中无不包含着深厚的文化根由。

社会文化要理解创新，宽容创新，支持创新。一方面，科技创新需要创新文化的支持，这是科技创新的空间和软环境。科学作为创造性的精神生产，内在地要求鼓励变革、宽容宽松交流协作等文化环境。影响科技创新活动方向的因素很多，而文化环境是科技发展的潜在的、深层次的要素。现成的以及正在形成的文化可以从观念、制度、方法、习性、价值多个层面影响科学技术的发展，一个社会越是希望科学技术健康发展，越是希望新的科技革命、产业革命走向成功，就越应该关注如何营造良好的、有利于创新的文化环境。此外，科学家总是生活在一定的文化氛围中，科学创造（概念、假说、理论、方法等）也总有一定的文化背景。科学家需要呼吸多种多样的文化空气，通过比较和选择，从中汲取有益的需要的养料，提高自己的文化素质和品格。良好的创新文化氛围是有创新能力的人才成长和有竞争力的成果发展的温床。要实现科技创新，必须把建立创新文化当作一个首要的前提。创新文化建设是适应当今科技生产力发展需要，推进传统文化现代转型的一次文化变迁过程，构建一个良好的有利于创新的文化环境是一个民族决胜 21 世纪的重要基础。

2. 从实践的角度看

世界的发展历史证明，越是创新活跃的地方，越容易形成工业化的广阔舞台，成为世界科技经济中心。根据日本学者汤浅光朝的研究，近代科学诞生以来，世界科学中心（重大成果占当时总成果 1/4 或 1/4 以上的国家）发生过几次大的转移。英国是工业革命的发源地。17、18 世纪，那里有较为宽松的宗教背景，为牛顿等科学家在科学探索中提出有创见的理论提供了合适的氛围。其先进的市场意识、商贸手段也为蒸汽机等技术发明和产业化创造了有利条件。在相当长一段时间内，英国是世界科学中心和工业发展中心，是 19 世纪世界最强的工业国。德国在 19 世纪的工业革命中崛起，应归结为它将大学的专业教学与专业研究室结合起来，促使大批的青年人才直接参与科学前沿的探索活动，为科学研究和科技创新营造了良好的文化环境，极大地促进了德国科技和工业的发展。于是在 19 世纪下半叶世界科技中心由英国转移到德国，德国成了当时最强的工业国。美国科技和经济发展也是通过创新后来居上的，竞争意识、冒险精神、创业胆识和宽容失败是其文化的积极方向，营造了一种有利于创新的良好社会文化氛围。美国是一个后来居上的移民国家，以兼容并蓄、崇尚创新为其文化特色，这对于科学是一个长期而有力的推动。在 20 世纪中叶美国成为世界科技中心和工业经济大国。影响科学中心形成和转移的因素固然很多，文化环境是一个潜在的、深层次的、至关重要的因素。这种现象的实质是创新能力由弱向强的转移，是有利于创新的体制、机制和文化相互作用的结果。

历史告诉我们，创新能力的强弱反映了一个民族生存能力的大小。创新需要创新文化的支持，这在过去、现在以及未来都将如此。今天通过对传统文化中相对僵化和保守思维方式的重构，有助于再造中国传统文化的形成，这对于中华文明的传承、弘扬优秀民族精神、保持经济社会的持续发展繁荣都将有着极其重要的意义。从后进国家赶超先进国家的历程中，我们可以看出一个共同的特点，即后进国家都是以科技进步为经济发展动力。现成的以及正在形成的文化，可以从观念、习性、制度、价值取向等多个层面影响科技创新的发展。当今世界科技已发展到这样一个分水岭，即科学技术融合才能开辟一个新的复兴。现代科学技术所引发的重大原始性创新导致的分工，使得先进的国家不可能在所有领域都占据支配地位。整体和谐统一的思维方式始终贯穿了中国古代思想史的全过程，这将意味着中国传统文化中某些思维方式和价值取可能会重新获得其生命力。能否抓住这一机遇，再造中国创新文化辉煌，对中国未来发展至关重要。

从创新与社会关系的角度来理解，科技创新因其创造性长期积聚而成为一种为社会所接纳的状态。人的创造性来源于社会，服务于社会。只有通过社会，才能折射出科技创新的旨趣，深入社会问题与社会现象的本质，触发人们的冲动和热情，培育起相应的社会责任和追求效率的精神。一个民族科技创新能力强弱将决定着这个民族的命运和国家的命运。要充分认识原始创新是科学技术发展的原动力。营造有利于创新的环境，同时适应科技创新规律，实现科学技术和文化创新的紧密结合。21 世纪是高新科技发展的世纪。科学技术作为第一生产力，不仅是经济发展的重要条件，也是文化建设的有力杠杆，对文化建设具有巨大的推动力。科学技术对劳动生产率的提高和社会财富的创造起着越来越大的作用，科学技术空前发展和广泛应用的结果是物质的丰富，从而为我们建设先进文化奠定了雄厚的物质基础。

第三节　文化创新的科技支撑

科学技术的各种要素直接或间接影响了文化的各方面。恩格斯深刻地指出，"在从笛卡儿到黑格尔和从霍布斯到费尔巴哈这一长时期内，推动哲学家前进的，绝不像他们所想象的那样，只是纯粹思想的力量。恰恰相反，真正推动他们前进的，主要是自然科学和工业的强大而日益迅速的进步。"❶ 显然，科学技术通过它的全部成果推动文化的进步。

---

❶ 马克思恩格斯选集（第 4 卷）[M]．北京：人民出版社，1995：226.

一、科技渗透文化创新内容

作为一种文化现象的科学技术，它在创造了巨大的物质财富的同时，也为文化建设提供了雄厚的基础，并建立了与之相适应的文化理念及其模式。作为一种文化形态，科学技术可以分成社会建制、价值观念和实践三个层面。作为一种社会活动的科学技术，又具有经济增长和发展的原动力、社会结构变化的制衡器以及社会与自然联系的中介系统等多重角色。因而科学技术与创新文化的协调，实质上体现在科学技术的物质文化、制度文化和精神层面的相互关系上。

1. 科技创新的物质文化层面

科学的物质文化功能，是通过科学的衍生物或副产品技术为中介而实现的。文化器物其实就是物化了的科学技术。例如，甲骨和甲骨文、石头和石器、黏土和陶器、铀矿和原子弹等，这些事物可以成为科学技术的代表，人类的文化系统正是这些事物支撑起来的。在当代，"媒体、电脑及新技术的爆炸、资本主义的重新调整、政治的激烈变动、新的文化形式及新的时空经验形式等，让人们感到文化和社会已经发生了剧烈变化。"❶

自从19世纪后期以来，科学变成强大的潜在生产力，并通过技术转化为直接的生产力，成为推动物质生产的主导和加速社会物质文明进步的决定性力量。例如，科技进步创新了生产工具。生产工具的状况是衡量生产力发展水平的最重要的客观尺度，而生产工具正是科学技术物化的结果。具体来讲，17、18世纪力学和机械技术的发展，带动了一系列工具机和蒸汽机的发明，才实现了生产过程的机械化；19世纪电磁学和电气技术的发展，促使发电机和电动机的发明，为生产过程的电气化奠定了基础；20世纪的电子学和微电子技术的发展，则直接带动了电子计算机、自动控制机等的发明，推动了生产过程自动化的进程。

在当代，科学在文化系统中的影响力日益扩展，其在文化变革中的作用力在不断增强。可以说，科技创新能力是促进生产力发展的第一要素，是知识经济发展的主要动力，是可持续发展能力的核心因素。科学技术的物质功能大大提高了人们的生活水平，改善了人们的生活质量。科学技术的物质功能，不仅使科学在近代获得了独立自主的地位，促进了经济和社会的同步发展，赢得了人心所向。在现代，科技对国防、国家安全、国家利益、综合国力、国际合作和交往等也发挥着举足轻重的作用。

从终极意义上讲，在现代社会，科技进步成为社会发展的"火车头"。从马克思"生产力中也包括科学"，到邓小平"科学技术是第一生产力"，现代科学技术正由生产力渗透性、附着性的要素逐步转变为独立性的要素，并已经成为先进生产力的集中体现和主要标志。

2. 科技创新的制度文化层面

从社会发展的历史上看，科学技术的重大发展总是导致社会经济关系的相应变化，甚至导致一种社会形态的产生。马克思指出，"手推磨产生的是封建主为首的社会，蒸汽磨产生的是工业资本家为首的社会。"也就是说，科学技术的发展为生产关系的变革创造了重要的物质基础。可以说，文化制度是以一定的科技手段或科技关系为基础派生出来的。

---

❶　道格拉斯·凯尔纳，斯蒂文·贝斯特. 后现代理论［M］. 北京：中央编译出版社，2001：8.

科技文化的制度建设是伴随着科技的社会建制进程而不断发展的。所谓科学的社会建制，指科学事业成为社会构成中的一个相对独立的社会部门和职业部类的一种社会现象。1919 年 M. 韦伯（Max Weber）首先把科学作为一种社会职业，把从事科学活动的人作为一种社会角色来加以研究，指出科学已发展到这样的专门化程度，以至于需要长期严格的专业化训练的科学家才能胜任，以区别于其他社会活动。1942 年，默顿在《科学的规范结构》提出"科学共同体"的概念，认为一定数量的科学共同体成员是科学社会组织的重要成分，以区别于其他社会共同体。所以，相应的制度内涵也成为科学文化的应有之意。科技文化建制部分包括科学活动的各种建制，主要有研究机构、学术团体、出版部门、法规章程等。科技制度作为科技文化的载体，是各层次联系的纽带，一方面作用于技术器物，另一方面又受控于科技精神层面。科技精神则通过科技制度对科技器物施加影响并表现出来。

此外，科学技术与民主的珠联璧合，赋予西方发达国家以新的活力，使发展中国家看到未来和希望。

3. 科技创新的精神文化层面

科学技术把人们从愚昧无知的精神状态中解放出来，使人们头脑革命化，同时也不断地更新着哲学观念，使人们的思维方式科学化，还导致了人们思想文化观念的革命化和精神文化生活的现代化，为人类思想解放和进步提供强大精神武器，从而促进社会精神文明的发展。萨顿曾指出，"科学不仅是改变物质世界最强大的力量，而且是改变精神世界最强大的力量，事实上它是如此强大而有力，以至于成为革命性的力量。随着对世界和我们自己认识的不断深化，我们的世界观也在改变。我们达到的高度越高，我们的眼界也就越宽广。它无疑是人类经验中所出现的一种最重大的改变；文明史应该以此为焦点。"❶

科技文化的精神层次是科技文化的内核。它可以细分为知识、思想、方法、精神，其中包括认知、语言和心理诸因素。科技共同体创造、丰富、共有和共享科技文化。科学技术的每一个重大发明都不同程度地给封建迷信以打击，大大提高人类认识自然和改造自然的能力。可以说，科学精神是文化发展的支柱。当今世界，科学技术进步与社会、经济、文化的深层互动所产生的新的理念，已经辐射和渗透到社会生产和生活的各个方面。

对科学而言，文化最欣赏的科学就是它的研究程序、理性加经验以及严格的批判精神、怀疑精神。科学为实践和精神创造的不断发展，经常提供着最新颖、最进步、最适应、也最有效的知识储备，人类必须借助于科学的力量，解决文明的矛盾，推动文化的继续发展。科学也通过自己的方法的影响，促使文化自身产生新的陈述体系，并由此而建立新的价值体系。科学对于世界的掌握永远处于一种无止境、不断发展的长河中。科学这种无休无止的自我更新、自我完善，在实践精神的创造中，给人以两个基本的文化推动。科学发展的批判性、探索性及其形成的科学态度、科学精神，还为人们在物质和精神文明方面的开拓创新，提供一种最先进、最革命、最科学的思想方法、生活态度和价值原则。科技创新为文化建设不断充实新的内容，科学技术作为人类认识世界和改造世界的知识体系和工具，是人类精神活动和精神生产的宝贵文化成果。这种文化成果又以它的精神性、工具性推动着文化发展和精神文明建设。

---

❶ 萨顿. 科学的历史研究［M］. 刘兵，等译. 北京：科学出版社，1990：20.

对技术而言，以技术关系、技术价值、技术理性等构成的知识水准、风俗习惯、道德伦理意识等，属于观念层，体现出一个民族的知识水准、风俗习惯、行为模式、价值观念、道德伦理特征的"经验技术""智力技术""入魂技术"❶"人情技术"（human technology）和"感情技术"❷。技术产物本身又承载着特定历史时期的人文风貌，展示了其精神特征，并内化为人类精神文明的一部分。所以，技术又是一种智力意义上的文化。工程技术人员从事技术研究、开发、管理等活动，本质上是获取生产力的智力建构的活动，他们把技术活动的结果，以物质产品、图纸资料、工艺、规划、方法等形态，加以系统化的表述和美感化的塑造，使技术体现出人类的物质创造和精神创造。此外，技术是人类学意义上的文化，即技术是人类本质力量的公开展示、确证和成因，是人类心灵和深层本质外化的历史运动的结果，是人类实践能力、方式、成果的表达，是人类对财富和自由的追求，也是人类为适应环境以调节人类同周围世界的关系而创造出来的生活样式、价值取向、行为模式等。技术作为知识，包括技能、技术准则或关于科学工作的经验法则、描述性定律、技术理论等。作为知识的技术获得了最持久的、详尽的分析研究，这得益于现代哲学的认识论。技术的这种认识论上的分析揭示了其内涵：第一，身体感觉了的技能，只能通过直觉训练获得；第二，技术格言，从工作实践中得来的技术规定使操作得以推广；第三，技术规则，是以经验为基础的操作规则的普遍化；第四，技术理论，是描述定律的系统化，甚至上升为概念式的解释。

对此，L·怀特曾指出，"我们可以将文化系统分为三个层面：技术层面处于低层，哲学层面处于顶端，居中的是社会学层面。这些地位也表达了它们在文化进程中的作用。技术系统是基本的、原始的系统，社会系统是技术的功能，而哲学则表达技术的力量，反映社会制度。因此，技术力量是文化整体的决定力量，它决定社会系统的形态，并与社会系统一起决定着哲学的内容和走向。"❸

4. 科技创新的价值文化层面

科学文化蕴含着某些伦理道德。科学文化主要是知识体系及其伴随物和衍生物，并不是伦理道德体系，但是它也蕴含某些不成文的行为准则和规范。早在古希腊，苏格拉底（Socrates）就提出"知识即美德"的命题。与此相反，中国古代的老子则认为，"智慧出，有大伪"（《道德经》十八），"人多伎巧，奇物滋起"（《道德经》五十七）。18世纪中叶，法国启蒙思想家卢梭（Rousseaux）在《论科学与艺术的进步是否有助于敦风化俗》中有意识地把科学置于艺术、道德、社会风尚的背景中加以批判。休谟（Hume）也说，"显然，一切科学对于人性总是或多或少地有些关系……科学是在人类的认识范围之内，并且是根据他的能力和官能而被判断的。如果人们彻底认识了人类知性的范围和能力，能够说明我们所运用的观念的性质，以及我们在推理时的心理作用的性质，那么我们就无法断言，我们在这些科学中将会做出多么大的变化和改进。"❹事实上，科学作为一种认识活动，它像其他文化活动一样，也有其自身的目的、意义和价值，这是一种非功利的驱动力。然而，与外在的功利驱使相比，它往往给科学以更为直接、深刻和持久的推动力，并使科学家的

❶ 意指雕刻技术。参见：加藤. 作为文化的尖端技术（上）[M]. 东京：日本放送出版协会，1985：118.
❷ 意指管理技术。参见：志村幸雄. 日本技术称霸世界的理由 [M]. 东京：日本PHP研究所，1993：97, 125.
❸ L Winner. Autonomous Technology [M]. Boston：The MIT Press，1977：76.
❹ 休谟. 人性论（上册）[M]. 关文运，译. 北京：商务印书馆，1991：6-7.

生命与"科学的生命"融为一体。

技术总是好的和有用的吗？什么构成技术内部的善？亚里士多德曾（Aristoteles）给予技术问题以伦理学的关照。在亚里士多德的《尼各马可伦理学》中，首先重点讨论的就是伦理学问题，而技术"techne"的词根与伦理学的词根则是相同的。也就是说，在亚里士多德的视域中，"伦理"一词就包含"技术"之息，并用以描述高尚的道德和完美的心灵。康德（Kant）在伦理与技术关系的探索上实现了重大突破，认为在伦理和技术之间、道德和绝对真理与技术之间一直保持着密切、稳定的联系。技术伦理学被高度重视是工业革命（1750—1850年）的结果，特别是在高技术条件下，工程师们必须考虑到比传统手工业复杂得多的各种不同因素。米切姆的《通过技术的思考》重点研究了以亚里士多德为代表的高尚道德伦理学、以托马斯·阿基那（Thomas Aquinas）为代表的自然法伦理学、以约翰·洛克（John Locke）为代表的自然权利伦理学、以约翰·沙特米勒为代表的实用主义伦理学和以康德为代表的行为主义伦理学。在米切姆视野中，正是自古希腊以来的哲学、伦理学历史传统及其对这一传统的哲学反思，为当代技术哲学的伦理学转向奠定了理论基础。

二、科技改变文化创新形式

科学技术方法是文化发展的工具。科学技术的最新成果被广泛地用于改进人类精神文化生活的最新工具和手段；科技创新为文化创新提供了手段和条件，使文化创新形式得以多样化和现代化。其中，文化产业就是高新技术与文化紧密结合的产物，是一个集中代表现代经济、社会和文化发展的全球性趋势的新兴产业。

1. 文化产业的形成

20世纪70年代以来，以信息化、知识化、智能化、全球化、国际化、网络化、创新化为特征的"新竞争时代"来临，使文化产业的发展成为一种世界潮流。科技革命促进了大众文化的兴起，为大众文化创造了技术条件，提供了经济条件，赋予了现代内涵。当前，科技创新对文化发展、提升文化产业核心竞争力具有推动作用，所以，文化产业与科技创新，必须融合、必然融合。在美国、英国、加拿大、澳大利亚、日本、韩国等国家，文化产业发展迅猛，甚至成为支柱产业。

文化产业在西方被称为"文化工业"（culture industry）。在法兰克福学派的理论中，"文化工业"通常是指借助大众传播媒介得以在大众中流行的通俗文化。霍克海默尔和阿多尔诺在20世纪40年代合著的《启蒙辩证法》中指出，文化在前资本主义时代表现为一种精英文化或贵族文化，但是到资本主义发达阶段，随着先进科技手段在文艺作品中的日益普及，文艺创作已成为一种机械化、自动化作业，形成了大规模复制和批量生产的"文化工业"。由"文化工业"生产的大众文化已经渗透到人们生活的各个方面，如流行音乐、畅销书、商业影视等。

自有人类社会以来，科技的进步就对文化的发展产生极大的影响。科学认识的进步、技术工具的改进，使得音乐、舞蹈、绘画、雕塑、装饰等艺术的原始形态不断得到丰富和发展。但是，在远古和中古时期，由于社会历史条件所限，文化无法产业化。第一次科技革命带来了社会生产领域中机械的广泛应用。造纸业中机械设备的应用，极大地降低了纸张生产的成本、提高了纸张生产的速度。现代排版设备、印刷设备相继问世、不断改进，极大地提高了排版效率、印刷速度，印刷品的质量显著提高。造纸、排版、印刷的技术和设备在第一次科技革命中获得极大完善，这就促进了近现代报刊业、图书出版业的快速发展。而纸媒体出版印刷业的大发展必然带来大众教育的普及，民众知识水平、文化素质提高。

2. 文化产业特点

科学技术的发展催生了文化产业的各种新兴业态形式。文化产业的发展越来越融合信息技术、数字技术、网络技术等高新技术因子，现代文化产业因之不断向高新技术产业攀爬奔跑。文化产业成为现代文明传播的科学媒介。在整个现代社会文明发展进程中，以印刷业和出版业为代表的现代文化产业不仅在资本主义初期阶段起到了新思想传播作用，而且文化产业具有高附加值化、高技术化、高集约化、高关联度化等特点。在这一过程中，高新科技渗透于文化领域而形成的文化产业群，即高科技融入艺术的创新迅速崛起，如电视文化产业群、音像艺术产业群、计算机文艺产业群，都是高新科技、文化和经济的结合。

以新的科技革命为中心展开的实践活动中，不再以大量消耗自然资源为代价，而使经济走上了集约化的发展道路，协调了人与自然的关系。在这一前提下，把主体"自由自觉"的创造力量最大限度地注入到了实践中，在以知识和信息为依托的高新技术的高速发展中，拓展了具有创造性的实践空间，使人们的创造性的爆发力，或说创新能力得以在其中充分地施展。如今创新能力不仅为标志着国家经济实力的企业的成功提供着独特的力量，而且也为国家、社会各行各业以及个人的发展提供着独特的力量。因此，创新能力已成为关系到一个国家的发展和在国际领域中竞争的决定性因素。

三、科技改变文化传播手段

创新文化的传播也是一种培植、养育的过程，需要多方面多因素的支持和条件，其中文化载体的作用不可忽视。文化创新是在文化传播的基础上进行的。文化传播随着传播媒介的变换而出现新的变化。文化媒体发生革命，带来了文化本体的革命，实现了文化的创新和扩容。

1. 创新文化传播的内涵

文化传播产生于人类生存和发展的需要，是人类特有的各种文化要素的传递扩散和迁移继传现象，是各种文化资源和文化信息在时间和空间中的流变、共享、互动和重组，是传播者的编码和解读者的解码互相阐释的过程，是主体间进行文化交往的创造性的精神活动。全部人类文化史归根到底是文化传播、借用、发展的历史。

传播（diffusion），原指"扩散"或"漫流"，是文化的内在属性和基本特征，是历史发展过程的重要内容，是促进文化变革和创新的活性机制。创新文化借助传播拓展了文化时间和文化空间，努力实现着其最大限度地激励或激发人们进行科技创新的功能，同时又在传播的过程中生成、融合、创新和发展，彰显出旺盛的生命力和创造力。

创新文化的传播，就是将优秀的创新文化成果取其精华，传承、光大，使之扩展为整个创新系统和区域的文化；就是将创新文化的深刻内涵，如兴国为民的历史责任感、开拓进取的创新意识、唯真严谨的求实作风、和谐协力的团队精神等，通过传播，融于政策制度、机制管理之中，影响人们的思想意识、价值取向、道德观念等各个方面，达到文化层面的认同，从而引领和推动科技创新发展。

2. 文化传播方式的创新

第一次科技革命的蒸汽机动力技术极大地改变了交通运输业的面貌，人们借助动力更强大的交通设备可以走得更远了。与此同时，报刊图书、纸媒印刷等文化产品的运输更为广远快捷，文化传播进一步突破了时空限制。可以说，伴随第一次科技革命而来的，有生产方式的大变化，也有文化样貌的大变革——凭借技术的大改进，文化产品的形制、传播如虎添翼，现代意义上的文化产业开始萌芽。

第二次科技革命发明了电力并实现电力的安稳传输，电力作为一种更为强大、更为稳定、更为有效的动力，给人类社会带来改头换面的变化。与此同时，电信技术的发明和改进，使得人类在信息传播领域实现大飞跃。留声机、音像唱片业、黑白默片电影、电影业、收音机、广播电台、电视机、电视的无线传播这些伟大的发明创新，都得益于电力和电信技术。电影、广播、电视作为现代人不可或缺的文化伴侣，生发创制于第二次科技革命，并在第二次科技革命中得到广泛普及。如果说造纸术、印刷术是人类文化中语言和文字的符号表达，那么电影、广播、电视则是人类文化中声音和影像的形制表达，极大地开阔了人类的眼界和心智，丰富了人类的生活和意趣。现代化交通工具的出现和普及，使得文化产品的运输数量更大、速度更快。

第二次科技革命，促进了现代文化产业门类的新生和发展第三次科技革命，人类社会的面貌再次焕然一新。科技创新成为社会经济发展的决定性要素、主要推动力。高新技术层出不穷，应用转化大大加快，新型文化产品、新型文化业态、文化产业新兴门类不断出现，文化产业与科技因子结合愈发紧密。彩色电视机、宽银幕电影、立体声电影、磁带录像机、盒式录音机、电视卫星、微型计算机、手机、数码录音唱片、随身听、CD 媒体格式这些伟大的发明创新，极大地激发了文化传媒产业的发展，不可思议地改变了人类生活。

现代科技创新成果正越来越多地应用于文化创新过程之中。如广播电视、电影特技、文艺演出、体育赛事、新闻传播、书刊出版、动画漫画、网络游戏等，都需要利用高新技术的手段和工具。科技创新与文化创新正在逐渐融为一体，成为当今世界新的发展趋势。

现代科技手段在文化创新过程中的作用，突出表现为数字化、信息化、网络化。互联网、信息技术、数字技术、网络传输技术的发明、传播、普及，深刻地改变了文化产业的存在形态和人们的文化接受心理。广播电视、报纸杂志、电影、游戏、各种演出以及文化旅游等传统文化传播方式，在当代社会仍然发挥着重要的作用。此外，数字卫星电视、IPTV、移动电视、手机电视近年来得到了快速发展；网络正在成为人们日常生活中不可或缺的文化传播工具，电子商务、电子政务方兴未艾。

文化传播手段的创新还应该包括文化传播渠道的创新，应该借鉴发达国家文化产业的营销经验，重视销售市场构建及市场促销等环节。发达国家的跨国文化产业集团在世界范围内建立了稳定的销售市场，其文化产品一经推出，就可以通过这些网络迅速扩展到全世界的文化市场，送到消费者面前。我们要在国际文化市场上，拓宽自己的传播渠道，这可以由文化企业自己组建专业的海外发行公司，或收购外国人现有的发行公司，也可以依托其他行业有实力的跨国公司已经建立起来的国际销售网络，进行增值服务。

3. 创新文化传播的基本特征

其一为传承性。文化是人类历史发展的产物，优秀的传统文化是财富，它架起了我们前进的阶梯，维护着我们的社会秩序，增强了我们对组织、民族的认同感，为我们的精神提供了栖息之所。如果没有传统文化，我们的生活将失去精神家园。科学创新与创新文化有着密不可分的关系，如无数科技前辈发展起来的"两弹一星"精神，为创新文化注入了强烈的爱国情怀，唯实求真、艰苦奋斗的优良传统，使其在传播中日益体现出历史传承、孕育积淀、生生不息的特点。随着创新的深入推进，这种文化传承不断丰富了有利于激发创新动机、拓展创新思维、提升创新能力、推进创新活动的人文主题。

其二为延伸性。创新文化传播不仅具有纵向的传承性，还有横向的延伸特点。文化概念的外延广阔浩瀚、漫无边际、无处不在，决定了创新文化传播的宽广外延。创新文化通过传播辐射，可以调整社会交往结构和人与人之间的社会关系，可以转变人们的价值观念以及生活、工作和行为方式，可以作用于各个不同层面和群体。

其三为渗透性。文化传播无孔不入。在当今信息时代，创新文化通过信号、语言、文字、印刷、电信、网络等多种媒介交互传播，使人们自觉不自觉地接受来自家庭、单位、社区、社会多层面的文化意义和价值，在潜移默化之中构建起自己的价值评价体系。创新文化的先进性和科学性更加决定了它超强的影响力和渗透力，可以深入到人们活动的每一个角落。

4. 创新文化传播的功能作用

其一为积淀功能。创新文化传播使文化财富继承和绵延流传，成为不断积累的文化遗产，而且文化传播的时间越久远，文化积淀就越深厚。我国的创新文化通过几代先辈们薪火相传，积累充实，已逐渐成为我国社会主义精神文明建设中宝贵财产、一支极富特色的瑰丽奇葩，并随着我国先进文化的建设不断丰富发展。

其二为凝聚功能。创新文化通过传播，把服务国家、奉献社会、造福民生、追求真理、勇于拼搏、协力创新的科学世界观、价值观、科学精神、科研道德传递给从事创新活动的人们，凝聚起一致的价值理念，形成一种得到共同认同的主导科技创新工作的文化力量。

其三为教化功能。传播是影响，是有意识、有目的的自觉的活动，是动态的反馈过程。传播者都希望达到一定的效果，使受传者发生相应的变化。美国学者沃伦·韦弗（Warren Weaver）说，传播是一个心灵影响另一个心灵的全部程序。创新文化在传播中，主动地传递信息、观念和情感，进一步协调和确定人们的行为规范，逐步改变人们的思维方式、行为习惯、价值观念、审美情趣，并使之社会化。

其四为增殖功能。文化与传播是一种互动的关系，文化在传播中得到质和量上的"膨胀"或放大，创新文化通过传播实现了文化的再生产，在原有价值和意义的基础上进而生成新的价值和意义，从而使创新文化更加富有生机和活力。

第五章　创新扩散与创新路径

创新和技术进步离不开创新扩散，因为直到创新充分地扩散后，创新才能最大限度地发挥出对经济的影响作用。

第一节　创新的扩散

创新只有扩散，才能够创造出规模效益，或者如西方经济学中所称，可以产生"增值效应"。因为创新技术，无论是以提高效率为结果，还是以节约社会资源为主题，只有大面积铺展开，而不局限在一个企业或经济实体内部才会对社会的整体效益产生大的影响。

一、创新扩散理论

1962 年，美国新墨西哥大学埃弗里特·罗杰斯（Everett M. Rogers）教授研究了多个有关创新扩散的案例，与休梅克（Schoemaker）合著出版了《创新扩散》（*Diffusion of Innovations*）一书，他考察了创新扩散的进程和各种影响因素，总结出创新事物在一个社会系统中扩散的基本规律，提出了著名的创新扩散 S 曲线理论。该书将创新扩散这一过程分为知晓、劝服、决定、确定四个阶段，并提出了创新扩散的基本假设。

20 世纪七八十年代，创新扩散的研究转向在社会和文化境况中研究传播媒介和受众。编码与译码、传媒与社会发展等注重双向性和宏观层面的研究成为热点，表明大众传播可以较有力地提供新的信息，而人际传播对改变人的态度和行为更有力。

1. 创新扩散的要素

埃弗里特·罗杰斯认为，创新是一种被个人或其他采用单位视为新颖的观念、实践或事物；扩散是创新通过一段时间，经由特定的渠道，在某一社会团体的成员中传播的过程。而创新扩散是指一种基本社会过程，在这个过程中主观感受到的关于某个新语音的信息被传播，通过一个社会构建过程，某项创新的意义逐渐显现。在这一过程中，创新本身、传播渠道、时间以及社会系统构成创新扩散的四个要素。

首先，一项创新是被采用的个人或团体视为全新的方法、实践或物体，其新颖度主要由所含知识、创新本身说服力和人们的采纳决定构成。而创新本身的五个特征不同程度地决定着创新扩散的速度，它们分别是相对优势、相容性、复杂性、可试性和可观察性。一项创新相对于它所取代的方法或物体的优势越明显，与现存价值观及接受者的经验越相符，越容易被使用，越可能被试用并被观察到创新结果，便会扩散得越快。

其次，扩散的实质是个人通过信息交换将一个新方法传播给一个或多个他人，信息从一个个体传向另一个体的手段，即传播渠道。在使潜在接受者获知创新的阶段，大众传媒是最快且最有效的手段。同时，人际关系渠道能够说服个人接受新方法，尤其在形成或改变个体对创新的观念方面更为有效。在具体的创新扩散过程中，将大众传媒渠道与人际关系渠道有效结合，往往是创新推广的最佳途径。

再次，在创新扩散过程中，时间是第三个要素，具体表现为三方面：个体知道并且采用或拒绝一项创新所经历的过程（即创新决策过程），个体或单位比其他系统成员采用创新更早或更晚的程度（个体或其他团体比同系统内其他成员更早采用新方法的程度，即创新精神），以及指定时间内该系统中采用创新的人数（即创新采用速度）。根据社会系统内成员的创新程度，采用者可分为创新者、早期采用者、中期采用者、晚期采用者以及迟钝者。

最后，一个社会系统。一组相互联系的单位构成了社会系统，创新扩散的过程毫无疑问发生在一个社会系统中。系统的社会结构影响着创新的扩散，包括社会结构、系统规则、意见领袖等方面。社会系统限定了创新扩散的范围。埃弗里特·罗杰斯还认为，创新扩散需要借助一定的社会网络才得以进行，在其推广和扩散的过程中，信息技术凭借其自身优势，将知识和信息迅捷有效地传达给公众，而人际交流在说服人们接受、使用创新方面更为直接、有效。因此，创新推广的最佳途径是将信息技术和人际传播加以结合。

2. 创新传播与创新商业化

技术创新商业化是指从新技术思想火花的产生到体现新技术的产品或工艺问世的一系列过程。这是促使科技成果转化、使科技成果能够实际应用并走向市场的关键环节，也是促进科技与经济有机融合的重要举措。

二、创新扩散的多维化

创新扩散理论是多级传播模式在创新领域的具体运用。这一理论说明，在创新向社会推广和扩散的过程中，大众传播能够有效地提供相关的知识和信息，而在说服人们接受和使用创新方面，人际传播则显得更为直接、有效。

1. 创新接受的领域

由于企业技术创新扩散的对象是创新后的技术成果或以产品为载体的技术方案等，并且扩散源的供给主体与接受方的需求主体都以其特定利益来促进扩散的完成。

2. 创新接受的环境

技术创新不仅是经济活动，而且更重要的是社会活动。一项技术创新的成果不仅能给创新者带来效益，更是能够通过其外溢效应使全社会受益。美国经济学家纳尔逊、阿罗（Arrow），英国学者库因斯等都对此做了类似的研究工作。事实表明，技术创新的社会效益远高于创新者本身获得的收益，因此创新的风险承担主体不应该只是单个个人、企业或是组织，而应当是社会。社会是由许多个人、组织、团体等构成的集合体，只有把技术创新风险分摊到这些参与技术创新活动并受益的个人、组织、团体中去，技术创新才能更好发挥其经济和社会功能。

第二节　创新扩散路径

一般认为创新环境可以按两个标准来划分。一是按空间划分为外部环境和内部环境。外部环境是由扩散系统所处的政治、经济体制，法律、司法制度，社会人文环境等组成，它处在扩散系统的边界以外，对技术创新扩散的影响是非直接的，因此可以看作是外生的、给定的因素。内部环境则包括体制环境、管理制度环境、激励环境等。二是按照影响要素划分为直接影响环境和间接影响环境。直接影响环境包括政策法律环境、市场环境和资源支撑环境；间接影响环境包括经济环境、基础设施环境和人文环境等。

一、社会支撑环境

创新扩散作为一个特殊的社会行动或社会行动系统，无论是技术创新成果的供给，还是对技术创新成果的采用，甚至是创新成果在市场中介渠道中的传播，都总是从其所处的社会环境中吸取能量和进行能量信息的交换。我们把对技术创新扩散过程或系统提供资源和信息支持的诸要素所组成的外部影响因素定义为技术创新扩散的社会支撑环境。

政府应对创新采用者持积极支持的态度，为创新的采用提供有利的条件，表现为直接经济支持，通过拨款、风险分担投资以及贷款等形式，把政府资金转移到企业，使企业有能力采用创新；通过制定一系列法律规范，来调节扩散过程中的各个环节，理顺扩散的渠道。例如，专利法是用以调整由发明创造活动而产生的智力成果所引起的各种社会关系的法律规范的总称，它以调节多种社会关系，如因确认发明创造的所有权而产生的社会关系、因授予专利权而产生的社会关系等。

二、技术因素

埃弗里特·罗杰斯认为，创新扩散总是借助一定的社会网络进行的，在创新向社会推广和扩散的过程中，信息技术能够有效地提供相关的知识和信息，但在说服人们接受和使用创新方面，人际交流则显得更为直接、有效。因此，创新推广的最佳途径是将信息技术和人际传播结合起来加以应用。它们在技术创新扩散中的作用是很不相同的。

大众传播媒体，如广播、电视等可以同时向很多人传播同一信息，但是，所传播信息的质量良莠不齐，潜在用户一般只相信来自这些渠道的关于创新存在的信息，而不会完全相信其传递的关于创新性能的信息。与之相反，人际交流方式由于包含了两个或者多个决策个体之间面对面的交流，因而信息传递速度比较慢，但信息的可信度高，适合传递关于技术创新具体性能的信息。

在人际交流网络中，各个成员之间相互传递信息，并互相影响着对方对待某一创新的态度。但是，其中往往存在一些领袖人物，在影响其他成员对于创新的态度方面起着举足轻重的作用。许多研究者认为，技术创新扩散曲线之所以呈 S 形，正是由于一旦这些领袖人物采纳了技术创新，则在单位时间内采纳技术创新的用户数会猛增，应该重视用户群中的领袖人物并尽可能充分发挥其影响作用。

新一轮科技革命最有可能出现在生命科学和生物技术领域。这是当前科技创新最活跃的领域，许多研究成果，如基因技术、克隆技术、生物医药技术等已经在实践中开始应用，尤其是转基因技术已在农业生产领域实现了产业化经营。但同时也应看到，由于信息技术的广泛使用加快了新技术的扩散速度，为技术进步提供了一个高速发展的基础，技术更新的周期比过去大大缩短，科学技术创新正以前所未有的速度推进。

三、中介因素

构成技术创新的中介环境的主要要素是科技中介组织，而科技中介组织是社会中介组织的组成要素之一。狭义的科技中介组织是指为企业、高校、研究机构等各类科技创新主体提供社会化、专业化服务，以支撑科技创新活动和促进科技成果产业化的机构。广义的科技中介组织是指以法律法规为依据，以技术为商品，以推动技术转移、转化和开发为目的，在政府创新主体、创新源及社会不同利益群体之间，发挥桥梁、传递、纽带作用，面向社会开展技术扩散、成果转化、技术评估、创新资源配置、创新决策和管理咨询等专业化服务的机构。

一般认为科技中介组织可以进行两种较有实践价值的分类。其一是按照科技中介组织对市场的作用程度分为市场中介组织与非市场中介组织。市场中介组织是专门从事中介服务、按照市场价值规律运作的组织，如会计师事务所、律师事务所等。它主要通过服务取得自身的收益，同时也承担一定的社会功能，成为市场中介组织。非市场中介组织是弥补政府和市场的不足，在社会、经济发展过程中沟通政府与企业、个人以及社会与经济主体之间的信息，平衡社会冲突，协调各方行为的社会第三方组织，一般以非营利组织的形式出现。其二是根据功能属性的异同分为行业协会和非政府组织。行业协会可以定义为狭义的社会中介组织，它以维护本行业的群体利益为目标；非政府组织区别于政府、社会中介组织，代表的并不是国家的利益，其具有"公共性"，面向的是一定范围内的社会公共利益，具有相当的公信力，产生一定范围的社会影响。

科技中介组织属于社会中介组织，构成科技服务体系，对于加速科技成果转化，提高技术创新能力，大力推进科技与经济的结合有重要的作用。

第六章　创新主体的培养

人的素质是各种文化现象的综合反映。如果文化教育水平太低，将制约着人的潜能的发挥，也制约着科技的引进与推广。科技资源与创新人才不能实现有效的结合和配置是当前我国科技创新能力提高不上去的根本原因之一。国内外无数创新成功及失败的实例表明，人才、特别是尖子人才在自主原发性创新和高新技术产业化中发挥着不可替代的作用。美国麻省理工学院著名教授、《数字化生存》的作者尼古拉斯·尼葛洛庞帝在谈到创新的文化氛围时指出，"创新如何发生？新想法源自何方？最通常的答案是：提供良好的教育体制，鼓励不同的观点，培养协作精神。"❶

第一节　创新教育的发展

创新教育是为了迎接即将到来的知识经济时代而提出来的。创新教育不仅是方法的改革或教育内容的增减，而是教育功能的重新定位。

一、创新教育的内涵

所谓创新教育就是使整个教育过程被赋予人类创新活动的特征，并以此为教育基础，达到培养创新人才和实现人的全面发展为目的的教育。创新教育是带有全局性、结构性的教育革新和教育发展的价值追求，是新时代背景下教育发展的方向。创新教育是以培养人的创新精神和创新能力为基本价值取向的教育实践；创新教育是时代发展的呼唤，是 21 世纪高等教育改革的方向，是发展人的创造潜能、提高人的价值的要求。实施创新教育必须树立创新教育观，深化教育改革，改善教学环境。

人是最重要的创新资源，创新教育是创新生态系统的重要组成部分。要形成创新要素集聚并促成聚合反应，创新教育必须以加大创新人力资源的供给、面向全球引进和聚集创新人力资源为目标，关注营造有利于开放条件下创新要素集群栖息的教育途径、机制与体制，从而形成创新生态的首要一环。

二、创新教育的发展

构建国家创新体系，面向知识经济实施创新战略包括一系列重要环节，除了知识创新和技术创新外，还必须重视它们与观念创新、组织创新、管理创新、制度创新之间的联系，教育创新也不例外。教育与培训环境是国家技术创新系统的基础子系统之一，其基本功能是为企业技术创新系统培养具有创新能力的人才。

---

❶　尼古拉斯·尼葛洛庞帝. 创新的空气［N］. 余智骁，译. 经济观察报，2004 - 3 - 8.

对于创新教育，早在 20 世纪 40 年代，陶行知就提出了创新教育的思想，而且还在他创办的育才中学内推广创新教育。1954 年，日本首先创立了"星期日发明学校"，被认为是首次将创新教育纳入教育计划。创新教育的目的是开发学生的创造能力。创造能力人人皆有，创新教育就是运用科学的方法来开发学生的创造能力。创新教育造就的不是一批"记忆型"学生，而是一批富有创新意识和创造能力的创新型人才。

因此，我们也就不难理解，硅谷不断跨越边界的人才引进策略。❶ 美国在倡导国家的创新生态中，《美国竞争法》体现了"对人才维度的回归"。❷《维护国家的创新生态系统：保持美国科学和工程能力实力》❸ 于 2004 年 6 月发布。在这个报告中，强调美国的经济繁荣和在全球经济中的领导地位得益于一个精心编制的创新生态系统，它来源于几个卓越的组成部分：发明家、技术人才和创业者；积极进取的劳动力；世界水平的研究性大学；富有成效的研发中心（包括产业资助的和联邦资助的）；充满活力的风险资本产业；政府资助的聚焦于高度潜力领域的基础研究。这个创新生态系统的一个核心驱动因素是国家关于科学、技术、工程和数学的技能上的实力。而这个美国的创新生态系统由于当前全球技术人才库的变化、技术人才的全球市场份额的丢失而面临着威胁。《创新美国：全国创新高峰会议和报告》，❹ 将中期报告中使用的"创新框架"改进成为"创新生态模型"。这两个报告指出，创新是决定美国在 21 世纪取得成功的最重要因素。在过去的 25 年中，美国优化了组织的效率和质量，在未来的 25 年中，必须为了创新而优化整个社会，在企业、政府、教育家和工人之间需要建立一种新的关系，形成一个 21 世纪的创新生态系统。作为"国家创新倡议"（NII），提出要实现"人才""投资"和"基础设施"三方面的目标和议程。在人才方面，要建立国家创新教育战略，培养多样的、创新的和接受技术训练的劳动力，成就下一代美国创新者，保证劳动者在全球经济中取得成功。

三、创新教育特点

创新人才的培养，应该包括创新精神和创新能力两个相关层面。其中，创新精神主要由创新意识、创新品质构成。创新能力则包括人的创新感知能力、创新思维能力和创新想象能力。从创新教育的角度来看，培养创新精神是影响创新能力生成和发展的重要内在因素和主观条件，而培养创新能力提高则是丰富创新精神的最有利的理性支持。

从创新教育的观念来讲，我们要摒弃传统教育观中与时代背离的部分，建立与时俱进的新型教育观：一是确立高等教育大众化、多样化的观念，摒弃传统教育的单一化模式；二是确立开放性的教育观念，摒弃传统的封闭式教育模式；三是要确立教育终身化的观念，摒弃传统的一次性教育模式。人才是一个动态的概念。创新人才最根本的品质就是具有自觉的创新意识、缜密的创新思维和很强的创新能力。实现终身教育，推动学校教育、社会教育和家庭教育紧密结合、相互促进。

从创新教育的内容来看，关键在于重视自然科学和人文科学的融合。社会学家提出，

❶ 沙德春，曾国屏. 超越边界：硅谷园区开放式发展路径分析 [J]. 科技进步与对策，2012，29（5）：1-5.
❷ 王程韡，曾国屏. 知识创造和人才培养：从《没有止境的前沿》到《美国竞争法》[J]. 清华大学教育研究，2008，(3)：78-84，94.
❸ PCAST. Sustaining the Nation's Innovation Ecosystem：Maintaining the Strength of Our Science & Engineering Capabilities [R]. 2004.
❹ Council on Competitiveness. Innovate America：National Innovation Initiative Summit and Report [R]. 2005.

在 21 世纪活跃于学术和科学领域的某些代表人物，应当是"人文科技"型人才。其实这种提法并不是首创，早在 1948 年，著名建筑学家梁思成先生就提出了"半个人的时代"的现象，谈文理分家导致人的片面化问题。清华大学人文社会科学院徐葆耕教授最近又提出了"走出'半人'时代"的观念。他认为科技与人文分离的结果，就两个极端而言，出现了两种畸形人：只懂技术而灵魂苍白的"空心人"和不懂技术、侈谈人文的"边缘人"。"空心人"他们自以为掌握了科技，其实是被科技所掌握，感情干瘪，思想空洞，不知道社会把自己带向何方，也不知道人为什么活着。人文探索对于人类精神领域的重建，大学的基础科学研究对于自然世界的解释，大学的技术开发对于物质生产的巨大支持，大学的体制改革对于社会变革的直接影响，大学的功用面与非功用面的恰切展示，对于人类确认自身的理想与现实关系，无不发挥着导引的作用。在这个意义上讲，大学的创新再次与创新文化的建设联系起来。当今天的创新文化显现出重建的契机的时候，我们也可以从大学的重建中看到创新文化确立的希望之光。

从创新教育体制来讲，为适应知识爆炸和多学科交叉、渗透、融合的发展趋势，必须改变原有的教育方式，从传统的应试教育和以知识传授为主的教育，转向学习能力教育和综合创新能力的培养，也就是向素质教育转变。学校要向社会开放，使学历教育和非学历教育、学校教育与非学校教育、继续教育和职业技术培训相结合，使学校教育资源面向社会开放，为学习者提供各种多次受教育的机会。另外，以远程教育网络为依托，形成覆盖全国城乡、连通国外的开放教育系统，为各类社会成员提供多层次、多样化的教育服务。

第二节　创新教育的支持系统

创新人才的培养和成长是一个多因素的复杂过程，离不开多方面的支持系统。

一、大学是创新人才培养的重要基地

大学是国家创新体系的重要支持系统。大学具有服务社会的功能，从而也直接服务于国家创新体系。一方面它为各种从业人员提供继续教育和培训，保证其知识结构的更新与时代同步；另一方面又通过教育将创新的科学转化为智力和能力，使其价值得到充分体现，保证国家创新体系的现实性。同时，高校本身也是国家创新体系的重要组成部分，它承担着国家创新任务中相当多的任务。仅以诺贝尔奖获得者为例，就有一半以上是大学的研究人员。

有研究者指出，"大学兴起带来国家昌盛，这不仅是西方现象，也是世界现象"。❶ 意大利之所以在资本主义兴起的早期阶段领先世界，就是因为 11 ~ 12 世纪现代大学的前身在意大利兴起，以及这种兴起与当时意大利城市发展具有的某种一致性关系。后来，英国的强盛、法国的崛起、德国的发展，也都与这些国家大学的迅速发展有密切的关系。当 19 ~ 20 世纪的美国创新性地将英国的博雅学院、德国的研究型大学与自己的专业学院三者结合起来的时候，大学也就进入了一个堪称"美国世纪"的时代，而这个时期美国的发展领先于全世界，也是不争的事实。当代，大学作为一个创造性研究机构的性质就日益显现出来。

---

❶ 丁学良. 什么是世界一流大学？［M］. 北京：北京大学出版社，2004：29.

德国著名教育家洪堡（Humboldt）对研究型大学的阐述，再次为大学的创新特质注入了新鲜的文化基因。洪堡强调，"国家不应当指望大学做与国家直接利益相关的事情，国家应当抱有一种信任感，让大学发挥真正的作用，大学不只是为国家的目的来工作，而应为一个更高的水平无限地发挥作用……提供增加更多有效的源泉和力量的场所，而不应当只是受国家本身所支配"。❶ 这可以代表 19 世纪大学创新的精神状态。大学以分门别类而又兼有学科优势的科学研究来展示自然世界、人文天地和精神领域的缤纷色彩，就是在洪堡的思想指引下获得的创新性特质。以创新为导向的大学改革显示出大学的基本精神。现代大学之所以为"现代"大学，就是因为它与现代的创新精神处境相适应。而现代大学之所以为现代"大学"，也是因为它具有的创新精神所具有的普世、普适特性。

　　大学为社会的变革与创新提供深厚和持久的动力，以及这一动力机制自身在不断的改进中为社会持续的创新与发展提供广泛支持。"没有西方现代的大学，现代的工业文明是不可能的""在现代工业文明里，大学是三个东西的源泉：新观念的源泉、新知识的源泉和新型专业人才的源泉"。❷ 这是基于现代大学的三个基本功能做出的断定。同时，现代大学还必须以知识的创造来显现自己拓展新的知识空间与知识领域的能力，这是现代大学在发展中逐渐体现出来的独特组织功能。大学是培养人才和进行科学研究的专门机构，民主、科学、自由和平等的精神是构成大学精神的基本元素。因此，在科技和文化创新的过程中，要特别重视大学精神的培育，努力营造有利于激发创新活力，造就创新型人才的良好氛围。同时，要加强自身的社会辐射功能，以建构时代精神和时代文化为己任，为建设先进文化做出自己的贡献。

二、职业技术教育体系是培养高素质技能型人才的摇篮

　　著名思想家迈克尔·波拉尼（Michael Polanyi）曾指出，"直到最近，似乎没有任何东西比纯粹科学与技术之间的这一区别更明显的了。这一区别毫无意义地体现在高等教育的一般框架中，正如高等教育被分为大学和技术学院所表明的那样。"❸ 与技术教育关系最密切的两个特征是作为程序的技术和作为知识的技术。社会比较普遍地认为，技术只是科学的附属品，是科学的简单演绎，只要建立了合理的科学理论，就可以轻松地从中产生技术，因而技术教育是可有可无的，只要科学教育搞好了，技术就会发展。即使勉为其难地开设了一些专业技术教育的学院，其课程也是以理论知识为主，且很大程度上是科学理论，实践仅被作为理论的应用和延伸而置于次要地位。

　　实际上，自 18 世纪以来的三次技术革命推动直接推动着社会的创新：以机械为主导的第一次技术革命推动社会进入蒸汽时代，以电力为主导的第二次技术革命推动社会进入电气时代，以信息为主导的第三次技术革命推动社会进入信息时代。每次技术革命都起源于一两项根本性、引领性的重大技术突破，推动了新技术体系的建立和整体性的产业升级，引发了整个技术和产业范式的变化。三次技术革命和三次产业升级，将人类社会由农业社会推进到工业社会和信息社会，创造了人类社会的现代文明。而历次技术体系的逐渐积累和革命性跃升之间，大多都源于技术和产业范式内技术技能的点滴积累，源于劳动者的生

❶　博伊德，金合. 西方教育史［M］. 北京：人民教育出版社，1985：330，331.
❷　丁学良. 什么是世界一流大学?［M］. 北京：北京大学出版社，2004：153.
❸　迈克尔·波拉尼. 个人知识［M］. 贵阳：贵州人民出版社，2000：276.

产实践和价值创造过程。以技能型人才培养为核心任务的职业教育对技术创新具有重要的支撑和促进作用。

从职业教育目的来看,只有技能才能使形式存在的技术——设备、工具、规则或程序变为真实存在的技术。技术可划分为实体性技术、规范性技术与过程性技术。实体性技术是一种空间形态的技术,如物化的设备、工具等。规范性技术是一种时间形态的技术,如文本的工艺、规则等。过程性技术则是一种时空形态的技术,是关于人类目的性活动的序列或方式的技术,如个体的经验、策略等。事实上,过程性技术无法脱离个体而存在。若将过程性技术归纳为"根据自然科学原理和生产实践经验而发展成的各种工艺操作方法",则可视其为以"人"为载体的技术。技能作为"人化"的技术,是使"物化"的技术为社会创造现实价值的基础。因此,技术技能型人才既是技术创新得以规模化、产业化实现的关键要素,其自身也是技术技能积累的承载主体,并进而是技术创新特别是渐进性创新的重要力量。技术创新反过来也在不断提升对技术技能型人才的要求。正是从这一意义上说,以培养技术技能型人才为目标的职业教育,既是技术创新产业化和价值实现的基本保障,也是促进技术技能积累和推动渐进性创新的重要手段。与此同时,业已实现的技术创新又反过来不断对职业教育提出新的、更高的要求。

职业教育与技术创新之间的作用关系,在很大程度上还取决于一国的职业教育在其中所扮演的角色。研究表明,一个国家的人才结构及与之相应的教育结构有着密切关系。世界经合组织的统计资料显示,中等职业教育在高中阶段比例超过50%的国家,几乎涵盖了所有欧洲强国。其中,占50%～60%的国家有挪威、英国、法国、瑞典、丹麦、芬兰;占60%～70%的国家有瑞士、波兰、匈牙利、比利时、卢森堡;高于70%的国家则有捷克、德国、奥地利、意大利和荷兰。❶ 这些国家以装备制造业为主的产业,都对培养高素质劳动者的职业教育极为重视。以"双元制"为主体的德国职业教育,被称为"二战"后德国经济腾飞的"秘密武器",成就了"德国制造"的全球声誉,奠定了德国经济社会稳定发展的坚实基础。"双元制"职业教育深植于德国社会市场经济制度的土壤中,以产教融合、校企合作、理实一体为手段,培养兼具完整职业行动能力和高度职业精神的优秀技术技能型人才。高素质的技术技能型人才不仅支撑了德国研发创新的高质量产业实现,而且也作为重要的创新主体直接推动了企业技术技能积累和创新,甚至是遍布各行业、数以千计的"隐形冠军"的主要缔造者。包括职业教育在内的一整套制度设计,培养了德国聚焦专业、安于本职、追求极致的企业文化和职业精神,这也正是德国稳健型技术技能积累和创新模式的精髓所在。

当然,职业教育与创新的有机互动及其对创新的促进作用,并不是必然发生的,它既取决于职业教育本身的制度设计和运行质量,与一国的产业结构相生相伴,也受制于整体的社会制度环境和保障条件。挖掘并实现职业教育与技术创新之间的有机互动是政府教育政策和科技创新政策的重要关注点。而且,要加强管理监督和研究支撑,保证职业教育可持续发展,除培训设施设备、原材料等费用外,企业还须负担职业教育经费,支付学徒工在整个培训期间的津贴和培训师的工资,其在德国职业教育中发挥的作用和承担的职责甚至超过职业学校。因此,德国特别注重发挥商会的监管作用,从而强化、保障企业在职业教育中的主体地位。

---

❶ 王继平. 向德国学创新(7):职业教育对创新的促进机制[N/OL]. 澎湃研究所,2015 – 3 – 15. http://www.thepaper.cn/newsDetail_ forward_ 1311450

三、教育基础设施建设是培养创新人才的重要保障

教育基础设施建设包括硬件设施条件和软件设施条件的建设，其质量和功能的优化及覆盖范围的提升是培养创新人才的重要保障。

一方面，要努力提升教育硬件基础设施建设，加强基础教育设施投入，实现基础教育设施的均衡布局配置，面向全覆盖的优质教育设施质量的提升，以及既有设施进行运营优化组织，大力发展数字化教育平台建设。我国教育部颁布的《国家中长期教育改革和发展规划纲要（2010—2020年）》明确指出，"信息技术对教育具有革命性影响，必须予以高度重视。"显然，这已经将数字化教育信息资源建设作为我国高等教育数字化学习的重要支撑条件。在美国，硅谷新生的技术基础设施也起着重要的作用。比如说，通过扩大"荣誉合作项目"的招生数量，斯坦福大学为小公司提供了重要的机会。这类小公司常常想吸引高级人才，但却苦于在变幻莫测的技术环境中无法为其员工提供持续的教育和培训。斯坦福大学的"工业往来项目"促进了教职员工、各院系和外部公司之间的研究合作，进一步拓展了该大学在硅谷地区的职能作用。

另一方面，要力图打造创新人才培养的软环境建设。目前，世界各国为进一步加大人才培养模式改革力度，培养适应社会需要的应用技能型人才，从教育思想、教育制度、教育理念等方面纷纷加快教育软件服务平台构建。日本物理学家、科技史家广重彻提到，日本明治时代科技的发展水平上看似与西方发达国家的差距是250年，但从科学制度化的意义上来考察，差距则是50年。所谓"科学的制度化"，是指明治时代的思想家、政治家们能够比较客观科学地估价日本在当时世界上所处的地位，并制定出了一套加速科技、经济、教育发展的对策和措施，使之在不长的时间里就弥补了长达250年的差距，并以神奇的速度跻身于世界强国之林。

实　践　篇

第七章　美国：自主创新能力体系成就辉煌

从参与国际竞争的需要来看，当代国际竞争归根到底是科技实力和创新能力的竞争，而美国一直把全面提高全社会的创新能力作为参与全球竞争的核心战略，创新长期以来支撑美国经济处于世界领先地位。根据世界经济论坛发布的《2014—2015年全球竞争力报告》，美国排在第三位；瑞士洛桑国际管理学院（IMD）公布的《2015年IMD世界竞争力年报》，美国排在第一位。排名显示，美国因为金融产业回升，以及有丰富的科技创新和成功企业，而重新站上全球最具竞争力国家的位置。这在很大程度上得益于美国建立了政府、工业实验室、高校等非营利研究组织"三位一体"的国家自主创新体系，同时也与美国的创新文化土壤密不可分。2012年1月，美国商务部发布了《美国竞争力与创新能力》报告，在客观分析美国竞争力和创新能力现状的基础上，明确提出了进一步增强美国竞争力和创新能力的政策建议，即增加政府对研究与开发、教育和基础设施的支持，重塑维系创新能力可持续发展的生态体系。

第一节　美国创新理念与创新体制

美国的创新体系最重要的特点就是不同主体之间的合作与竞争创造了高效的创新系统，使科学家的自由探索、企业的逐利行为、政府的长期目标、高校的有效竞争能够有机地结合。

一、美国创新理念

对美国来说，创新被视为提升国家竞争力的根本战略。一直以来，美国政府和产业界都把创新视为立国之本，是美国在全球竞争中建立国家竞争力的根本源泉。为此，每届政府都十分重视制定鼓励创新的科技政策，不断出台科技创新计划。在创新政策的形成过程中，美国的政府行政部门、国会、企业、大学、各种研究机构等力量都充分参与，各自通过不同渠道和方式，影响政府的最终决策，每一项公共政策的形成都是多方利益博弈的结果。可以说，美国政府重视创新，美国人民敬佩创新，美国社会奖励创新。

1. 崇尚自由的国家精神

自由贯穿于美国历史的始终，渗透在美国生活的各个方面。美国社会允许不同的自由概念展开竞争和较量，成就了美国作为"自由社会"的本质特征。美国的创新能力强，其崇尚自由的国家风气培养了他们自由的逆向思维创新能力，而哈佛、耶鲁等大学等更是将自由探索的精神作为培养人才的目标。此外，在经济领域，自由派的经济政策也促进了美国产业的发展。早期美国政府对产业科技的直接政策以军事用品产业为主，如采购军事用品及发展军民共用科技等，而产业的辅助则遵循自由派的经济政策。政府只致力于基础研究，应用研究与开发技术则由民间企业主导。

2. 敢于承担风险的理念

风险投资的诞生在"产学研"三者间架起了桥梁，标志着美国国家创新体系走向成熟。美国最早开始成立风险投资，向科技企业提供融资。早在 20 世纪 40 年代，美国产生许多新兴企业，它们普遍规模小，产品和市场不成熟且无法通过正常的融资渠道如银行、保险公司、家族企业进行融资，发展受到极大的阻碍，而这些创业企业开拓的新技术和新产品对美国新一轮经济增长意义重大。美国政府认识到这一点，于 1946 年主导成立美国研究与发展公司（ARD），其主要业务是向那些创业企业，即新成立并处于快速增长中的企业，提供权益性融资。在 ARD 的历史上，最重大的事件是 1957 年对数字设备公司（DEC）投资 7 万美元，14 年后该投资增值到 3.6 亿美元，增加了 5000 多倍。特别是 20 世纪 80 年代以来的风险投资大发展，为美国小企业创业与创新注入了无穷的生机与活力。而小企业正是 20 世纪 90 年代"新经济"的领军人。其实 IBM、网景、苹果、Dell 等公司的成立与发展，无一不是金融市场推动促使企业成长壮大的典型案例。

3. 自主创新的企业家精神

巴蒂斯特（Baptiste）在《商业概况》一书中提出了企业家（entrepreneur）这个词，此后许多著名学者对企业家精神的英文"entrepreneurship"进行过阐述。如著名学者德鲁克把企业家精神界定为"社会创新精神"，他认为这种精神是"社会进步的杠杆"。韦伯斯特（Webster）认为，企业家是"一个经营冒险事业的组织者，特别是组织、拥有、管理并承担这一事业全部风险的人"。德国学者 W. 松巴特（Werner Sombart）认为，企业家精神是一种不可遏止的、动态的力量，是一种世界性的追求和积极的精神。罗伯特·芝德尔（Robert Mundell）认为，企业家精神是企业的动力引擎，只有具备企业家精神才能够创新产品，成为天然的领导者。这样的企业家才有能力预测供需的变化和市场风险，才能够抓住机会，才能勇于冒险，最终使企业目标变为现实。可见，企业家精神中包含的最重要特质包括创新、冒险、奉献、合作。

美国是战后利用科技创新来促进经济持续发展最成功的典范之一。许多学者认为这种现象主要归功于民间蓬勃的创新能力及企业家精神。一方面，产业利用科技、组织及管理等方面的创新，只要新产品符合市场需求和经济效益，便会毫不犹豫地将旧产品及旧技术淘汰掉。另一方面，民众有很强的购买力，也喜欢尝试新产品，能快速地达到规模经济及分担研发经费的效果。而且，美国政治经济形势稳定，造成外资不断流入，更能促进源源不断的创新活动的出现，形成产业科技升级活动的蓬勃发展。

4. 实用主义的国家哲学

实用主义是一种行动哲学，其英文为"pragatism"，源于希腊文"pragma"，原意就是行为、行动。实用主义者特别强调实践、行动对人类生存的决定性意义。当代美国实用主义者莫里斯指出，"对于实用主义者来说，人类行为肯定是他们关注的核心问题"。❶杜威指出人生下来就要生存，行动和实践是人类谋求生存的根本手段。"有生命的地方就有行为，有活动。要维持生命，活动就要连续……生活的形式愈高，对环境的主动的改造就愈重

---

❶ 刘放桐. 现代西方哲学［M］. 北京：人民出版社，1990：274.

要"。❶ 詹姆斯更加明确地指出，要想使我们这个未知的、有待于整理的世界变成人类美好家园，只有靠人们的行动和奋斗，要行动就会冒风险，在这个充满梦幻和风险的世界中，成功只属于那些积极行动、勇于奋斗的人们。因此，"人们必须行动……他们始终是行动的"。❷

可见，实用主义哲学成为"美国精神"的一部分，激励了美国人民创造了工业现代化发展的奇迹。实用主义追求的是为创业服务的全新的价值观念，塑造的是与传统国家迥异的富有创新精神的生机勃勃的国家形象和民族风貌。开拓进取、注重实效、积极行动、乐观向上的精神是人类对现代工业文明的挑战所升华的一种宝贵的品格，也是人类向大自然索取、向自由王国飞跃所展现的一种基本态势，它给人类塑造了一种崭新的价值观念和精神风貌。这是一种根基于美国工业社会的竞争哲学，一种既为资产阶级服务又激励人们奋斗、进取的人类文化财产。它一方面受到美国民族的青睐，成为他们的人生取向和价值导向，同时也愈加成为那些不甘落后、奋发进取的国家和人民的共识，具有广泛的世界性。

5. 包容性强的美国文化

美国是个移民之国，美国人的文化习俗中形成了较高程度的宽容性，对异质文化和不同评议持容忍、可接受的态度。从政治上讲，这种宽容性表现在对自由的追求和对自由权利的维护上，同时催生出一种批判文化精神。在东方文化体系中，批判精神是一个薄弱环节。或出于尊敬，或出于礼貌，或出于惧怕，或出于敬畏，人们对权威很少提出质疑，更遑论挑战。美国人的这种质疑、探究性精神自然地引导他们对权威或权威性观点持批评式态度。美国人的这种特质为近两百年来国家的崛起提供了源源不断的精神动力，也诞生了独特的美国文化。

二、美国创新管理制度

1. 美国政府创新管理历程

纵观美国政府创新管理的历程，是由"完全市场化"到"市场失灵"再到"政府逐渐干预"的过程。在现代市场经济体系中，市场调节与政府干预，自由竞争与宏观调控，相互补充、缺一不可。在现实世界中，市场机制并非万能，经济的周期性波动伴随着失业等不良经济现象时有发生。20世纪30年代席卷资本主义世界的严重经济危机，深刻暴露了完全自由市场自身无法克服的缺陷和市场机制自发调节的局限性。凯因斯（Keynes）1936年发表《就业、利息和货币通论》一书，政府干预主义由此在西方理论界占据主导地位。他指出，古典自由主义经济理论所假设的完全竞争的市场在现实生活中是不存在的，纯粹依靠市场调节的资本主义不可能导致社会供求均衡，反而会引发社会有效需求的不足，经济危机也就由此产生。凯因斯的主要思想就是需求管理，即放弃自由放任的经济自由主义原则，实行国家对经济的干预和调节，以财政政策为主、货币政策为辅来刺激消费，增加投资，以保证社会有足够的有效需求，实现充分就业，治理经济危机。政府的作用从亚当·斯密的"守夜人"变成了"积极的干预者"。在实践上，罗斯福（Rooseuelt）的新政拉开

❶ 杜威. 哲学的改造［M］. 北京：商务印书馆，1958：45.
❷ 胡克. 理性、社会神话与民主［M］. 上海：上海人民出版社，1987：4.

了政府干预的序幕，自由放任的市场经济时代宣告终结。这种政府干预的思想体系从宏观角度证明"市场缺陷"的存在，从而成为西方主流经济学的理论核心。资本主义国家从此纷纷奉行凯恩斯主义，加强了政府对经济活动的干预与调节，政府的经济职能不断扩大，推动了经济的繁荣和复兴。

20世纪90年代以后，政府与市场有机结合的新综合理论逐渐走上了主流地位，为设计并重构政府与市场关系的新格局提供了理论支撑。在金融和资本市场上，信息不对称和资本市场的非完备性，也要求政府做出适当的干预。在新凯恩斯主义的指导下，西方发达国家尤其是欧美各国政府既对经济实施一定的干预，又注重市场竞争机制的调节功能，确立了政府干预与市场调节相结合的政府与市场关系模式。2009年年初，奥巴马（Obama）在金融危机和经济动荡中就任美国总统。就职以来，奥巴马政府高度重视科技创新管理，组建了被科技界称为"梦之队"的科学团队，强化科技管理部门的职能，充分发挥高层科技协调、咨询机构的作用，为提升美国科技创新能力、依靠科技创新促进经济复苏和发展奠定了坚实的体制基础。奥巴马在联邦政府中首次设立了首席技术官和首席信息官职位，分别负责制定技术政策和专项经费管理以及信息技术在联邦政府机构中的推广应用。

2. 分权式的管理体制

美国创新决策、管理与咨询评估机构相对分离，保证决策的公正性与科学性。美国创新管理的决策机构是国家科学技术委员会、国会和各部门。由于其独特的政府体制，美国科技和创新活动的管理分散在不同的联邦部门，因此这些部门的负责人对于推动科技创新极其重要。在奥巴马任命的高层政府官员中，有4名诺贝尔奖获得者，有25名美国科学院、工程院院士。各项科技计划的管理呈现多样化和成熟化，依据计划项目的领域不同、性质不同，均有相应的部门与机构，采取不同方式进行管理。计划的咨询与评估由专门机构负责，白宫科技政策办公室负责计划的带领工作，国会审议办公室负责计划的审议，白宫管理与预算局协助总统对计划进行评估，国会技术评估办公室负责计划的可行性评估，各有关部门负责计划中与本部门有关的专项评估。

此外，美国有众多的组织和机构持续从事科技政策和创新战略研究，主要包括具有半官方性质的国家科学院，也包括民间机构竞争力委员会（Council on Competitiveness），还有传统的重要智库，如兰德公司（RAND）、布鲁金斯研究所（Brookings）。美国还有众多的社会研究机构也参与到美国创新战略和科技发展的政策讨论中，从不同的渠道影响美国创新战略的制定和政府政策的调整。它们的研究报告对美国创新政策的形成有重要影响。

三、美国创新保障体系

美国在一个多世纪里一直保持着世界最强大的高科技实力和最高的科技产业化效率，其国家创新体系的发展路径与保障体系的完善对其他国家具有现实的借鉴价值。

1. 美国法律保障创新

美国具有完善的创新法律保障体系。政府重视创新，并通过法律推进创新机制运行。美国的第一项技术政策是直接写入美国宪法的。制宪者们认为，应使教育和科学事业独立发展，不受政府的限制和控制。这一思想和原则，对美国的科学技术活动和政策制定产生了深远的影响。此外，美国的开国先贤们预见技术创新对于国家命运的极端重要性，他们把建立专利制度促进技术进步作为联邦政府的职责写入了美国宪法，明确了国家保护知识产权，允许个人对其发明和著作享有有限时间内的排他性使用权。而作为美国立法部门的国会，众、参两院在美国的科技政策和创新战略中一直承担非常重要的角色。所有的联邦科技预算拨款都必须经过国会讨论通过。众、参两院还分别设置了相关的科学技术委员会，专门负责科技和创新领域的政策和立法。

根据美国宪法的规定，独立后两年美国国会就分别颁布了专利法和版权法。专利，是美国政府用来保障科技成果发明人权利的一种制度，也是鼓励企业家对科研进行投资的一种手段。专利制度在美国科技政策与管理中具有特殊的地位。林肯总统曾做过专利律师并获得过专利，❶ 他的一句名言是"专利制度就是给天才之火添加利益之油"，这句话至今仍保留在原美国专利局办公大楼的大门上。就版权制度而言，其版权法律体系经历了一个从低水平保护到高水平保护，从不成熟到不断完善的漫长发展过程。目前，美国是现今世界上版权制度最为健全和发达的国家。可以说，美国的知识产权保护制度为鼓励美国创新做出了巨大贡献。❷ 由此，美国建立了涵盖范围宽广的专利保障体制，为美国企业技术创新提供了最基础的体制保证。如 20 世纪 90 年代技术创新，特别是 IT 的创新与有效的专利保护密切相关，美国人均专利拥有量是欧盟的 4 倍，大量新技术的采用有力地推动了美国经济的强劲增长。

此外，为了形成鼓励创新的法律环境，立法机构也不断出台新的法律政策。1862 年的《莫雷尔法案》（即著名的《赠地学院法案》）推动了教育民主化和大众化，使农业和工程技术进入了大学的研究范畴，拓宽了大学的课程设置，使高等教育注重学术专业化。1887 年的《哈奇法案》和 1914 年的《史密斯－利弗法案》建立了农业推广服务体系，其宗旨是促进农业科研成果迅速转化为生产力。上述法律促成了"教育—科研—技术推广"的农业创新体系。1950 年的国家自然科学基金会法，促进了各科学领域基础研究的发展。1976 年 4 月，设立在白宫的科学技术办公室通过了《国家科技政策、组织和优先法》，这是美国历史上一部划时代的科技立法。它的目的是为美国政府制定国家的科技政策，从而也确认了美国国家科技政策的地位。

20 世纪 80 年代以后，美国在全球高技术领域全面领先，这也得益于相关配套法规的制定。如 1980 年的《史蒂文森－怀德勒法案》建立了技术创新和技术转移的相关制度，放宽了《反托拉斯法》的限制，允许企业间进行联合研发，推动了各科研机构和企业及相互间在技术转让、人员交流等方面的合作。1980 年的《拜杜法案》把专利权下放到了课题执行单位包括小企业，促进了科研单位和小企业的科技创新和技术转让。1982 年的《小企业创新发展法》建立了著名的促进小企业创新的 SBIR 计划，非常成功。1992 年的《小企业技术转让法》也在鼓励小企业从事研发和创新。2005 年年底出台了新的《国家创新法案》，该法案提出成立总统创新委员会，专门负责促进公私部门的创新活动。法案还提出了增加对研究的投入，加强科技人才的培养，发展创新基础设施等举措。2007 年 5 月 21 日，美众院通过了《创新与竞争力混合法案》。2007 年 8 月 3 日美国国会又通过了一项旨在促进创新的《竞争力法案》，该法案要求进一步加大对国家科学基金会和能源部及其国家实验室的资金支持力度。

❶ Pat Choate. Hot Property：The Stealing of Ideas in an Age of Globalization ［M］. New York：Knopf，2005：28.

❷ Jaffe，Adam B，Josh Lerner. Innovation and its Discontents：How our Broken Patent System is Endangering Innovation and Progress，and What to do About it ［M］. Princeton：Princeton University Press，2004.

2. 美国科技政策引领创新

按照三权分立原则，美国的科技发展是由宪法和法规来规范的。国会中参议院的商务、科学和交通委员会，众议院的科学、空间和技术委员会在国家科技政策制定中发挥着重要作用。美国政府中没有专门的科学管理部门，总统通过科技事务助理、白宫科技政策办公室和总统科技顾问协调全国科技工作。

从渊源来讲，科技政策是创新政策的前身。创新的基础是对前沿科学研究领域的投资、丰富的科学家和工程师储备及高级的研究设施。科技政策的主要目标是为经济增长创造科学技术基础。重点依靠大学和国家实验室发展基础研究，通过国防的研发发展高技术，相信科学研究会自动走向创新，实现创新。罗斯福总统在执政期间特别强调政府对科学事业的干预作用，并相继采取了一系列政策措施。"二战"胜利前后，美国科学研究与发展局局长万尼瓦尔·布什（Vannevar Bush）撰写了一份著名的科学政策报告《科学——无止境的领域》，强调政府应大力加强研究开发，积极促进高等院校的基础研究和科学人才的培养。战后，美国正是沿着这条无止境的科学领域继续前进，从而创造了美国科学技术的黄金时代。其中，"曼哈顿计划"是政府领导科技的伟大创举，对美国科技体制的建立和完善起了很大的影响。美国推出了强化科学技术的一系列政策，如1993年就制定了"国家信息基础结构：行动计划"，1999年又制定了"21世纪的信息技术：对美国未来的一项大胆投资"计划以及人类基因组计划和纳米创新计划。布什政府则提出生物探空计划，希望经过15～20年的努力，把人类送到火星。2005年，国家科学院应参院能源与资源委员会的要求，提交了《迎击风暴》科技政策咨询报告，影响了国会和政府部门的科技政策取向。

3. 美国产业政策拉动创新

企业通过科技进步生产新产品和建立新工序是一种异常复杂的社会经济活动，它要求政府提供更加广泛的产业政策服务，这远远超出了科技政策的范围。产业创新政策的提出正是对这种需求的反映。在联邦政府正式成立两年后的1791年，时任财长的汉密尔顿（Hamilton）提出了著名的《制造业报告》（*Report on Manufactures*），呼吁通过关税政策支持美国本土企业，以建立与欧洲的经济均势，并实现产业自主。美国历届政府都非常重视产业政策的制定，如肯尼迪政府提出了"工业技术计划"，尼克松政府关注对研究与开发的税收优惠，并修订了《反托拉斯法》以鼓励企业之间的合作研究。但是，在20世纪80年代之前，由于受新古典经济学派技术创新政策主张的影响，政府在产业部门的技术开发、扩散及商业化过程中扮演的角色较弱。

20世纪80年代到90年代前期，美国进行了一系列促进商用技术发展的制度创新，旨在提高联邦政府资助研究与开发项目成果的商业化，如美国制定的《贝荷－道尔法》就放松了对联邦资助和与政府签订合同所产生发明的专利的政策限制，《史蒂文森－怀德勒法案》则为引导联邦实验室的研发活动侧重于商业目的提供了法律基础，《国家合作研究法》放松了对研究合作企业的反垄断法律效力。克林顿政府为了重振制造业，投资兴建了近千个制造科技发展中心，这些政策对美国技术商业化产生了积极的影响。随后，美国产业政策日益多样化，其目的也不仅仅局限于直接资助，更关注通过多种政策手段来激励创新。其中包括加大税收优惠政策力度，恰当运用风险资本，政府对创新产品的定购，降低新产品进入壁垒以及相应的贸易政策。此外，联邦政府通过增加对小企业的研发投资比例来鼓励小企业进行技术创新，促进国家实验室向工业部门转移成果，以战略性的大项目带动全国的技术创新，政府改变贸易政策，以有利于国内企业的技术创新等。

2011年1月白宫发起了一项创业美国计划，在五个方面采取行动：第一，对符合条件的小企业免征资本利得税，简化私人资本投资于低收入社区的程序，以增加高增长企业获取资金的机会；第二，为清洁能源企业家、退伍军人、本科学历的工程师提供创业导师和教育机会；第三，删除或修改制约企业家增长的管制规则；第四，在新能源技术方面降低申请专利的成本，资助地方的试验中心和地区"产学研"网络，加速政府资助的研发机构产生的创新从实验室向市场流动；第五，促进全国范围内的创业，培育一些产业领域的新机会，如医疗保健、清洁能源等领域。

4. 美国创新政策整合创新资源

可以说，增加发明的数量和质量是科学政策与技术政策制定者的任务，而把发明转化为创新，则是创新政策制定者的任务。创新政策更关注科技成果的市场化过程，它要求把科学技术活动与创新过程中的其他活动，尤其是与经济、法律、财税、工业、能源、社会、教育、产业等相关的活动紧密结合起来，是作用于创新网络的政策领域。20世纪90年代以来，美国又围绕创建国家创新系统战略提出了一系列创新政策。如克林顿政府组阁后不久，第一次通过正式文件对创新政策做了系统的说明，这一系列制定创新政策的声明与文件包括《技术为经济增长服务：增强经济实力的新方针》（1993年2月）、《科学与国家利益》（1994年8月）、《技术与国家政策》（1996年）和《改变21世纪的科学与技术：致国会的报告》（总统科学技术政策办公室）。❶ 美国竞争力委员会在2004年形成了《创新美国》的报告，这份报告对政府和国会制定的科技政策和立法产生了重要影响。

此外，美国还提出一系列促进创新的计划。卡特政府促进了《国家1979技术创新法》在国会的通过，使得联邦政府资助、推动技术的行为合法化。❷ 美国企业界通过竞争力委员会组织的"创新美国"研究，表达了产业界对国家创新问题的关注和政策建议。2006年，布鲁金斯研究所成立"汉密尔顿计划"（The Hamilton Project）研究项目，该项目在2006年底发布了一组有关"创新和基础设施"的研究报告，它将科学发展、技术进步和创新同经济增长联系起来，提出要通过科学、技术和创新促进美国的增长和创造更多的机会，并讨论了人才培养精神、鼓励技术创新和改革专利体系等问题。汉密尔顿这种理念，也充分体现了美国关于创新的长期信念，即创新必须为经济增长服务，美国的长期增长必须依靠创新。此外，NSTC和PCAST在过去几年中围绕创新和竞争力问题为总统提供了一系列的研究报告，在布什所提出的"美国竞争力的行动计划"中得到了充分的体现，该计划鼓励所有经济领域的创新，其中为美国儿童在数学和科学方面打下更扎实的基础是提高美国长期科技创新能力的重要措施之一。美国政府希望通过这个竞争力行动计划掀起新一轮的通过创新提升美国竞争力的活动。

显然，创新政策在整合创新资源方面具有重要意义，能使市场经济和政府行为互为补充，使科学技术、研究开发与经济增长的联系更加紧密。

5. 美国健全的资本市场及金融体系推动创新

健全的资本市场及金融体系，也是美国企业发展创新产品的利器。美国政府鼓励自由

❶ 谢治国，胡化凯. 冷战后美国科技政策的走向［J］. 北京：中国科技论坛，2003（1）：137－142.
❷ 柳卸林. 技术创新经济学［M］. 北京：中国经济出版社，1992：208－214.

化经济的施政目标，不但造成市场上的自由竞争，更使企业提升其投资研发的意愿，而健全的资本市场则成为产业技术升级的催化剂，使得美国科技实力能快速地进步。大企业利用股市基金，筹措创新研发所需资金，中小企业可借助于创业投资基金，来落实科研的成果，故美国政府对企业研发活动的补助，较其他先进国家要低。

政府也不断加大创新投入。2013 年 4 月，奥巴马政府公布《2014 财年预算案》，称将投入 29 亿美元用于先进制造研发，支持创新制造工艺、先进工业材料和机器人技术，将美打造成制造业"磁石"。2014 年 3 月出台的《2015 财年预算案》鼓励中小企业创新，发展制造业和清洁能源，提出未来 10 年将建立 45 家先进的制造业中心。

6. 美国启动重振制造业辉煌举措

制造业是美国繁荣和创新发展的源泉。一方面，联邦政府继续发挥作用，以确保其焕发新的生机。奥巴马政府执政后，美国先后颁布了《美国制造业促进法案》（2010 年）、《美国创新战略：促进可持续增长和提供优良的工作机会》（2009 年）、《重整美国制造业框架》（2009 年）、《实施先进制造伙伴计划》（2011 年）、《推进材料基因组等计划实施》（2011 年）、《选择美国计划》（2011 年），明确将清洁能源、医疗健康、生物工程、纳米技术、先进汽车、航空等作为未来 20 年的重点发展领域。此外，奥巴马于 2011 年 12 月创设隶属于白宫国家经济委员会的白宫制造业政策办公室，该机构的负责人由白宫国家经济委员会主任吉恩·斯珀林和美国商务部长约翰·布赖森共同担任。制造业政策办公室的主要职责是促进内阁成员的沟通，协调和优先实施制造业政策，并推动美国制造业复苏和出口。

另一方面，美国民间机构纷纷出台研究报告和对策措施响应和支持美国政府的这一战略，如 2010 年 8 月美国波士顿咨询顾问公司（BCG）发布了《美国制造回归》的研究报告，艾睿铂咨询公司（Alix Partners）发布了《2011 年美国制造业外包成本指数》的研究报告。2011 年 10 月底，美国制造商协会发布了《美国制造业复兴计划——促进增长的四大目标》的研究报告。该报告从投资、贸易、劳动力和创新等方面提出了促进美国制造业复兴的四大目标及相应的对策措施。这是继美国政府发布《重振美国制造业政策框架》《先进制造业计划》后，民间行业机构从行业发展角度提出的美国制造业复兴的具体建议和措施。

7. 美国高度发达的创新基础设施吸引创新

美国的国家创新基础设施建设在美国的科技创新中起着基础性、支撑性作用。在科技基础设施方面美国的大型科研基础设施、重点实验室、综合科技图书中心、文献情报中心、科技出版、科技普及组织等，在促进科技创新、迅速传播科技知识和信息中起着重要作用。如美国能源部于 20 世纪 80 年代开始实施科学设施计划，建设了一系列大型科学设施，每年有多达 1.8 万名来自大学、企业、国家实验室、政府部门以及外国研究机构的研究人员使用这些设施开展科学研究，产生了众多重大发现。2003 年 11 月，美国能源部又宣布了新一代科学设施计划，提出了今后 20 年将要建设的 28 个大型科学设施建设项目。

在信息基础设施方面，美国在互联网和电子商务领域，一直占据世界主导地位。美国政府则一直把信息基础设施建设作为一项基本国策，以期通过继续占据信息技术研发和应用的制高点，提高知识占有、支配和快速反应的能力，从而保持和扩大科技创新的整体优势。美国延"信息高速公路"，狂飙到"大数据"。

20 世纪 90 年代以来互联网的迅速商业化使美国社会的信息化程度有了大幅度的提高，1999 年、2001 年分别通过《政府文书工作减少法案》《电子政府法案》，结合《信息权利法》实施，保障电子政务建设。布什政府还要求到 2007 年能广泛利用宽带技术提供高速的互联网链接，来增强美国的经济竞争力，并帮助改善美国人的教育和卫生保健。2001 年，美国的信息与通信技术支出占 GDP 的比重达 8.22%，其后联邦政府每年用于信息技术的研发投资超过 20 亿美元。1995～2002 年信息技术对美国经济增长贡献率高达 40%。

奥巴马政府在政策上更加注重提高地方政府在基础设施建设领域的灵活性，鼓励地方政府以发行债券的方式吸引私营部门投资基础设施建设，参与基础设施项目的私人资本可以得到项目的所有权，同时鼓励国外的养老金等投资机构参与美国地方的基础设施建设。与此同时，奥巴马政府已将宽带提升至和水电相同级别的基础设施。信息基础设施主要包括电话通信、宽带互联（含光纤、调制解调器和数字用户专线 DSL）、人造卫星和手机信号塔等。美国联邦通信委员会提出，国家宽带计划的近期目标是，2015 年保证 1 亿家庭都能接入宽带互联网，实际下载速度达到 50 Mb/s，实际上传速度为 2 Mb/s。

美国信息基础设施建设的相关规划如表 7.1 所示。

表 7.1　美国信息基础设施建设相关规划

时间	计划名称	主要目标
1993	"国家信息基础设施行动计划"（National Information Infrastructure，简称 NII）❶	"信息高速公路"建设作为其施政纲领
1994	"全球信息基础设施行动计划（GII）❷	鼓励私营部门投资竞争，承诺为所有信息提供者和使用者提供开放的网络通道
1996	"新一代因特网计划"（NGI 计划）	积极扶植对新一代因特网反应用技术的开发，以此保持美国在因特网方面的优势
1996	《电信法案》	该法案的总的目的是减少国家的干预并提升电信市场的竞争
1997	"全球电子商务框架"（A Framework For Global Electronic Commerce）	克林顿政府促进、支持电子商务发展的计划
1999	"面向 21 世纪的信息技术计划"（简称 IT2）	进一步加大研发力度，同时积极推动电子政务和电子商务发展
1999	《政府文书工作减少法案》	要求各级政府尽可能将政府职能放到网上，保障电子政务建设
2000	《全球及全国商务电子签名法案》	推动电子商务发展
2001	《电子政府法案》	保障电子政务建设
2003	《确保网络空间安全国家战略》	强调发展保卫国家网络安全的能力
2007	"棱镜计划"（该计划的正式名称为"US – 984XN"）	绝密电子监听计划，直接进入美国国际网路公司的中心服务器里挖掘数据、收集情报
2008	《综合国家网络安全倡议》（CNCI）	强调发展保卫国家网络安全的能力

❶　人们将其通俗地称为"信息高速公路"计划。从此，发展信息高速公路成为美国联邦政府的一项国策。计划投资 4000 亿美元用于信息基础设施建设、信息应用系统建设、信息资源开发、信息技术研发、信息产业发展和信息人才培养等。

❷　保障普遍服务，加强社区网络建设，使低收入家庭也有使用因特网的机会。

续表

时间	计划名称	主要目标
2009	《网络空间政策评估》	通过对与信息和通信基础设施有关的所有任务和活动进行评估，就未来如何实现拥有可靠、有韧性和值得信赖的数字基础设施进行说明
2011	《网络空间可信身份标识国家战略》（NSTIC）	计划用 10 年左右的时间，构建一个网络身份生态体系
2011	《网络空间国际战略》	试图规划全球互联网未来发展与安全的"理想蓝图"
2011	《21 世纪电网的政策构架：实现未来能源安全》	构建针对云计算和智能电网广泛运用的政策框架
2012	《第 20 号总统政策指令：美国网络行动政策》❶	详细规定了美国在网络空间采取进攻性和防御性政策的原则、目标和方案
2012	"大数据研究和发展计划"❷	美国投资 2 亿美元，将大数据提升到国家战略，希望增强收集海量数据、分析萃取信息的能力
2013	《关于提高关键基础设施网络安全的行政命令》❸	奥巴马总统签署，促使相关参与者主动与政府分享机密信息
2014	《关键基础设施网络安全框架》	拟重点运用业务驱动因素指导国家网络安全工作，并将网络安全风险看作是组织风险管理流程的一部分

第二节　美国创新体系中的科技力量

美国是目前世界上科学技术最发达的国家。尽管从 20 世纪 90 年代开始，美国的霸主地位因被新起的日本及欧洲削弱而出现了"美国衰落论"，但美国在科技创新方面的相对优势仍然存在。近期，美国还将提高国家创新体系效率作为提升竞争力的关键措施。

一、美国保持对科技创新的高投入

美国对国家创新体系建设的主要措施是保证充分的投入。在美国，研发的高投入可以带来高产出，说明其创新机制运行有效。美国对创新的投入与产出令全球瞩目。

首先是科技研发的投入。美国一直以来都保持着一种对科学技术的高投入，确保其世界一流的研究水平，这是因为其将科学研究看作是国家经济的"发动机"。特别是在推动创新的基础研究方面尤其重视。政府每年把 1/8 以上的国内可支配预算投入研发，据统计，美国在科研方面的投资超过了世界上其他国家。❹ 实际上，从国家科研经费总额上看，美国

---

❶　明确美国在网络空间的利益包括国家安全、公共安全、国家经济安全、"关键基础设施"的安全可靠运行、"关键资源"的控制权等；详细制定了"进攻性网络效应行动"（OCEO）和"防御性网络效应行动"（DCEO）两个行动方案，规定在必要时可以对他国网络空间的数据、信息以及关键基础设施采取控制、运行中断、拒绝执行指令、性能降级甚至完全破坏。《第 20 号总统政策指令》暴露了美国在网络空间建立霸权的实质，并对美国整个网络政策体系导向产生了重要影响。

❷　美国政府对数据的定义为"未来的新石油"，认为大数据技术领域的竞争事关国家安全和未来。

❸　授权相关政府部门制定安全标准和实施指南，通过监督、协商、合作等手段加强对关键基础设施所有者和运营商的安全检查，让其参与政府制定和执行标准的决策。

❹　于岩岩. 美国国防科研经费投入的结构性分析 [J]. 商业研究，2005（4）：82－85.

的技术优势是非常牢固的，美国的科研经费等于德、法、英、意等 9 个最大的执行科研计划的国家相应经费的总和，超过八国集团中加拿大、法国、德国、意大利、日本、英国、俄罗斯的总和，约占所有经合组织国家的 44%。

其次是提高教育与培训的投入。教育投入在国家各种投资项目中所占比重的大小反映着一个国家对教育的重视程度和教育的社会地位。美国是世界上教育发达的国家，其中经费投入数量是表明其发达程度的一个重要标志。1999 年美国教育投入高达 6350 亿美元，占GDP 的 7.7%。可见，美国对教育的投入是不惜成本的，注重培养天才型创造型的人物。美国教育投资基本模式是联邦、州和市地三级政府共同承担和分担教育经费。其中，州一级政府对教育投入更胜一筹，地方政府的财产税主要支出于教育，各州用于教育的经费高达 40%。此外，美国的职业教育也由各级政府出资举办，有稳定的投入渠道和资金支持。据统计，政府投资量占职业教育所需资金的 90% 以上。可见，美国成为世界上教育经费支出最高的国家，从而为其成为教育强国和人才强国奠定了雄厚的物质基础。

再次是使研究和试验税收减免政策。就美国联邦政府对科技研发活动的支持方式而言，除了对研发活动的直接投入以外，对研发机构的税收减免也是重要的支持方式之一。可享受免税待遇的科研机构有政府所属的科研机构、大学、从事公益性科研活动的非营利科研机构、从事人类疾病与健康医疗技术以及农业技术开发的非营利机构、从事公共安全检测的非营利机构（包括开发有关技术标准和检测设备的机构）。此外，还包括商业性研发活动的退税政策。1986 年，美国制定了《国内税收法》，规定一切商业性公司和机构，如果其从事研发活动的经费比以前有所增加，那么该公司或机构可以获得相当于该经费增加值20% 的退税。2000 年 2 月美国国会通过的《网络及信息技术研究法案》，将这项退税政策永久化。扶持高新技术产业的减税政策，主要是对互联网电子商务免征商品税，这项政策有力地刺激了美国电子商务的发展。税收政策用来激励私营企业的研究，有助于把基础和应用研究产生的知识和创意转变成企业和消费者需要的产品和工艺，从而有利于企业提高研发投入。目前，为了激励私人部门的研发投资，联邦政府完善和扩大研发税收抵扣，简化税收抵扣的程序，优化结构，扩展适用范围，如果企业开展额外的研发活动，给予奖励。在下一个十年中，预计通过研发税收抵扣将会给企业带来 100 亿元的利益。❶

二、美国科技创新研发机构体系

在美国开国之初，没有政府资助的科研机构。由政府资助并实施组织领导的科研机构，是由于战争或面临的危机才成立的。在"二战"期间，美国政府开始向科技研发项目提供投资，这种做法后来被制度化，并在政策法规及税收等方面加以配套，逐渐形成了较为完善的国家创新体系。

1. 国家科技研发机构

美国拥有数量众多的政府研究机构，所属的 16 个部门下辖的联邦科研机构大致有 700多家，包含 1500 多个独立的研发设施，主要集中在国防部、卫生与公共事业部、能源部、国家航空航天局、农业部等多个国家部门，其所涉及的研究领域包括军事、空间技术、卫生、能源和基础科学。在美国联邦政府系统内，国家实验室是主要的科技骨干力量，构成

---

❶ 赛迪智库. 美国竞争力与创新能力，http：//www.chinapda.org.cn/chn/xsdt/t1028999.htm.

了国家创新体系的核心环节。国家实验室也称为美国联邦实验室或美国政府实验室。据有关统计资料，美国约有规模大小不一的联邦实验室 850 个，❶ 年度经费约占政府研发总经费的 1/3。❷ 根据隶属及管理的不同，联邦政府科研机构可分为三个层次。

（1）政府直接出资并管理的科研机构

美国国家科学院是第一个由政府资助的科学机构，是国家科学院（National Academy of Sciences，NAS，创立于 1863 年）、国家工程院（National Academy of Engineering，NAE，创立于 1964 年）、医学院（Institute of Medicine，创立于 1970 年）和国家研究委员会（National Research Council，NRC）的总称，是由美国顶尖科学家和工程师组成的科学和工程界重要的学术团体，并成为政府促进科学技术发展方面最高的咨询机构。1993 年，联邦政府为了强化政府的领导职能，成立了国家科学技术委员会（National Science and Technology Council，NSTC），由总统兼任主席，由政府各主要部门领导共同组成。NSTC 下设科学、技术、环境与自然资源以及国土和国家安全四个基本委员会，是总统协调联邦政府科学、空间探索和技术政策的工具。参议院有关科技创新的主要委员会是商业、科学和运输委员会（Commerce，Science and Transportation Committee）下设的科学技术和创新专门委员会（Subcommittee on Science，Technology and Innovation）。1959 年，科技委员会（Committee on Science and Technology）成为众院 1892 年以来成立的第一个新的永久委员会，它负责所有有关联邦政府在非国防领域的科技研发投资方面的立法、项目批准等。

总统则通过白宫科技政策办公室和总统科技顾问委员会协调全国科技工作。白宫科技政策办公室（Office of Science and Technology Policy，OSTP）成立于 1976 年，是美国最高科技计划统筹机构，它为总统及内阁成员提供科学和技术政策，协调不同政府部门、民营部门、地方政府的科技政策等，制定出军民统筹的联邦政府科技计划。1951 年美国政府开始设置总统科学技术顾问，后成立总统科技顾问委员会（President's Council of Advisors on Science and Technology，PCAST），它是一个为总统提供科学和技术政策，反映民间看法的咨询机构，由总统任命的 35 个来自产业界、大学、研究机构和其他非政府组织的成员组成。1961 年成立科学技术办公室。

（2）政府所属并具有独立资格的科研机构

美国政府还成立了一些管理科技工作的独立部门，如专利局、环境保护署、国家科学基金会、国家航空航天局、核管制委员会、小企业管理局、国际发展署等。1940 年，罗斯福总统批准国防委员会组建 8 人国防研究委员会，以管理战时国家的科学研究。一年以后又成立科学研究与发展局，成为国内最大的科学实体，国家赋予它广泛的权力，统一调度全国各方面的科研力量。该局影响最大的是制造原子弹的"曼哈顿计划"。此外，美国国会参众两院设有负责科技事务的委员会，还有 3 个决策支持机构，即国会预算局、总审计局和国会研究服务部。

此外，从事研发工作的有关联邦政府部门和机构根据其承担的使命，提出他们的科技计划，并寻求相应的研发经费支持，如农业部、国防部、能源部、商务部、卫生和人类服务部、运输部、环保署、国家航空航天局等部门所属的一些科研机构。美国政府从支持农业科技开始建立了一套有效支持非国防研究和基础研究的机制。1862 年成立农业部，开始

---

❶ 朱斌. 当代美国科技［M］. 北京：社会科学文献出版社，2001：160.
❷ 任德. 美国科技创新的基本特征［J］. 全球科技经济瞭望，2006（11）.

强调农业科学研究，1934 年成立农业部下属的农业研究中心。此后，如 1937 年，美国卫生与人类服务部成立了下属的国立卫生研究院；1962 年成立了美国国家航空航天局下属的肯尼迪航天中心；美国国家标准技术研究院的前身是 1901 年建立的联邦政府第一个物理科学实验室，是隶属于美国商务部的技术管理部门，负责建立和维护用于复现国际单位制基本单位和 SI 单位制的美国国家计量标准；隶属于美国内政部的地质调查局是美国内政部八个局中唯一的科学信息与研究机构。

（3）政府所属但委托高校、企业或非营利性机构管理的科研机构

美国一部分国家实验室由政府所有、承包人运营（Government - Owned and Contractor - Operated Laboratories），简称"GOCO"），这种管理模式源于"二战"期间开发原子弹的"曼哈顿计划"。因它的需要而创建了若干科研单位，以后发展成重要的研究机构，如当时的联邦政府委托加利福尼亚大学运营管理、位于新墨西哥州的洛斯阿拉莫斯国家实验室，由此形成了政府拥有实验室厂址、建筑物和设备，由大学或企业提供雇员和管理者来管理运营国家实验室的管理模式。此外相关的还有芝加哥大学的冶金研究所以及在此基础上发展起来的阿贡国家实验室，加州大学伯克利分校的劳伦斯伯克利国家实验室，麻省理工学院的林肯实验室，加州理工学院的喷气推进实验室，田纳西大学和巴特尔纪念研究所共同管理的橡树岭国家实验室等。"曼哈顿计划"的一个特点是把研究工作安排给私人部门，政府和企业以及民间研究部门的协同一直沿用至今天。此类研究机构归政府部门所属，但通过合同方式委托高校、企业或非营利性机构管理。

在此后的几十年中，GOCO 模式主要在能源部及其前任机构（原子能委员会、核管理处和能源研究开发署）中被广泛应用。如今全美运用 GOCO 模式进行管理的有 19 家实验室，12 家从事武器材料、元件和装配的制造工厂和诸如战略石油储备等储备处。此外，联邦资助的研发中心是一些具有大型设施或有特定功能的研究中心，其经费由政府提供，政府将经营权委托大学、企业或非营利机构。总体而言，这种管理方式能使资源的分配更加灵活，并能对广泛的、多样的项目需求做出快速的响应。同时，它还能够将基于私营部分和大学的研发管理经验带入政府部门，有利政府部门的工作。GOCO 型实验室系统在吸引和留住世界一流的科学家及达到科学繁荣方面具有重要作用。

2. 工业实验室

美国国家创新体系最突出的特点，就是千方百计让企业成为技术创新和产业化的主体。而联邦政府除了保证适合科学研究的社会环境外，还注重利用政策来促进由私人企业投资的企业界研究机构。企业的科技工作在全美占据重要地位。据统计，全美设有 1 万多家企业实验室，大约 3/4 的研发工作是企业部门完成的，3/4 的科研人员分布在企业科研单位，这里还吸纳了全国 60% 以上的研发总经费。❶

（1）民用企业中的科研机构

两次世界大战期间，即 1919～1939 年的 20 年，美国民营企业界的科学研究有了飞速的发展，这个时期私人建立的科学机构有了明显的发展。诸如在特拉华州杜邦公司的研究机构，在纽约州通用电气公司的研究机构，以及 1925 年创建的贝尔电话实验室等。美国企业的科研机构，完全独立于政府，不受政府左右。尽管企业是营利机构，但企业成立的科

---

❶ 任德. 美国科技创新的基本特征［J］. 全球科技经济瞭望，2006（11）.

研机构都是非营利机构。美国的民营企业里出现了一大批科学家和发明家，其中最杰出的有发明电灯的爱迪生，他一生中共有 1000 多项发明。1876 年爱迪生投资建立研究所，该所当时有 500 名研究人员和职工，是著名的美国通用电气公司所属研究机构的前身。19 世纪最后 30 年内，电灯、电话、电车等技术先后在美国诞生，并得到广泛应用。

在这些研究机构中，进行原始创新最有名的工业实验室当属贝尔实验室，贝尔实验室原名贝尔电话实验室，始建于 1925 年，总部在美国纽约（后迁至新泽西州的墨里黑尔）。它是一个在全球享有极高声誉的研究开发机构，主要宗旨是进行通信科学的研究，有研究人员 20000 人，下辖 6 个研究部，共 14 个分部，56 个实验室，每年经费达 22 亿美元，其中 10% 用于基础研究。❶ 贝尔实验室自成立以来，共获专利 26000 多项（平均每天一项），其中重大科研成果 50 多项，如有声电影、晶体管、信息论、激光理论、3K 宇宙背景辐射、可视电话、磁泡器件、光通信、数字计算机等，对我们的生活产生了重要的影响。在这里每年都要发表上千篇学术论文，造就了一大批优秀科学家。正是由于贝尔实验室产生了许多科学研究的突出成就，人们把它看作世界上最具权威性的研究机构之一。

再如创建于 1911 年的美国国际商用机器公司（International Business Machines Corporation，简称 IBM），现已发展成为跨国公司，在计算机生产与革新中居世界领先地位。IBM 研究实验室也叫 IBM 研究部，下辖四个研究中心，分别为美国纽约的 Thomas J. Watson 研究中心、美国加州的 Almaden 研究中心、瑞士 Zurich 研究中心和日本东京研究中心。IBM 研究部共有研究人员 3500 人，还吸收许多博士后和访问学者参加工作。它专门从事基础科学研究，并探索与产品有关的技术。科学家在这里工作，一方面推进基础科学，一方面提出对实际应用有益的科学新思想。

（2）军工企业中的科研机构

国防和军工产业在美国创新体系中占有重要作用。军工产业，是指包括武器装备制造业以及核工业、航天航空、船舶等相关产业在内的高科技产业群，是先进制造业的重要组成部分，是综合国力的重要标志。系统的军工科研体系通过不断研发，将最先进的科技融入各种武器。至今，美国已经形成了以洛可希德－马丁、波音、雷神、通用动力等六大军工巨头为主导的军工产业链。世界前十位的军工企业，美国就占了六席。在很大程度上，军工产业左右着美国的政治经济走向。

美国传统的军工企业，最早可以追溯到美国立国之初。1794 年，华盛顿总统提出并得到国会批准，由政府开办的 4 家兵工厂为部队提供武器，其中 Harpers Ferry 军工厂发明的零部件可互换的方法，成为后来美国制造方式的基础。美国的军工企业是在"二战"中进入辉煌的，此时美国政府在政策和资金上给予了很大扶持，让很多企业能在短时间内发展壮大，影响世界。其中，包括原子弹在内的新技术为美国赢得战争的胜利做出了巨大贡献，也使全社会充分认识到科学技术的巨大威力。"二战"以后，美国建立了一种任务导向的军事和国防技术研究开发体系，同时通过大量的政府采购，从供给和需求两个环节支持了一批重大技术的开发，带动了产业发展。最为典型的是政府在飞机制造、核能、因特网、计算机、半导体、航天技术这六种通用技术领域的持续投资，满足了国防采购的需要，并催生了新的产业。美国企业能够在这些新产业中具有较强的竞争力，美国也因此成为全球领先国家。

---

❶ 任德. 美国科技创新的基本特征［J］. 全球科技经济瞭望，2006（11）.

在过去半个多世纪中，联邦政府每年以巨额资金支持国防科技发展。联邦研发支出中与国防相关的研发支出所占比例一直很高，20 世纪 60 年代"冷战"高峰期曾达到 80%，而在 20 世纪 90 年代苏联解体、"冷战"结束后也占 50% 左右。近年来，美国的"寓军于民"政策也已经成为推动军工企业发展的有效体制。他们积极推动军用与民用领域技术的双向转移，即"军转民"和"民转军"，以加快科技进步在军事领域的应用，促进军用和民用工业的一体化发展，增强军事工业的竞争力。美国大型军工集团都采取军民兼营的发展模式，将军用产品和其他民用产品相结合，积极运用军用产品技术的优势，力争开发出融汇高技术成果的丰富多样的民用产品，以挖掘军工产业的潜能。目前，世界 100 强军工企业中，有 38 家为美国企业，所占比例超过 1/3；世界军工市场中有近 2/3 的销售份额被美国军工企业占据，其年产值达 2000 亿美元以上。美国国防军工的研究持续为美国产业提供全新知识和原创性技术，大量的科研和工人被军工企业使用，一些军工企业把美国的科技、材料等一系列发展推向世界最高端，美国军工在其创新体系中的重要作用值得借鉴。

3. 高校等非营利机构的科研院所

根据联邦税法和州非营利机构法，美国高校为非营利机构，高校的科研机构也是非营利机构。所以，此类科研机构包括高等院校内的研究所及私人科学基金会设立的科研机构。

（1）高校科研院所

高校是美国从事基础研究的主要基地。高校的科研机构分四类：一是各学科系的实验室，二是高校自己建立的各类研究中心、研究所、中心实验室等，三是高校与其他机构联合建立的研究中心，如州—企业—大学合作研究中心、企业—大学合作研究中心、工程研究中心等，还有一类是政府成立的委托高校管理的科研机构。

美国大学科研的历史悠久，尤其是美国国会于 1862 颁布《赠予土地设立学院以促进农业和机械工艺在各州和准州发展的法案》（即《莫雷尔法案》）之后，极大促进了美国高等教育中的科技教育与研究，直接导致大批的新型"农工学院"的建立。据统计，1862 年以前专门实施职业技术教育的高等院校只有 4 所，到 1896 年已发展为 69 所，其中绝大多数是由联邦政府赠地资助兴建的，如现在很有声望的加利福尼亚大学、伊利诺伊大学、明尼苏达大学、麻省理工学院、康纳尔大学等都是在赠地学院的基础上发展起来的。❶

19 世纪后期，一些大企业家和金融巨头以慈善事业的形式对高等教育进行大量的私人捐赠。依靠捐赠，哈佛、耶鲁、普林斯顿等一大批私立大学获得了巨大的发展，它们能够聘请高水平的教师，增置图书和仪器设备，扩大学校规模。与此同时，又创办了一大批私立大学，如范德比尔特大学（1875 年）、霍普金斯大学（1876 年）、斯坦福大学（1885年）、芝加哥大学（1891 年）等。到 19 世纪末，美国除个别地区外基本上形成了由综合性大学、专门技术学院和以传授实用职业技术知识为主的州立大学组成的高等教育网，接受高等教育的人数迅速增加。

大学在美国科技创新中的突出地位和显著作用始自"二战"以后。自从 1945 年万尼瓦尔·布什发表《称学——无止境的领域》报告以来，美国政策制定者和科技方面的专家普遍认为，大学的作用在于它对基础研究的贡献。20 世纪 40 年代联邦政府宏大的战时研究与开发计划的成就特别是曼哈顿计划的胜利完成，造就了研究和武器生产的综合体，因而迎

---

❶ 李明传，曾英武. 美国大学科研的历史 [J]. 中国高校科技与产业化，2007（12）：42 - 45.

来了真正的"大科学"的时代。美国对大学科学研究的支持也达到了最高点,联邦政府对大学研究资助的巨大增长采取了对特定研究项目签订合同和提供赠款的形式,这使所有重要的美国大学都转变为承担科学研究的中心,这就迅速使大学特别是研究密集型大学成为全世界科学研究的中心。20世纪80年代以来,受联邦政府政策影响,美国大学加强了与工业界的合作和联系,联邦政府资助高等教育的基础科学研究经费,已由工业的增加资金来补充,从而使大学研究与工业的研究联系更加紧密。

20世纪以来,美国大学联合科研机构事实上已经成为美国技术政策的一部分,有15所大学开始联合,建立了一个我们今天所称的"美国大学联合科研机构"的组织。如约翰霍普金斯大学、斯坦福大学和芝加哥大学都是以大学联合科研机构的方式建立,哥伦比亚大学、哈佛大学、宾州大学、普林斯顿大学和耶鲁大学等都从原来的精英教育模式转变成面向科学研究的组织机构,从原来以神学、语言学、宗教学和古典文学等学科为重点的传统大学发展成科学和工程学研究中心。麻省理工学院和康奈尔大学就是分别从一个技术院校和常青藤联合会发展而来的。美国大学的联合科研机构已经成了科技信息网络的孵化器。此外,随着高新技术的兴起和发展,美国工商界和政府部门为了利用大学的研究力量,开始把从事高新技术研究与开发的实验室设在研究性大学周围。通过不同方式的组建,在一些大学周围便形成了高新技术密集区,被人们称为"研究园区"或"工业园区",统称"科技工业园区"。

(2)其他非营利机构的科研单位

其他非营利机构主要指非政府组织或私人资助、从事和服务于科研活动的组织。这些机构都是根据联邦法典第26卷税法第502~509节"免税机构法"和各州的"非营利机构法"建立并运作的。其运作和管理与大学自己建立的各类研究机构相似。这就形成了多层次的各种私人基金会、民间研究机构和包括美国科学促进会(AAAS)在内的各类专业学会、协会、博物馆等社团组织。这类组织目前在全美每年的研发活动中所掌握和使用的科技资源绝对数量并不大,其科技投入仅占总投入的15%左右,科技支出仅占实际总支出的3%左右,但在联络科技人员、交流科技信息、普及科技知识、提供咨询中介等方面,却起着难以替代的重要作用。

1683年,美国创立了第一个学术团体——波士顿哲学学会,该学会的宗旨是推进哲学和自然科学的研究和传播。1742年,美国资产阶级民主派和科学家杰弗逊、富兰克林等人在费城组建了科学爱好者俱乐部,后来改为美国哲学学会。1848年成立的美国科学促进会(American Association for the Advancement of Science,简称AAAS)是美国重要的全国性学术团体,在世界上也赫赫有名。该会会员多是科学家、工程师、科学教育家、科技政策制定者以及对科技有兴趣的其他行业的专家。协会的领导机构是13人组成的理事会和85人组成的会务委员会。前者负责协会的管理工作,后者负责制定协会的方针政策。美国科学促进会是目前世界上最大的科学、技术与工程学会的联合会,附属的学术团体多达300个。这些组织的建立为开创美国的科学技术做出了重要的贡献。值得称道的是在20世纪初期,美国私人科学基金会也有长足的发展。如卡内基基金会于1902年成立,该基金会主要资助生物学和物理学的研究和调查。卡内基基金会不但资助个人研究,还资助合作研究和出版物。这种做法后来成为其他基金会的样板。比较有名的还有洛克菲勒、福特等各种私人基金会。此外,美国还有众多像兰德公司、巴特尔研究所等的民间研究机构和各种类型的专业学会、协会、博物馆等社团组织。

美国是目前世界上科学技术最发达的国家。这很大程度上得益于美国的创新理念及相应的制度建设。

三、美国科技创新战略特点

美国并没有明确制定中长期的科技政策规划，更没有如韩国、中国等由科技部来统筹运作的科技发展政策。美国科技政策遵循着如下导向。

1. 政府规划性

政府是最有能力来主导科技创新政策规划的组织，科技创新能为社会公众带来正面影响，政府在于鼓励政府相关单位积极参与民间科技创新能力的提升。

美国政府通过推行系列科技计划，重点发展通信、材料、制造、生物、能源环境、航空航天及海洋等高技术领域的发展。在克林顿政府时期，为确保在高技术领域的世界领导地位，即制定若干领域科技发展的重点规划和促进计划，如面向 21 世纪的通信技术计划（IT2）人类基因组计划和植物基因组计划、国家纳米技术计划（NNI）、国际空间站等。布什政府以及奥巴马政府对于克林顿政府推行多年并被实践证明行之有效的系列国家科研计划，都继续维持并发展。

2. 市场导向性

只有以市场为导向的创新政策，才能对社会造成正面的共享。由于政府对民间产业的了解程度不如企业经营者，故美国政府站在辅助地位，以健全市场功能为最大的政策目标。美国过去 50 年的经济增长足有一半来自技术创新以及支撑这些创新的科学。美国最具生产力、最富竞争力的产业——计算机和通信产业、半导体产业、生物技术产业、航空航天产业、环境技术产业和节能产业均得益于联邦政府持续不断的研发投入。

3. 公共利益性

公共利益性是近二十年才发展出来的。由于环保意识和其他公共利益意识的抬头，政府为了实施兼顾社会大众利益的公共政策，有限度采纳了公共利益性政策。科技创新应以符合公共利益为原则，任何违反社会利益，如环保问题等，都应该以政府之力加以禁止。同时，此策略建议政府将决策系统透明化，以便社会公正团体评估与质询。

此外，美国认为科技创新会对社会安定有负面的影响。政府的政策应该创造有利于人类的科技产业，以健全社会基础结构，如教育、媒体等。一旦基础结构稳固，健全及有利于大众的科技创新自然会水到渠成。从"9·11"以来，美国科技政策的变化是一个十分敏感的问题，美国科技界在国家安全、环境保护、健康医疗和教育等方面面临重大挑战，而科技可以通过创新来保证国家安全，如先进的检测技术、新型疫苗、新型航空安全措施等。

4. 社会转化性策略

美国科技成果转化思想基础来自"威斯康星思想"。"威斯康星思想"认为大学的作用是传播知识和专家服务，认为大学要忠实地为社会需要服务。"威斯康星思想"确立了大学教学、科研与服务的三维关系，打破了大学传统的封闭状态，建立了大学与社会全方位的联系。《拜杜法案》的颁布，为美国科技成果转化提供了重要的法律保障，对美国科技成果转化产生了积极影响。大学、科研单位的学术研究环境有了巨大的改变，每年在美国专利和商标办公室发布的专利数飞涨，技术转移市场运作得到了迅速发展，众多科技成果得到有效转化，科技成果转化行为为美国公众提供了大量的工作机会，并由此产生了一系列的经济行为，为美国创造了巨大的经济效益和社会效益。相关法律还有《史蒂文森－怀德勒法案》《贝赫－多尔大学和小企业专利法》《小企业创新开发法》《联邦政府技术转让法》《综合贸易和竞争法》《国家竞争力技术转让法》《军转民、再投资和过渡援助法案》《国家合作研究法》《联邦技术转移法》《小企业技术转移法》《国家技术转让与促进法》《联邦技术转让商业化法》《技术转让商业化法》等，这些立法加速了美国科技成果转化。

第三节　美国创新体系中的文化国力建设

一个民族文化有没有一种持续发展的能力，取决于它能不能够适应时代发展的要求，能不能创新。美国文化现象的一个突出特点就是重视创新。同时，美国的文化影响力是同它的文化传播力相联系的，而文化的传播力又是同它的文化市场的发展相联系的。英国记者麦克雷指出，"美国真正的优势是文化与知识财产这两个非常人性化的资源"。

一、美国的创新文化环境

文化环境和人才的流向将对一国的创新环境产生决定性影响。美国人的创新精神是在美国文化的基础上发展起来的，其创新精神又是美国文化的一部分。

1. 美国具有吸纳世界优秀人才的多元文化主义政策

创新不仅是一种得以实行并产生实际效果的产品或技术，而且是一种新思想、一种氛围、一种文化。作为移民大国，美国文化从其产生就具有兼收并蓄的特点，不同种族、不同信仰的人群都可以在美国生存和发展，这为各种文化观念的撞击创造了条件。人们在竞争、迁徙中形成的实用主义思想观念，导致了更加重视创新、看重效果的行为模式。正是通过多国多民族带入的不同文化的交融，美国充满了生机和活力，成为勇于试验和敢于冒险的人的精神家园。

历史地看，美国的文化政策经历了从种族主义到多元文化主义的巨大转变。20世纪六七十年代民权运动的兴起和发展，推动了美国多元文化主义和"文化熔炉"的形成。多元文化的共存和平等逐渐发展成为当代美国一项重要文化政策。同样，开放的移民文化也吸引了世界精英为其服务。美国还利用这种价值文化的吸引力，争夺人才资源。布热津斯基（Brzezinski）指出，"美国的民族文化绝无仅有地适宜经济增长。这种文化吸引和很快同化了来自海外的最有才能的人，从而促进了国家力量的发展。"于是，美国成为那些寻求高等教育的人的圣地，在世界各大洲几乎每一个国家的内阁中都能找到美国大学的毕业生，通过这些文化精英的行为辐射，使美国文化体系变成了一种最具吸引力的文化体系。

2. 美国文化具有鼓励创新的精神内涵

首先，美国的创新文化鼓励开拓冒险精神。开拓冒险精神是和美国的移民历史一脉相承的。正如美国的一句格言所说：不冒险就不会有大的成功，胆小鬼永远不会有大作为。创新创业都是高风险的，没有开拓冒险精神将难以在竞争激励的创业中独占鳌头。苹果公司创始人乔布斯、脸谱创始人扎克伯格等创业"大腕"的故事激励着无数美国人的创业梦想。他们的开拓冒险精神是激励他们不断求新求异的法宝之一。同样，美国的科技领先也得益于美国的科技人员把这种精神完美地运用到了他们的科研当中。如美国著名的科学家本杰明·富兰克林为了证明闪电就是电的理论，他甚至和儿子在荒原的暴风雨中放风筝，让闪电击中自己。

其次，美国的创新文化在于鼓励求异思维。美国的创新环境有利于人们发挥自己的天赋，鼓励尝试新的东西，鼓励争论，宽容不同的理念、意见和生活方式。这实际上是一种勇于试错的求异思维方式。例如，硅谷成功的一个重要原因就在于形成了一种鼓励冒险、宽容失败的硅谷文化，从而激发了员工勇于探索的创新热情。美国有一本名为《硅谷的奇异文化》的畅销书，其中把"对冒险的渴望"列为最重要的硅谷精神。在硅谷，几乎所有成功的人都信奉这个信条："除了失败本身，再没有对失败的其他惩罚。"硅谷文化是"要奖赏那些甘冒风险的人，而不是惩罚那些冒风险而遭到失败的人。"而在世界其他地方，商业上失误或项目半途而废是一种耻辱，会断送人们的前程。

最后，美国的创新文化还在于崇尚竞争。美国的社会观念认为，一个崇尚竞争的社会最终将得到更健康、更迅速的发展。美国人把竞争作为一种普遍的生活态度，社会的各个领域，从经济活动到政治活动以至学术领域，无不崇尚竞争、提倡竞争，并且从组织结构和法律制度上为竞争提供有利条件和保障。他们坚信竞争能挖掘出个人的最大潜能，调动人们的工作干劲，追求自己的梦想，从而形成了崇尚竞争的创业环境。在这里，创新和努力工作将受到高度评价和重视，具备积极上进、崇尚竞争的精神的创业者得到鼓励。美国拥有大量创新的人才。美国人富于创新精神和工作热情，很大程度上得益于这种人才竞争的用人机制。正是这种创新文化成为支撑美国公司持续创新的动力和源泉。

3. 美国建立了"无为而治"的文化策略

美国拥有世界上最庞大、繁荣和活跃的文化产业，是文化产品出口最多的国家。这与美国发展文化产业实行的"无为而治"的文化政策有密切关系。美国奉行文化自由主义，自称是没有"文化政策"的国家，一切交由自由市场。文化事务主要依靠市场机制来推动。"美国于公于私，都没有任何官方的文化立场。"通过立法，美国最大限度地限制政府对文化领域的行政干预以保护文化的自由发展和自由竞争。文化与艺术是个人、政府及私人团体的原创特权，在文化发展方面，联邦政府不能干预或管制，但需提供协助并鼓励发展，如美国政府通过资助社会科学研究和理论输出，占领文化制高点，吸引人才资源并争取国际规则制定的主导权。❶

显然，美国"无为而治"的文化政策并不是放任文化艺术和文化产业自由发展，而是有一整套文化发展战略。美国的文化发展战略渗透于它的政治、外交、军事、经济和贸易政策之中。

4. 美国文化重视个人价值

在美国，平等宽松的理念是创新文化的重要组成部分。这种以人为本的文化理念鼓励个性张扬，能够极大激发个人发挥想象力和创造力。这也是美国能够汇集大批优秀人才的关键原因所在。如高科技人才汇集的美国硅谷，重视个人价值的文化是其发展的原动力。

---

❶ 目前很多重要的国际组织和国际制度都是在美国等西方国家的主宰下建立起来的，带有明显的美国和欧洲文化的特性，并在不同程度上受到美国等西方国家的控制。

"现在，硅谷是世界上最先进人才和最尖端技术的聚集地，成为世界信息技术和高新技术产业的中心。在这块科技园内，共有 40 多个诺贝尔奖获得者，有上千个科学院和工程院院士；硅谷拥有大小上万家技术公司。"❶ 这种精神恰由美国的一句格言所体现："我与专家、权威、传统平等。"正是这种精神鼓励美国人勇于向传统和权威挑战，勇于向已有的一切挑战，从而保持高度创造力源泉。据调查，在美国，是否有创造力是评价一个员工的重要标准。一般大公司每周都给员工 4~6 小时用来创新。而在普通人家，车库成了实验室，里面有各种机器设备可用来搞发明创造。近日，欧洲商业管理学院的一项研究结果显示，美国是全球最有创新能力的国家。

二、美国的创新文化产业管理

美国作为当今世界文化产业最发达的国家，在世界文化产业的发展中占据着主导地位，有数据显示，美国的文化产业产值占 GDP 的 20% 左右，这得益于美国极具创新精神的文化产业管理经验和方式。

1. 版权产业保护政策

狭义地看，美国的文化产业即版权产业。核心版权产业包括电影、唱片、音乐出版业、图书、杂志、报纸、计算机软件、演剧、广告、广播电视等。美国的版权产业可谓是全球最发达的，在美国国内经济生产和就业方面也占据着举足轻重的地位。所以，版权保护和推动版权贸易自由化就成为美国制定文化政策的核心。版权制度是科学技术的产物，并随着技术的发展而不断扩张。在美国，隶属美国国会图书馆的美国版权局管理版权问题。版权产业（创意产业的主体）正成为全球崛起的朝阳产业，其具有的巨大产业影响力正在释放出来。目前，美国版权产业全球规模最大、最发达、最具活力、最具影响力，这与美国长期执行的独特的版权保护政策有密切的关系。

美国第一部版权法是于 1790 年制定的。版权法的制定，来自美国宪法第一条第八款的授权："议会有权……为促进科学和实用技艺的进步，对作家和发明家的著作和发明，在一定期限内给予专利权的保障。"此后，又陆续制定了《1909 年版权法》《1976 年版权法》《1998 年版权期间延长法案》《1998 年数字千年版权法》《2005 年家庭娱乐和版权法》等。1988 年美国加入《伯尔尼保护文学和艺术品公约》，此公约从 1989 年 3 月 1 日开始在美国生效。美国也签署了《与知识产权有关贸易协定》，这个协定本身要求服从"伯尔尼公约"。为了满足这个协定版权保护被扩展到建筑物。由于美国版权法中的合理使用条例比较强，一些学者怀疑美国法律是否完全符合"伯尔尼公约"和《与知识产权有关贸易协定》的要求。

美国的信息技术非常发达，一直处于世界领先地位。从 1993 年开始，美国就设置了信息基础设施工作机构（IITF），以推动信息技术在美国的发展和应用。随着通信技术的快速发展和网络社会的崛起，美国政府加强了网络条件下著作权的保护力度。克林顿总统提出"国家信息基础架构"的主张，推动成立"信息基础架构工作小组"，并在"信息政策委员会"中专设"知识产权工作小组"，专门负责网络化条件下知识产权保护事务。

---

❶ 孙红芹. 借鉴美国硅谷成功经验，增强科技园区创新活力 [J]. 工业技术进步，2000（6）：34.

此外，美国重视版权经济的学术研究，除了最新的《知识产权和美国经济：产业聚焦》❶ 与 20 多年来美国一直坚持的《美国经济中的版权产业》❷ 研究报告之外，美国还进行过版权经济的其他相关研究，如 2007 年 10 月，美国政策改革研究所发布的研究报告《版权产业盗版给美国经济带来的实际损失》❸，这些研究成果记录了版权产业在美国经济发展中的重要意义，为版权产业与其他产业的比较提供了可靠的信息资料，为美国版权产业的政策制定者提供了政策支持。

2. 文化艺术的补助奖励政策

为了提振美国自 1929 年经济大萧条时期出现的精神颓废状况，美国国会于 1965 年颁布《国家艺术和人文基金会法》，联邦政府依据此法成立"国家艺术基金会"和"国家人文基金会"，负责文化艺术和人文领域的补助和奖励。1987 年后，各州相继成立委员会，配合"国家艺术基金会"和"国家人文基金会"实施对文化艺术和人文领域的补助奖励工作，保证了文化艺术领域的资金投入。其他与文化发展补助相关的法律法规还有《文娱版权法》《合同法》和《劳工法》等。1996 年出台了《电信传媒市场竞争与解禁法案》，降低管制限度并维持市场竞争。为保护非商业性电台与电视台成立了联邦通信委员会。美国政府还积极介入有潜力的新兴文化领域，以保持和增强其在全球范围的竞争力，如新的卫星技术规范降低了卫星直播电视业务早期经营成本，公共机构直接投资卫星直接电视业务等。这些举措对美国文化产业的发展影响深远，在一定程度上促进了美国文化软实力的崛起。文化的繁荣给美国人带来了信心和希望，文化的发展更造就了后来被津津乐道的所谓"美国精神"。

3. 文化贸易自由化政策

美国文化产业发展总体上遵循"无为而治"的市场政策，其政策取向倾向于对内放松管制，减少政府的直接干预，这是自由市场观念在美国文化领域的具体体现。美国是文化贸易自由化最为积极的推动者。美国认为文化产品与其他商品一样都要遵循贸易自由化原则。如小布什总统的经济顾问迈克尔·博斯金（Michael Boskin）有一个形象说法，"硅片和土豆片"之间没有任何区别，文化产品和服务应该与其他商品和服务一视同仁。❹

4. 市场化文化资源分配政策

文化资源的占有方式体现了文化产业的发展模式。与美国自由竞争的市场经济环境相适应，其文化产业在资源配置方面也是以市场为基础的，而不是依据行政方式进行分配。同时，在市场配置中也体现出价格机制的作用，对文化资源中用于营利的部分往往需要交

---

❶ Intellectual Property and the U.S. Economy：Industries in Focus，该报告是为了响应奥巴马总统提出的"要想在未来的国际竞争市场中获胜，美国必须创新"号召，2012 年 3 月，美国经济统计署与美国专利和商标局联合发布了关于知识产权的三大支柱——专利权、商标权和版权的经济报告《知识产权和美国经济：产业聚焦》。该报告提出了美国三大知识产权集中产业的范围，其特点及对美国整个经济的贡献，从美国 313 个行业中选取了 75 个特别依赖专利权、版权和商标权保护的行业，即所谓的知识产权集中产业进行研究。

❷ Copyright Industries in the U.S. Economy，通常每 2～3 年出版一次。到 2012 年，美国一共发布了 13 份报告。这一报告又分为两种，一种是年度报告，一种是多年份的综合报告。在研究体系、方法、统计口径基本确定的情况下，年度报告会及时提供版权相关产业发展的最新信息和动态。多年份的综合报告则会对一个较长时间段内版权相关产业的发展趋势进行归纳和总结。

❸ The True Cost of Copyright IndustryPiracy to the U.S. Economy，这一报告是为了证明侵权让美国许多产业都深受其害。

❹ 王晓德. 全球自由贸易框架下的"文化例外"[J]. 世界经济与政治，2007（12）：72.

付资源占用费，而不是无偿占用。这样，既提高了文化资源的使用效率，又促进了文化资源的再生产和文化资源的积累。

5. 民间资本推动政策

美国文化产业的发展是以市场为基础，政府对文化产业的投入非常少，主要是靠民间资本投资来实现的。美国的迪士尼乐园、好莱坞环球影城、百老汇等文化设施都是民间的创意，是吸纳民间资本投资形成的。即使是由政府出资的文化项目，在决策方面也是采取董事局的组织形式，由董事局聘请的专业人士管理与经营，日常经费则通过各种门票、培训收入以及社会方式筹措。

民间资本进入文化产业不仅解决了美国文化产业发展的资金问题，而且形成了文化产业的竞争局面，保证了足够的、差异性的文化产品供给，更好地满足人们的文化消费需求，同时促进了文化资本的再循环和文化产业的发展。不仅如此，为吸引更多资金进入文化产业，美国的文化市场向国际资本打开了大门，积极鼓励外来资本投资，通过跨国资本运作加速本国文化产业的发展。

三、美国创新文化传播体系

美国是拥有最发达的文化产业和最大规模文化出口的国家。美国的文化产品在很大程度上影响到当代人的生活方式和价值观念，人们把美国文化全球化形象概括为"三片"（薯片、大片、芯片）。这说明美国的文化产品和文化服务不仅在物质领域全球化了，而且在精神领域也全球化了，美国把一种属于他们的生活方式和价值观念强加给了全世界。

1. 美国文化全球化战略体系

美国是世界上文化产品出口大国，拥有全球"文化巨无霸"企业的一半以上。美国的文化产业在世界上处于绝对优势地位，其文化产品出口一直处于强势地位。以美国时代华纳、迪士尼、德国贝塔斯曼等领衔的全球50家最大的媒体娱乐公司，占据了当今国际95%的文化市场。美国控制了世界75%的电视节目和60%以上的广播节目的生产和制作，每年向别国发行的电视节目总量达30万小时，许多第三世界国家的电视中美国的节目高达60%～80%，成了美国电视的转播站。美国的电影生产总量占世界电影产量的6.7%，却占据了世界总放映时间的一半以上。美国《读者文摘》已发展成年收入25亿美元的国际性大企业，以19种语言，48种国际版本在100多个国家发行2800万份。迪士尼的主题公园甚至比大多数欧洲国家都令人神往。美国人口只占世界人口总数的5%，但是目前传播于世界大部分地区80%～90%的新闻，却由美国和西方通讯社垄断。美国的CBS（哥伦比亚广播公司）、CNN（美国有线电视传播网）、ABS（美国广播公司）等媒体所发布的信息量，是世界其他各国发布的总信息量的100倍。据20世纪80年代的统计，美国新闻署已在128个国家设立了211个新闻处和2000个宣传活动点，在83个国家建立了图书馆。好莱坞大片、迪士尼乐园、流行音乐、全球传播业、《时代》杂志和《读者文摘》，这些大众文化产品席卷世界，甚至抵达非洲最贫困的地区，再加上可口可乐、麦当劳和牛仔裤，美国文化几乎走进了世界的每一个角落。❶

❶ 世界文化产业发展状况和我国文化产业发展战略［R］//中央关注的若干重大问题［M］.北京：中共中央党校出版社，2004：211－215.

2. 美国科普体系

美国对科学普及工作十分重视，提高公众对科学和技术的认识确实是美国国家的基本国策之一。各种类型的博物馆、展览馆和科技馆几乎遍布全国，各种题材的科普教育节目也时常可以在电视上看到。在促进科普教育方面，美国政府的作用是十分关键的。在美国联邦政府部门中，作用最大的似乎是国家科学基金会，其次是史密森博物研究院。美国并没有一个明确的国家科学和技术普及法，但是对于个别政府机构，国会制定的有关规定确实要求它们在科普教育方面做出努力。比如，国会的法律是这样要求国家科学基金会的："在实施科学和工程教育的职责过程中，国家科学基金会将具有如下职责目标：公众对科学和技术的认识，教员水平提高，学生教育和培训，教学设计和实施以及教材开发和推广。"在国家科学基金会，科普教育工作主要是通过其非正规教育计划❶和具体牵头组织的国家科学和技术周❷予以实施的。对于史密森博物研究院，国会也有相应的法律要求其开展这方面的工作。

"2061 计划"❸是美国促进科学协会联合美国科学院、联邦教育部等 12 个机构，于 1985 年启动的一项面向 21 世纪、致力于科学知识普及的中小学课程改革工程，它代表着美国基础教育课程和教学改革的趋势。"2061"计划旨在提高人们在科学、数学和技术方面的素养，以帮助人们兴趣盎然地、负责任地和富有成效地生活。在一种科学、数学和技术气息日益弥漫的文化氛围里，科学素养使公民具有必需的理解能力和思维习惯，使他们能够紧跟世界发展形势，大致知道自然和社会的转行情况，批判性地和独立地思考，对事件的不同解释加以辨认和权衡并提出协调方案，敏锐地处理那些有关证据、数字、模型、逻辑推理和不确定性的问题。❹

3. 美国的文化外交体系

美国对外的文化发展战略主要是输出文化产品与传播价值观念，主要体现在以下几个方面：第一，通过文化外交，传播美国的价值理念，塑造美国民主自由和繁荣的国家形象；第二，提倡全球自由贸易，输出文化产品，占领国际文化市场，扩大美国文化的影响力，提升美国的全球软实力。美国在文化上取得领先和强势地位后，进一步依靠它的政治、经济和科技优势，以文化外交和文化贸易为载体，向全世界推行它的文化和价值观念，从战略上巩固它的文化霸主地位，这才是美国文化发展战略的实质和重心。

美国对外十分重视发挥"软实力"的影响。曾经担任过克林顿政府国防部副部长的哈佛大学教授约瑟夫·奈在 1990 年首次在其学术专著《注定领导：变化中的美国力量》中提

❶ 非正规教育计划是国家科学基金会教育和人类资源部负责的 32 个子项目之一，具体由该部的学生、家长和公共教育办公室负责。该项计划可能是联邦政府目前在科普教育方面最大的项目，其 1995 财年的经费总预算为 3600 万美元，支持的项目有 45 个。

❷ 国家科学和技术周是由国家科学基金会立法和公共事务办公室组织发起的，它代表国家科学基金会的努力。这项活动主要有两个目标，一是唤起公众对自然科学进行积极的思考和探索，二是鼓励孩子和年轻人以追求科学和技术职业为目标。它为国家、各州、地方政府、教育机构、企业家、专业学术组织、学生和家长之间建立有效的科普教育联盟提供了机会和方便。

❸ "2061 计划"是指美国基础教育改革工程。当年恰逢哈雷彗星临近地球，改革计划是为了使美国当今的儿童——下世纪的主人，能适应 2061 年彗星再次临近地球的那个时期科学技术和社会生活的急剧变化，所以取名为"2061 计划"（Project 2061）。

❹ 美国科学促进协会. 科学素养的基准［M］. 北京：科学普及出版社，2001.

出了"软实力"一词，用来说明文化力和价值观对全球统治的重要性。1999 年，约瑟夫·奈发表论文《The Challenge of Soft Power》，在他看来，美国的全球影响不能只依靠经济和军事硬实力的威慑作用，而且还要依靠软实力来维护，"要靠美国的生活方式、文化、娱乐方式、规范和价值观对全球的吸引力来维护。"❶美国长期实施对外文化扩张政策，这种文化扩张政策常常被后殖民主义学者以及第三世界知识界概括为一种新的殖民主义或"文化帝国主义"。

四、美国创新文化产业特点

美国文化产业成功主要得益于有效的市场政策、对本国发展实际的良好把握以及其永不枯竭的文化霸权野心。

1. 形成完整生态系统的文化决策体系

美国不设文化部，从表面上看，指导文化产业发展的理念是自由市场原则，但是这并不意味着美国政府全盘放手听任文化产业自由发展，而是有一整套文化发展决策体系。美国是一个联邦制国家，任何事务都要遵循"三权分立"原则。美国政府没有忽略对文化的政策性支持，但他们用于资助文化事业的经费有严格的审批程序，先由政府核定，再由议会审查批准。如果政府和议会就某一文化议题产生争议，法院将出面对冲突予以裁决。显然，"三权分立"原则在文化领域也贯彻到底了。

同时参与文化产业政策制定的主体还有利益集团和社会公众，这是由美国资产阶级民主共和国的国家性质决定的。利益集团凭借自己的经济实力来影响文化产业政策的制定，而社会公众，组成如传播者协会、文化组织者协会、艺术家协会这样的专业群体或组织，参与到国家文化政策的制定中来。

2. 形成了通过市场的力量来推动文化发展和传播的机制

归结起来，美国对内的文化发展战略主要是自由市场战略，主要体现在以下方面：第一，维护美国的主流价值观念，塑造民族文化身份；第二，增加对非营利性公共文化事业的投入，扶持民间文化艺术活动和文化遗产保护，保障公民文化权利；第三，注重文化创新和文化产业人才的作用，鼓励市场竞争和文化多元发展，维护文化产业的世界超强地位。

文化的影响力是在传播中实现的，在一个商业社会里，市场是文化传播的良好渠道。所以，美国的文化影响力就是同它的文化传播力相联系的，而文化的传播力又同它的文化市场的发展相联系的。比如一部《阿凡达》可以有十几亿美元的收入，就是靠市场。而市场带给美国的不仅是美元，而且是美国的文化影响力、美国的软实力。

3. 具有了吸引文化人才的培养和引进办法和机制

文化是靠人去塑造的，是要靠有创新能力的人去推动的。人才问题在文化建设中间事关全局，必须高度重视。文化人才和其他人才不一样，它不是靠那些听话、循规蹈矩的思维方式来处理人和事，而是靠求新求变来给社会提供崇高追求的精神力量。所以，一个国家文化要发展，首先要有一大批创新人才。

---

❶ 马修·弗雷泽. 软实力：美国电影、流行乐、快餐的全球统治［M］. 刘满贵，等译. 北京：新华出版社，2006：3.

美国重视文化创新人才的培养，同它具有一种多样性的包容文化环境是有联系的。也就是说，在文化创新过程中间，会有这样那样的不同看法。是包容，还是扼杀，将会影响到创新人才的成长，更会影响这个国家文化的繁荣发展。如果没有这种包容性，就不可能有创新型的人才，就不可能有文化的繁荣。

第四节　助推美国创新的人才教育途径

美国拥有世界上最发达的教育体系。20世纪80年代初，美国国会图书馆大厅悬起一块横匾："每一个国家的根基是对青年一代的教育"。在美国，无论是政府、社会团体还是个人都对教育给予了高度的重视。根据美国1998年财政年度计划，美国教育部财政经费为307亿美元，占751亿美元预算资金中的41%。❶ 而历届总统候选人在竞选过程中更是拿教育政策作为问鼎白宫的一块"敲门砖"，在教育体制等问题上大做文章，以此来笼络人心。当选之后也常常把教育列入其施政的一个重要方面。

一、完善的基础教育体系

美国的初等教育是基础教育的起始阶段，包括小学教育及学前教育。在美国，教育从生命第一天开始。美国把5岁以后幼儿学前教育纳入公立小学系统，孩子凡到5岁一律强制入学，5岁可进小学的预科班，是义务教育，经费由地方政府负担。5岁以前的学前教育是在不同类型的多元化机构内进行的，包括托儿所（day care）、大脑开发（head start）机构、学前班/预科学校（preschool）、蒙台梭利学校（montesori school）、保育/学习中心（care/learning center）、幼儿园（kindergarten）等。它们或由州代理机构举办，或由教堂、慈善组织等非营利机构主办，或由公司以及个人承办。较著名的有1965年约翰逊总统订立的一个幼儿头脑开发计划（head start project）和1976年推行的小学中的提高计划（project follow through）。这两个国家计划推动了全国对幼儿课程的研究。除此之外，美国的幼儿教育还包括学前教育，以1981年密苏里州教育部创办的"父母作为老师"（PAT）的项目最为著名。目前该组织已将它们的项目推广至全美47个州，培训了8000名"父母辅导者"。美国的另一项以家庭为基础的父母教育计划——学龄前儿童的家庭指导计划（HIPPY计划），得到了美国总统克林顿的支持。

美国的中等教育和高等教育是实施基础教育的重要阶段。1994年，美国国会重新核准了《初等和中等教育法》，该法律强调对资格学校给予特殊的经费补助，并加强绩效责任制管理。2002年1月通过的《不让一个孩子落后法》，力图使所有的学生都能在毕业时掌握他们进入大学或参加工作所需的知识和技能等，对于改进孩子们的教学质量发挥了重要的作用。2003年，美国教育部连续出台了一系列的改革政策，布什政府希望借此提高中学教育质量。此外，美国还力图使科学家参与基础教育，其中一个重要结果是"2061计划"的提出。草稿经过美国130名顶尖的科学家、数学家、工程师、历史学家和教育家的审阅，在前后3年的修改过程中征求了数以千计的科学家的意见，这是一个旨在改革美国科学基础教育的战略计划，被列入世界教育的经典行列。

---

❶ 李同泽. 透视美国 [M]. 北京：对外经济贸易大学出版社，2000.

此外，美国政府通过"特殊教育方案"（Special Education Programs）和"补偿教育方案"（Compensatory Education Programs），运用特别的教育资源和教育方法来满足弱势群体学生的教育需求，1990年美国提出了"学前教育计划"，也要求对弱势群体的儿童进行补偿教育。这意味着美国形成了完善的基础教育体系。

二、优质的高等创新教育体系

为保持高等教育体系的高质量，美国采取了一系列措施。

一是普及和资助高等教育。美国政府继续加大资助的额度，以帮助更多高校学生能够申请到助学金以更好地完成学业。如"联邦佩尔助学金计划"（Fderal Pell Grant Program）在政府的大力支持下于2010年单笔最大资助额度由先前的4371美元调整为5550美元，计划资助总额由180亿美元扩大至300亿美元。此外，美国继续加强联邦教育体系基础设施建设。强化美国高校教育基础设施的建设，尤其是包括校舍整修、信息系统升级以及暖气空调设备更新等方面所需的庞大资金亟需政府落实。

二是提高STEM❶教育的质量，加大对理工科人才的培养。奥巴马政府目前正在教育领域着力推动一场可能影响美国未来教育走向的行动计划——STEM教育，并不断加大对STEM等学科教育的投资。目前，有STEM学科背景的劳动力数量正在增加，2010年美国有760万STEM劳动者，约占总劳动人数的1/18。其中，计算机和数学领域的职位约占5%，工程类占32%，物理和生命科学类占13%。美国加强相关实践案例的总结和推动。如由NF资助的"转型理工科教育"和"案例推进与示范"项目，旨在引导学生向STEM相关领域转移，通过理论与实践并重的方式，有效克服美国教育在STEM方面的不足。

三是继续推进"创新教育计划"。"创新投资"计划是美国政府基于2009年《美国复苏与再投资法案》而启动的一项教育投资计划，旨在为那些在提高学生学业成绩、促进学生成长方面富有创新意识并迈出实践步伐的教育机构提供资金支持。目前，美国继续推进"创新教育计划"，包含一批公私合作伙伴计划，利用媒体、交互比赛、自己动手学习和社区志愿者的力量，为所有学生提供获得STEM类教育和职业的机会，特别是少数族裔、妇女和儿童。

四是通过"美国毕业计划"和"美国未来技能"计划，加强对社区大学的投入，推动社区大学与行业间建立合作伙伴关系，鼓励企业、基金与学校合作提高劳动者素质和技能，为美发展先进制造业培养高素质的就业者。奥巴马在2014年的《国情咨文》中提出，应当为未来的劳动力做准备，让每个孩子享有世界一流教育，并提出将在全国范围内与各州和各社会团体协力投资学前教育，力争上游，未来两年内争取让超过1.5万所学校和2000多万学生用上宽带。

三、系统的职业技术教育体系

在美国教育系统中还存在着各种不同的形式，如提供各种职业培训的社区大学（相当

---

❶ 科学、技术、工程和数学（Science, Technology, Engineering and Mathematics，简称STEM）。这是四个彼此独立更彼此关联的领域，在现代科技竞争中具有主导和引领作用。与STEM教育相关的概念是"STEM field"，即STEM领域。这一概念由美国国家自然基金组织提出，是一种新的对科学分类的认识，即不仅关心条块清晰的传统学科，更加重视学科之间的交叉。在STEM领域的专业人才应该是一种复合型的人才，可以融会贯通多个学科。STEM领域这一概念的提出，反映了美国对21世纪科学技术发展的敏锐洞察力。

于我国的技校或中专）；为特定的职业领域培养人才的职业和技术学院（相当于我国的卫生学校）；主要由社区组织、教堂、图书馆和商业机构提供的其他形式的成人教育。由此可见，美国的教育不仅在每一阶段都有完备的教育级别、明确的教育目标和科学的教育方法，使得学生在不同的阶段得到最大限度的身心发展，而且也照顾到了社会的各个阶层、各个年龄段，满足了各种教育的需要。自 1971 年始，美国先后通过了《生计教育》（1971 年）、《生计教育五年计划》（1977 年）、《职业和实施技术教育法（帕金斯法）》（1984 年）、《从学校到工作机会法》（1994 年）、《从学校到工作的过渡计划》（1995 年）等。这些法案和政策都要求大力加强职业技术教育，把职业技术教育贯穿于整个教育之中，使所有学生都明确一条走向职业道路的计划，从而顺利实现从学校到工作的过渡。在一系列法案的影响下，美国的职业技术教育逐渐形成了比较完整的职业技术课程体系。

四、美国的创新教育方法

创新精神与美国的学校教育很有关系。采用独特的教育方法是美国创新教育成功的一个极其重要的原因。这种独特的教育方法主要表现在注重对受教育者创造力的培养上。美国的学校教育总是想方设法打开学生的思路，发挥自己的想象力，始终将学生的创造能力放在首位。

1. 教学与科研相结合

从 1636 年创办哈佛学院（Harvard College）起，美国的高等教育至今已有 370 年的历史。在美国，继 19 世纪中叶至 20 世纪早期的第一次大学革命之后，大学将它的使命确定为研究与教学两个方面。锡拉丘兹大学宣称，决不聘用任何所谓的不做教学的"研究教授"。[1] 不仅是指教学要与教师的研究相结合，而且是指教学要与学生的研究相结合。正如卡斯佩对斯坦福大学的学生所说，"在最好的大学——你们就处在世界最好的大学里——教、学和研究是探索知识这一整体同等重要的成分。对知识的这种探索发生在教室里，发生在图书馆里，发生在实验室里，发生在书房中，甚至发生在大方院（斯坦福大学的学生宿舍）里。你们对知识的探索和我们对知识的探索是相互依赖的：将知识传给你们和向你们提出挑战是我们的任务，质疑和挑战我们、寻找和我们一起做研究的机会以便继续探索知识是你们的任务。"

2. 科学与人文相结合

无论在课堂内外，美国的大学既重视科学教育，也重视人文教育，更重视二者的统一。哈佛大学校长萨默斯（Summers）指出，"因为科学在各个领域所展现的发展前景，科学和科学的思考方式正以前所未有的影响力影响着非常广泛的人类活动。"他还说，"我们以说不出莎士比亚 5 部戏剧的名称为耻，但如果你不能区分基因和染色体，却不以为然……这样的教育是不完整的。"[2] 2004 年 4 月《关于哈佛学院课程调研的报告》建议，所有的哈佛本科生都应像学习人文学科和社会科学那样，接受一定深度和广度的自然科学的教育。亨利希是一位著名的计算机专家，但他十分重视人文教育。在担任斯坦福大学校长的就职演说中，亨利希指出，"大学置身于快速发展的科技企业家的世界中，我们更不能忽略那些构

---

[1] 张晓鹏. 研究型大学不等于研究至上 [J]. 上海教育, 2005 (5A).
[2] 张晓鹏. 哈佛教改 [J]. 上海教育, 2004 (10B).

成我们人类生命的不可或缺的元素的人文和艺术学科""斯坦福位于硅谷的中心，并为硅谷的诞生和发展做出了很大的贡献，但这种先锋作用，并不能淡化我们有关人文学科必须是伟大大学的核心和其本科教育的核心的信仰。"在专门化和职业化日趋强化的时代，哈佛大学重申研究型大学本科教育的实质是自由教育。

3. 校内与校外相结合

创业已成为校园文化的一个重要元素。美国大学的证据表明，"所有对学生产生深远影响的重要的具体事件，有4/5发生在课堂外"。❶斯坦福大学校长亨利希教授1981年曾带领学生在斯坦福开展 MIPS 项目的研究，该项目1984年完成以后，他请假离开大学1年，与人合伙建立了 MIPS 计算机系统公司（现 MIPS 技术公司），开发出最早的商用 RISC 微处理器。据估计，硅谷60%~70%的企业是由斯坦福大学的学生和教师创办的。1988~1996年硅谷总收入中，至少有一半是由斯坦福大学师生创办的企业创造的。闻名于世的微软、雅虎、Google 等最初都是由在校大学生创办的公司，比尔·盖茨、杨致远、拉里·佩奇等都是非常成功的大学生创业者。以至于斯坦福大学前任校长卡斯佩指出，"在大学和工业界有很多有关大学技术转移的议论。然而，知识转移的最成功的方法是培养能够探究知识然后能在工业、商业、政府和大学自身中起领导作用的一流学生。"❷美国大学生的创业推动了创业教育的发展。哈佛商学院、麻省理工学院、宾州大学等著名高校领导高度重视创业教育。从20世纪80年代开始纷纷设置创业教育课程。据统计，1977年美国仅有50~70所学院和大学开设了与创业有关的课程，而1999年达到1100所左右，到2005年年初，有1600多所高等院校开设了创业学课程，如今美国的创业教育已经形成了比较完善的体系结构。

五、美国科技人才汇聚体系

20世纪的前20年，大量国外移民进入美国，其中不乏杰出的科技人才。吸引外来科技人才就成为美国科技政策的一个重要组成部分。在引进和留住人才方面，美国主要通过三种方法，将全世界几百万的优秀人才吸引到美国来。

1. 长期执行有效的移民政策

美国不断修订移民法吸引大批人才。如1990年实施新的移民法，重点向投资移民和技术移民倾斜，鼓励各类专业人才移居美国，其中信息技术方面的专业人才占了相当高的比例。而且，美国并不要求归化入籍的外国移民放弃其原国籍，也不强制他们只能在其拥有的其他国籍和美国国籍中选择一个国籍。美国比较开放的移民政策鼓励全球高级人才移民美国。2001年美国出台《加强21世纪美国竞争力法》，其核心就是要吸纳世界各国的优秀人才，计划在三年内，每年从国外吸收19.5万名技术人员。这些规定，使真正有技术、有才能的人能留在美国。

2. 灵活的 H-1B 签证计划

从1990年开始，美国实施专门为吸收外国人才的 H-1B 签证计划。H-1B 签证是美国为引进国外专业技术人员提供的一类工作签证。申请者必须具备一定的专业理论与实践知识，并完成高等教育的专业课程。1998~2000年，每年约有11万外国人持此类签证进入

---

❶ 理查德·莱特. 穿过金色阳光的哈佛人 [M]. 北京：中国轻工业出版社，2002.
❷ 孙莱祥. 研究型大学的课程改革与教育创新 [M]. 北京：高等教育出版社，2005.

美国的大学和高技术公司工作。2001 年和 2002 年，美国政府根据市场需求，又将签证年发放量提高到 19.5 万个。"9·11"事件后，出于安全考虑，又将这类签证的年发放量保持在 8.5 万个。并且，特别保证在美国获硕士以上学位的外国人尽可能地拿到这类签证。签证有效期为 3 年，还可再延长 3 年。在这段时间，只要过了"市场的淘汰关"，就足以让这些外国人拿到绿卡。也就是说，美国巧妙地利用签证，将真正有用的优秀人才留在了美国。

3. 富有保障的配套措施

美国会制定吸引急需的某一类人才的专门法令、增加技术移民的签证数量、设立科研基金、为技术人才的子女和配偶入境提供便利等，这些措施既是对上述重要的移民政策的补充，也充分体现了对人才的重视。因此，这些措施对稳定外来技术人员，创造更好的工作环境，解决优秀人才的后顾之忧，都起到相当好的作用。大批外国人才深深感受到，他们来美国，可以毫无后顾之忧地充分发挥自己的才能。

第八章　日本："技术立国"方略显示创新神威

日本的产业竞争力一直居于世界前列。联合国工业发展组织发布的《2012~2013 年世界制造业竞争力指数》报告表明，日本以 0.5409 的工业竞争力指数排第 1，德国和美国分别排第 2 和第 3。瑞士《2014~2015 年度全球竞争力报告》指出，日本再次提升了其经济竞争力。根据该报告的全球竞争力指数（GCI），亚洲有三个经济体进入世界十大最具竞争力国家行列，它们是新加坡（第 2 名）、日本（上升 3 位到第 6 名）和中国香港（第 7 名）。但据瑞士洛桑国际管理学院（IMD）公布的《2015 年 IMD 世界竞争力年报》，日本从 2014 年的第 21 名下降至第 27 名。日本已经意识到了危机，近来，经济产业省公布了《2015 年版制造白皮书》（以下简称"白皮书"），声称，倘若错过德国和美国引领的"制造业务模式"的变革，"日本的制造业难保不会丧失竞争力"。因此，日本制造业要积极发挥 IT 的作用，建议转型为利用大数据的"下一代"制造业。日本人创新能力强主要原因是日本政府强调"科技创新立国"，并积极开展尖端科技的研究开发。

第一节　日本的创新理念与创新体制

日本是国际上公认的创新型国家之一，日本创业公司极度旺盛的创造力使日本被誉为"工匠国"，其企业群体的技术结构犹如"金字塔"，底盘是一大批各怀所长的优秀中小企业。这些企业或许员工不足百名，但长期为大企业提供高技术、高质量的零部件、原材料。很多中小企业在世界市场上掌握着某种中间产品、中间技术的绝对份额，甚至不乏"only one 企业"。根据日本《朝日新闻》网站报道，❶ 安倍政权在其经济增长战略里明确提出了"科学技术创新能力"的说法，希望通过科技研发来催生新兴产业，以带动就业和开拓市场。

一、日本创新理念

日本国土狭小，资源匮乏，依靠自主创新增强产业竞争力早已成为日本全社会的共识。以政府为主导，学术机构和企业为主体的日本自主创新体系可谓硕果累累。日本以其占世界 0.3% 的国土面积和 2% 的人口，创造了每年占世界 16% 的 GDP，成为世界第二经济科技强国，已有 9 人获得诺贝尔自然科学奖。20 世纪 80 年代以后的日本更加重视创造性的科学技术，以对应新的课题。

1. 专注精细的工匠精神

日本人会选择收窄行业，集中资源于那些仅仅靠制造的精细和系统集成能力就可以独

---

❶ 安倍"日本创新能力五年内要居世界第一"目标问题不少［EB/OL］．http：//cjkeizai．j．people．com．cn/98728/8285315．html．

步全球的行业,在这些领域他们会持续有全球的竞争力。日本人最大的专长是在别人做出来以后,自己能做得更细、更精、更可靠,这是日本企业真正的强项。所以不论是全球知名的大企业,还是众多的中小企业,它们都能在缝隙市场表现杰出,靠的就是专注和精细,将某个细分领域,比如服务,做到真正的极致。而这种现象的根源来自日本产业结构的高度细分。在日本,很少有一家公司通吃天下的情况。一般的情况是,每个产业链上都有非常详细的分工,这样的好处就是一家公司只要把一件事做好就可以了。产业链分工,早期小公司是很容易生存的。同时,大公司要强调后发优势,不强调先发优势。后发优势的前提就是想通吃整个产业链很难,它会保持一种稳定发展共赢的结构,这是日本整个产业的特点。

2. 注重分工合作的"集团意识"

日本人注重"集团意识",个人总是意识到自己是某个整体的一部分,这个整体是利益共同体,甚至是命运共同体,自己与这个整体息息相关、唇齿相依。日本的"集团意识"与"强协作"体系是分不开的。日本的技术研发是企业主导,大企业往往只研发最核心、高端的部件,其他部分交给与其一体化生存的中小企业负责。比如,丰田汽车公司如同组装厂,核心部件由丰田自主开发,其他的来自中小卫星企业,各部分有机配合,组装完之后代表的是丰田品牌。日本的很多中小企业几乎没有市场营销能力,但技术研发能力很强。

日本人之所以对工作如此认真负责,其中一个因素是他们的集团意识强。日本人自古就把合群视为重要的人生规范,从价值观念来看,日本人非常看重对所属集团的忠诚。一般认为,中国的儒教思想的核心是"孝",而日本儒教思想的核心强调"忠"。前者反应的是家族意识,后者反映的是集团、群体意识。由于日本人把自己的命运同所属集团紧紧地联系在一起,因而他们自然对集团忠心耿耿、尽职尽责。

3. 擅长"慢创新"的工蜂精神

在日本,创新也需要深思熟虑。从日本企业的创新机制可以看到,创新不是拼速度。放慢速度、持久累积是成功创新的重要一面。在日本的制造行业长期推行的"创意工夫"活动就是这样的一个例证,在丰田、松下等公司的生产线上经常可以看到这样的标语。它鼓励每个员工在本职岗位上努力钻研,在明确自身基础职能的前提下,通过自我学习和团队互动,在每天的工作中琢磨如何提升自己及团队的工作效率。哪怕只是获得些许的改进和提高,企业和团队都会赋予明确的价值,给予员工相应的物质和精神奖励。同时,日本企业大多实行年功序列制,员工的流动性很小,最终可以在工作岗位上几十年如一日地贯彻,收效相当可观。在其固有的文化氛围下,日本企业的创新活动是非常有保障的,持久的创新精神已经根植于企业,形成企业竞争力的源泉。日本企业的这种创新模式不仅能够促进企业的长期发展,而且相当稳定,在任何时期都不受经济波动的影响。

4. 从一而终的敬业精神

日本人的敬业精神,创造了日本战后经济振兴的神话,使大多数国民都过上"中流阶级"的富裕生活。日本文化中自古就有"从一而终"的观念,日本社会以及企业的文化制度又保障了员工对于企业的"从一而终"。在日本,无论是终身雇佣制度还是年功序列制度都跟工作年限的长短密切相关,工作年限越长待遇越好,职位越高,中途换工作只会得不偿失。敬业行为在日本社会一直是受到推崇的,敬业并且事业有成的人会受到社会普遍的尊重,敬业的人也会因为自己将工作做好而感到自豪,两者相辅相成,对日本人敬业意识的形成有很大的影响。在这样的环境里，在"耻"文化中长大的日本人只能而且只有将工作做好才能生存并且生活得好，这使得日本人本来就有的敬业意识就得到了很好的保护，并得以强化。社会分工也使得日本人能够保有敬业意识并能按照自己的意识兢兢业业地工作。日本人在他们始终如一的敬业精神下培育出了"天价大米"，制造出了夏普液晶电视、大金空调、佳能数码相机等数不胜数的畅销世界的产品，经营出了数量众多的世界 500 强企业（2006 年为 68 家，2008 年为 102 家，2014 年为 57 家，2015 年为 54 家）。有的日本学者则指出，日本人敬业爱业，最大的动力源自日本民族永远追求第一的那种自强不息、不甘落后的精神。在这种敬业意识的推动下，日本人在工作中表现出令人吃惊的追求精益求精、尽善尽美的态度。

二、日本创新管理制度

日本创新管理重视质量，取得了与德国并驾齐驱的"质量奇迹"，这是日本文化传统与制度创新合力的结果。总体而言，日本在其独特的文化传统引导下，形成了科学有效的创新管理制度，既体现在宏观层面的政府各项规制体系，也体现在中观层面的各种社会组织中的管理制度等。这几个层次有序存在、相互作用，共同推动日本创新管理的发展和进步。

1. 政府对创新进行高度集权式管理

日本政府的创新管理依赖于各项健全的政府规制体系，如支持型规制、惩罚型规制等。日本是一个政府主导型的市场经济国家，国家对科技活动实行高度集权管理。日本政府直接介入创新活动。在国家创新系统中，日本政府的影响和作用非常突出。正如英国经济学家弗里曼在研究了日本问题之后发现，日本在技术落后的情况下，以技术创新为先导，辅以组织创新和制度创新，只用了几十年的时间，便使国家的经济出现了十分强劲的发展势头，成为工业大国。一方面，政府是国家创新系统的构筑者。日本国家创新系统采取的是从国外到国内的路径，即在落后的情况下，先引进国外的先进技术，再在国内进行吸收、利用与再创新；日本是因为"比较劣势"的存在而开启了建立现代技术创新体制与机制的步伐，为解决发展中的"短板"目标实现"追赶"。另一方面，政府通过对关键产业的重点扶持，引领技术创新的方向。20 世纪 50 年代，日本政府重点扶持钢铁产业；60～70 年代初，转而扶持汽车、石油化工产业；到了 80 年代，又转而扶植计算机、飞机产业；现在则转向知识密集型产业，重点发展信息技术。这些关键技术的选择，有力地促进了日本企业技术结构的升级，对日本国内创新活动的产生和发展，对日本经济赶超欧美等发达国家，都起到了积极的和重要的促进作用。日本政府还通过各种措施，鼓励尽可能大力引进世界上最先进的技术并加以改造。

日本有不同层次的制定和实施创新计划的机构。在日本的创新管理体制中，从总理府到各省厅以及各研究机构都有相应的科技咨询、审议机构，他们为科技计划的制定及评估提供了重要支持。总理大臣和各省厅的咨询、审议机构主要负责制定或修改国家和本省厅的科技政策、法规及中长期科技规划，各研究机构科技审议机构则是所长的重要决策咨询组织，对各研究机构的课题选择、预算、评估等有重要作用。如以研究开发为主要目标的计划，由政府直接管理，或委托部门技术会议、国立科研机构管理；以技术应用和再开发为主要目标的计划，主要委托有关民间机构来进行管理。一些依法设立的审议会、委员会等机构持续开展科学技术调查与技术预测、分析和评估，为计划制定提供依据。

2. 日本创新管理具有等级制色彩

日本创新管理折射着日本独特的文化传统所塑造的国民的生活态度和价值观念。日本的管理模式与日本传统文化的等级制度紧密结合，形成了有别于西方企业的管理模式，是管理史上的创新。日本企业中很多重要的制度都是基于等级制才形成的，其中典型的模式要数终身雇佣制、年功序列制和内部晋升制。这三种制度从不同的方面反映出等级制度对日本企业的重要影响。

目前，日本继续调整科研领导体制，加强对科研工作的统一领导。日本众议院立法通过国家行政机构改革方案决定将科学技术厅和文部省合并，组建教育科学省，并将现属通产省的工业技术研究院以及其他部门负责基础科研的机构划归教育科学省，建立起一体化的科研领导体制。近期，安倍政府提出"日本的创新能力要在五年内达到世界第一"的目标，同时强化作为实施相关政策的领导机构"综合科学技术会议"的职能。

3. 日本创新管理渗透全面质量管理体系

日本具有多层次的全面质量管理体系。其中，日本工业标准调查会（JISC）是全国性标准化管理机构，隶属于通商产业省工业技术院。它的主要任务是组织制定和审议日本工业标准（JIS），调查和审议 JIS 标志，指定产品和技术项目，是通产省主管大臣以及厚生、农林、运输、建设、文部、邮政、劳动和自治等省的主管大臣在工业标准化方面的咨询机构，就促进工业标准化问题答复有关大臣的询问和提出的建议。经调查会审议的 JIS 标准和 JIS 标志，由主管大臣代表国家批准公布。调查会由总会、标准会议、部会和专门委员会组成。工业技术院标准部是调查会的办事机构，负责调查会的日常工作，实际上是具体制定日本工业标准化方针、计划，落实计划的管理机构。标准部下设标准、材料规格、纺织和化学规格、机械规格和电气规格 5 个课。标准会议是它的最高权力机构，负责管理调查会的全部业务，制定综合规划，审议重大问题，审查部会的设置与撤销，以及规定专门委员会的比例，协调部会之间的工作。标准会议按审议工作范围设立土木、建筑、钢铁、有色金属、能源等 29 个部会。

三、日本创新保障体系

战后，日本成功实现了经济的高速增长和产业结构的升级，跻身于发达国家的行列，并且成为仅次于美国的世界第二大经济强国，被誉为"东亚奇迹"技术大国，这得益于日本独特的国家创新模式及其得力的创新保障体系。

1. 日本法律保障创新

1995 年，日本政府颁布了《科学技术基本法》，明确提出将"科学技术创造立国"作为基本国策。该法是支撑日本科技创新与开发体系的根本大法，被视为日本建立国家创新体系的开端。此外，日本还在不断发展中逐步形成了门类繁多的关于科技创新的法律体系。

日本关于创新的管理和科研机构基本都要通过立法获得许可和保障。如日本的科学技术会议（CST）是根据日本国会通过的《科学技术会议设置法》（1959 年 2 月通过）而成立的；日本科学技术厅正式宣告成立并开始活动则源于 1956 年日本国会通过的《科学技术厅设置法》；日本工业标准调查会则是根据《工业标准化法》（1949 年 7 月实施）而设立的。在日本，国立研究机构作为独立行政法人要接受《独立行政法人通则法》以及相关法律关于营运与考核、财务与审计制度、政府预算拨款、人事和薪酬制度的规定。日本政府层面的中小企业技术创新的主要服务机构的诞生背后也都有一部法律以立法的形式支撑，如科学技术振兴事业团和中小企业综合事业团分别是依照《科学技术振兴事业团法》《日本中小企业事业团法》而设立的，它们对日本中小企业的技术创新活动起到了重要的推动作用。

日本也是技术法规繁多的国家。如在机械制造业中的法规有《劳动安全与健康法》《气瓶生产检验法》等；在化学工业中的法规有《化工产品制造与检验管理法》《药品管理法》《化妆品成分管理法》等；在农产品食品工业中的法规有《食品与日用消费品管理法》《蔬菜水果进口检验法》《肉类制品进口检验法》《包装与标签法》等；在汽车与各种车辆中的法规有《废气排放检验法》《限制噪声法》等；在纺织品工业中的法规有《产品含毒物质限制法》《商标管理法》《外国标签管理法》等。

日本为了发展高技术产业和支持研究开发型企业的发展，从 20 世纪 50 年代中期以来制定了一系列产业政策及科技转移法规。例如，1957 年制定的《振兴电子产业临时措施法》、1971 年公布的《振兴特定电子产业及特定机械产业临时措施法》、1978 年公布的《振兴特定机械信息产业临时措施法》、1979 年公布的《新一代计算机开发补助金制度》。1999 年 10 月日本政府又颁布实行了《产业活力再生特别措施法》，规定大学对于运用国家经费进行共同研究取得的专利拥有所有权。2000 年 4 月开始实施的《产业技术力强化法》中专门规定了对大学等的研究开发人员专利费的减免措施。此外，1998 年 5 月，日本政府制定并颁布了旨在促进大学和国立科研机构科技成果向民间企业转让的《关于促进大学等的技术研究成果向民间事业者转让的法律》（简称《大学技术转让促进法》），该法明确提出设立"产业基础整顿基金"，以促进大学以及国立公立研究机构的技术成果向企业转移。该法实施以后，到 2001 年 3 月，已经有 17 家机构获准成立并代理了约 700 件以上的专利申请。

日本还以法律的形式明确了制定保护技术发明的专利制度。2002 年，日本颁布《知识产权基本法》，2003 年成立了以首相小泉纯一郎为部长的高规格知识产权战略总部，正式确立了"知识产权立国"的国策，推进知识成果创新、产权保护、成果转化和人才发展战略。此后，日本还新制定或修改了 21 项知识产权相关法案，使日本成为迄今全球知识产权战略较为系统化和制度化的国家。与此同时，日本特许厅（专利厅）为使国立公立研究机构以及大学的研究成果向产业界转移顺利进行，还在全国召开了 62 次免费的知识产权讲座，并针对希望引进技术成果的企业在全国 46 个城市举办了专利流通展示会。

2. 日本科技政策激励创新

从战后日本的情况来看，促进研究开发或技术创新的政府政策非常广泛，大体上可以分为两大类：第一类是以直接促进研究开发活动和技术进步为目的而实施的政策，如对研究开发活动的直接补助等；第二类虽然是为达到其他目的而实施的政策，但其结果对于研究开发活动和技术进步具有很大影响，包括宏观财政金融政策、禁止垄断政策和各种限制等。❶

日本的国家创新系统是就国内外环境变化适时变更的。从战后的"技术立国"到 20 世纪 80 年代的"科技立国"，再到 90 年代的"科学技术创造立国"方略，直到最近安倍政府

---

❶ 后滕晃，若彬隆平. 技术政策［G］//小宫隆太郎，等. 日本的产业政策［M］. 北京：国际文化出版公司，1988：194.

提出的"科学技术创新能力"的提升策略,政府适时选择了正确的科学技术发展战略,使得日本由一个科技追赶型国家转变为科技领先型国家。此外,政府还适时调节政策导向,即先模仿后独创,先技术后科学,先民用后军用,先小科技后大科技,先低科技后高科技。可见,日本科技创新政策的核心是充分开发和利用能够尽快使经济得到增长的科学技术,同时民间主导型的技术创新体制决定了日本的研究开发对市场信号非常敏感,研究开发的重点是应用研究和技术开发。正是这种特点,使得日本的科学技术在日本战后所创造的经济奇迹中起到了非常大的作用。

日本历来重视科技发展战略的制定。战后,日本利用"后进国"优势,积极推行独具特色的"吸收型"科学技术发展战略,大力引进欧美国家的先进技术,从而大大缩短了与欧美国家间的科技差距,极大地推动了日本经济的发展,使日本在短短的几十年间一跃成为世界第二经济大国。

进入 20 世纪 80 年代后,日本政府为了继续巩固其世界经济大国的地位,依据国际国内经济形势的变化,开始重新调整其科技发展战略,提出了"科技立国"的战略口号。其标志是 1980 年日本通产省发表了《80 年代通商产业政策展望》,其整个内容是与技术政策紧密关联而展开的,其中第六章以"走向技术立国"为标题,从而成为第一次正式提出"科技立国"战略方针的政府文件。同年 10 月,日本科学技术厅公布的《科技白皮书》中再次明确提出了"科技立国"战略。1986 年 3 月 28 日,日本政府内阁会议通过的《科学技术政策大纲》则成为指导日本科技立国战略的总纲领。日本"科技立国"战略的提出,标志着日本战后长期以来所推行的引进、消化、模仿这一"吸收型"科技战略时代的结束,开始步入以高科技带动经济增长的时代。自"科技立国"战略提出并实施以来,无论是中央政府还是地方政府以及民间企业都予以高度重视,都将"科技立国"战略视为立国之本。在中央政府政策的积极推动下,日本各地纷纷提出了"科技立县"的口号。在企业界则提出了"科技立社"("社"意即"企业""公司")的口号,从而使日本形成了从中央到地方、从宏观到微观、多层次推进"科技立国战略"的体制。

20 世纪 90 年代以来,日本政府又进一步丰富和发展了"科技立国"战略,提出了"科学技术创造立国"的新口号,强调日本要彻底告别"模仿与改良的时代"。为了贯彻"科学技术创造立国"战略方针,日本政府围绕"鼓励创造,发展科学"这个主题提出并采取了一系列具体措施。1990 年秋,日本发表了《科技白皮书》,强调发展适用于人、自然、社会的民用实用技术。1992 年 1 月,日本科学技术会议发表了第 18 号申报书,它是日本政府 20 世纪 90 年代关于科技政策的基本文件。

为了尽快有效地推进"科技立国"战略,日本政府在科研制度上进行了创新。如 1981 年创立了三项重要的研究开发制度。其一是科技厅创设的"创造科学技术推进制度"。这项制度旨在贯彻政府关于加强基础研究的方针。在组织上采取了有利于科学家发挥创造力的、以人为中心的研究组织形态,挑选在相应科技领域做出突出贡献的科学家作为课题负责人,并授以研究运营的自主权,聘请"产、学、官"各方面乃至国外的优秀研究人员参加课题研究。其二是通产省创设的"下一代产业基础技术研究开发制度"。这项制度旨在开拓下一代产业的基础技术,选择那些通过理论和试验已证实有实用性的产业技术课题,组织"产、学、官"多方面的力量开展合作研究,政府向民间企业提供研究开发委托费,使之达到实用化水平。其三是由日本最高科技决策机构——日本科学技术会议创设的"科学技术振兴调整费"制度。这项经费主要用于超越现存的科技体制框架的、跨部门的综合研究开发,包括推进尖端的、基础的研究，推进需要多数机构合作的研究开发，增强"产、学、官"的有机合作，推进国际共同研究，对需要进行紧急研究的场合做出灵活反应以及实施研究评价和研究开发的调查分析等。

为了进一步完善科技立国战略体制，日本政府历来重视制定科技发展计划。自 1996 年起，日本连续制定了 3 个为期 5 年的"科学技术基本计划"。1996 年和 2001 年日本先后实施的两期科学技术基本计划，致力于构筑新的研究开发体系，推进基础研究，创造竞争性的研究环境，培养人才等。长达 10 年的两期基本计划使日本科学技术的整体水平大幅度提高。从 2006 年度起，日本实施了第 3 期科学技术基本计划，在预算方面重点支持生命科学、信息通信、环境、纳米技术和材料 4 个高科技领域。该计划对于日本的科技战略、科技发展走向以及经济建设有极其重要的指导意义。此外，日本近年来各省厅的科研机构、大学、民间企业制定的各种科技开发计划，都把具有战略性的技术项目作研究开发的重点。例如，1995 年 11 月，新技术事业团选定 4 个战略技术项目，分别为"生命现象""极微细领域的现象""在极限环境状态的现象"和"环境低负荷型社会体系"，并将 50 个重点研究项目委托国立研究所、大学等基础科学机构进行研究，最长研究期限 5 年。日本科学技术厅已经为这些重点研究项目申请了 51 亿日元预算，计划在 1996 年度预算中申请 150 亿日元的经费，以加强对高科技的研究与开发。

此外，日本还逐渐形成了一系列配套的科技创新政策。日本最高科技部门综合科技会议出台了《关于防止公共研究费不正当使用的共同指导方针》，文部科学省出台了《研究机构的公共研究费的监管指导方针（实施准则）》等规定。日本政府又逐渐形成了对科学技术研究实施奖励的制度。从 1917 年起，农商务省开始每年发放发明奖励费，第一年度发放额为 3 万日元，以后增加为每年 7 万日元左右。1918 年文部省也开始对自然科学的独创性研究进行奖励，第一年度发放的奖金总额为 14.5 万日元。1932 年，以日本天皇的捐款为基础又创办了日本学术振兴会，从而成为一家由文部省领导的学术奖励机构，作为财团法人对日本的科学研究进行各种资助及奖励，经费来源主要是日本政府提供的专项补助经费以及民间捐款。

3. 日本产业政策拉动创新

日本政府对产业的干预和宏观调控是一贯且明确的。产业政策是日本政府对经济进行调控的重要政策之一。日本的产业政策根据每个时期经济发展的需要制定并实施。战后 50 年来，日本实施的产业政策历经重点生产方式、贸易立国战略下的产业保护育成政策、重化学工业化、引进性知识密集化、创造性知识密集化等演变过程，最后走向技术立国。而且产业政策也发生了从战略性产业政策向补充性产业政策的转变。日本政府运用产业政策调控经济在发达市场经济国家中是最突出，也被认为是最成功的。产业政策法是战后日本经济立法中最具有特色、发挥作用最大的部分，这不仅表现为日本产业政策法的数量庞大，也突出表现在其所涉及的广度和深度上。

产业战略是日本产业政策的特色之一。战后，日本实施了"产业立国"战略，希望通过重点支持煤炭、钢铁两个行业实现重要产业的复兴，推进整体的经济增长和重新启动工业化过程。20 世纪 60 年代中期以后，欧美各国为取得技术开发与产业上的比较优势，直接或间接地向电子工业等尖端技术领域投入了巨额的开发资金，对此日本政府为与之抗衡，决定由国家负担全部资金，对于民间无法承担而对于未来国民经济的发展至关重要的尖端技术领域进行技术开发。日本开始采用以引进技术、降低成本为特征的"产业合理化"策略，重点支持了钢铁、煤炭、海运、电力、石化、合成纤维等行业。如通产省工业技术院于1965年创设了大型工业技术研究开发制度大型项目制度，这是首次明确出现在日本科学技术政策中的与产业政策直接相关的一项政策。从其实施的效果来看，"这些大型项目与后来以通产省为主进行的产业技术开发相结合起到了政府决定技术开发方向的桥头堡作用"。❶1971年5月，日本政府公布了"70年代产业政策构想"，提出由重化工业向知识密集型产业发展。在国内外的压力下，日本及时地调整了产业战略方向，首先，加大节能技术和高技术开发，发展节能产业和"高加工度化"产业。主要表现为制定了《公害损害健康赔偿法》《自然环境保护法》。1982年第二次石油危机以后，经过调整，日本经济进入一个新的结构转换时期，即现代化的结构转换时期，主要体现在制造业比重停止上升而"第三产业"比重不断提高；主要依赖出口的增长方式转变为出口和内需扩大并重；国际分工参与方式由"加工贸易型"转变为"水平分工型"。20世纪90年代之后，日本经济发展战略进一步调整，从注重国外技术的引进吸收转变为向创造性的知识密集型行业迈进。经济发展的指导思想由单一增长为目标向以"生活大国"为目标转变，经济增长方式由出口主导型向内需主导型转变。1998年通产省推出了《经济结构改革行动计划》，该计划提出面对全球经济环境变化的挑战，创造新产业。2000年4月，日本产业竞争力会议提出了其著名的报告"国家产业技术战略"，提出今后强化产业技术实力的大方向是"实现技术创新体系的由赶超型转向开创型的改革"；同时，报告还提出，为强化产业技术实力必须实行"有重点的政府研究开发投资"。

日本的产业政策数量多、覆盖面广。日本产业政策又称产业合理化政策，它是针对产业而不是针对个别公司的，它不以某一公司作为国家重点扶持对象，而以产业作为扶持对象。首先，产业计划是日本实现行政指导的重要方面。行政指导是指日本政府通过"建议""期望""指示"等非正式的方式向企业提出所谓指导，以这种方式引导企业的经营和社会资源的流动方向，从而实现政府的产业战略的一种方式。这些长期经济计划一般包括国民经济现状及目标，政府有关政策的内容及经济发展的有关数量指标。这些长期计划只从宏观角度描述经济发展的方向和速度，对具体企业并不具有直接的约束力。比如1955年鸠山一郎内阁发表的《经济自立五年计划》，1960年池田勇人内阁发表的《国民收入倍增计划》，佐藤荣作内阁发表的三个长期经济计划。其次，利用法律手段对产业活动进行管理，是日本制定和推行产业政策的独特之处。日本推行产业政策所必需的制度都是依靠有关法律建立的，具体可分为：①基本的法律与法规，主要针对基本经济关系及各类产业，为各类产业的发展创造条件、理顺关系，是具有综合性的法律与法规，如《企业合理化法》《中小企业法》等；②培育振兴的法律和法规，主要目的是扶持基础薄弱的战略性产业的发展，如《机械工业振兴措施法》《汽车工业振兴法》等；③协调产业内部企业关系的法律与法规；④调整援助的法律和法规，这类法律法规主要是为了解决传统产业和衰退产业的调整问题，如《平稳调整产业法》等。产业政策法在日本各个时期具体经济目标的实现过程中起到了直接的、不可估量的作用。最后，具体实施的主管政府部门是通产省等经济官厅，而且实施的是经常性、实质性的经济政策。如通产省在钢铁、汽车、石化、电子等构成日本至今仍具有强大的国际竞争力的产业领域实行的产业政策取得了巨大的成功。比如，

---

❶ 今井贤一. 从技术革新看最近的产业政策［G］//小宫隆太郎，等. 日本的产业政策［M］. 北京：国际文化出版公司，1988：222.

1953～1958 年，通产省就制定了"第二次钢铁合理化五年计划""水泥新增设三年计划"等 23 项产业振兴或产业结构调整计划。通过这种制度，通产省制定了一系列扶植新兴产业的政策，并推动了石油、机械、电子等产业的兴起。再如，产业竞争力会议设立的主旨是以强化产业竞争力为目的的综合论坛。迄今为止，包括事业再构筑以及与国家委托开发相关的专利权的受委托者的归属（《产业活力再生特别措施法》）的制定，中小企业、创新企业支援（《中小企业基本法》）的修改，"千年项目"的策划，国立大学教官等到民间企业兼职规制的缓和等政策制定，都是首先在该会议上被提出和加以议论并以此为契机而最终才得以实现的。

长期以来，日本把实施大企业战略作为贯彻产业政策的依托。日本重点支持大企业，使它们成为能够不断创新、在国际上富有竞争力的优秀企业。日本主要通过产业组织政策对大企业进行扶持与支持。如 20 世纪 50 年代实施的倾斜生产方式政策，20 世纪 60 年代实施的建立产业新秩序的政策，等等，这些产业组织政策的实施加速了企业规模的大型化和集团化，促进了以规模经济为目标的产业改组与整合，实现了规模经济效益，增强了国际竞争力。同时，日本近年来也日渐注重中小企业在创新中的作用，对中小技术创新型企业提供支援，改善其生存环境。日本根据 1998 年通过的《新事业创出促进法》，设立了"中小企业技术创新制度"（SBIR），该制度主要目的是为鼓励新技术开发，针对中小技术创新型企业进一步扩大了提供补助费、委托费和特定补助费的范围。例如，2000 年，政府的 6 个省厅（总务省、文部科学省、厚生劳动省、农林水产省、经济产业省和环境省）共指定了 47 项特定补助费实施对象，向中小技术创新型企业提供的专项特别援助达 130 亿日元。❶此外，科学技术振兴事业团则通过推行"新事业志向型研究开发成果展开事业"和"独创性研究成果共同育成事业"，以国立大学、研究机构的研究成果的转化、协助创业等形式对中小技术创新型企业提供支援。

此外，日本政府对于技术引进采取各种方式进行了积极有效的干预，例如选择特定的企业，批准其使用宝贵的外汇用于引进技术；为使本国企业在技术引进中获取更多的有利条件，有时候甚至直接介入本国企业与外国企业的谈判等。日本实施的税收优惠政策也对技术引进产生了很大的影响。对技术引进产生重大影响的税收优惠政策有以下两项：第一，对于引进重要技术的企业降低其企业所得税率；第二，对于引进日本国内不能制造的、具有高新技术的产业机械，免除进口关税。除了与技术引进直接相关的政府的政策措施以外，日本政府实施的有关外贸进出口政策、外资政策等也在客观上对技术引进产生了积极的影响。此外，其他一些经济政策也间接地对技术引进产生了重大影响。例如，以促进设备投资为目的的各种税收优惠政策以及政府金融机构的低息贷款，在促进设备投资的同时，也促进了技术引进；促进经济增长的宏观经济政策，扩大了国内需求，也间接地起到了促进技术引进的作用。总之技术引进的顺利进行得益于有利的政策环境。

4. 日本投入政策推动创新

日本向科学技术相关领域投资从来都不吝啬。研究与开发投资的来源主要有政府投资（包括中央政府、地方政府）、企业出资、银行贷款、社会（民间）筹资、引进外资等。在

---

❶ 科学技术厅. 科学技术白书（2001 年版）.

各种科技资金来源结构中，政府和企业是两个最主要的来源。

日本公共研究机构的科研经费主要来自公共团体，包括中央和地方政府、国立和公立大学、国立和公立研究机构等。为了在高新技术方面赶上西方发达国家，从 20 世纪 70 年代开始，日本政府对大型国家研究与开发给予补贴。文部科学省掌管政府每年 3 万多亿日元科技预算的 2/3，主要用于基础研究及科研环境建设。根据《科学技术基本法》，1996年，日本推出了第一期"科学技术基本计划"，计划共投入 17 万亿日元，至 2001 年 3 月完成。第二期五年计划从 2001 年 4 月开始实施，计划总投入 24 万亿日元，比第一个五年计划增加 40%。日本政府的科技计划，一般分为年度计划、中期计划（3~5 年）和长期计划（5~15 年）。中期计划主要以研究开发为目标，如科技厅推出的"脑科学研究计划""新世界结构材料研究计划"等；日本政府推出的主要是大型领域专向，著名的有"新阳光计划"和"生命科学研究开发计划"等。许多高科技计划则采取政府资金配合的模式，如日本超大规模集成电路计划❶各专项中政府拨款仅占 40%。❷ 政府其余各部门，也都负责相关领域的科技事业，如经济产业省掌管政府科技预算的 1/5，主要用于产业化过渡阶段的研究；厚生劳动省、农林水产省、国土交通省以及总务省分别负责医疗卫生、农林水产、国土测量以及邮政通信等领域内的应用研究。近年来，为了提高管理效率，日本各政府部门之间正在不断加强沟通和协同，共同推动一些大项目或者重要计划的实施。据日本文部科学省统计，近几年日本每年研究经费的总投入超过国民生产总值的 3%，在全球保持着最高水平。

政府对企业创新的投入力度也一直很大。为了促进企业的技术进步，发展高技术产业，日本政府历来重视通过财政预算拨款对符合政策规定的企业提供财政补贴，特别是对企业精心选定的重要项目进行补贴，对企业的高技术发展有明显的鼓励和推动作用。通产省主要负责鼓励新投资、引进新技术，并积极改善企业外部环境和基础性投资。早在 1952 年通产省就制定了《企业合理化促进法》，规定为企业的新机器和设备的实验安装及运行检验直接提供政府津贴。1993 年，通产省对进行新发电技术实用化、能源利用合理化技术实用化和石油替代能源技术实用化的企业给予开发费用补助金。例如，实行税收减免和加速折旧政策，对政府鼓励的产业第一年可折旧 50%；委托中央和地方政府直接利用公共开支建设港口、高速公路、铁路、电力网、天然气管道、工业园区及其他合适项目。第一期和第二期科学技术基本计划实施期间，正是日本经济停滞、政府财政困难的时期，其他的预算支出要么缩减要么持平，而科学技术相关的经费却稳步增长。此外，为支持企业的研究开发和技术创新，政府向企业提供的补助金与委托费，主要有以下几种：工矿业重要技术研究开发费补助金、大型工业技术研究开发委托费（1966 年）、技术改善补助金（1967 年）、促进电子计算机开发补助金（1972 年）、民间运输机械开发费补助金（1968 年）、能源技术研究开发委托费和补助金（1973 年）、下一代产业基础技术研究开发委托费（1981 年）等。❸ 但自 20 世纪 60 年代后期以来，其重要性逐渐减弱，取而代之的是大型工业技术研究开发制度，飞机、电子计算机、替代能源等领域的补助金，重点转向电子计算机等尖端技

❶ 日本超大规模集成电路（VLSI）计划，由通产省于 1975 年提出，1976 年开始实施。计划时间是 5 年，自1976~1980 年，一般被认为是日本政府研究计划最成功者。

❷ 徐作圣，赖贤哲. 科技政策理论与实务 [M]. 台北：全华科技图书股份有限公司，2005：46.

❸ 后藤晃，若彬隆平. 技术政策 [G] // 小宫隆太郎，等. 日本的产业政策. 北京：国际文化出版公司，1988：203.

术产业以及替代能源等具有公共性的领域。

民间企业也积极投资研发，从 1995 年起民间企业科研投入连续 9 年增长。目前日本民间企业投入的科研经费约占研究费用总额的 80%，高于世界其他主要发达国家。据日本文部科学省统计，近几年日本每年研究经费的总投入超过国民生产总值的 3%，在全球保持着最高水平。

5. 日本融资运作方式促进创新

由于科技的研究与开发是否成功具有不确定性和很大的风险，一般银行都不愿提供贷款和其他融资条件。运用金融信贷手段，发挥银行的经济杠杆作用，提供低息贷款是日本推动高技术产业发展的有效行政手段。日本的金融机构根据政府各个时期制定的法律向电子等基础工业和新兴工业部门提供重点贷款，特别是对重点产业部门的大型企业提供特别优惠贷款。日本开发银行是一家主要对企业提供长期低息贷款的银行，其利率长期稳定在 6.5% 左右。这种低利率刺激了民间企业对高新技术投资的积极性，缩短了设备更新年限，促进企业从国外引进新设备、新工艺，支持了日本企业的技术进步和创新。1992 年日本开发银行向民间企业提供的贷款总额为 1030 亿日元，1993 年增加到 1200 亿日元，贷款对象为实施新技术产业化、产业化开发和完善研究设施的民间企业。低息贷款制度是日本政府为了促进研究开发活动以低于民间金融机构的利率向企业的研究开发活动提供资金。贷款资金的来源是日本开发银行和中小企业金融公库。日本开发银行于 1951 年设立了"新技术企业化贷款"，1964 年又设立了"重型机械开发贷款"，1968 年又在这两项制度的基础之上设立了"新机械企业化贷款"。这三者合在一起形成了国产技术振兴资金贷款制度。此外，在 1970 年为中小企业设立了由中小企业金融公库实行的"国产技术企业化等贷款制度"，对新技术的企业化以及新机械的商品化试验提供低息贷款。❶

日本企业的资金来源主要是通过相关财团的主办银行和金融机构借贷实现，这和欧美国家的企业通过股市融资不一样，所以说日本经济的命脉（金融危机前）在于各大财团的主办银行。日本企业正是利用财团掌握的"商权"，把大量资产和生产能力转移到人力和原料成本很低的东南亚国家。日本综合商社、大型制造业企业和主办银行对东南亚国家进行了大量投资，在日本的大财团体制的支持下，很多日本大型制造业企业在过去几年所谓的经济低迷阶段实现了在全球范围内的大肆扩张。特别是在 2000 年以后，日本企业逐渐消化了 IT 和数字技术，应用于其具备优势的制造业中，为这些企业创造了巨额利润。同时也刺激了日本制造业设备的升级换代，进一步确立了它们在全球的竞争优势。借助知识产权的保护，日本制造业通过跨国经营的产业分工，将核心技术牢牢控制在手的同时，利用其他国家国的廉价劳动力和土地优势，进一步巩固了其在全球家电产品领域和汽车产业中的领导地位。日本改变了过去那种锋芒毕露的竞争态势，正在以一种悄无声息的方式追赶美国的信息技术，并且确立了从"科技立国"向"知识产权立国"的战略转变。同时，日本谨慎而有序地进行着新的经济制度调整，主要表现在各财团主办银行间的合并和综合商社的转型上，不断强化对全球资源和物流的控制。经过一段时期相对低迷阶段，日本经济于 2003 年显示出了新的活力，并显示出再次崛起的势头。

❶ 后藤晃，若彬隆平. 技术政策 [G] //小宫隆太郎，等. 日本的产业政策. 北京：国际文化出版公司，1988：204.

第二节　日本创新体系中“官、产、学”一体化架构

"官、产、学"一体化的流动性科研体制是自 20 世纪 80 年代以来日本所采取的一种新型的组织科技活动的战略性决策，是一条贯穿于日本国家创新体系的中心主线。

一、日本科技创新研发机构体系

日本的科研机构改革强调其法人地位，并把一部分研究机构推向市场。日本的研究机构分为大学和各类研究机关。其中，日本的各类研究机关包括国立、公立研究机构和民间非营利研究机构以及特殊法人，其使用了日本政府研究开发费支出中的一半左右。这些研究机关的职能包括：①从事与产业技术有密切关系而大学又难以进行的基础研究；②在应用阶段需要大规模工业化试验装置的研究；③向民间特别是中小企业转让技术；④防止公害技术等必须由公共部门进行的研究；⑤有关确定产业技术的标准试验方法和规格的研究。

1. 大学科研机构

日本的大学作为高等教育机构不但承担着教育和培养研究人才的使命，而且还作为研究机构在日本的国家创新体系中发挥着十分重要的作用。无论是日本的大学还是科研机构都将"把技术回报给社会"当作自己的重要目标。日本大学的特点是几乎所有的国立、公立和私立大学都设有研究所，承担着主要的基础研究。这被称为除人才培养和科学研究的"第三使命"。

日本大学共同体建设是日本大学协同创新的一项重要制度设计。日本大学探索协同创新的组织制度有着比较长的历史，❶ 先后形成了附设研究所、共同利用研究所、共同利用机构、共同利用据点等组织制度形式，顺应了现代知识生产转型的需要，促进了不同学术组织间进行合作生产知识的能力，形成了"科学研究—技术开发—人才培养"的一体化功能等。日本自 2004 年加强了大学共同体利用研究机构的建设，目前全国设有 15 个"大学共同利用研究机构"，成为供全日本大学及社会研究人员共同使用的研究基地。每个机构都具有各自特色的大型设施、资料和研究手段，是各个学科领域的研究推进基地。

此外，为配合大学的法人化改革，从 2002 年开始日本推出了旨在培育世界水平的研究与教育基地、培养世界顶尖科技人才的"21 世纪 COE（优秀研究教育中心）项目"。

2. 国立科研机构

日本的国立（国家级）科研机构数量较少，仅几十个，按性质可以分为以下两类。

一类是特殊法人单位，是由国会通过决议设立的，相当大且有实力，如在原子能领域，1956 年成立了日本原子能研究所和原子能燃料公司；在宇宙开发领域，成立了宇宙开发事业团；在能源领域，成立了新能源综合开发机构等。在这些特殊法人中，研究开发人员来自政府、大学和民间产业部门。在这里展开了活跃的人才交流并向民间产业部门进行了研究成果的转让。❷

---

❶　自 1971 年起，日本逐年增设大学共同利用研究机构。

❷　后藤晃，若彬隆平. 技术政策［G］//小宫隆太郎，等. 日本的产业政策. 北京：国际文化出版公司，1988：205－206.

另一类是专门的研究所。自从 1875 年设立东京气象台以后，日本政府又陆续建立了一系列科学技术方面的研究所和试验所及有关机构，如铁道研究所（1913 年）、东京大学航空研究所（1918 年）、大阪工业试验所（1918 年）、商工省燃料研究所（1920 年）、内务省土木研究所（1921 年）等。于 1917 年设立的理化研究所（财团法人）则是日本最初的也是最大的独立于大学和官厅之外的自然科学综合研究机构，它网罗了全国第一流的科技人才，开展科技方面的基础研究和应用研究。目前，日本在空间宇宙航行科学、分子科学、基础生物学、生理科学、遗传学以及核聚变科学等领域共有 14 个类似的研究所。

由于机构少，国家确定该类机构的职责也非常明确，政府部门还可以有精力来直接管理。然而，国立科学技术研究机构在人事、预算和研究业务等方面都受到严格限制，因而缺乏活力，没有发挥其应有的作用。2001 年以来，日本政府大幅度改革国立科研机构，将 89 所国立科研机构转变成为 59 个独立行政法人，如通产省工业技术院原有产业技术融合、计量、生命、地质、电子等 8 所中央研究机构和 7 所地方工业技术研究机构，改革后合并成为一个独立行政法人——产业技术综合研究所；农林水产省原有的 50 个科研机构被改组为 18 个独立行政法人，其中 29 个研究所合并成为农业技术、农业生物资源、农业环境、农业工学、食品、森林水产等 9 个研究机构，15 家地区检验和检查机构则被精简为农药检查所、肥料饲料检查所和农林水产消费技术中心 3 个独立行政法人机构。独立行政法人在人事管理、财务管理等方面也获得了更大的自主权，除主要负责人仍由主管省厅任命外，独立行政法人的内部机构设置、中层领导任免均由法人机构自主决定。除少数机构保留公务员待遇外，一般独立行政法人的雇员都要采取聘用方式。

日本对有关国立机构的独立行政法人化改革仍在推进过程中。根据改革计划，下一步的改革重点是中央政府所属的特殊法人和认可法人。其中既包括独立行政法人化的改革，也将对一些公立法人机构实施民营化改造。作为改革的法律基础，《特殊法人等改革基本法》已于 2001 年 6 月获得议会通过。这一改革拟在 4 年左右的时间内完成。相比之下，中小学、国立大学、公立医院等机构组织方式改革尚未开始，但总务省也已经成立了与此有关的研究机构，正在探索这些方面的改革问题。

此外，"合并"也是日本科技院所改革的一个特色，比如，宇宙航空研究机构（JAXA）由日本宇宙研究所等 3 个单位合并而成，农业生物系特定产业研究机构由中央农业综合研究中心和作物研究所等 10 个单位合并而成。另外，原子力研究所和核燃料循环开发机构也于 2005 年合并为"日本原子力研究开发机构"。在美国硅谷效应的启发下，经济产业省从 2001 年度起实施产业群推进计划，在各地方选建了 19 个各具技术特色的产业集群。日本文部科学省从 2002 年开始，以大学、国立公立研究机构为中心，通过对特定技术领域的研究开发，建立出研究机构、风险企业等研究开发型企业构成的技术创新基地。

3. 民间非营利研究机构

日本企业普遍把研究与开发视为企业生存和发展的根本，政府也鼓励企业的研究开发活动。因此，日本几乎所有的大中型企业都有自己的研究机构，其拥有的科技人员占全国科技人员总数的 69%，其投入的科研经费占全国科研经费的 80%。一些大企业的实验室设备精良，甚至超过大学以及政府科研机构。许多有国际竞争能力的高新技术产品都是由企业开发出来的。企业对日本高新技术的发展起了决定性的作用，是推动日本高技术产业发展的主要力量。日本企业在国家创新体系中发挥着极为重要的作用。日本的技术创新体制属于典型的民间主导型，即民间产业部门是研究开发和技术创新活动的主体。随着民间企业的发展，日本产业界不仅对进行科学技术研究产生了日益强烈的要求，而且也具备了为支持科学技术活动而提供有关经费的能力。日本非营利科研机构大都是由民间出资创办的，无论是在研究开发费的承担和使用，还是在研究开发人员队伍的规模上，民间产业部门都占有决定性的地位。

日本非营利科研机构的外部治理是政府和企业发挥双边作用。其内部控制权的结构同日本企业很相似，绝大部分采取的是株式会社制，即公司制管理。以日本产业技术综合研究所为例❶（该所是在日本公共科研机构独立法人化的改革过程中由 15 个研究机构合并而成的），一方面，政府通过战略规划、税收管理对非营利科研机构进行宏观管理，另一方面，由于政府对非营利科研机构的研究从战略上主要定位为应用研究，同时日本的非营利科研机构大都是由民间出资创办的，而非国家投资创办。因此，日本的非营利科研机构从诞生之日起就同企业联系比较紧密。当然，日本政府也给予非营利科研机构许多税收优惠政策。如日本政府允许非营利科研机构在一定范围内从事营利性经营活动，只要其收入用于本机构的科研活动，这部分营利收入政府只收 27% 的所得税，而企业则需缴纳 42% 的所得税。与此同时，政府还对非营利科研机构所进行的研究活动采取了扣除增加试验研究费的税额和技术出口所得特别金的优惠措施，并且免去了很多与研究有关的税种，如固定资产税、城市规划税、不动产所得税等。❷

二、日本科技创新体系中的管理系统

日本科学技术决策体系和行政体制除总理府直接领导的科学技术会议外，还包括三个科学技术行政机构，即科学技术厅、文部省和通产省工业技术院。它们分别掌管全国的科学技术研究工作、大学的科学研究工作和工矿企业的技术和综合技术研究工作。总体而言，日本的科学技术行政体制有两个突出的特点：其一是由中央政府集中协调，科学技术决策大权主要集中在少数几个官厅手中；其二，具有完善的科学技术咨询体制。学术界以及民间产业部门在科学技术发展方面的意见主要是通过参与各种各样的科学技术咨询机构来表达的。

科学技术会议（Council for Science and Technology，简称 CST）是日本科学技术政策的最高决策机构和政策审议机构。作为总理府的附属机构，由内阁总理大臣担任议长，成员由内阁大臣和各厅长官（如大藏省、文部省、科学技术厅、经济企划厅）以及来自大学和工业界的代表组成。其任务是针对内阁总理大臣提出的有关咨询，答复科学技术方面的基本的综合性政策问题，确定综合性的长期研究目标，并据此制定必要的推进方案与基本决策。1983 年 7 月，又在其中设立了政策委员会，以便机动灵活地展开科学技术政策。其活动包括为制定科技政策进行基础调查，推进重要的研究任务，处理有关重要政策的事项等。进入 20 世纪 90 年代以来，科学技术会议的地位变得越来越重要了。日本政府除了加强其科学技术最高决策机构的职能外，还新设立了"高度信息化社会促进本部"。1992 年，CST 提交了现行科技政策的框架称为科学技术指南，再次强调了集中从事基础研究的重要性。1996 年 6 月 24 日，日本科学技术会议正式通过《科学技术基本计划》，是日本科学技术发

---

❶ 杜小军，张杰军. 日本公共科研机构改革及对我国基地建设的启示 [J]. 科学学研究，2004，22（6）：606-609.
❷ 胡智慧. 日本非营利科研机构及其管理 [J]. 科技政策与发展战略，2002，(3)：8-29.

展的 5 年计划。该计划将日本政府今后 5 年实施关于推进研究开发的综合方针、研究设备及环境的整备、加速信息化等政策的具体内容做出详细的规定，特别是政府对有关研究开发的预算额将做出明确的规定，尽早解决国家预算中科技投入相对不足这一制约科技全面发展的主要问题。

日本科学技术厅是日本政府中负责科学技术决策的最高行政机构，同时负责促进下一代技术创新活动，也就是负责高技术的研究开发的计划和组织。科学技术厅下设大臣官房（办公厅）和 5 个局（计划局、研究调整局、振兴局、原子能局、原子能安全局）。科学技术厅的主要任务是对科学技术进行综合性的行政管理，对振兴科学技术的基本方案进行规划，协调各省厅有关科学技术的事务，对科研经费的预算和分配进行调整，促进原子能的试验研究等。此外，科学技术厅还附属有许多研究机构，如航空技术研究所、金属材料研究所以及理化学研究所等。

文部省是负责日本教育与科研的中央行政机构。文部省除大臣官房以外，还设有 7 个厅局。其中有关振兴学术的工作是由学术国际局负责并由高等教育局配合的，其主要职责是在各级教育机构中促进科学的传播与发展，资助大学、附属实验室以及研究所等的科学技术研究；拟订有关国立大学附属研究所、国立大学共同利用机构、所辖研究所以及日本学士院的预算方案；对研究机构及研究人员的学术活动提供资助；促进国际学术交流等。在 20 世纪 80 年代下半期，文部省投巨资建立大学间共用的实验室，以此提高大学研究设施的水平，并使全国所有大学的研究人员都可以使用这些实验室。这些实验室包括统计数学研究所、国家天文观测研究所、国家熔合物科学研究所等。文部省有关科技的职责是：根据政府确定的科技综合战略和方针，制定各省厅统一实施的科技政策，制定和推进、调整研究开发计划，确保学术和科学技术研究的协调和综合性，培养和确保具有独创性的研究人员，搞好研究的环境条件，推进尖端技术开发。在文部省下又设立了一些"科学技术学术审议会"，作为文部大臣的咨询机构。审议会的职责是根据文部大臣的要求，就综合性振兴科学技术的重要事项和振兴学术的重要事项，提出各种政策性的意见和建议。

日本通产省的突出作用是发展先进技术。在日本，凡涉及产业技术的发展都是由通产省工业技术院负责的。在这方面，日本不同于几乎所有西欧或北美国家政府中的类似部门。因为在这些国家中，产业技术进步更多的是依赖市场竞争进化而不是政府。目前，与高技术发展相关的有"大型工业技术研究开发制度"和"下一代产业基础技术研究开发制度"两项制度。前者是为促进高新技术的商品化，支持企业难以自主开发的课题而设的，后者是为独立自主地建立下一代产业的基础而推进基础的、先导的技术研究而设立的。1993 年通产省调整了"大型工业技术研究开发制度"，又确立了一项新的制度，即"产业科学技术研究开发制度"。日本政府根据战略优先次序，通过技术和资本上具有较大动员资源能力的优势，利用行政力量使信息能够在厂商内部和厂商之间进行流动，使日本在较短的时期内迅速提升了工业研发水平和能力。此外，通产省辖属的工业技术院在推进大型工业技术研究开发、能源技术的开发研究以及重要技术的开发研究、促进国际合作研究、推进工业标准化等方面都发挥了重要的组织领导作用。工业技术院以多种方式支持和促进产业技术的研究开发，包括有条件的贷款、贷款担保、税收方面的优惠措施、提供研究开发资金、发放委托研究项目、对研究开发人员提供资助等。1997 年 12 月，日本政府又决定将科技厅与文部省合并，成立教育科学技术省，以加强科技和教育工作，促进日本经济由汽车等传统支柱产业向信息技术等产业转化。

日本政府还设置有关科技方面的咨询、审议、决策、协调等机构。这类机构主要是指各种各样的审议会,包括总理府的审议会和各省厅的审议机构。总理府的审议机构,包括日本学术会议、科学技术会议、原子能委员会、原子能安全委员会、宇宙开发委员会、海洋开发审议会以及科学技术行政协议会等。各省厅的审议机构,包括如文部省下属的学术审议会、通产省下属的工业技术协议会等。1920 年,日本政府根据帝国学士院的建议,在文部省建立了学术研究会议,致力于科学及其应用方面促进日本国内外的协调,开始有计划的科学研究等。1927 年,日本政府又设立了隶属于总理大臣的资源局,并在此后不久设立了咨询机构"资源审议会",发表了《我国科学研究的现状及如何改善的一般方针》。❶

三、日本创新体系中的技术转移、转化机构

日本一直十分重视科研成果的转化工作,为尽量缩短科研成果从实验室走进工厂的时间,日本政府一方面设立一些特殊机构,在科研成果和企业间牵线搭桥;另一方面,还制定了各项政策和法律,鼓励企业开发应用新科技成果。从日本的科技转换机构及政策中可以看出日本在成果转换中"Science – Technology – Business"的各个环节。

早在 1961 年,日本就设立了专门负责科研成果转化工作的特殊法人——新技术事业团(原名为新技术开发事业团),并制定了"委托开发"和"开发斡旋"等制度。为了进一步加强科研成果的转化工作,日本政府在 1996 年将日本科学技术信息中心同新技术事业团合并,组建成日本科学技术振兴机构。该机构目前拥有 23 个技术开发转化企业,主要负责重大专利技术的产业化工作。

自 1999 年开始,日本还设立国家级的技术转移机构(Technology Licensing Organization,简称 TLO)。在日本,类似于 TLO 的组织有很多,目前,被官方批准的国家级 TLO 共有 43 家,遍布全国。较典型的技术转移组织有日本先进科学技术孵化中心(CASTI,1998 年 9 月成立)、东北技术使者(Techno – Arch,1998 年 11 月成立)、关西 TLO 公司(1998 年 10 月成立)、东京大学"尖端科学技术孵化中心"(1998 年 12 月成立)和东京工业大学 TLO(1999 年 9 月成立)等,它们都以股份制公司运行,采用会员制,开展寻找研究成果、进行评价筛选、专利代理、信息互惠服务、成果或专利转让、为企业组织研究开发等业务。TLO 是技术转移中介机构中的重要力量,其主要目标在于发掘或承接来自大学、研究机构的科研成果,申请专利,并将实施权转让给企业,然后将转让费的一部分作为收益返还给大学、研究机构(发明者)。按组织形式划分,日本的 TLO 分别以财团法人、大学法人内组织、股份有限公司、有限责任公司的形式注册;根据出资方的不同,它们各自以不同的模式运行。与此同时,TLO 组织本身也开始进一步强化,成绩优秀的 TLO 被冠名为"超级TLO",由它们为一般的 TLO 培养技术转移专家;各 TLO 与大学的"知识财产本部"共同组建了"大学技术转移协议会",加深大学与 TLO 之间的沟通。

除 TLO 外,在产业技术转移方面,还衍生出许多其他相关技术转移组织,如 2004年,日本大学技术转移协会(UNITT)成立,通过对大学和技术许可组织等的活动给予

---

❶ 张利华. 日本战后科技体制与科技政策研究 [M]. 北京:中国科学技术出版社,1992.

支持的机关与个人密切合作，以及为有效推进大学等的知识产权管理及技术转让业务开展交流、启发、调查、研究等活动并提出建议，从而促进产学合作的健康发展。该协会以会员制的形式扩大规模，会员按性质分主要有三种类型：法人、团体及个人。目前有67个正式会员，以 TLO 和大学（知识财产本部等有关部门）为主，其中 TLO 有 15 个，如北海道 TLO、横滨 TLO、关西 TLO 等。此外，该协会还设有赞助会员和特别会员，其中赞助会员是指赞同该协会目的，愿意为该协会活动积极做出贡献的法人、团体及个人；而把国内外技术转让方面的教育、研究机构及其研究人员、国外大学技术转让机构联盟等作为特别会员。

此外，日本文部省、经济产业省、总务省、农林水产省和厚生劳动省等都设有促进科研成果转化为生产力的部门或独立行政法人。日本还有"促进专利转化中心""工业所有权综合信息馆""产业技术综合研究所""大学专利技术转让促进中心"等与政府有关的机构，大力推动科研成果的产业化事业。同时，日本也十分重视中小企业在科研成果产业化方面所发挥的作用。为此政府制定各种法律法规，从政策和资金方面为科研成果走进中小企业提供各种形式的支持。例如，《中小企业创造活动促进法》设立了创造性技术研究开发辅助金制度，从资金上支持中小企业对科研成果的应用开发；同时对研究开发型中小企业实施特别的税赋政策，减免法人税和所得税；企业因技术开发造成亏损，可转移到下一年度结算等。

第三节　日本创新体系中的文化力

日本文化产业的发展，客观上提升了它在国际上的"软实力"地位，同时极大促进了日本技术创新活动。许多学者用文化传统解释日本对新技术的接纳。"不理解这些社会中技术变化的复杂过程、技术研究中那些最耐人寻味的问题——文化和社会结构对技术的影响，技术在社会发展中的决定性作用等问题仍然是难以解答的。"❶

一、日本的创新文化环境

日本的创新文化包括增强国民对本国文化的认识，提升生活中的"审美与表现"，保护与传承传统文化，以及推进全民参与"感性价值创造"等措施。

1. 增强全体国民对本国文化的认识，营造关心支持创新的社会文化氛围

日本文化的价值，着力于深化对日本文化的认识，挖掘日本文化的魅力，扩大日本文化的影响。日本政府和学界认为，为了推进文化产业战略，首要的是日本人自己再认识、再评价"日本的魅力"。因此，在发展文化产业中，十分强调上至总理大臣，下至平民百姓，不断深化对日本文化的认识、感受和评价，从而形成展示"日本的魅力"的文化自觉和习惯，并借此推进支持"感性价值创造"的国民化活动。被称为"日本的魅力"的是指包括日本人的日常消费方式的生活方式和价值观、审美意识；重视品质的日本人的"敏

---

❶　苔莎·莫里斯－铃木. 日本的技术变革：从 17 世纪到 21 世纪［M］. 马春文，等译. 北京：中国经济出版社，2002：3.

感"；支撑传统的文化、仪式、风俗习惯等。他们认为日本存在历史上培育形成的生活方式、风俗、习惯、传统文化、技艺、工艺等的土壤；日本是一个艺术、设计、内容、文化遗产及孕育衣食住等生活方式的文化因素与传统技术交织而成的文化资源大国。日本人自己重新认识和重新评价"日本的魅力"对发展文化产业是十分重要的，因为只有全社会深化对日本文化的认识，才能形成培育关心支持文化产业发展的社会基础和环境。

2. 重视文化的民族性，重视传统文化的保护与传承

注重扩充地区活力与"日本的魅力"的文化基础，如"丰富的情操和道德心""基于公共精神""尊重传统和文化、热爱养育自己的祖国和乡土"等。原有《教育基本法》所宣扬的理念侧重在民主、和平、普遍真理，而《教育基本法》修正案侧重尊重传统和文化、热爱祖国和乡土，这反映出当前日本政治潮流中占据主导地位的新保守主义势力给教育改革带来的深刻影响，即通过修改《教育基本法》来确定道德教育的重要性，其目的是加强道德教育，恢复民族文化传统和精神凝聚力，宣扬日本文化的优越性，强调培养青少年学生的爱国心和作为日本人的自豪感，从而以这种国家主义和民族主义思想的灌输来加强政治统合力，使日本由经济大国走向政治大国，实现其在国际政治舞台上称霸的目的。

重视传统文化的保护与传承，扩充地区活力与"日本的魅力"的文化基础。日本很重视物质的和非物质的文化遗产保护。日本非常重视地区节庆祭祀等传统文化活动的继承，特别是广泛的群众参与性。政府对各地文化遗产、民间艺术、传统工艺和祭祀活动等的重新挖掘、振兴，通过制定规划、资金帮助、人才培养等给予扶持。通过这些活动，充实地区活力与"魅力的国家——日本"的社会基础。

3. 提升国民生活中的"审美与表现"，培育文化产业生长的现实生活土壤

日本在发展文化产业方面持有一个很重要的观点，即文化产业力的源泉来自大众的感性，或者说，大众的感性培育文化产业。基于这样的观点，他们认为，支撑日本文化产业的是接受国内外多样文化、经过不断体验的大众审美观和表现力，正是这种审美观和表现力使日本有了诸如各种各样精巧的工业产品和良好的服务以及现在的大众文化、生活方式等种种"繁花硕果"。即使在日常生活中，在家里招待客人，参观保存完好的古街，参与传统民俗文化活动，欣赏和服，观赏陶器、漆器等，都是对传统产业、传统文化的支持。文化产业不只是流行文化，还包括时装、饮食、建筑、日用品、工业制品、服务等广阔的领域。数字化时代这一状况不仅没有改变，而且得到了进一步的强化，因为数字化带来的新的表现手法更加深入人们的生活，特别是改变着传统的文化产品由少部分专家生产、大众消费的生产消费模式，呈现出人人都是生产者、人人都是消费者的文化产品生产消费新模式。日本人自身在其日常的生活方式中，享受最先进的内容和感性丰富的生活，热爱文化艺术，重视传统文化和仪式，或者借助最先进的媒体发送自己的创作、表现，进行沟通等，都与展示"日本的魅力"，发展文化产业有着至关重要的关系。为了培养大众的文化感受力，日本政府和民间团体等采取了很多措施。在日本，不论是大都市，还是小城镇，都建设有很多面向普通民众、与社区人口相适应的各种各样的文化设施。日本的美术馆、图书馆、剧场、博物馆很多，有政府主办的，也有大学、民间团体甚至私人主办的，政府对其从资金到人员培养等方面给予支持。随着日本经济的快速发展，一些财团和个人爱好者，从世界各地购买了大量的美术艺术珍品。为了让这些美术作品能被尽可能多的观众欣赏，日本对美术品等实施登记制度，使美术作品的持有者与美术馆之间建立起交流制度。此外，

日本的美术馆、博物馆等，还十分重视与外国同行之间的交流，组织外国的文物艺术品等到日本举办展览。日本还十分重视促使传统文化与流行文化结合，与人们的日常生活结合，使各种各样的生活方式本身成为新的魅力、新的展示。这样的许许多多个人的生活方式和日常生活中的行为，构成了提升"日本的魅力"的巨大力量。总而言之，培育文化产业的，是生活中的日本人的审美与表现。

日本政府采取各种措施，引导、促进民众的文化消费。日本的文化消费占家庭消费的30%左右。在日本各大城市，漫画书店比比皆是，24小时便利店内必有漫画书专柜。日本的动画片并不仅为儿童打造，而是将各种年龄阶段的观众都作为消费对象，卡通文化已走进每个家庭。日本是世界上报纸发行量和个人订报最多的国家。卡拉OK这一最具群众参与特点的娱乐形式就诞生于日本，其市场规模在日本约为6000亿日元。由于从来没有动摇过重视国民文化意识培育的理念，经过长期的引导和培育，公众的文化意识很强，全社会已经充盈着浓烈的文化氛围。即使这样，日本于2002年4月又提出了"建造一个重视文化的社会构造，实现一个令每个人内心感到充实的社会"的口号。

4. 推进全民参与"感性价值创造"，营造文化产业人才成长的社会环境

日本十分重视文化产业人才的培养。其培养的突出特点是，重视人才成长的社会基础，让专门人才脱颖而出于全民参与"感性价值创造"活动之中。这体现在：①从儿童抓起，在中小学教育中，就十分重视通过开设设计、手工、绘画等课程或组织相关体验、实践活动等方式培养儿童的创作力和感受性；②推行"终身教育"，不仅国家职员、企业职工，即使家庭主妇也在政府的倡导和帮助下通过多种形式不断学习各种知识，发展业余爱好，参与文化体验活动；③通过政策支持、法律保障等措施，支持各种层面丰富多样的国民感性价值创造活动，推动文化产业的国民化活动，例如，通过为农业这一最古老的产业领域添加创意内容，使农民也成为文化产业的一员；④建立文化产业学校或在大学等开设培养文化产业人才的专业等，使大众性文化创意活动中涌现出的人才以及在中小学教育中表现出创意兴趣和才能的青年，有条件被培养成长为专门人才；⑤建立并采取各种措施强化产学合作等体制，在市场竞争中锻炼培养人才，特别是支撑内容产业领域的多面人才。

二、日本文化产业发展定位

日本认为，21世纪是文化力的时代。为了使日本在21世纪成为受到世界喜爱和尊敬的国家，必须借助被称为文化力的"日本的魅力"提升日本的软实力。

1. 政府确立"文化立国"战略

日本对文化产业发展的高度重视，首先体现在将其意义定位于立国、强国之高度。这样一来，发展文化产业，就不是一般的产业选择，更不是权宜之计，而是关乎全局、关乎长远的战略举措，使文化产业成为国民经济的基础产业。这就为加强文化产业的发展奠定了思想认识基础，促进产业政策的制定在更高的层面形成政府与民间的共识，有利于动员更多的社会力量和资源投入到文化产业中。

日本文化产业最早受到关注是在20世纪70年代初。当时，日本正处于高速增长时期，一些有识之士有感于当时日本社会普遍地对物质价值的过于偏重以及由此所导致的一些问题，为了对其加以纠正并提升一般国民对精神价值的关心，着眼于社会的未来发展，认为有必要进行产业层面的观念转变和相应的改革。为此，通商产业省商务科科长助理小野五

郎作为新政策提出了文化产业的概念，日本的文化产业由此发端。1995 年 7 月，日本文化厅长官的咨询机构"文化政策促进会议"提交了《新的文化立国目标——当前振兴文化的重点和对策》的报告，提出"文化立国"的初步战略构想。1996 年，文化厅正式提出《21世纪文化立国方案》，标志着日本"文化立国"战略的正式启动。作为"文化立国"战略的延伸与深化，2001 年，又提出了"知识产权立国"的战略，明确提出 10 年内把日本建成世界第一知识产权国；2002 年 2 月，时任日本首相的小泉纯一郎在其施政演说中明确指出，"要将研究、创作活动的成果作为知识产业加以战略性地保护和应用，加强产业的国际竞争力，并将它作为国家目标，通过召开知识财产战略会议予以确定"。2003 年又制定了观光立国战略，计划到 2010 年让到日本旅游的外国客人达到 1000 万人，比 2001 年提高 1倍。文化产业的提出从一开始就赋予了产业调整和产业升级的意义，预示了从"制造"到"文化"的产业升级方向。文化产业一经提出，就得到了日本政府的着力培育，而且不曾中断持续至今。在继续保持"日本制造"全球竞争力的同时，逐渐形成了"日本文化（产业）"的全球竞争力。正是由于高度重视文化产业的发展，在被称作"失去的 10 年"的 20世纪 90 年代，日本虽然经历了经济不景气，但是，文化产业却得到了快速发展，"日本对其他国家影响力中的软实力——文化影响力却在增加。"2005 年 6 月 10 日制定的《知识产权战略推进计划 2005》提出要建设"文化创新"国家。

2. "亚洲门户构想" 战略

2007 年 5 月 16 日，由时任内阁总理大臣的安倍晋三和内阁官房长官的盐崎恭久牵头组成的"亚洲门户战略会议"，提出了《亚洲门户构想》的报告。该报告在其"十大重要项目"的第八和第九条中，分别提出"推进基于日本文化产业战略的政策"和"向海外传播日本的魅力"；在其"七大重点领域"的第六条中提出要"提高和传播日本的魅力"；其附件 2 为《日本文化产业战略——充实孕育文化产业的感性丰厚的土壤和战略性地发送信息》。该报告主要针对亚洲国家提出了日本文化产业今后发展的基本思路和重大举措，集中地反映了日本最新文化产业战略思想的详细内容。在其构想中提出，通过积极地向亚洲各国推销日本的"文化资源"——歌舞伎等传统文化和动漫、游戏等流行文化，让以美丽的大自然、悠久的历史、文化和传统为背景的"有日本特色"的文化和产业在亚洲和世界进一步地打动更多人的心，展示"日本的魅力"，以扩大日本文化在世界的影响。该构想也在一定程度上反映了日本文化外交观念的新变革。

"亚洲门户构想"提出的一个基本观点是：日本是文化资源大国，但从历史上看，"资源大国"未必就是"经济大国"，而且，许多日本的"文化资源"是被海外所发现、纳入品牌产品后才引起注意的。因此，非常有必要通过前面所论述过的日本人自己对"日本的魅力"再认识、再评价，从战略层面思考对"文化资源大国"的挖掘和有效利用。在全球化的进程中，文化产业对于向世界传播具有普遍性的日本的价值观也极其重要，指出"文化产业的影响力是反映综合国家魅力的文化力"。更加看重文化产业的基础——日本文化的价值，着力于深化对日本文化的认识，挖掘日本文化的魅力，扩大日本文化的影响，通过向海外传播"日本的魅力"扩大市场，为文化产业国际竞争力的提升打下更为坚实的基础，促进日本文化产业竞争力的持续发展。《亚洲门户构想》提出的文化产业新战略，在日本得到了贯彻实施。2009 年 4 月 9 日，时任日本首相的麻生太郎宣布了一项"未来开拓战略"，其中提出在 2020 年实现吸引 2000 万外国旅游者、旅游市场规模翻番和以时尚、动漫为主导的内容产业出口规模扩大 10 倍等目标，提升"日本的魅力"在国际社会的影响力。

3. 全球文化外交战略

文化厅是负责国际文化交流的政府机构。1968 年，日本创设文部省的直属机构文化厅，掌管艺术创作活动的振兴、文化遗产的保护、著作权的保护、国际文化交流的振兴等事务。1972 年，日本外务省又设立特殊法人国际交流基金会，专门从事与海外文化艺术、日语教育、日本研究与知识等领域的国际文化交流事业。2003 年 3 月，日本文化厅发表国际文化交流恳谈会的报告书《今后的国际文化交流》，2003 年 4 月，国际交流基金会发表报告《新时代的外交及国际交流的新角色》，均把国际文化交流作为新世纪日本外交的一种重要手段。2004 年夏，日本外务省设立了"文化交流部"，强化文化外交。日本正是通过文化产品的对外输出和文化价值观念的对外推介，成为仅次于美国的全球文化大国的。

在文化的推广方面，文化厅日本政府为了将文化产品推广到海外，每年还专门拨出 5 亿日元专款，资助日本的电视剧、卡通片和游戏软件等参加世界上的各种文化交流活动，进行广告宣传。为了保护文化产品的知识产权，日本有关部门还设计了附有难以仿造的"日本文化"专利商标，从 2006 年起要盖在所有日本的光碟和游戏软件上，以防止盗版。

2002 年 8 月，日本经产省与文部省联手促成建立了民间的"内容产品海外流通促进机构"，并拨专款支持该机构在海外市场开展文化贸易与维权活动。该机构由 17 个社会团体和 19 家文化企业组成，主要目的是促进日本文化产品的出口，管理海外市场的反盗版活动，代表日本文化产业界参加国际知识产权保护论坛，参加海外市场的诉讼关联活动。

三、日本文化产业管理

1. 政府主导

日本振兴文化艺术的基本政策由政府制定，是旨在依据《振兴文化艺术基本法》大力改进振兴文化艺术的措施。基本政策于 2002 年 12 月首次出台。鉴于文化艺术项目不断变化和升级，日本对基本法进行了审查，二次出台的基本政策于 2007 年 2 月 9 日获得内阁批准。其基本措施涉及 11 个领域的 107 项基本措施，主要包括振兴不同类型的文化艺术、文化财产的保护和利用、振兴区域文化、加强国际交流和加快文化艺术基地建设等，这些措施应以"振兴文化艺术基本导向"为基础实施。总之，日本主要依靠市场机制发展文化产业，但政府主导的特点也很明显。大力支持和发展文化产业，为文化产业提供方便，制定相关鼓励政策，在文化产业的各行业上也不例外。

日本于 2003 年组建了由总理大臣挂帅的知识财产战略本部，下设内容专业调查委员会，探讨文化产业的发展方针。此外，日本最重要的经济组织"日本经济团体联合会"也成立了"文艺、文化产业部"，开始研究有关文化产业的政策项目和科研项目，以推动文化产业的发展。

2. 建立和完善文化产业的法律法规

为促进文化产业发展，日本不仅在政策上予以鼓励，而且还制定有健全的法律、法规。其中最具代表性的法律是 1970 年 5 月 6 日颁布的《著作权法》。该法经过 20 多次修改，于 2001 年 10 月 1 日更名为《著作权管理法》并开始实施。根据文化产业发展的新形势，日本又制定了多部新的法律，如《IT 基本法》《知识产权基本法》《文化艺术振兴基本法》等。可操作性强是日本文化产业法律法规的特点。新的法律颁布后，往往还有更为具体的措施相配套。比如，同《文化艺术振兴基本法》相配套的就有《关于文化艺术振兴的基本方针》，同《知识产权基本法》相配套的是《知识产权战略大纲》。

为了配合实施"文化立国"战略，20世纪90年代中期开始，日本加快了有关文化产业法律法规的制定，知识产权保护更加完善。随着《科学技术基本法》（1995年）、《形成高度信息通信网络社会基本法》（简称《IT基本法》或《信息技术基本法》，2000年）、《文化艺术振兴基本法》（2001年）、《著作权管理法》（2001年）、《知识财产基本法》（2002年）、《关于促进创造、保护及应用文化产业的法律案》（简称"文化产业促进法"，2004年）、《观光立国基本法》（2006年）等一批重要法律的制定与修订，文化产业法律体系日益完善，包括电影、动漫等文化艺术产品在法律上得到了有力的保护，文化产业发展战略得到了强有力的制度保障。2002年7月，日本制定了《知识产权战略大纲》，11月通过了《知识产权基本法》。2003年3月日本政府根据《信息技术基本法》成立了"知识产权战略本部"，明确将音乐、电影等文化产业与技术、工艺、名牌产品等并列为国民经济的基础产业。日本知识产权战略本部根据《知识产权战略大纲》和《知识产权基本法》制定并于2003年7月8日公布了《有关知识产权创造、保护及其利用的推进计划》（日本知识产权界称为"知识产权战略推进计划"）。此后，日本每年根据上年执行情况和形势发展对该计划内容做出相应的调整与充实。

为满足日本民众不断高涨的振兴文化的愿望，日本国会在第153届临时国会上提出了《振兴文化艺术基本法》，经众参两院审议，该法于2001年11月30日获得通过，并于同年12月7日公布施行。日本《振兴文化艺术基本法》明确规定了振兴构成文化核心的艺术、媒体艺术、传统技能、生活文化、大众娱乐、出版物、唱片、文化遗产等文化艺术的基本概念、国家及地方政府的责任，同时规定了有关振兴文化艺术的基本政策和方法。制定该法的目的是为了促进从事文化艺术活动的行为者自主地开展活动，全面推进有关振兴文化艺术的政策实施。针对文化市场的中介业务、中介组织、经纪人、经纪公司等，日本还制定了《著作权中介业务法》。

3. 文化和市场深入结合

文化的市场化运作，要靠文化企业来完成。在日本，企业是文化产业发展的主体，不仅大型文化活动要靠企业的参与和赞助，更重要的是，日本拥有一支成熟的知名文化企业队伍。比如，演出界有四季剧团、宝冢歌剧团，电影界有松竹公司、东映公司、东宝公司，出版界有大日本印刷公司、凸版印刷公司，票务界有琵雅公司，广告界有电通公司。此外，日本还拥有一批综合性的文化公司，如吉本兴业公司、艺神公司等。这些企业都有各自的发展规划、独立的市场及营销体系，特别是强烈的市场意识和竞争意识。它们通过市场化运作谋求发展，从而推动日本文化产业发展。

凡是可以市场化的文化，都应通过市场运作方式来发展，这是日本促进文化产业发展的重要经验。日本的文化产业不是由政府"包办"的，文化产业项目都进入市场操作。即使是个性化的文化活动，日本也依靠市场化运作。在日本，各大报社都设有专门从事文化活动的部门和中心，其文化中心经常邀请大学教授和专家学者举办讲座。讲座面向普通百姓，收费很低，内容涉及高雅表演艺术、美术、书法、摄影等，很受大众欢迎。

4. 中介组织在文化产业发展中作用明显

日本文化行业协会很多，几乎每个行业都有自律性的组织或机构。这些行业协会都是社团法人，负责制定行业规则，维护会员的合法权益，同时进行行业统计。日本文化行业协会的作用十分突出，被看作是政府职能的延伸。日本文化产品的审查，通常不是由政府直接负责，而是由行业协会把关。比如，影协下设的电影伦理管理委员会负责电影审查，该委员会由 5 位管理委员及电影业各领域的 8 位审查员组成，每年约审查 500 部长篇电影和剧院用电影。凡未经该机构审查的作品，一律不能在影院公映。因此，日本的文化企业很看重行业协会，不仅积极参加，而且遵守行规。

日本音乐著作权协会成立于 1939 年，是专门从事音乐著作权事务的法人团体。它主要根据《著作权中介业务法》，负责征收电视、广播、卡拉 OK、CD 等所使用的音乐著作权的使用费。该协会拥有作曲家和作词家会员 1.2 万余人，管理着 160 多万首曲目。2000 年度音乐著作权的征收费为 1063 亿日元。日本电脑娱乐提供者协会成立于 1994 年，现有会员 200 多家，其中一半以上为软件开发商，其余为学校及经销商。该协会属社团法人，主要针对行业的发展开展调查和研究，进行行业统计等项工作。2002 年该协会对电脑游戏软件产品实行分级制度，并对行业内企业开发的软件产品内容进行审查。软件开发公司每开发出新产品必须送审，否则将会受到协会的惩处。

四、日本创新文化传播体系

文化产业要更多地承载向海外传播文化的功能，该构想要求更加重视文化产业向海外拓展，但重点强调文化产业应促进日本文化的传播。为了促进内容产业的全球化，该构想提出要制定包括各领域、各地域、部门的行动方案在内的"内容全球战略"，加快向海外发展的步伐，向"全球展示日本内容的实力"。制作内容时就考虑到海外需要，促进多重使用，形成透明开放的内容交易市场，重视国际通用的专门人才的培养。通过文化产业向海外扩展，促进海外人士形成对日本的生活方式和文化产业背景的价值观、审美意识的共鸣，促进对孕育它们的日本文化、艺术和传统的理解，从而对日本的各种产业产生中长期的积极效果，进而提升日本的国际形象，增大"日本品牌"价值。

1. 强力启动动漫产业

动画片和漫画在日本文化产业中占有中心地位，也是日本"软实力"的象征。经济产业省商务情报政策局监督，财团法人数字内容产业协会从 2001 年起，每年都要发布《数字内容产业白皮书》，在调研的基础上，除分析市场规模外，还就漫画、动画、音乐等各内容领域的发展趋势以及海外的状况等做详细的分析介绍。此外，日本其他一些与文化产业相关的行业协会也定期发布《电视游戏产业白皮书》《网络游戏论坛白皮书》《卡拉 OK 白皮书》等，向社会公布相关行业的发展状况等信息。从"文化立国"提出开始，文化产业在日本的战略地位一直沿着这一方向不断得到提升。

日本贸易振兴机构统计显示，2003 年，日本销往美国的动画片及相关产品的总收入为43.59 亿美元，是同年日本出口到美国的钢铁产品收入的 4 倍。遍布日本和全球的日本动漫迷们在电影和视盘上的消费超过了 50 亿美元，此外，与日本动漫相关的商品消费是 180 亿美元。❶ 日本文部省在 2000 年度《教育白皮书》中，首次将日本的动漫称作日本的文化，并将其定位为"现代的重要表达方式之一"。目前，漫画出版业大约占全国出版销售总数的40%，销售总额的 20%，并且在国外受到广泛的关注，而与之息息相关的动画产业，则借

---

❶ 吴咏梅. 浅谈日本的文化外交 [J]. 日本学刊, 2008 (5).

助漫画产业这一巨人的肩头，迅速而全面地发展起来。很多情况下，一部成熟而畅销的漫画书，人物形象和故事情节早已深入人心，并且通过长期的大众传播，业已在社会上形成了一定的拥趸。

日本贸易振兴机构统计显示，日本漫画、动画片和游戏软件在国际文化市场的规模是34亿美元，占世界文化市场的30%。目前，有70多个国家和地区通过电视收看日本动漫，而且世界上播放的动漫作品有60%以上来自日本，在欧洲更是占到了80%。❶

《亚洲门户构想》提出要促进"动漫文化大使"事业。这一设想已经付诸实施。2008年3月19日，日本第一位"动漫大使"，全世界都家喻户晓的蓝色的机器猫哆啦A梦正式"接受"时任外务大臣高村正彦的"任命"，担负起向全世界宣传日本动漫文化和提高日本对外形象的重任。日本在1983年将迪士尼引入日本东京都以东的千叶县。虽说当时建造这座乐园投资1500多亿日元，由于日本的"迪士尼热现象"，却创下了数倍于投资的巨额利润。这让日本政府下大决心来发展日本的动漫产业。20世纪90年代，日本强力启动动漫产业，先是用"口袋妖怪""皮卡丘""Kitty猫"等围攻"米老鼠"，后又大举进攻美国市场，一举成功。1996年，日本政府公布实施《21世纪文化立国方略》，明确提出要从经济大国转变为文化输出大国。日本政府相继出台了一系列配套政策，将动漫等文化产业确定为国家重要支柱产业。为了扩大日本动漫在国外的影响力，日本外务省还曾拨款24亿日元从动漫制作商手中购买动画片播放版权，将这些动画片免费提供给发展中国家的电视台播放。

2006年4月28日，日本政界著名的漫画迷、外相麻生太郎在东京秋叶原数码好莱坞大学发表题为《文化外交新设想》的演讲，提出以动漫等日本流行文化为主开展外交活动的战略。

2. 强化"日本品牌"魅力

在进一步提升文化力、最大限度地发挥文化力的同时，通过确立强化具有魅力的"日本品牌"，不断发展日本的经济力。

文化产业的发展与文化力的提升具有相辅相成的关系，文化产业借助文化力的提升而获得不竭的源泉，从而促进了经济力的发展；反过来，文化产业的发展，不断扩大着文化的影响力，展示着"日本的魅力"，促进了文化力的进一步提升。可以说，文化产业构成了文化力的一个重要部分。因此，发展文化产业，对于提升综合国力，无论是从目的的视角看，还是从手段的视角看，都具有十分重要的意义。日本将文化产业定位于立国、强国的重要位置正是基于此。

日本大力发展文化产业的同时，将国外对动漫、影视、电子游戏和美食等现代文化的兴趣转化为政治资本，通过动漫文化促进日本与其他国家的理解与交往，从而输出日本的价值观和文化观。❷

3. 建立并促使亚洲各国接受日本的评价

为了向海外传播"日本的魅力"，需要在日本人自己对"日本的魅力"进行重新评价的基础上，以多种易于理解的形式开展并向海外发送日本独自的评价。为此，《亚洲门户构

---

❶ 高永贵. 文化管理学［M］. 北京：北京大学出版社，2012：45.

❷ 李常庆，等. 日本动漫产业与动漫文化研究［M］. 北京：北京大学出版社，2011.

想》强调必须在国内外增加富于展观未来"日本的魅力"的骨干人才，并提出在传播"日本的魅力"方面，创设总理表彰、表扬制度，对采用漫画等日本独特的表现方式的作品、为世人仰慕的日本作者、为提高和传播"日本的魅力"做出贡献的外国人等进行表彰。通过这些表彰活动等，向海外发送日本的评价，并促使其得到亚洲各国的认可，树立其权威地位。该构想希望达到的理想状况是：亚洲各国文化产业领域"想以日本的价值标准得到评价"；吸引来自蒙古等世界各国的优秀人才活跃于日本的大相扑舞台以及其他文化产业领域，使他们"想在日本获得成功"；国际上对动漫等日本大众文化的评价很高，作为数字时代大众文化的发源地，极为重要的是，要让全世界的人才和资金在日本汇集，打造出只有在日本得到了认可才能在世界上昂首挺胸扬眉吐气的状态。

《亚洲门户构想》提出的一个重要措施是，从新加坡开始在海外成立日本创意中心，为世人提供一个体验"日本的魅力"的空间，感受当今"日本的魅力"，从而产生想去日本看看、喜欢日本的想法。在那样的中心不仅有日语教学和留学生支援项目等，还在政府民间协作下定期举行一些诸如传媒艺术节、日本时装周、新日本式样、优秀设计奖等相关活动，由日本著名漫画家开设漫画教室等各种有形可见充满魅力的活动。

2008 年 2 月 14 日，"海外交流审议会"向高村正彦外相提交《关于提高日本对外传播力度的措施与体制》的咨询报告，提出"着重加强日本对中国和韩国的青少年之间的交流，等等。"❶

此外，《亚洲门户构想》还提出援助设立日本创意课程的亚洲大学，派遣教师、吸引学生短期日本留学等；扩充发送信息的网点，在介绍日本的电视节目和文化产业领域促进国际共同制作等，创新、充实传播"日本的魅力"的方法；在国内外举行日本国际内容节、传媒艺术节等；积极向海外传播日本饮食文化、日本饮食材料，在海外设置日本产农林水产品等的常设店铺；为建筑业的奥林匹克"UIA（国际建筑师协会）2011 年东京国际建筑师大会"进行战略性准备；积极向海外传播日本的大自然、日本人欣赏大自然的方法和与自然共存的方法；有效利用国际机场等作为传播和体验感受体现出"日本的魅力"的优秀商品、感受性和饮食文化等的手段，也将其用作为宣传地域品牌和下一代艺术家的机会和场所；充分利用大使馆和在外公馆举行各种活动等，有效传播体现"日本的魅力"的流行文化和生活方式、感受性；政府和相关团体共同推进国际广播事业播放供外国人观看的影视节目，为了便于海外顺利访问，用英语等外语发送文化产业方面的信息，利用 ICT 促进信息的实时发送等。

第四节　驱动日本创新战略的人才教育体系

目前，日本已经跻身于世界第二位的"教育大国"。日本产业化的成功源于国内教育特别是技术教育制度的完备。正如原日本文部大臣荒木万寿夫所说的那样，"明治至今，我国的社会和经济发展，特别是战后经济发展的速度惊人，为世界所注视，造成此种情况的重要原因，可归结为教育的普及与发达。"❷ 日本著名经济学家大来佐武郎也认为，"发展教育、培养人才是建立现代化经济的第一要素，必须造就大量有知识有能力的人才，这是发

---

❶ 吴咏梅. 浅谈日本的文化外交 [J]. 日本学刊，2008（5）.
❷ 吉林师范大学外研所. 日本的经济发展与教育 [M]. 长春：吉林人民出版社，1978.

展经济的重要基础和保证。"● 日本前首相吉田茂在《激荡的百年史》一书中总结日本明治维新后百年来的发展历程时说，"教育在现代化中发挥了主要作用，这大概可以说是日本现代化的最大特点"。在日本，经济发展过程中经历的两次飞跃都与高水平的教育发展有关。日本的繁荣昌盛是通过日本杰出的教育制度所培养的无数人才实现的。

一、日本教育行政体制建设

日本宪法宣称教育是人民的权利，规定依据民主政治和地方自治的原则建构教育行政制度。日本的教育行政属于中央权力与地方权力合作型，建立中央和地方两级管理系统，在中央和地方的关系上，实行中央指导下的地方分权制。

日本现行的中央教育行政机构是文部省，其最高领导是文部大臣。文部省主要负责教育制度的制定、全国教育基础设施的规划、教育大纲的制定等。日本地方教育按照法律规定，由地方公共团体实行自治。日本的地方公共团体分为两种，即都道府县和市町村。教育的行政机关为教育委员会，行政主管为教育长。地方设立的大学及其他高等教育机构和私立学校由地方政府管理，教育委员会的主要职责是发展基础教育，在人事、经费、设施设备、教育教学、课程内容和教师进修等方面对其所辖学校负责。市町村教育长的任命领得到都道府县教委的认可，都道府县教育长的任命须得到文部大臣的认可。地方的都道府教育委员会以及市町村教育委员会，则负责地方的教育事务。

日本文部省在政策、法案、重大决策的制定、实施、评价等全过程实行咨询、审议制度。据此，日本文部省设立了中央教育审议会、临时教育审议会和国民教育改革会议、大学设置与学校法人审议会、国立大学法人评价委员会等若干咨询、审议及评价机构，在保证教育决策、教育管理的科学、准确、高效方面发挥着重要的作用。除了这些主要的审议会之外，还设置了各种专门的审议会，探讨教育体制中细节问题并以报告的形式提出意见、对策和阶段性成果，包含教育职员养成审议会、教育课程审议会、学术审议会、终身学习审议会、保健体育审议会等。其中，中央教育审议会是日本文部省的最高教育政策咨询、审议机构。2001 年，日本文部省根据《国家行政组织法》《内阁府设置法》以及其他有关法律，颁布了"文部科学省第 251 号政令"，重新改组了中央教育审议会。改组后的中央教育审议会，在原日本文部省中央教育审议会的基础上，整合了生涯教育审议会、理科及产业教育审议会、教育课程审议会、教职员养成审议会、大学审议会及体育保健审议会的功能，扩大了政策咨询的力度与范围。新的中央教育审议会由五个分科会和一个特别部会组成，即教育制度分科会、终身学习分科会、初中等教育分科会、大学分科会、体育运动与青少年分科会和义务教育特别部会。

总体而言，日本文部省下属的教育咨询审议机构属于非实体性行政咨询团体，按其职能主要分为以下三种类型：基本政策型审议会——在行政立法过程中负责法案、法规的起草、制定及与法律法规有关的基本政策的审议事项（中央教育审议会）；法律实施型审议会——在行政执行过程中，负责实施计划与实施标准的制定，以及评价审查、行政处分等相关事项的审议、附议（大学设置学校法人审议会等）；临时审议会——针对个别重大事项和重要决策而设立的临时审议会。例如，为推进教育改革，1988 年成立的大学审议会提出

● 李永连. 战后日本的人力开发与教育［M］. 石家庄：河北人民出版社，1993：94.

21 世纪日本大学的模式以及今后的改革方案。其中包含四个大的方向：提高教育研究的质量；确保大学的自主性，教育研究体制的弹性空间；完善组织运营体制；引入多元的评价系统，建立有特色的大学。❶

日本的国立教育政策研究所则是日本文部省所属的独立行政法人单位，是有关教育政策的综合性国家级研究机构，其主要目标是为教育政策的规划、制定等进行基础性调查研究，提供权威性调查数据、科学性研究结果以及可行性实验报告，为法案起草、法律实施、政策评价提供科学依据和技术支持。同时，国立教育政策研究所负责向全体教育工作者提供教育研究信息与情报；负责教育决策与教学一线之间的沟通性实际调研；负责社会教育领域的实践性调研；负责日本教育领域的国际合作研究与协作开发等各项工作。由此可见，日本国立教育政策研究所与中央教育审议会是在不同的层面为日本的教育决策服务，并且发挥着重要作用。两者相辅相成，不可相互替代。

二、日本完备的教育体系❷

1. 完善的基础教育

小渊内阁曾明确提出了"教育立国"口号，并于 2000 年 3 月成立了教育改革国民会议，推动了新世纪教育改革的进程。2001 年 6 月，日本文部省发表《大学结构改革的方针》（又称"远山计划"），这是日本推进大学教育管理体制改革的重要举措。为推进"远山计划"，文部省还决定从 2002 年起实施"21 世纪 COE 计划"，此计划由国家提供重点财政资助，旨在大学建立若干以学科方向为单位的世界最高水平的研究教育基地，建设特色鲜明且具有国际竞争力的大学，并为实施该计划专门设立了"研究基地建设费补助金"制度。这是日本进行大学教育管理的重要举措，不仅在日本，在国际社会都引起了广泛关注。安倍晋三政府则着力推进以首相主导的"公共教育改革"，筹建了由教育界专家、学者组成的"教育再生会议"。至此，日本历时 20 年的教育改革，基本上确立了日本新世纪的教育理念以及人才战略。

关于学制设置方面，日本在 1947 年的《基本教育法》中规定实施九年免费义务教育，并在 20 世纪 70 年代初基本普及了九年免费义务教育，且在 20 世纪 70 年代末开始普及高中阶段的义务教育。日本高等教育的发展也很快，在 20 世纪 70 年代进入了大众化阶段。目前，日本教育的学制为小学 6 年、初中 3 年、高中 3 年、大学 4 年、大专 2～3 年，实行 9 年义务教育。大学有国立大学、公立大学和私立大学。著名的国立综合大学有东京大学、京都大学等，著名的私立大学有早稻田大学、庆应大学等。

关于学习内容方面，日本的《教育大纲》每 10 年颁布一次，包括综合学习、情报教育、国际理解、教育环境。日本文部省的教育课程审议会和大学审议会还会定期发表关于改善课程标准的审议报告，根据这些报告的精神，日本大体上每 10 年就要对《学习指导要领》修订一次。例如，1998 年 11 月颁布了新的《学习指导要领》，标志着新一轮课程改革的开始。特别是 20 世纪 80 年代中期的临时教育审议会以后，作为面向 21 世纪的教育改革

---

❶ 我国的文教施策［G］//文部省. 教育白皮书，1999.
❷ 其《学校教育法》明确规定，所谓学校，系指小学、初级中学、高级中学、大学、高等专门学校、盲人学校、聋哑学校、养护学校以及幼儿园。日本教育在目的上强调"人格的形成"，强调培养宽阔胸怀与丰富的创造能力、自主、自律精神，以及在国际事务中有才干的日本人。

的重要内容的中小学课程改革, 比以往任何时候都受到重视。此后, 日本中央教育审议会将 "临教审" 的教育思想进一步具体化, 并于 1996 年 8 月发表题为《关于面向 21 世纪的我国教育》的咨询报告。报告指出, 面对今后日益信息化、国际化和科技迅猛发展的、不断变化的社会, 教育要注重对学生基本素质和能力——生存能力的培养。

此外, 日本从 20 世纪六七十年代开始就将联合国教科文组织首倡的终身教育和终身学习理念引入日本并加以广泛宣传, 80 年代中期临时教育审议会明确提出建立终身学习体系, 1990 年颁布《终身学习振兴法》, 要求各地建立与终身学习相关的教育行政体制并制定地方终身学习振兴计划, 新修订的《教育基本法》还新增了 "终身学习的理念", 充分反映出终身学习社会的构建已成为日本教育改革与发展的基本原则和方向。

关于师资队伍的建设, 日本教师的素质能力、敬业精神和社会地位等是世界所公认的。优秀的教师资源与政府对教师培养的大力支持密不可分。日本教师教育政策中始终受关注的是教师培养和教师资格证制度。日本师范教育建制完善, 日本特颁布《学制》《师范教育令》《师范学校令》等多项法律法规, 来规定师范教育的方方面面。第二次世界大战后, 日本把封闭式师范教育改为开放型的教师养成教育。日本长期实行教师的资格认证终身制。根据《教育职员许可法》的规定, 一般大学毕业生如果修得所规定的学分, 可获得教师许可证。1994 年、1996 年的大学审议会提出, 放宽教师录用条件, 实行公开招募, 并引入 "选择性教师任期制", 给大学极大的自主性。● 2005 年 10 月 31 日, 日本中央教育审议会提出《今后教师培养和资格证制度的改革方向》(中间报告)。2006 年 7 月, 日本文部科学省在《教师资格法及教育公务员特例法修正案》中规定, 自 2009 年 4 月起教师资格有效期需每 10 年更新一次, 并须履行 30 小时的资格更新学习义务。

2. 技术创新教育制度

将创造力教育发挥到极致, 堪称典范的是日本。据统计, 2005 年世界专利申请排名前十名的企业是 IBM、佳能、惠普、松下、三星、镁光、Intel、日立、东芝、富士通。其中四家是美国企业, 五家是日本企业, 一家是韩国企业。

从 1954 年, 日本就在世界上首创了 "星期日发明学校", 到 20 世纪 80 年代, 日本把从小培养学生的创造性作为教育国策而确定下来, 并在日本各地设立了鼓励发明创造的组织, 不断举行全国性机器人、航模等比赛, 使从小热爱发明创新的孩子伴随着奖励成长。类似天皇奖、总理大臣奖、发明协会奖、全国发明奖这样的奖项, 数不胜数, 既有奖给个人的, 也有奖给团队的, 还有奖给组织者的。就这样日本鼓励、扶植、造就了很多发明家。

3. 文化产业人才培养体系

文化产业是一个特别需要创意的产业, 其能否顺利发展, 与人才的培养和积累之间的关系特别密切。比如, 为了吸引外部资金进入文化产业, 文化产品的事前评价以及在这方面有鉴别能力的人才非常重要, 因为对于外部的投资者来说, 他们在投资于文化产业的时候需要非常清晰地知道某项文化产品的资产价值, 所以这方面人才的培养和造就, 是文化产业可持续发展的极其重要的课题。为了培养文化产业方面的高级人才, 日本除了挖掘原有教育体系中的潜力, 还新建了很多教育机构。

比如, 文部省在东京都杉并区新设了动画专业研究生院大学, 名称为 "WAO 大学院大

● 我国的文教施策 [G] //文部省. 教育白皮书, 1999.

学"，毕业生可以取得数码动画硕士学位。由于个人计算机的普及，以前必须是专家才能进行的影像制作，现在已经扩展到了普通的中小学生。为了给中小学生提供技术平台，增强孩子们的创造力和表现力，日本的"产官学"（产业界、政府部门、教育界）各界还专门成立相关的研究会，由各方面的有识之士自主参加，谋求扩展全社会的文化产业后备人才基础的方法。

4. 公民素质教育体系

日本社会较高的文明程度和国民素质，与战后以来日本社会重视公民教育有着密切的关系。其公民教育主要通过以下渠道开展：一是遍布日本各地的公民馆，公民馆经常举办以青少年为主要对象的文化补习、定期讲座、展览会、讨论会；二是包括都道府县图书馆、市町村图书馆在内的各个公立图书馆、妇女中心、展览馆、艺术馆等；三是学校对学生进行公民教育，"在全体有国籍的人中间确立起共同的价值观"；四是企业注重对员工，特别是新员工的培养，培养他们的技能、知识，以及人际交往能力，还对员工进行企业价值观、企业责任、企业作风、企业良心等内容的教育；五是市民们通过参与非营利组织的活动提升自己的公民素质。大多数非营利组织都将吸引广大市民参与作为组织发展目标之一，并且重视对会员和市民的培训。

三、日本教育法规体制建设

日本教育的普及和发达，是日本长期高度重视教育的结果。日本现行教育行政制度的原则和特点由宪法和《教育基本法》所决定。战后的日本以《美国教育使节团报告书》为蓝本，借鉴美国的一些做法，废除了原来的《教育敕语》，并于 1946 年颁布的《日本国宪法》中设置了教育条款，规定日本教育目的是"培养完美的人格，尊重个人的价值，培养富有自主精神的国家与社会的建设者。"❶ 其后日本又颁布了一系列教育基本法、教育相关法律、学校教育相关法制等。如 1947 年 3 月 31 日同时颁布了《教育基本法》和《学校教育法》，其中《教育基本法》明确提出国民享有受教育的平等机会，实行男女同校的九年义务教育制度。1949 年颁布的《教育职员许可证法》，设立类似日本的教育职员养成审议会。

1951 年，日本制定《产业教育振兴法》，规定产业教育是发展产业经济及提高国民生活的基础，通过产业教育在确立对劳动的正确信念、传授产业技术的同时，培养具有能力、进而对经济自立做出贡献的有为的国民。鼓励地方公共团体和企业发展职业技术教育，并规定国家在该方面采取经费补助政策。

日本政府于 1953 年颁布了《理科教育振兴法》，要求"通过理科教育在传授科学知识、培养技能的同时，培养具有创造能力、能够合理安排日常生活、并能为我国的发展做出贡献的国民，谋求理科教育的振兴"。❷ 强调从小学到大学有计划地培养科技人才。此后，为了实施该法案所规定的各项条款，又相继制定了一系列教育法规，如《学校教育法》《教育委员会法》《文部省设置法》等，从而形成了一套完整的教育法规，确立了现代教育体制。

为了培养 21 世纪的人才，日本进行了一系列的教育改革，如 1971 年 6 月，中央教育

❶ 国家教委情报研究室. 日本教育法规选编［M］. 北京：教育科学出版社，1987：1 - 3.
❷ 张健，王金林. 日本两次跨世纪的变革［M］. 天津：天津社会科学院出版社，2000：429.

审议会向文部大臣做了《关于今后学校教育综合扩充、整顿的基本对策》的答询报告，正式提出日本历史上的第三次教育改革的口号。1984年，经过内阁全体会议和国会先后通过《临时教育审议会设置法》，并根据此法于1984年8月组成直属于内阁首领领导的"临时教育审议会"，从此在全国范围内自上而下有领导地制定教育改革方案。在确定了21世纪大学的模式后，大学审议会分别通过对《学习教育法》《大学设置基准法》《国立学校设置法》等一系列法律的修正，欲建立多元的大学评价系统。

2006年4月28日，日本内阁会议通过了《教育基本法》修正案，这是1947年日本颁布该法以来的第一次全面修改。它以1946年颁布的《日本国宪法》为依据，阐明教育要为建设民主与文明的国家、促进世界和平与人类福利而做出贡献，教育要尊重个人的价值，培养热爱真理与和平的人，并以创造具有普遍价值且富有个性的文化为其宗旨。该法分为11个条目，分别从教育目的、教育方针、教育机会均等、义务教育、男女共学、学校教育、社会教育、政治教育、宗教教育、教育行政等方面，规定了日本教育应当遵循的基本原则。修正案在保留原《教育基本法》有关教育行政条文的基础上，增加了对国家和地方教育行政机关分工职责的细化内容，并新增了"教育振兴基本计划"这一条目，规定了中央和地方政府分别制定全国和地方教育发展规划的任务。

关于科学研究振兴主要从以下几个方面着手：重视留学生交流质量上的提高，建立国际研究交流型大学村；推进学术研究和科学技术研究的综合展开；建立具有世界水平的研究基地，提出了"面向21世纪的COE计划"；促进产学联合；建立社会型研究生院和学者型研究生院。❶

战后日本实现了高水平的普及教育，为其经济的恢复提供了大量的人才。这完全得益于《战后教育基本法》。该法称，"我们确立了日本国宪法，旨在建立民主文化的国家，为世界的和平和人类的福祉做出贡献。为实现这一目标，教育的作用是毋庸置疑的。我们尊重个人的尊严，以追求真理和和平为目标，普及具有丰富文化创造的教育"。❷前首相中曾根提出，日本要想成为政治大国或是国际国家就必须成为文化大国，进行文化输出，为建立"太平洋文化圈"做出自己的贡献。他还认为日本教育的现状已成为文化大国发展的障碍。❸为此，日本《学校教育法修正案》将"培养爱国与爱家乡的态度"作为义务教育的目标写入法案。日本2006年12月通过的新《教育基本法》鼓励教师向学生灌输爱国主义和尊重日本传统文化。这是自"二战"以来，日本首次有法律规定"爱国教育"纳入义务教育范围之内。

培养国际型领导式的人才。日本的教育改革与其国家的整体发展战略紧密相连。日本在20世纪六七十年代成为继美国之后的第二经济强国后，一直致力于实现政治大国地位。90年代，日本又提出文化立国，欲将日本的文化推广到全世界。在教育上，日本提出要培养具有国际型领导式的人才。

四、日本吸引优秀创新人才方案

为确保优秀的科研人才为日本创新服务。日本一方面通过改革教育体系来加速科技人

---

❶ 我国的文教施策［G］//文部省. 教育白皮书，2000.

❷ 文部省. 教育白皮书，1947.

❸ 中曾根康弘. 新的保守理论［M］. 金苏城，张和平，译. 世界知识出版社，1984：20.

才培养。日本政府要求把理工科大学，特别要把国立大学的研究生院建设成为科研人才的基地，造就大批科研人才，并调整大学的学科设置和教育研究体系，增加新学科和研究生的招生规模，充实和完善教育基础设施。日本政府还要求中小学教育应重视培养学生观察、分析问题及实验的能力，培养学生对科学的兴趣。另一方面，日本通过改革人才聘用制度建立优秀科研人才的流动机制。日本政府决定实施研究人员任期制度，不搞研究终生制，促进科研人才流动。在任期内达不到预期目标者将被淘汰出局，使国立科研机构成为最优秀科研人员汇集之地；不拘一格选拔人才，果断提拔年轻人负责研究项目，为他们提供更多的发展机会。同时，提高科研人员的待遇，吸引更多的人才。

第九章 英国：在传承与发展中推进创新

英国是工业革命的发源地，也是第一次工业现代化的先行国家。英国创新战略的总目标是使英国成为"世界科学的领先国"和"全球经济的知识中心"。英国是仅次于美国的世界第二大风险资本市场，在 OECD 创业难易度指数排名中位居正向第一。由于人才和投资环境优良，很多外国公司将其欧洲总部设在英国。在主要经济体中，英国所吸收的海外研发资金无论占 GDP 的比例还是占研发总投入的比例都是最高的。在欧洲工商管理学院和世界知识产权组织 2013 年 7 月发布的"2013 全球创新指数排行榜"中，英国位居世界第三位，居于"创新领导者"前列。据《欧盟创新记分牌》排名，英国的创新绩效始终保持在欧盟成员国的前五名。英国的全球竞争力主要体现在高劳动生产率、发达的工业体系、具有创新理念的成熟的企业文化以及庞大的国内消费市场等方面。❶

第一节　英国创新体系理念与创新体制

英国的创新环境具有很强的国际吸引力。在科教文化、工业技术等领域引领世界达 300 多年，这一切与英国人注重创新的思想文化以及传统观念不无关联。

一、英国创新理念

英国的创新排名位居世界前列，而勇于创新恰是盎格鲁－撒克逊人的光荣传统，富于探索和冒险精神是其精神核心。

1. 勇于创新的工业精神

英国是工业革命最早的国家，它曾号称"日不落帝国"，一度成为"世界工厂"。它是近代的世界霸主，是人类进入新时代的引路人。同时，工业文化创造出来一种新的制度文明，而这种文明一直引领着人类进步的潮流，吸引着世界各国争相效仿。工业革命的过程是发明促进发明，各工业部门发生连锁反应，从轻工业到重工业，从工作机到发动机，互相促进、互相推动，最后形成一个机器生产的完整体系。

"合理谋利"是英国所拥有的"工业民族精神"。正是由于这种工业民族的精神，使得英国工业革命拥有了必需的社会动力，带来了英国的成功。其产生的原因，一方面是英国形成了有利于资本主义发展的政治环境，其城市拥有特权，其贵族的土地没有免税权，也形成了独有的社会结构（土地贵族、中等阶级和工资劳动者）。中等阶级和工资劳动者都需要用劳动来获得财产。甚至是拥有土地的贵族，由于没有免税的权力，也致力于发展生产力。另一方面来自于清教中的虔信教义。虔信教义认为劳动是"本分"，而劳动所获得的财

---

❶　http：//epaper. gmw. cn/gmrb/html/2014－04/06/nw. D110000gmrb_ 20140406_ 1－06. htm.

富是恩赐，挥霍是浪费，并且反对不义之财。这种教义促进了劳动"良知"的形成。最后则来自于近代启蒙思想家的努力。霍布斯、约翰·洛克、休谟、达德利·诺思、亚当·斯密都肯定了个人财产的权利。

2. 追求自由的文化理念

英国文化保守中蕴含着创新，创新中体现着保守，它是一种兼容并蓄的综合性文化，正是这种文化孕育出的自由主义思想为创新提供了精神保障。自由是人类社会发展的一个根本目的，而创新则使得人类能不断地、最大限度地追求新的自由。美国一位荣获诺贝尔奖的物理学家曾经说到，他之所以终身献身于科学是因为探求未知世界的根本目的是人类有机会获取更大的自由。约翰·洛克认为，社会和人生的目的无他，就是一个非常简单的答案——保护个人的财产和自由。❶

3. 实证主义的科学探索精神

国际上素有"发现在英国，发明在美国，开花结果在日本"的说法。英国的研究基础世界一流，英国以占全球1%的人口生产了6%左右的论文，而其中的高被引论文数更是占全球的14%，仅次于美国。英国研究人员摘得了90多项诺贝尔奖，获奖人数世界第二。❷英国的高等教育举世闻名，在各个学科吸引了世界各地的学生。在世界排名前十的大学中，英国就占了4所。这与英国的实证主义精神密不可分。

重理性的实证主义之所以成为英国民族的灵魂，除了中世纪虔诚和善恶观的影响之外，更重要的在于近代启蒙思想家和近代科学家的努力。如弗朗西斯·培根积极倡导的"实证、理性"的思想开创了近代实验科学的先河，孕育出了理性思想，此后，约翰·洛克、休谟、斯宾塞（Spencer）、罗素、牛顿、哈维、玻意耳等人将实证主义从思想到科学实践进行了贯彻，成就了英国的辉煌成就。

4. 富于创意的思想交流模式

乔尔·莫凯尔（Joel Mokyr）在他的著作《雅典娜的赠礼》中曾写道，工业革命之所以发生在英国，不仅因为英国人参与的科技革命至少长达一个世纪，还因为他们具有交流新思想的有效方式。富于创意的合作一直是创新的关键所在。在轻松环境下进行交流，正是新思想产生的来源。在当今英国全力支持的创新集群中，就体现了这种富于创意的精彩思想碰撞。达斯伯里和曼彻斯特云集大数据专家，中部拥有汽车制造和赛车业，东北部的原油和离岸工程，等等。集群被认为是适合进行高风险活动的低风险环境，尽可能打破了学界、工业界和政府间的障碍。从基层来看，集群也是思想发生器。集群需要为孵化器创造空间，让初创公司得到支持并成长，这也正是英国政府打造新大学企业区的原因。而孵化器里设置的咖啡厅和共用办公桌与实验室同样重要。目前，剑桥大学周边的集群现已生发出1500多家科技公司，其中14家价值超过10亿美元。

二、英国创新管理体系

工业革命率先发端于英国的头等重要的因素就是制度创新，从18世纪中叶起到19世纪中叶完成的英国工业革命，大致用了一百年的时间形成了完备的创新管理体系，形成了

---

❶ 约翰·洛克. 政府论（下篇）［M］. 北京：中国人民大学出版社，2013.

❷ http：//epaper. gmw. cn/gmrb/html/2014－04/06/nw. D110000gmrb＿20140406＿1－06. htm.

各国效仿的典范。之后，英国政府重新审视政府定位，不断强化创新的管理意识，尤其近年来，英国又提出加强科技统筹规划的总体思路。

1. **英国创新决策的决议机构**

英国是君主立宪制国家，作为立法者的议会，对国家科技预算具有审议权、决定权和监督权。政府像一个企业一样，有规划、有目标，真正地应对市场失灵，才能更好地配置资源。今后英国的科技发展要充分挖掘、利用现有的科技优势，加大优势领域的投入，打造未来优势高技术产业，实现经济复苏。英国政府雄心勃勃的目标是，将英国发展成为一个由创新驱动的、充满活力的、均衡的、有竞争力且持续增长的经济体。

2. **英国创新决策的行政领导机构**

在早期，英国政府在推动科技、经济发展中发挥了重要作用。20 世纪 70 年代中期以来，英国政府在"撒切尔主义"的影响下，效仿美国，把重点放在制定法规、为企业创造良好环境上。20 世纪 90 年代，英国工业和贸易部发表的《英国的国家创新系统》报告，突出了知识储存、转换和流动。英国内阁是科技工作的最高行政领导机构，对国家科技政策和科技预算的形成具有建议权。英国内阁对科技政策和科技预算的建议主要源自政府科技管理机构，如英国科学与创新办公室（OSI）❶ 等管理机构。

3. **英国科技创新管理机构**

英国政府中没有设立科技部，科技管理多分散在各主要职能部门中。一般来说，国家健康服务部、国防部等政府职能部门负责各自所辖领域科技经费的分配和管理，并接受政府科学与创新办公室的协调。英国科技创新管理机构主要负责支持和推动公共领域的科学研究，将维持英国雄厚的科研基础、促进研究成果的利用、帮助和监督英国学术界参与国际科技交流合作作为主要职责。

20 世纪 60 年代，英国成立了技术部，主要推动航空、原子能工业的发展。后来，在撤销技术部后，科技工作并入到贸工部（DTI）管理。1992 年，政府成立了科技办公室（OST）。1995 年 7 月，英国政府为促进科技与工业的结合，将 OST 由政府内阁办公室并入 DTI 管理，成为贸工部的独立机构之一。2006 年 4 月，科学与技术办公室与贸工部的创新小组合并成立科学与创新办公室（OSI）。2007 年 6 月底，布朗出任首相，政府机构做出调整，贸工部撤销，新成立了创新、大学与技能部（DIUS）。OST 改为政府科学办公室（GO - Science），隶属于 DIUS。2008 年 7 月再次进行调整，GO - Science 的国际部脱离 GO - Science，与英国外交部负责科学与创新网络（Science & Innovation Network）和 DIUS 的创新总司负责国际事务的部分合并，在 DIUS 的创新总司下组成国际科学与创新司（International Science and Innovation Unit，简称 ISIU），负责该部对外科技合作以及英国派驻国外科技外交官的委派和业务指导，加强了该部对外科技合作的总体实力。2009 年 6 月，英国政府再次对政府机构进行调整，宣布合并 DIUS 和商业、企业和管理改革部（BERR），成立商业、创新与技能部（BIS）。此次两部的合并，目的在于联合 DIUS 在大学科研方面和 BERR 在工业商界的优势，促使科技成果顺利向商业化转变，更好地执行原 DIUS 和 BERR 联合颁布的《新产业新职业》战略计划，提高英国的竞争力和生产力，增强英国未来的经

❶　英国科学与创新办公室（OSI）成立于 2006 年，其主要目的主要是为了更好地推动 2004 年启动的《英国 10 年（2004—2014）科学与创新投入框架》规定的投资战略规划，并把科学与创新作为英国政府工作的核心。

济实力。

4. 英国最高科技咨询机构

政府首席科学顾问、生产力与竞争力委员会和科学顾问委员会作为英国最高科技咨询机构，也对英国的科技与创新政策的形成有重要的影响。为了突出创新，加强政府部门与商业界间的联系，英国政府 2007 年还首次设立了政府高级创新顾问职位。

三、英国创新保障体系

根据推进创新的整体要求，英国政府制定"创新与研究战略"，从发展战略、政策对策，以及企业、大学、科研机构、金融机构和地区经济发展局等应该发挥的作用等方面都做出了具体部署，全面推动创新生态系统的发展。

1. 政府管理制度保障

最近十年来，面对经济全球化的新挑战，英国政府关于推进创新工作进行了整体部署。英国政府就如何将科技进步与经济发展有机结合起来、如何在以创新为核心的知识经济框架下推进技术转移等重大课题，进行了深入的研究和探索，并形成了推进创新工作的管理制度。

首先，领导机构高层次化。英国政府高度重视发展高新技术产业，纷纷成立高层次的组织领导机构。英国设立了科技部长，结束它从 1964 年以来的内阁中无科技部长的历史。2006 年 4 月初，英国贸工部还对下属机构进行了调整，将科技办公室与创新集团合并，组建成新的科学与创新办公室，其经费总额达 60 亿英镑。这一调整，反映了英国政府更加注重科技与创新的结合，促使科技更好地为经济社会发展服务的意向。

其次，决策民主化。英国建立了具有广泛代表性的科技顾问机构，高度重视决策智囊的作用。英国的科技顾问班子为科学技术会议（CST），由学术界、工业界的知名人士和政府的首席科学家组成，保障了决策的民主化。

最后，管理专业化。英国于 1993 年在首相办公室内增设了科学技术办公室（OST），由首相首席科学顾问任办公室主任，依靠专家管理全国的科技事务；此外，由 15 名专家组成的英国技术预测运营委员会，主管国家科技中长期发展规划及预测。

2. 知识产权保护制度

英国高度重视知识产权制度的完善以激励企业的创新和创造力。为保证专利质量，推出新的"专利审查"系统，并在专利同行评议中借助国外专家的力量，为企业提供免费的知识产权审查；同时，知识产权局将"大师培训教程"（master class training courses）改编成模块化系统，使更多企业咨询者获得有关知识产权培训机会；为企业提供在线服务工具，并恢复以客户为中心的争端解决服务，帮助企业获得知识产权保护所需的信息。

3. 政策保障体系

英国重新审视自身的定位，加强顶层的统筹规划，完善创新体系建设，陆续制定了体现国家意志的《创新与研究战略》和一系列《产业发展战略》，并出台了很多具体的政策措施（见表 9.1）。

表 9.1 英国创新政策概况

时间	相关白皮书名称	主要内容
1987	《民用研究和开发》	政府重点资助近期内可产生商业价值的科学研究
1987	《对科学基地的战略》	引导公共科研机构私有化、市场化改革
1993	《发掘我们的潜力：科学、工程和技术的战略》	引导加强科学与企业间的更好伙伴关系，最大限度发掘科技潜力来为经济服务
1994	《竞争力：帮助企业取胜》	促进以企业为主体、以市场为导向的技术创新活动
1995	《竞争力：稳步向前》	把促进以市场为导向的活动作为提高国际竞争力的关键
1998	《竞争的未来——实现以知识为动力的经济》	促进企业与大学的合作
1998	《建设知识经济，挑战竞争的未来》	政府必须通过开放市场来促进竞争、激励创业、促进灵活性和创新
2000	《科学与创新》	强调了加强对人以及知识的投入、激发各层次人才的活力、增加对科研及知识探索的投资，以及通过法规、公共采购和公共服务促进创新成果走向市场
2000	《卓越和机遇——21 世纪科技创新政策》	希望通过领先的基础科研促进更加富有活力的技术创新
2001	《以增长为目标的创新与研究战略》	对英国未来的创新与研究发展做了全面部署
2001	《变化世界中我们的机遇》	集中关注企业、技术、创新和区域经济发展
2002	《为创新投资——科学、工程与技术的发展战略》	政府的目标是提高英国创新的效果，并把创新作为提高生产效率和加快经济增长的核心
2004	《10 年科技与创新投入框架（2004—2014）》	在世界级的创新中心、可持续的财政投入、基础研究对经济和公共服务需求的反应能力、企业的研发投资和参与、高素质劳动力的培养、公众对科学研究的参与和信任 6 个方面提出了 29 个子目标和 40 指标
2008	《"高价值制造"战略》	高度重视创新升级，通过鼓励高附加值设计与发明创造，抢占高端制造业制高点
2011	《以增长为目标的创新与研究战略》	对英国未来的创新与研究发展做了全面部署
2012	《英国产业战略：行业分析报告》	政府要与产业界建立长久的战略伙伴关系
2012	《作为开放事业的科学》	重点强调数据开放性原则

这些作为英国科技与产业发展方向的纲领性文件，注重技术政策和产业政策合二为一，促进科研与产业结合。其目的是引导加强科学与企业间更好的伙伴关系，最大限度地发掘英国科学技术潜力来为经济服务，强调懂得和运用科学技术对于国家的命运、企业创新和人类活动等各个方面都具有重要意义。一个国家的经济竞争力最终取决于产业技术的水平。促进科研与产业结合，依靠面向市场持续不断的科研开发来提高企业的竞争力，是国家增强竞争实力的重要措施。在宏观和微观政策的运行过程中体现了政府的导向。为此，英国政府还制定了一系列支持和鼓励中小企业从事技术研究和开发的计划，如中小企业科研和技术进步荣誉奖计划和新产品研究与开发计划等。另外，英国贸工部每年还拨专款，用于鼓励中小企业开展技术革新的可行性研究、中间试验、新产品研究和开发计划。

4. 投入保障体系

在科研经费投入方面，英国政府 1995 年 5 月宣布把科研投资重点转移到信息、生物和新材料等可增加英国市场竞争力的领域，并在 3 年内由政府和企业界各提供 4000 万英镑用于上述领域的研究与开发。并突出政府分配科学技术经费时，也要在科学家的独立自由（好奇心驱动）研究和按国家引导方向开展研究之间进行平衡。

在企业融资渠道，英国具有在欧洲领先的风险资本市场，规模大、发展程度比较完善，约占整个欧洲风险资本投资市场的 1/3，仅次于美国位列世界第二。过去的十几年中，在风险资本的支持下，诞生了许多世界级的高技术企业。较突出的几个风险资本是风险资本信托计划、❶ 企业资本基金计划（ECF）、❷ 母基金计划。❸ 风险资本信托计划是引导资金流向初创企业的一项有效工具。在风险资本市场失效的领域，政府提供了一系列的支持。政府分担风险的方式有所不同，对风险资本信托计划政府提供税收优惠，而企业资本基金计划和母基金计划，政府主要为之提供匹配的资助金。此外，英国政府还采取了以下融资措施：一是为企业提供融资担保，❹ 二是社区投资税额减免（CITR），❺ 三是解决延迟付款。❻

为帮助企业实现从产品设计到商业运作整个过程的创新，英国政府还推出了一系列扶持高价值制造业的措施。比如：加大对高价值制造业在创新方面的直接投资，重点投资英国的优势技术和市场；为需要进行全球推广的企业提供尖端设备和技术资源。为此，2011年 3 月，政府宣布投入 5100 万英镑，在工程和物理科学研究理事会下建立 9 个创新制造研究中心。截至目前，工程和物理科学研究理事会旗下已建立起 16 个创新制造研究中心，力图通过提高英国在医药、航天航空、汽车制造等支柱产业的研究水平，保持英国在高端制造业技术方面的优势，进而推动经济的增长。

为帮助企业特别是中小企业创新力度，政府积极采购创新产品。2001 年启动的"小企业研究首创计划"（SBRI），试图借鉴美国经验，将政府研发经费的 2.5% 用于中小企业，规定政府订购的 25% 的合同应给予中小企业。此外英国政府还推动对创新过程的采购，实行"未来承诺采购试点计划"，政府向市场通告采购需求并提供购买方案，如果有满足需求的供给，政府就以议定的价格和条件采购。通过这种采购，给潜在的供应商确切的需求信

---

❶ 该计划自 1995 年开始实施，目的是让个人购买风险资本信托公司的股份，从而给小型高风险企业直接投资。

❷ 该计划 2005 年 7 月出台，这一基金主要是为成长型中小企业提供合适的风险投资。其具体做法是，政府可为有资格的中小企业提供 25 万～200 万英镑作为企业的股本金，以带动私有基金和其他资金的投入。公司壮大后，应优先向政府偿还企业资本基金，并支付利息和部分盈利。至今已设立了 9 项企业资本基金，政府和私人部门共同投资，以弥补中小企业在资金获取中市场失灵的鸿沟，消除资金获取中的障碍，使中小企业获得平等的融资机会。

❸ 母基金被称为"基金之基金"，它不直接投资于项目，而是参与发起创立新的专业性投资机构，间接支持符合条件的项目。如 2001 年，原贸工部成立了英国高技术基金，就是一个政府支持的母基金，由英国政府和私人投资机构共同出资成立，主要用于鼓励高技术风险资本投资，目前仍在运行周期中。

❹ 英国政府在 2009 年 1 月发起了一项企业融资担保计划（EFG），为那些没有足够抵押品获得商业贷款的中小企业提供融资担保，符合条件的中小企业为年营业额在 2500 万英镑以上，申请贷款额度为 1000 英镑至 100 万英镑。EFG 与主要银行合作，这些主要银行的业务范围覆盖了 97% 的中小企业。到 2011 年 3 月通过 EFG 为小企业提供银行担保贷款额度将达到 7 亿英镑。

❺ 这是英国财政部、税务局和企业委员会联合推出的项目，对个人或法人组织投资于社区发展金融机构的资金进行税收减免，具体办法是在投资的当年及之后 4 年内每年减税 5%。社区发展金融机构再为符合条件的企业、社团法人或公共工程提供资金。

❻ 政府在 1998 年引入了《延迟付款商贷利息法案》，逾期未支付的货款，雇员为 50 人及以下的小企业有权要求得到商贷利息作为补偿。2002 年 8 月起该法案适用于所有企业和公共部门。商业、创新与技能部发起了一项新的立即付款规章，其关键内容包括鼓励企业按时给供应商付款，给供应商明确的指导；鼓励供应链的最佳实践。

息，以及公共部门和私人部门未来的需求信息，为创新导向的企业提供商业机会。这种采购的特点是，用采购创新产品来引导整个创新过程，"预订"创新过程，用"后付费"的方式实现创新产品的采购。

5. 利用非政府机构，推动技术转化活动

英国技术战略理事会（Technology Strategy Board，简称 TSB）于 2007 年 7 月 1 日起，正式作为非政府部门独立运作，统一负责英国所有以促进技术创新为宗旨的国家级技术计划，包括企业与科研机构合作研究计划、知识转移网络、知识转移伙伴计划等。

技术战略理事会是英国支持企业技术转化活动的最主要机构，对英国创新产业的发展具有重要影响。13 名理事主要由经验丰富的企业界领袖组成，全权负责鉴别将对英国经济的发展产生重大影响的新兴技术，确定技术计划资助的具体领域。有研究显示，技术战略理事会每投资 1 英镑，将会给英国经济带来 7 英镑的回报。因此，该机构创纪录的创新资金投入被认为是英国通过创新提振经济的最新有效手段。

英国技术战略理事会发布了《2013 — 2014 年度执行计划》，宣布将未来一年对英国创新企业的资助金额提高到创纪录的 4 亿 4000 万英镑，这一数字比上年一度高出了 5000 万英镑。❶ 根据该计划，未来一年技术战略理事会的重点扶持技术领域包括可再生能源、未来城市、新材料、卫星技术、数字技术以及医疗卫生等，中小企业将是扶持重点。英国主管大学与科学事务的国务大臣戴维·威利茨指出，英国有全世界最优秀的创新企业，这 4 亿4000 万英镑的投资将有效帮助全国的商业企业跨越所谓的"死亡之谷"，将它们的创新理念转变为商业现实。技术战略理事会同时还是"尤里卡计划"和欧盟第七框架（FP7）的英国服务联络点。

6. 创新基本条件建设保障

一方面，英国积极进行创新平台❷建设，以提高科研水平。英国技术战略理事会是创新平台的发起者和重要的资助者。创新平台计划旨在将各部门、企业和学术界的资源集成到一起，以共同应对主要的经济和社会挑战，并开拓新的市场机遇，推动企业对研发和创新投资。到 2008 年年底，技术战略理事会总共启动了 6 个创新平台，具体包括：智能交通系统与服务创新平台、网络安全创新平台、低碳车辆创新平台、辅助生活创新平台、低环境冲击创新平台和感染药检测和鉴定创新平台。从 2009 年起连续 3 年，英国每年新增创新平台 2~3 个（包括发展创新解决方案科技示范项目）。

另一方面，为提高科研效率，英国积极推动科研数据的开放共享。2012 年英国皇家学会发布了《作为开放事业的科学》报告，重点强调数据开放性原则，在英国各界产生很大影响。为了促进科研成果的交流和扩散、提高科研效率和效益，英国政府随后宣布，要求未来公共经费资助的科研成果要向科学界和公众公开，这些研究成果原则上要刊登在对公众免费开放的期刊或其他学术载体上。根据计划，英国将在未来五年内投资 1000 万英镑建立世界首个"开放数据研究所"（Open Data Institute），以帮助产业界充分利用这些数据的开放所带来的机遇。该研究所将由学术界和产业界共同资助，重点关注网络标准的创新、商业化和发展。英国研究理事会（UKRC）也宣布了鼓励科研成果公开的新政策，要求从

---

❶ 英国未来一年创新资助金额将创新高［N/OL］. 中国新闻网，2013 – 05 – 15.
❷ 英国的创新平台是由英国技术战略理事会于 2005 年 11 月推出的一项重要科技计划。

2013 年 4 月 1 日开始，受其资助的科研成果要发布在符合"开放原则"的期刊或其他载体上，❶ 一般情况下要求期刊在出版新论文时，应通过网站等方式即时免费对读者开放；即使出现不能即时开放的情况也应在 6 个月内免费开放，仅少数例外的学科可以宽限到 1 年。

第二节　英国创新体系中的科技力量

英国具有很强的科学技术研究优势，并产生过火车、蒸汽机、雷达、计算机、世界第一只克隆绵羊等重大科研成果。

一、英国科技研发资金投入体系

自 1919 年以来，英国为研究项目提供资金均遵循"霍尔丹原则"，❷ 即由政府决定从税收中拿出多少钱来作为科研资金，但这些钱如何使用则由科学家们自己决定，项目能否获得拨款仍需通过同行评审的竞争方式决定。诺沃特尼在《卫报》发表的《欧洲的社会与人文科学视野转移》一文中写道，对于决策者来说，短期经济影响始终是诱人的，但应明确对基础研究进行资助是政府的职责之一。英国一直传承投资科学研究的传统，早在 20 世纪 60 年代，英国的研究与发展经费占国内生产总值（GDP）的比例就达到 2% 以上，这在欧洲国家中经费投入是最多的。

1. 英国政府专项资金

英国政府的公共科研资助体系被称作"双重资助体系"，政府并不直接管理科研经费的分配，而是通过英国研究理事会和英国高等教育基金理事会（HEFCE）这两个机构来支持大学与研究机构的科研活动，主要是基础研究。每个财政年度，商业、创新与技能部都要根据当年的科学预算，将公共科研基金拨给下属的七个研究理事会及其他研究机构，然后再由各理事会和研究机构以课题经费、项目基金、研究津贴、奖学金或研究生助学金等形式划拨给研究人员、下属研究院所或其他研究中心（见表 9.2）。

表 9.2　英国七大研究理事会年研究经费（2012 年预算）

委员会名称	数额/英镑
英国艺术与人文科学研究理事会（AHRC）	1.05 亿
英国生物技术与生物科学研究理事会（BBSRC）	4.5 亿
英国工程与自然科学研究理事会（EPSRC）	8 亿
英国经济与社会科学研究理事会（ESRC）	2.03 亿
英国医学研究理事会（MRC）	7.6 亿
英国自然环境研究理事会（NERC）	4.9 亿
英国科学与技术设施理事会（STFC）	3.7 亿

❶　到 2013 年，UKRC 将投资 200 万英镑建立一个公众可通过网络检索的"科研门户"（Gateway to Research）。该门户将允许公众访问与获取研究理事会和其他机构的科研信心和相关数据，这些数据信息不但采用通用的格式和开放的标准，而且可随时重复利用，以方便公众搜集与使用。

❷　曾担任过多所大学校长的英国政治家理查德·博登·霍尔丹曾提出著名的"霍尔丹原则"，指出学术研究的经费分配要一分为二，不应该由政府完全操控。如果是由政府指定开展的研究活动，在经费上可以受政府监管。但如果是学者的常规研究，则只受到研究委员会的监管，而不被来自政府的压力所干扰。换句话说，政府无权从财政上干预许多基础科学的研究，即使在政治家看来这些研究本身的实用价值很小。这一原则为学术界所广泛推崇。参见，维基百科：学术自由。

英国研究理事会是英国政府资助科学研究的最主要的机构，而高等教育基金理事会管理科研基础设施建设基金。高等教育基金理事会为大学提供基金，维持基本的科研基础设施和科研能力，以及教学经费，其经费分配主要按大学研究水平排名来确定。高等教育创新基金是知识转移方面最大的资助项目，英国通过向高校提供种子基金来和在高校设立企业中心的方式推动科研人员把研究成果商业化，旨在将高校的潜能转化为知识经济时代增长的驱动力。

2. 政府职能部门专项资金

政府部门一般下设科研机构，其研究经费主要来自财政拨款。其中国防部的经费最多，大约占政府投入的40%（1996年）。其他政府部门，如贸易工业部、农渔食品部和环境部也是主要的投入部门。

3. 政府对科技计划提供匹配资金

为了促进"产学研"合作，1986年，英国政府推出"联系"（LINK）计划，旨在促进研究单位和工业界开展政府资助研究项目的商业化前的开发工作。该计划对于高校、科研机构选择并得到企业资助的研究项目，采取匹配资金的办法，即由政府出一部分资金，由参加合作的企业出一部分资金。对于参与这一计划的中小企业，政府最高可支持其所需经费的60%；对于预研项目，政府最多可支持75%的经费；对于核心研究项目，政府可支持50%的经费；对于开发项目，政府可支持25%的经费。在1986～2002年，英国贸工部为这一计划提供的资金共达3.7亿英镑，目前其规模已达每年约4000万英镑。

4. 政府设立各种奖励基金

英国设立了多项奖励基金鼓励"产学研"合作，如"科学与工程合作奖""工业与学术界合作奖"等奖励措施。

英国科学与工程委员会设立了产业研究基金，重奖大学与企业研究人员彼此进入对方领域进行合作创新研究，并且每年向成绩优异的大学与公司的联合组织颁发"教育与工业联合奖"。

科学与工程委员会还设立了"研究院学生奖学金""持续教育奖学金"和"产学研奖学金"用以鼓励大学内"产学研"合作。"研究院学生奖学金"奖励大学内产学研合作有贡献者，"持续教育奖学金"资助大学生在业余时间选修大学与企业共同设置的课程，"产学研究奖学金"用以鼓励大学科研人员到企业参与研究或企业技术人员到大学参与课题研究。此外，英国还设立了"教育与企业合作奖""高校企业竞赛奖"等奖项，专门奖励大学与企业合作研究中绩效突出的教研室和教师。

5. 英国社会风险技术大学伙伴基金

2001年，英国推出了一个风险技术大学伙伴基金，融资1亿英镑投资于大学内技术研究成果的商业化。英国的风险投资业很发达，约占整个欧洲的49%。这些风险资金分别以种子资金、创建资金、早期资金、发展资金、管理买进资金、管理卖出资金和救济情况资金等不同形式投入到了高技术公司的不同发展阶段。

二、英国科技研发机构体系

英国的科研机构改革基本上按照尽量私有化的模式把政府研究机构改造为商业性研究

机构。英国政府科研机构改革的初衷是把研究机构推向市场，尽量减少政府财政负担。

1. 英国公共科研机构

19 世纪末英国建立第一个公益类科研机构。在经过一个多世纪的发展，国立科研机构领域包括自然科学、工程科学、社会科学，覆盖了政府干预的所有领域。国立科研机构在国家科研系统中发挥着主导作用，英国的国立科研机构是政府的直属机构，靠政府资助、提供科研设施等，它们的作用与政府的职能是联系在一起的。

对英国公共科研群体而言，英国从 20 世纪 70 年代开始，尤其表现在 80 年代后的科技政策是确定激励机制的基础，以此来明确政府鼓励的行为和倡导的价值导向。英国政府从 1987 年开始的一系列科技政策和资助体系的改变，都说明了英国政府选择了"市场牵引"的途径。

20 世纪 80 年代以后，英国对其公共科研体系进行了新一轮的改革，经过 20 多年的运营，出现了影响最为广泛的英国国家物理实验室（National Physical Laboratory，简称 NPL）、英国政府化学实验室（Laboratory of the Government Chemist，简称 LGC）和洛桑实验室（Rothamsted Research），它们被认为是采用政府所有—委托管理（GOCO）、出售和转制为营利机构（担保有限公司）模式较为成功的典范。

英国国家物理实验室在 1990 年转制为委托管理模式，由私营公司承包，仍属国家所有。这种模式最大的特点就是增强管理效率，提高研究成果。公共科研机构的学术官僚主义与研究成果的低效率已被证实存在必然的联系，❶ 而英国国家物理实验室采用的模式最大的优势就是可以优化管理结构，减少行政人员，节约开支，提高效率。

英国政府化学实验室成立于 1842 年，是贸工部最早的实验室，于 1996 年实现了私有化，成为股份制公司，即英国政府检测标准集团有限公司，由管理者和工作人员拥有。经过近十年的改革，2003 年英国政府化学实验室就成长为欧洲重要的实验室，主要提供化学、生物化学和法医分析诊断等服务，还有 DNA 测试和基因筛查、研究、咨询、培训和分析等，它的运行市场比较广泛，无论公共领域还是私人领域，涉及食品、药品、生物技术、环境和化学等。❷

洛桑实验室创建于 1843 年，是历史悠久的农业研究站，在 170 年的历史中，研究站主要致力于人的健康、农业生产和环境的相关研究，1991 年转制为私营公司，由英国生物技术与生物科学研究理事会主管，实行聘任制和主任负责制。转制后的洛桑实验室对自己的研究定位是：从事世界性的研究，传递农作物产量增加、质量提高和环境发展的知识、创新和新实践。❸

2. 高校科研体系

高校科研组织承担着教学与科研的双重任务。2014 英国科研水平排名第一的高校是剑桥大学，共计有 89 位诺贝尔奖得主出自此校，❹ 拥有世界最多的诺贝尔奖，尤其以卡文迪许实验室而瞩目。

---

❶ Mario Coccia. Bureaucratization in Public Research Institutions [J]. Minerva, 2009 (47): 31 – 50.

❷ Keith, R B Marshall. LEC Wins Contract for New VAM Programme [J]. Accreditation and Quality Assurance, 2004, 2 (1): 185.

❸ http://www.rothamsted.ac.uk.

❹ 实际来此校工作或执教过的人数超过 100 名，但剑桥大学官方的数据是根据学生或教师是否拥有学院的研究员身份而定，所以，官方统计数目为 88 人。

英国由政府资助高校科研活动已有近 100 年的历史。早在"一战"之前，英国政府即成立了医学和农业研究委员会，对高校进行相关的科研资助。英国政府对大学的科研拨款主要是通过双重科研拨款制度进行的。根据这一制度，大学从国家获取的科研经费主要有两方面的来源：一是政府通过大学拨款机构下拨的学校经常费中的科研拨款，二是国家各大研究委员会下达的科研项目拨款。前者主要用于大学自身的科研投入，包括学术人员、技术人员、文秘人员和行政人员的时间投入，图书馆、计算中心和其他服务的开支，以及研究委员会资助项目所需实验室的基建、设备和日常开支。后者主要用于科研项目的直接开支，但不包括实验室的日常运行开支及所需设备的开支。高校从这两大部分获得的研究经费在使用方面各有侧重，相互补充，体现了双重科研拨款体制的特色。因此，大学自身的科研开支主要有两方面的目的：一是为学校承担的研究委员会项目提供良好的基础设施，二是保障所有教职员工能从事基本的科研活动。

英国高等教育科研评估是由英国高等教育基金理事会负责实施的对全英范围内高校进行的评估，迄今开展过 6 次。2009 年进行的评估不仅进行总体排名，还就 67 个学科分别发布高校科研水平排名。此次评估结果直接关系着英国 2009～2013 年每年 15 亿英镑高等教育科研经费的流向。英国高等教育科研评估的最高等级为 4 星级，要求该研究在创造性、重要性和精确性方面达到世界领先水平。根据英国高等教育基金理事会每年提供的科研经费拨款公式，高等教育科研评估的不同等级有不同权重。英国产业界、慈善团体、基金组织等机构的绝大多数科研经费也是根据科研评估的结果提供的。这给了高校直接的正向激励，促使他们不断提高自身科研活动的水平。高等教育科研评估帮助英国政府在高等教育领域引入了竞争机制，有效地引导和调控了高等教育的发展。

此外，"英国科研管理者协会"❶ 也涉及一系列机构，包括大学、资助机构、独立研究机构以及为科研支持办公室提供服务的机构。大学是其主体，来自大学的成员超过 90%。该协会的使命是，通过鉴别和确定成功经验来促进科研活动的卓越水平。

3. 企业研发体系

英国中小企业数量众多，不可能每个企业都有很强的研发力量。为此，从 20 世纪 80 年代起，英国政府陆续制定了企业扩展计划、知识预算计划、企业资本金计划、小企业研究与技术开发奖励计划、技术计划等一系列鼓励科技型中小企业发展的政策措施，支持创办科技型中小企业，鼓励科技型中小企业加强研究开发，帮助科技型中小企业开发新产品和新工艺，提高它们的竞争力。此外，英国政府还采取各种措施来支持中小企业的技术创新活动，主要包括：保护中小企业的发明专利；鼓励和促进政府实验室和大学的科研技术成果向中小企业转移；重视对中小企业的技术培训；资助中小企业技术进步、产品更新换代和技术开发；实施财税优惠，引导企业加大研发投入。

近期，英国政府将重启"中小企业研究与开发计划"，❷ 扶持中小企业研发与创新。政

---

❶　The Professional As‐sociation of Research Managers and Administrators，简称 ARMA，成立于 1991 年，是英国科研管理者与行政人员的专业协会。其核心活动有三个方面：第一，对科研管理者和行政人员提供专业培训；第二，在成员之间提供最佳实践与知识之间的共享与协作；第三，提升科研管理与行政作为一种职业的地位与形象。

❷　Small Firms Merit Award for Research and Technology，简称 SMART。该计划在未来 3 年将投入 7500 万英镑专门用于支持中小企业研发与创新。同时，该计划将资助 2500 万英镑支持企业进行创新产品的概念验证以及大规模原型样机和市场开发活动，帮助中小企业改进产品的技术、服务和品牌，激励更多中小企业开发出创新性的、以科技为导向的产品与服务。

府还采取推进科技金融合作解决中小企业融资难问题；开展政府采购，为企业创新产品创造市场，鼓励产学研合作，提升企业创新能力；等等。其中，"产学研"合作创新是英国创新战略总目标的重要组成部分。作为"产学研"合作的"服务者"和"创新的管理者"，英国政府认为"增进高等教育与工业之间，科研之间的联系对英国经济的健康发展有很重要的意义，是一件具有长远战略意义的大事"。❶

4. 重大科研基础设施建设体系

一方面，英国积极建设大型高新科研基础设施来保障其科研水平。为此，英国新的科学技术设施理事会（STFC）❷于2007年4月正式运作，专门负责组织大型科学设施的集成研究。2007年总的研究经费达到6.1亿英镑。2007年10月19日，英国40年来建造的最大的科学装置——钻石光源同步加速器正式启动。❸此外，英国将投资1.58亿英镑来推进信息化基础设施建设，以成为超级计算机研究领域的世界级领袖，其中1.45亿英镑用于高性能计算机、软件、网络、数据仓库、安全和人员等方面的投入。其中有3000万英镑将支持达斯伯里国际计算科学与工程卓越中心，另有1300万英镑用于下一代高性能计算机的研发。

5. 国际科技合作体系

英国一贯把国际科技合作作为保持英国竞争力的重要组成部分，国际合作的力度逐年上升。最新研究显示，1990年英国国际合作论文仅占其全部论文的30%，到2005年就上升到40%。若把英国国际科技合作总量换算成经费的概念，则相当于英国科学预算总量的10%~20%。每年由英国研究理事会、学术团体、非政府机构等主动发起的各种国际研究计划之和相当于英国年度科学预算总量的1%，而这些计划多为种子资金，不具备支持长期合作的能力。在合作对象上，最具影响力的合作方主要来自美国、德国和法国，而同中国科学家的合作数量上升最快。

2007年，英国的国际科技合作突出了同经济快速发展国家，特别是同中国、印度等国的合作，重点领域继续以气候变化、可再生能源、纳米技术和干细胞为主。在欧盟内，2007年的工作重点是在已有的基础上，积极鼓励和支持英国企业、高等院校联合海外机构共同申请欧盟第七框架计划（FP7）项目、尤里卡计划项目。

三、英国科技创新战略计划

英国国家创新系统的主要特点是科学研究系统非常发达。科技发展战略的国际比较中，英国实施的是科学主导和预见引导的科技发展战略。英国政府的总体科技战略目标是：保持知识创造的优势；促进知识转移；使科技真正成为政府各部门实现既定目标的有效手段；提高公众对科技的认知程度；营造创新环境，培养和吸引创新人才；提高竞争力生产率水平，保持经济的可持续和高水平稳定增长。这些思想集中反映政府科技规划中。

---

❶ 刘力. 走向"三螺重旋"：我国产学研合作的战略选择［J］. 北京大学教育评论，2004（1）.

❷ STFC是由过去的粒子与天文研究理事会（PPARC）与中央实验室研究理事会（CCLRC）合并而来，原属工程与科学研究理事会（EPSRC）管理的核能研究工作也一并转移过来。

❸ 作为科学界目前最强大的光源，这个巨大的加速器能产生比已知的最亮光还要亮100万倍的光线，比宇宙中超亮光线的光谱范围也要大得多。钻石光源产生的高度集中的光束是众多研究领域不可或缺的工具，包括物理学，化学，材料科学和结晶学。目前已开通7条光线传输管道，在2011年前每年还将增加4~5条管道，每条管道输出的光线分别用于不同的科学实验。

1. "联系"计划

1986 年 12 月英国政府启动"联系"计划，拨款 2.1 亿英镑用于高校、政府部门和企业开展科技创新及技术应用。该计划旨在促进研究单位和工业界开展政府资助研究项目的商业化前的开发工作。该计划由政府 12 个部门及各研究理事会参与和支持，重点支持大学、科研院所与企业在商业化方面的合作研究开发。政府只为"联系"计划项目提供 50% 的研究开发经费，其余由企业提供，由科研机构与企业共同申请，合作承担项目。截至 1999 年，已完成或在进行的联系子计划有 58 个，1000 多个项目得到政府资助，项目经费共达 4.3 亿英镑（其中一半以上来自企业）。

20 世纪 90 年代以来，英国政府将"联系"计划扩展为"联系—挑战"计划、"联系—预测"计划和"联系—奖励"计划。截至目前，政府根据预测计划所确定的优先重点领域，又推出了 19 个新的联系子计划，以联合资助的方式支持大学、科研院所与企业在所确定的重点领域开展合作研究。

2. "实现我们的潜力"（ROPAs）计划

对基础研究领域，英国长期奉行自由放任的政策，尽管 20 世纪 80 年代初已经开始认真对待科学发展地协调方面的问题，但长期形成的科学传统并不能在短时间内改变，这种学术气氛使英国学科构成没有明显时代的特点。20 世纪 90 年代提出的"实现我们的潜力"计划，是一项政府加强纯基础研究，为 21 世纪科技成就播种的行动计划。

3. 技术计划

英国的技术计划统归技术战略理事会独立管理。技术计划主要包括企业和科研机构合作研发计划、知识转移合作网络、知识转移伙伴计划等。

技术战略理事会对不同的计划采取不同的资助方式。企业和科研机构合作研发计划主要是鼓励企业投资于技术战略理事会确定的重点发展领域，要求合作方至少有一家企业参与并提供配套资金。至 2004 年以来，已批准 600 多个项目，资金达 9 亿英镑。

知识转移合作网络则主要由技术战略理事会提供资金，建立覆盖全国的专业网络，把企业、大学、金融机构和技术中介机构联系在一起，实现知识共享、促进合作。目前已有各种专业网络 23 个，共 22000 多个会员单位。

知识转移伙伴计划由技术战略理事会等 18 家公共机构提供主要资金，企业提供配套资金，鼓励大学的科研人员和研究生到企业直接参与创新项目的开发，时间 12 个月到 36 个月不等。2006~2007 年，共有 1048 个合作伙伴，1157 人次到企业开展工作。

4. 前瞻计划

20 世纪 90 年代英国政府发表了题为《发掘我们的潜力——科学、工程和技术战略》白皮书，提出了"技术预测计划"。1996 年英国政府实施的"前望"计划，是一项资助科学、工程和技术的政策及投资战略，其目的是加强基础科学、工业界、政府之间的伙伴关系；保持英国科学、工程和技术的优势，培养教育高素质的公民；提高公众对科学、工程和技术的认识和了解；最有效地利用同欧洲和国际的合作；增进政府部门间的合作，提高资金的效益和价值。1996 年经过工业界和科学工程界联合编制出了《技术预测报告》，确定了重点和优先技术发展领域，为科学、工程和工商部门提供了重大的指导方向。同年，"技术预测计划"开始第二阶段工作——成果推广应用。"预测计划委员会"希望大学在技术预测中发挥重要作用，鼓励大学解决企业急需的短期技术问题，来获得企业对基础研究的支持,同时,鼓励企业将长期研究计划转移到大学中进行。

前瞻计划(Foresight Programme)分为第一轮(1994~1999年)、第二轮(1999~2002年)和目前正在执行的2002年以来开题的项目,整个计划进展顺利。应对肥胖症项目2007年10月发布了研究结果。正在进行的项目还有:智力资本与健康、可持续能源管理与建筑环境。

5. E-Science 计划

英国E-Science计划自2001年启动,到2006年,政府通过7个研究理事会已投资2亿多英镑,是近年来英国政府单独设立的最大研究计划。E-Science计划主要分为两大部分,1亿多英镑的研究经费在7个研究理事会之间分配,资助各个学科领域的E-Science先导项目,主要解决如何用先进的信息技术支持各领域的科学研究活动,以及支持多个领域E-Science的共性软件研发和E-Science基础设施的建设。至2006年年底,英国E-Science执行6年来,取得了举世瞩目的成绩,使得英国在这一领域走在世界前列。

6. 法拉第合作伙伴计划

为了改善产学研之间的联系,提高合作成效,英国政府于1997年推出了"法拉第合作伙伴计划",积极推动工程技术领域研究机构与产业界的合作。该计划主要通过各种合作伙伴的交流与互动,实现创新和技术扩散。到2003年,英国已建有24个法拉第伙伴组织,涉及51个大学的专业系所、27个研究机构、25个中介组织和2000家不同规模的企业。英国政府对这24个研究中心的核心研究和基础设施,已经提供了5200万英镑资助。贸工部和其他部门对每个合作伙伴的基础设施每年最大投入40万英镑,以及至少3年的支持。在第3年要进行评估以决定是否要继续支持。

7. "知识创造价值" 五年计划

2004年11月,英国负责经济工作的贸工部颁布了"知识创造价值"的5年计划,确定了政府的新工业政策。这一计划指出,英国正在进入知识经济时代,贸工部今后必须根据这一新形势,集中精力抓战略层面的大事,支持企业的科技和创新工作,帮助他们起步、发展和成功。为此,该项计划明确了贸工部今后的工作重点:[1] ①将贸工部从当年至2008年的56.6亿英镑的预算,集中33.6亿英镑用于科技和创新工作;②在10年中间通过修改规章和有关政策,为企业减负10亿英镑,为其创新提供更好的环境;③将纳米技术、先进复合材料、生物材料和可再生能源技术确定为今后创新的突破口,给予重点扶持。

第三节 英国创新体系中的文化力建设

文化资源要变成文化生产力必须进行商业化的运作和进行文化的创新,才能转换成现实的文化生产力。英国非常尊重历史,非常重视对历史文物的保护,正是这些宝贵的历史文化资源,为英国发展文化产业打下了良好的基础。为使古老的文化重新焕发出生机和活力,英国把文化与产业紧密地结合起来,进行了市场化、商业化的运作,从而带来了滚滚财源。

---

[1] 英国如何激励企业创新 [N/OL]. http://www.rednet.cn, 2006-7-12.

一、英国的创新文化环境

英国文化基础设施现代化、多样化、普及化。文化资源要转换成现实的文化生产力必须进行商业化的运作和进行文化的创新，充分开发历史文化资源，促进文化资源向文化资本的转变。

1. 旅游文化

英国是一个有深厚文化积淀的国家，注重在发展旅游中对文化因素的开发和利用，旅游与文化保护互相滋润、相互促进、良性循环，使英国的旅游资源不断丰富。英国旅游业年产值700多亿英镑，占世界旅游收入的5%左右，在世界旅游大国中名列第五。

2. 王室文化

英国王室是世界上目前仅存的几个王室之一，对于本国早已废除了王室的游客来说，踏上英国领土能亲身感受一下王室气息，具有很大的吸引力。英国王室的社会功能虽然在退化，但它的旅游价值却在提高。英国王室领地对外开放的地方越来越多，不仅有已经不大使用的老王宫、伦敦塔，还有现在仍在使用的温莎古堡和肯辛顿宫，女王办公重地白金汉宫在女王休假的8月和9月也对游客开放。在王室文化旅游中，游客不仅可以亲历女王国宴厅、会客厅的庄严，也可以体会王太后与家人进餐时的温馨；戴安娜王妃的寝宫肯辛顿宫里有她的华丽时装，也有女王名贵的帽子展览。

3. 博物馆文化

英国是博物馆的发祥地，是世界上博物馆最发达的国家之一。在近代，从工业革命以后英国就开始建立博物馆，第一座博物馆是1759年建立的大英博物馆，大英博物馆后来发展成为英国也是世界最大的综合性博物馆，收藏有反映人类文明史的各种文物、人种史料等。1889年英国成立博物馆协会。

此外，英国图书馆、书店、艺术馆之多超乎想象。很多文化设施的文化品位高、内涵丰富、外观独特，成为当地的一大景观。英国全国有2500多座博物馆和画廊，有5000家图书馆，仅牛津大学就有科学历史博物馆、牛津博物馆、皮特河博物馆和大学自然博物馆四大博物馆。仅在伦敦的博物馆就有200座之多，犹如百科全书。大英博物馆收藏之丰富闻名遐迩，却可以免费参观。英国大的国家博物馆从2001年开始都免费开放，如维多利亚和阿尔伯特博物馆、国家画廊、自然历史博物馆、科学博物馆等。其他还有专项博物馆，如战争博物馆、交通博物馆、扇子博物馆、玩具博物馆，等等。另外，还有200多个艺术中心给人们提供一系列参与活动的机会。

4. 生态建筑文化

英国非常注重古建筑物的保护。建筑的风格多样，丰富多彩、精致，成为城乡的一大景观。歌德式的教堂、欧陆风情的楼房、现代化的大楼，构成独特的城市风貌，使人感受到了浓郁的文化氛围和艺术熏陶。

近年来，英国又在热推城镇旅游，都是一些很传统的英式小村镇，如18世纪的羊毛集镇等，原汁原味的百年老屋与小街，弥漫着恬静、传统的英国习俗，非常有生活情趣。

5. 演艺文化

英国有着悠久的戏剧传统。演艺产业在世界上具有地位和知名度。全国有300家左右的剧院供专业演出使用。其中约有 100 家位于伦敦，15 家剧院永久性地属于由国家拨给经费的剧团，包括皇家剧院和总部在莎士比亚故乡艾玛河畔特拉特福的皇家莎士比亚剧团。

二、英国创新文化产业管理

文化产业在英国被称作"创意产业"，英国政府对文化产业的界定也比较宽泛，认为"那些出自个人的创造性、技能及智慧，和通过对知识产权的开发生产可创造潜在财富和就业机会的活动"，统属文化产业。据此，包括出版、音乐、表演艺术、电影、电视和广播、软件、游戏软件、广告、建筑、设计、艺术品和古董交易市场、手工艺品以及时装在内的 13 种行业均属于文化产业。从国家到地方、从推广到资助、从就业到培训，英国已经形成了一套非常完整的文化管理和促进体系支撑着文化产业的发展，使英国始终居于世界文化大国之列。

1. 三级文化管理体制

中央一级管理机构是文化媒体体育部，主要负责制定文化政策和统一划拨文化经费，是统管全国文化、媒体、体育事业的政府主管部门。所有与文化相关的事情，都由文化媒体体育部管辖，内容包括文化艺术、图书出版、广播电视、电影音像、会展、体育、旅游、娱乐，甚至包括工艺、建筑、服装设计等。在国家层面上，英国的文化媒体体育部是最高的文化管理机构，于 1997 年成立了创意产业工作小组，负责跟踪国际创意产业发展的最新趋势，规划英国创意产业的发展方向，制定吸引创意产业投资的税收优惠政策，实施帮助创意产品和创意企业走向世界的国家整体营销和品牌战略，并且大力引进国际资本和创意企业共同发展英国创意产业。1992 年以前，英国的文化事业主要由"教育和科学部"主管，还有一些文化事务则散落在艺术和图书馆部、贸工部、环境部、就业部和内政部等多个部门。在发展文化的实践中，这种多个部门共同管理文化的体制不利于从整体上协调文化政策，不利于文化事业的整体发展。为此，1992 年，英国政府第一次建立了专门主管文化的部门——国家文化遗产部，将分散隶属于其他多个部门的文化管理职责统一由其行使。1997 年上台执政的工党政府又将其更名为"文化媒体体育部"。

中间管理机构是地方政府及非政府公共文化执行机构，即各类艺术委员会，负责执行文化政策和具体分配文化经费。目前，文化媒体体育部直接管理 55 个非政府公共文化管理执行机构，8 个非政府公共文化管理咨询机构和 5 个非政府公共文化管理法人机构，工作人员是半官方和非官方的文化管理人员、文化志愿者和某一文化领域的专家。这些非政府公共文化管理机构代表政府具体管理文化事宜。

基层管理机构是地方艺术董事会、各种行业联合组织，如电影协会、旅游委员会、出版商协会和独立游戏开发商协会等。上述三级管理机构，各自相对独立，无垂直行政领导关系，但通过制定和执行统一的文化政策，逐级分配和使用文化经费，相互紧密联系在一起。

2. "一臂之距"文化管理模式

英国在文化管理的具体实施过程中奉行"一臂之距"文化管理模式，该模式由英国独创，从 20 世纪 40 年代沿用至今，一直被作为英国各级政府管理文化艺术事业的准则。

"一臂之距"原则的具体表现是：中央政府部门在其与接受拨款的文化艺术团体和机构之间，设置了一级作为中介的非政府公共机构，称为"官歌"（Quango，准政府组织），负责向政府提供政策咨询，负责文化拨款的具体分配和评估，协助政府制定并具体实施相关政策等。这类组织往往由艺术和文化事业领域的中立专家组成，它虽然接受政府委托，但却独立履行其职能，从而尽可能使文化发展保持自身的连续性，避免过多地受到政府的行政干预和各种党派纷争对于拨款政策的不良影响，保证文化经费由那些最有资格的人进行客观公正的分配。这种保持"一臂之距"的文化资助与管理原则得到了发达国家的广泛接受。"一臂之距"是英国政府对文化管理长期坚持的原则，并被视为英国文化管理的法宝。"一臂之距"管理使英国各级文化行政主管部门避免了大量微观具体的事务性工作，可以集中精力把工作重点放在全局性的宏观政策制定上。同时，这也保证了文化机构和文化团体的独立运作、文化经费的客观分配使用和文化艺术的自由创作免受行政和政治的干扰。

3. 文化投资的社会集资方式

文化产业的发展需要巨额的文化投资。在英国，文化投资的渠道是多样的，有政府拨款、准政府组织资助、基金会资助等。除此之外，还运用了一种非常规的投资方法，这就是用发行彩票来筹集文化基金。他们在鼓励企业赞助文化艺术的同时，鼓励全体公民自愿支持文化事业。

4. 凸显"创意"的文化政策

长期以来，英国没有成文的国家文化政策，而是体现在各级文化管理部门和机构的职能条文中。受政府委托，英国艺术委员会、英国电影协会等组织经过两年调查和研讨，于1993年经国家文化遗产部审定后正式发表了题为《创造性的未来》的"国家文化艺术发展战略"，发展文化产业作为提升英国综合国力的关键性举措。在1992年，英国文化委员会形成"国家文化艺术发展战略"讨论稿，到1993年，英国政府以《创造性的未来》为题，第一次以官方文件的形式颁布国家文化政策。在这份纲领性的文件中，文化产业的"创意性"也被明确提出。目前，英国的创意产业基本形成了三个聚集地区，分别位于伦敦、格拉斯哥和曼彻斯特。

三、英国创新文化传播形式

目前，英国文化产业在英国的国民经济中占据着重要地位，其文化产业年产值近600亿英镑，并解决近140万人的就业问题，平均发展速度是经济增长的两倍，相当于本国汽车工业总产值。英国有许多拥有世界声誉的剧作家、工艺师、作曲家、电影制作人、画家、作家、歌唱家和舞蹈家。

1. 强力打造"世界创意中心"

英国文化创意产业的基础环境成熟、运作机制得宜、产业结构上中下游兼备，并且所选定的产业都是英国发展较成熟的产业，所以各个产业部门能够相互支撑、互为供给，构成一条完整的产业链。2005年6月16日，英国政府提出要把英国建设成为"世界创意中心"。英国文化产业种类根据英国文化媒体体育部的《英国创意产业比较分析》研究报告，它所规定的13个创意产业部门可以进一步划分为产品、服务以及艺术和工艺三个大类。

英国在设计方面的影响力巨大，被称作世界设计之都。设计业迄今为止是英国创意产业中最大的行业，每年为英国经济贡献270亿英镑。伦敦是世界第三大广告之都，仅次于纽约和东京。英国著名的广告公司包括WPP、萨奇、BBDO、AKQA、里奥·伯奈特，以及奥美广告公司。

2. 推动创意产业聚集区

伦敦是英国文化创意产业的中心，是世界创意之都。伦敦 2003 年发布的《伦敦：文化资本，市长文化战略草案》，提出文化战略要维护和增强伦敦作为"世界卓越的创意和文化中心"的声誉，成为世界级文化城市。位于伦敦东区的霍克斯顿交通十分发达，聚集了几百家创意企业和大量优秀的创意人才，是国际知名的艺术家和设计师聚集的地方，成了世界著名的创意产业园区。

格拉斯哥地区有英国重要的电子工业园区，并集中了大量的英国软件企业，这里的创意产业突出了与软件和电子产品结合的特点。

曼彻斯特是英国的老工业区，该地区通过文化创意产业的引进改造老工业，带动产业结构升级，目前已经取得了很好的效果。如今曼彻斯特已经是继伦敦之后的第二大创意产业基地，成为欧洲各大城市效仿的对象。曼彻斯特 2002 年 5 月出台文化发展战略，提出将文化变成城市发展战略的轴心，经济、社会、技术和教育的战略都将越来越维系于这个文化轴心，并规划了"发展可持续文化经济"等五大主题。

英国致力于寻求国与国之间的交流与合作。英国政府认为本着平等互利的原则，加强英国与其他国家在创意产业领域的合作，促进不同国家创意产业从业者之间的交流，可以消除国与国之间的贸易壁垒，产生互补的效果，有利于本国创意产业的发展。2006 年，英国政府资助发起了"世界创意之都"项目，该项目由伦敦艺术大学负责组织实施，将在中国和印度设立 5 个创意产业中心，以促进英国的创意企业与当地的创意企业进行交流合作。2006 年 11 月 23 日，北京创意产业中心举行了正式启动仪式。该中心将成为综合性的创意产业中心，在中英创意企业交流、创意人才培养、创意产业咨询、产品设计、合作研究、创新成果转化等方面开展工作。

3. 大力推动演艺产业发展

演艺产业是英国的支柱产业，在全世界也拥有很高的地位。英国是世界第三大影像制品销售市场，是仅次于美国的第二大音像制品产出国。每年约有 650 个专业艺术节在英国举行，其中爱丁堡国际艺术节是世界上最为盛大的艺术节。

英国的音乐产业是英国经济的一大亮点。它平均每年为英国创造 50 亿英镑产值，这既包括现场演出也包括唱片的发行。英国人喜欢各种各样的音乐，从古典音乐到各种形式的摇滚音乐、乡村音乐和流行音乐，爵士乐、民间音乐和世界音乐、铜管乐队，都拥有固定的追随者。流行音乐和摇滚乐产业通过唱片销售、巡回音乐会，为英国带来可观的海外收入。英国还有几个著名的交响乐团、室内乐团、合唱团和唱诗班。利兹国际钢琴比赛和加的夫世界歌唱比赛吸引了来自全世界的优秀青年艺术家。根据英国表演专利协会（The Performing Rights Society）的统计，2008 年英国的音乐出口收入上升了近 2000 万英镑。英国音乐人在海外表演和音乐产品出口 2008 年收入超过 1.396 亿英镑，而前一年的音乐出口收入是 1.212 亿英镑。

英国是欧洲第四大音箱载体销售市场。音乐制品销售连续 10 年以 10% 的速度增长，其中流行音乐占 2/3，古典音乐占 7%，国外音乐占 3.9%。人们对歌剧的兴趣正在升温，每年约有 300 万成年观众欣赏歌剧演出。全国大约有 6 万人从事舞蹈工作，使其成为英国人参与程度最高的活动之一。皇家芭蕾舞蹈剧团、伯明翰皇家芭蕾舞蹈剧团、北方芭蕾剧院以及兰伯特舞蹈团都是世界上顶尖的舞蹈团。

英国电影业拥有雄厚的实力，伦敦是全球第三大电影摄制中心，并且制作过许多经典影片，如"007"系列电影、《英国病人》、《四个婚礼和一个葬礼》、"哈利·波特"系列等。

英国是世界第三大电视和电脑游戏市场。游戏软件市场是英国创意产业具有明显商业优势的一个最典型的例子。英国设计的游戏《侠盗猎车手：罪恶都市》是2002年全世界最畅销的休闲游戏软件。作为全球三大游戏设计中心之一，英国的许多设计工作室和开发人才获得了很多大奖，以至于他们成为人们争相并购和争夺的目标。

4. 着力推动公众对科技的理解

英国政府对科普充分重视的标志是前述科技政策白皮书《实现我们的潜能》的发表。白皮书阐述了英国政府科技发展的总体战略，并将促进公众对科技的理解作为科技发展战略之一。为此，贸工部下的科学技术办公室成立了公众理解科学技术与工程（PUSET）领导小组，指导全社会公众理解科学活动、管理公众理解科学计划。此后各届政府对公众理解科学工作更加重视，并明确了政府的责任：向公众解释科学技术与日常生活的相关性；激发青年人对科技的兴趣，鼓励他们投身科技事业；给公众提供条件，让他们了解最新科技发展动态，并就相关问题展开广泛讨论；保障科技界和公众对话渠道的畅通，特别是那些涉及道德和社会的问题；提高公众科技教养的总体水平，使他们在与科技界对话时扮演一个明达的角色，加强科技界对公众的关注及法律问题的了解。

政府的这项工作主要由科学技术办公室来承担，其责任包括：提高公众对科学与社会关系的认识；进一步加强公众对科学的参与，并能够就相关问题与科学家展开对话；通过调查了解公众对科学的态度，向政府做出相关决策提供信息。

2000年7月英国政府发表了关于科学技术的第二个白皮书《卓越与机会》，全面阐明了英国政府面对21世纪知识经济挑战，提出了加强英国的科学研究基础、拓展技术创新机会和促进科普的原则立场和政策措施。在结尾处，白皮书强调了政府作为科学和创新中的管理者的重要作用。

除了大量白皮书和报告外，英国政府也有自己的公众理解科学活动。如2001~2002是英国政府的科学年，这一科学年由教育与技能部投资600万英镑，BA与科学教育协会以及国家科学、技术与艺术委员会联合举办的。科学年的主要目标是：增强公众对科学的参与，尤其是10~15岁儿童的教育，加强学校、工业界与高等教育之间的联系，等等。为实现这些目的，政府在科学年上开展了众多活动，包括：奖励杰出的年轻科学家；围绕科学中心建立国家范围的科学俱乐部体系、大众能够亲身参与的实验如"笑实验"；开展活动观察遗传学中的伦理问题，其对象是14岁的儿童；还有面向科学教师的专题讲座，等等。可以发现，在英国，以科学技术办公室为代表的政府机构和各非政府机构之间在科普工作中的合作非常多。一些材料也说明，很多文件和报告全部或部分由非政府机构赞助或做调查，或由政府机构征求诸如BA和皇家学会这样的非政府机构的意见，并以这些机构的反馈为基础提出科学决策或者其他相关决策。

英国政府深知，公众理解科学工作任重道远。因此特别注意调动全社会力量，尤其是科研院所、学术团体和教育机构，发挥其主力军作用。所以，这些机构通过举办科学年、国家科学周、科学节等方式，以科学博物馆，自然历史博物馆等1600多所博物馆以及遍布各社区的图书馆为基地，开展形式多样、生动活泼的公众理解科学活动。总之，在科普方面，英国政府和非政府机构之间既有良好的合作交流、互补关系，又各自有自己的科普活动，从而形成了英国科普的一个良好循环。

四、英国创新文化产业特点

1. 形成了成熟的文化产业结构

文化产业是优化产业结构、提升经济发展水平、丰富人民大众精神生活、提高生活质量的重要方面。第三产业在英国产业结构中的占比已达80%以上，其中文化产业又在第三产业中占有举足轻重的地位。同时，英国希望用文化的发展来影响整体的走向，增加国民对国家的认同感，强化民族向心力和凝聚力。

为此，政府在发展文化产业上提出了四项基本原则。第一，强调文化艺术产品面向大众，鼓励广大民众尤其是青少年积极参加各种文化活动，并为广大民众提供尽可能多的参与机会。这就为文化艺术产品培养了潜在的广阔的文化消费市场。第二，支持文化艺术门类的产业发展，特别是对那些优秀的具有创造性的文化艺术门类提供资助。经费主要拨向与公众文化生活密切相关的重点文化单位和艺术品种。第三，强调必须保证文化艺术成为教育服务体系的组成部分。政府认为，艺术教育是启发人的思维的教育，是提高个人综合素质和创造力的教育。创造力和创新精神是新一代高科技产业的基础。思维是发明的组成部分，而发明却能创造新的产业。第四，必须重视文化产业所能带来的巨大经济效益。

2. 形成了经济与文化融合的产业链

在这方面，英国的主要做法是：①注重商品与工艺美术的结合，提高商品的附加值。比如在日常用品的饭桌上配上优美的图画和各种各样新颖的图案；②在每个知名的旅游景点进行综合性开发，开发出各种各样的旅游商品，如明信片、图书、音像制品、工艺美术品等；③以节庆活动为依托，进行产品的推介，每年夏季的爱丁堡艺术节，现在已成为国际艺术盛会。

3. 形成了多元文化产业投资渠道

英国文化发展的资金来源主要是各级政府的文化拨款，以及文化基金会提供的文化投资，此外，彩票发行收入也是英国文化发展的重要资金来源。每年都有一大批文化项目依赖彩票资金得以实现。

4. 形成了全面的文化外交战略

英国对外文化关系司是专门负责文化外交的官方机构，主要负责对外文化政策制定、协调外交部与英国文化委员会的关系，协调英国与联合国教科文组织的关系。英国文化委员会是英国文化外交的主要实施机构，主要提供英式英语教学、英国期刊、留学情报以及各领域消息、免费咨询等服务。此外，大量非政府组织也积极参与到英国文化外交活动中来，诸如英格兰艺术委员会、工艺美术委员会、博物馆和美术馆委员会、英国电影协会、大英博物馆等都在英国文化外交中扮演了重要角色，吸引了大批的参与者和参观者。

产自英国的音乐剧《猫》《歌剧院魅影》《西贡小姐》《悲惨世界》等文化产品之所以在美国百老汇大受欢迎、几十年常演不衰，一个重要原因在于英国政府的大力扶持。英国政府在英国剧目进入百老汇初期，按照剧目在美国取得的利润予以加倍奖励。正是这样的扶持政策，为英国文化产品稳稳地占据美国百老汇文化市场创造了良好条件。

第四节 英国创新人才培养模式

一、英国追求卓越的高等教育

高等教育发展水平是衡量国家创新系统质量的一个重要指标。英国的高等教育举世闻名，在各个学科吸引了世界各地的学生。在世界排名前 10 的大学中，英国就占了 4 所。近年来英国高校向世界各地招生，仅牛津大学每年有 1000 多名中国的留学生求学，另外还有大批的预科生到英国就读。

1. 追求卓越的教育理念

英国在走向世界高等教育强国的过程中，其追求卓越的高等教育质量理念发挥了不可磨灭的引领作用。《罗宾斯报告》发表后，英国高等教育进入了一个迅速扩充期，但随即带来了教育质量的下滑。1987 年政府白皮书的第三章论述了高等教育的质量问题，为了提高质量，必须改进课程内容与设置，并改进课程审批程序，通过对教师的培训、充实与考核等措施改善教学，有选择地增加着眼于商业开发前景的科研项目。正是因为英国高等教育高质量的教学和研究机会，才能从全世界各地吸引大量的学生前来就读。大学的首要任务是维护这个名副其实的声誉，并提高国际竞争力。如 2000 年牛津大学将自己的使命表述为：在教学和科研的每一个领域都达到和保持卓越，保持和发展作为一所世界一流大学的历史地位。

英国高等教育重视传统、适应变革、富于创新的特点，使其能够在长时间里保持自己良好的竞争优势，最终走在了世界高等教育的前列。

2. 重视提升质量的制度建设

1988 年《教育改革法》确定了依据教育质量资助经费的政策。1990 年大学校长委员会设立学术监控部对大学质量保障制度的运行情况实施监控。1991 年，高等教育白皮书再次强调了高等教育质量，加强高等教育的质量评估，学校内部要健全质量控制机制，外部要建立单一的质量审核组织，成员应由企业界、专业人士、学术界和拨款基金会代表组成，由其对学校教学质量进行评估。1997 年，英国成立了高等教育质量保证署（Quality Assurance Agency for Higher Education，简称 QAA），同年发表的《迪尔英报告》，明确指出要强化高等教育质量保障署的功能。1999 年 QAA 已建立了一套由学位资格框架、学科基准、课程规格和实施指南四部分组成的学术基本规范。2000 年，QAA 出版《学术审核及运行手册》，标志英国高等教育保障新框架的正式确立。

3. 加强科学与人文教育的结合

贝尔纳在其著作《科学的社会功用》一书中指出，"必须打破科学与人文学科截然区别开来、甚至相互对立的传统，并代之以科学的人文主义""科学不仅会造福人类，也可能会给人类造成祸害，它兼起建设和破坏作用，必须通过社会科学和人文科学的教育，尤其是科学的世界观的教育，使学生掌握真正的科学知识为人类造福"。怀特海在《教育的目的及其他》一文中说到，"没有纯粹的技术教育，也没有纯粹的人文教育，二者缺一不可。教育不仅使学生获得知识，而且也使他们学以致用。"可见，赫胥黎（Haxley）、贝尔纳与怀特海主张并不摒弃人文教育与科学教育任一方，而是主张将二者相融合。

1963 年《罗宾斯报告》在分析高等教育的社会目的时指出，英国高等教育的目的是不仅要培养专家，还要提高人的素质；增加学问知识，提高全民文化与修养。1987《高等教育——应付新的挑战》白皮书明确提出了高等教育改革的方向，要求高等教育必须进行基础科学研究，增进人文学科的学术成就，"鼓励人们在文艺、人文学科与社会科学上获得高水平的学术成就"。

4. 资助合作项目，推动校企合作

19 世纪兴起的城市学院，如曼彻斯特欧文斯学院、利兹约克郡学院大都坐落在人口稠密的工业城市，课程都偏重工业和科学领域。"这些新型的大学学院从最初起就有一个优先的目标，即发展那些被认为能够给当地工业直接带来益处的学科"。❶ "二战"后，《珀西报告》（1944 年）及《巴洛报告》（1946 年）进一步强调要加强大学与产业界的合作。阿什比（Ashby）所说，"如今在所有的社会组织机构中，能胜任人类远大目标的指导任务和人类未来利益的管理任务的，似乎以大学最为适宜。如果这是大学恰如其分的职能，那么大学为公众服务最需要的工作是把大学独具的多种学科的多类智慧，用到解决适应社会变化的研究中去"。❷

从 20 世纪 60 年代开始，英国政府相继发布一系列政策法令来强化高等教育服务社会的职能并明确了高等教育改革的方向，加强高等教育与社会的联系，通过转让专利、创办科学园、合作研究项目等多种形式为社会经济与科技发展服务。《罗宾斯报告》指出，"加强大学与政府机构及产业界的合作，在大学、国立研究机构和产业界之间进行人员交流"。❸ 剑桥大学发表的《莫特报告》（1968 年）指出，"必须加强教学与科学的联系，同时也必须大力将研究成果用于工业、医药和农业"。1971 年，三一学院在剑桥市政府的帮助下，创办了英国第一个科学园——剑桥科学园。科学园的建立是英国高等教育与企业结合为经济发展服务的重大进展。之后越来越多的拥有先进技术的高科技公司设立在剑桥大学和剑桥市镇内外，极大地促进了剑桥地区的经济发展，最后发展成为欧洲最为成功的高技术企业集聚区。1985 年高等教育绿皮书指出，"高等院校首先要端正对工商业的态度，谨防轻商的势利观念"。同时英国重视发展高等院校与工商业的联系，同时加强与地方企业和社区的联系。到 1992 年，英国已有由工业和大学联合举办的科学园 40 所，其中 38 所建于 1982 年以后。❹ 1997 年《迪尔英报告》指出，"为了能及时反映地方工商业的需要，高等学校应竞标地方的基金项目，高等学校要想方设法使企业特别是中小型企业能够得到本地区高等学校服务的信息"。❺

1998 年《我们竞争的未来：建设知识经济》白皮书提出设立高等教育延伸基金，进一步鼓励和支持"产学"合作。英国高等教育机构与产业合作表现突出，是英国创新体系的一大亮点。即使金融危机期间，英国高等教育机构获得来自企业和公共部门等第三方的外部研发经费也保持了持续增长态势，高等教育机构与产业及公共部门的合作形式也十分丰富。此外，为支持大学科研成果向商品化转移，英国政府启动了"高等教育创新基金"，该

❶ 殷企平. 英国高等科技教育 ［M］. 杭州：杭州大学出版社，1995：25.
❷ 阿什比. 科技发达时代的大学教育 ［M］. 北京：人民教育出版社，1983：149.
❸ 贺国庆. 外国高等教育史 ［M］. 北京：人民教育出版社，2006：444.
❹ 章泰金. 英国的高等教育：历史·现状 ［M］. 上海：上海外语教育出版社，1995：107.
❺ 贺国庆. 外国高等教育史 ［M］. 北京：人民教育出版社，2006：459.

项基金与高等教育及企业和社区联系基金相结合，支持在大学周围建立各种科技网络群，同时还支持各大学内部建立专门机构从事专利申请与保护、资金启动、公司筹建和市场开发等活动，有力地促进了英国大学周围高科技网络群的形成。显然，英国高等教育创新基金作为支持知识转移活动的"第三类经费"的主要力量，已经成为支持大学等英国高等教育机构开展知识转移活动的主要资助渠道，并获得了高等教育机构以及企业等方面的高度评价。

2008 年，英国政府又启动大学挑战计划，试图通过奖励、资助等方式，鼓励高校与企业一道共同开发前景广泛的科研成果。进入 21 世纪，英国政府进一步明确了高等教育改革的方向：加强高等教育与社会的联系，通过转让专利、创办科学园、合作研究项目等多种形式为社会经济与科技发展服务。为了更好地支持企业创新工作，英国还积极促进大学、科研机构与企业之间的合作，并推出和资助了一批合作项目，如研发税收减免和补贴规定、"尤里卡计划"、"联系"计划、预测计划、欧盟第六研究与技术开发框架项目、研发拨款、调查与创新拨款等，高校可以众多项目申请研发资助。目前，英国已通过高校—企业协作的方式，建立了 13 个科学企业中心，主要为新技术企业提供孵化条件。这些科学企业中心，为科学工程领域的本科生和研究生提供接触创业技能的机会，强化了知识转移工作，促进了高科技企业的问世。

二、英国科技人才培养模式

1. 全面推行科学教育

教育理念的创新是走向世界高等教育强国的关键。19 世纪英国资本主义的发展，需要大批技艺娴熟的工人和技术员，在此背景下，牛津大学、剑桥大学加强了现代课程和科学研究，伦敦大学及一系列城市学院倡导实用科学，高等科技教育开始兴起。被马克思称为"整个现代实验科学的真正始祖"的弗朗西斯·培根提出了"知识就是力量"的口号；斯宾塞在其著作《教育论：智育、德育和体育》的第一章中提出了"什么知识最有价值"的问题，他认为"一致的答案就是科学""学习科学是所有活动的最好准备"，使斯宾塞成为英国教育史上最有影响的科学教育的倡导者之一。赫胥黎同样敏锐地看到了科学知识在工业社会中发挥的巨大作用，因此十分重视科学教育和科学研究。他曾参与英国政府部门制定有关科学和教育的政策及法案等活动，为英国科学教育的发展献计献策，积极奔走。劳森和西尔弗认为，"这场科学教育运动是通过 19 世纪五六十年代诸如赫胥黎这样的人士以及斯宾塞的《教育论》的出版而开展的。这是 19 世纪为把现实主义和科学引入学校教育领域的一次最激烈的斗争"。到 19 世纪中后期，科学主义已成为英国占主导地位的教育思潮。目前，英国政府定出许多新目标来加强初中和高中的理科教育，增加高中物理、化学和数学的学生人数以及对理科老师的培训。在研究生培养方面，英国研究理事会为优秀的研究生提供经费支持，获得资助的学生将到研究理事会授权和认可的大学院系中注册和接受培训。尽管受资助的学生只占研究生数量的 20%，但这个培养计划可以保证其受到高质量的教育培训。

2. 加强专门的技术教育

在赫胥黎❶的建议和推动下，英国于 1881 年组建了科学师范学院，此院后发展为皇家

---

❶ 他的终身职位是皇家矿业学院的教授和名誉院长。

科学院，并以此院为中心建立了各种类型的职业技术学院。19 世纪后期，英国政府通过立法来促进科技教育的发展，如 1889 年颁布的《技术教育法》是英国技术教育领域最早的一项法令，1890 年颁布《地方税收法》通过增收税收来发展技术教育。进入 20 世纪，两次世界大战的洗礼使英国认识到战争的胜败取决于参战国的科技实力及其在军事上的运用。《珀西报告》着眼于建立一个以大学为核心的完整的技术专业教育体系，培养足够的能将科学研究的成果应用于实际的科技人才。同年颁布的教育法更是从法律上明确了高等科技教育的地位。《珀西报告》还建议成立皇家技术学院。1946 年巴洛委员会发表了一份《科技人力资源委员会的报告》，支持扩大技术教育，主张加强大学技术专业的教学和科研以提高当前技术教育水平，要求在 10 年内实现科技人员翻一番的目标。至 1958～1959 年，理工科学生人数翻一番的目标在两年内就实现了。

1954 年，在大学拨款委员会的建议下，财政大臣宣布政府在格拉斯哥、曼彻斯特、里兹和伯明翰 4 市加强高等技术教育，尤其要突出工科、实用科学、机械、化学、土木、电气等专业。1956 年，政府《教育白皮书》提出了将科技教育分为 4 个层次的构想。到 20 世纪 60 年代初，高级技术学院划归中央；60 年代末，多科性技术学院成批出现，双轨制高等教育体制形成；80 年代末双轨制结束，技术学院正式升格为大学，使科技教育与其他传统大学教育平起平坐。❶ 这是社会、经济发展的自然趋势，是英国高等教育史上重要的里程碑。20 世纪从教育内容来看，自 20 世纪 70 年代兴起了强调科学教育对科学技术与社会关系的认识教育。20 世纪 80 年代以后更多地关注科学史、科学哲学和科学社会学对科学教育的作用，已经成为国际科学课程研究中的一个前沿性课题。❷

3. 支持高校创业，促进技术转移

英国通过建立高校创新基金等方式支持大学的技术创新活动。这个基金由高校基金委员会管理，重点用于高校科研成果的转移工作。目前，英国的大学中普遍设有技术转移办公室和专利办公室，并涌现出一些著名的技术转移机构，剑桥大学的剑桥企业便是其中的一家。这家公司的主要任务是通过颁发技术许可等方式，帮助刚刚从剑桥大学分离出来的公司和孵化的企业取得创业成功。2002 年剑桥企业公司共颁发 32 个新许可，编写了 66 个专利文件，年收入达 300 万美元。牛津大学的 ISIS 创新公司则是隶属于牛津大学的技术转移公司，负责向研究人员提供商业咨询，专利申请资金和法律咨询费用，促进科技成果的转移。此外，ISIS 还掌握牛津全校的知识产权，开展技术成果的评估、保护和市场化工作。

4. 积极培训高技能工人

当前，英国创新集群遇到高技能工人不足的情况，英国主要采取在当地大力培训高技能工人的措施，以确保雇主可以找到劳工以支持其业务的增长。此外，英国的创新管理与创业硕士专业学位是适应知识经济背景下知识密集型企业创新管理的迫切需要而产生的新的专业学位。目前，英国的创新管理与创业专业学位教育的体系已经有了一定程度的发展，而且深受学生和业界的欢迎，其培养体系相对比较成熟。

5. 强化终身教育

英国强调终身学习的理念，教育与就业部制定和实施了庞大的"终身学习"计划，以

---

❶ 章泰金. 英国的高等教育：历史·现状［M］. 上海：上海外语教育出版社，1995：68.

❷ History、Philosophy& Sociology of Science（HPS），在历史、哲学与社会学语境中理解，科学是 HPS 教育的核心内容，也是国际科学教育改革的新理念。

增强各个人的竞争能力，发挥每一个人的潜能。英国还提出了新的学校形式——工业大学，这是一种新的培训教育模式，有别于传统意义上有形的全日制大学，而是"为工业继续学习提供的大学"，通过建立全国统一的学习中心，刺激企业与个人终身学习的需求。

三、吸引海外优秀人才战略

英国政府通过各种政策和计划大力吸引外国留学生和科研人员到英国学习和工作，放宽对他们的入境限制，在学习、工作、生活方面给他们创造必要的条件，减轻后顾之忧。

1. 高校留人战略

英国卡迪夫大学一位校长曾经说过，"我宁愿卖掉一座大楼，也要引进一流的研究人员"。一个大学要想改善它的科研基础，就必须有能力为研究人员支付高低不等的薪水。卡迪夫大学原校长 Brain Smith 爵士说，大学校长的职能有很多，但最重要的一条在于人才的使用，包括优秀的学术带头人和优秀的管理人才。他指出，所有大学都想在世界范围内物色杰出的科研人员，而要吸引他们加盟，大学必须有能力支付高薪。

2. 人才奖励计划

英国政府 2007 年年底宣布，为了增加英国国际合作的地位，将在未来 3 年内拨款 1340 万英镑，重点支持皇家学会、社会科学院、皇家工程院和英国研究理事会设立国际研究奖学金和校友计划奖学金。国际研究奖学金主要用于支持国际最优秀的科研机构同英国建立合作关系，吸引海外优秀科学家到英国从事科研活动，而校友计划奖学金则重点联系那些曾经在英国工作和学习的海外科学家。这项奖学金的设立，也是英国政府响应英国"全球科学与创新论坛"提出英国在科学研究领域要同世界上最优秀的科学家或团队合作的倡议而采取的具体行动。

3. "高技能移民计划"（HSMP）

英国从 2002 年开始实施"高技能移民计划"。在英国高技术移民项目试行阶段（2002 年 1 月～2003 年 10 月），英国高技术移民项目一共接纳了 3721 名成功申请者。在 2003 年的一份政府报告中，英国高技术移民项目被称为政府为吸引全球优秀人才促进英国经济发展的"旗舰"计划。自 2003 年 1 月 28 日起，英国内政部开始正式实行高技术移民（Highly Skilled Migrant Programme，HSMP）政策，大幅降低技术移民的"申请标准"，使得移民英国变得更容易实现。这个方案当时规定，如果申请人在文凭、学历、工作经验、收入、工作成就以及有技能的配偶等方面获得相应规定的分数，就可以申请到英国一年的高技术移民签证（以后改为 2 年），然后等一年（或者 2 年）到期续签时候，若申请人能够证明自己采取了合理的步骤开展一些经济活动，申请人和家属就可以得到 3 年的续签。总共在英国按照高技术移民条例住满 4 年后，申请人和家属就可以申请英国的永久居留。当时对英文水平和工资收入等都没有具体的要求。此高技术移民允许有特殊技能、能力或工作经验的专业人才合法进入英国工作或自雇创办公司。这是 30 年来英国首次对外开放其移民政策。2009 年由于受经济危机影响，英国政府调整了这项计划，提高了准许移民的标准，要求申请人必须具备硕士以上学历。2010 年再次调整该计划，取消 2009 年对学历的限制，但提高了各学历层次的收入标准。

4. "国际学生实习计划"

据统计，英国大约一半的博士生和约 40% 的研究人员为非英国公民。英国签证和移民局的最新数据显示，中国已成为英国海外学生第一大来源国，目前在英中国留学生超过13万人，占留英海外学生总数的25%以上；2013年赴英留学的中国新生同比增长5%；英国高教机构中的研究生中有近75%来自国外，中国留学生占其中的23%，2013年达2.83万人，比上一年度增加了9%。英国高等教育基金委员会的报告显示，英国高等教育机构对中国留学生的"依赖度"越来越高。

为此，英国移民局《2014英国移民法修改草案》在原英国积分制签证体系（PBS）第五等级Tier 5政府授权交流计划中，新增了"国际学生实习计划（International Student Internship Scheme，简称ISIS)，这是目前唯一针对中国留学生在英获得实习经验的计划。该计划允许毕业后12个月内在英国境内找到实习工作（工资满足最低工资标准）的中国留学生，直接在英国境内从Tier 4学生签证转成为期12个月的Tier 5国际学生实习工作签证，从而获得留英工作一年的机会。该签证类别也将对中国"211大学"（学分成绩点需达到3.0）的应届优秀毕业生开放，可在中国境内直接申请。该计划得到英国商务、创新和技能部和英国贸易和投资总署的支持，并由海外学生服务中心（英国）作为签证担保人资格机构来施行。目前已经有一些企业在该计划的网站上开通申请实习岗位，主要是金融类和工程类的企业。英国商业、创新与技能部近日发布《国际教育：全球增长和繁荣战略地图》，计划到2018年达到国际学生人数增长15%到20%的目标，即在5年内增加9万名国际学生。这是英国政府产业战略的一部分，力争使国际教育成为英国21世纪的增长性行业之一。

第十章　韩国：科技创新与传统文化保持张力

世界经济论坛《2014—2015年全球竞争力报告》显示，韩国在全球最具竞争力的144个国家和地区中，名列第26名。美国康奈尔大学、欧洲工商管理学院和世界知识产权组织联合发布的《2014全球创新指数报告》中，韩国位列"最具创新力经济体"第16位。中国科学技术发展战略研究院发布《国家创新指数报告2014》，创新指数居前五位国家依次为美国、日本、瑞士、韩国和以色列。韩国依靠突出的企业创新表现和知识创造能力，位居第4位，继续领跑其他亚洲国家。2013年，韩国总统朴槿惠在竞选之初提出"创造经济"概念，并于同年4月成立未来创造科学部作为"创造经济"的政策指挥中心，目标是通过推动"创造经济"来引领全球创新。

第一节　韩国创新理念与创新体制

韩国历届政府都十分重视国家创新体系建设。短短40多年韩国走完了西方花费上百年走完的工业化路程，创造了举世瞩目的"汉江奇迹"。据美国彭博新闻社消息，2015年全球最创新的50个国家的排名中，韩国位列榜首。以文化创意为内驱力的"创造经济"发展理念是韩国现任政府提出的创新型经济发展新模式。此发展模式以"国民幸福——希望的新时代"为最终目标，以"文化隆盛"为基本理念，以"文化实现国民幸福""文化引领创造经济""实现文化国家"为三大推进方向。

一、韩国创新理念

韩国曾是一个在战争废墟上重建的国家，在其经济起飞的20世纪60年代初，韩国还是一个极其落后的农业国。但是。从1962年到如今，韩国GDP增长了200多倍，人均收入在1996年就突破了1万美元大关。韩国从一个工业完全依赖进口的国家变成一个拥有世界第二的造船业和世界第三的半导体业的新兴工业国。文化因素是推动韩国发展的首要因素，危机意识与民族精神是推动韩国发展的内在动力。在吸收美国和其他国家的先进技术之后，韩国在很短的时间内重建了自己的工业体系，并且把科技发展作为自己的立国之本。面对外国企业提出的诱人合作条件，韩国企业始终不放弃自有品牌。经过几十年的辛勤培育，韩国在汽车、半导体、高速铁路、核电站等项目上都拥有了领先世界的技术，并且成功地将知识产权转化为生产力，继续推动韩国的产业革命。

1. 奉行"文化就是国力"的治国理念

韩国文化创意产业催生出一波又一波强劲"韩流"，而其背后体现的正是韩国政府"文化就是国力"的治国理念和以文化创意为内驱力的"创造经济"发展模式。近年来，韩国政府一直把"文化隆盛"作为四大国政课题之一，奉行"文化就是国力"的治国理念，鼓励推进创意产业与科学技术以及信息通信技术相结合的创造经济发展模式。2013 年 7 月，在"文化隆盛"战略的引导下，成立了"文化隆盛委员会"，专门负责具体的文化产业咨询、文化价值评估和文化发展力量协调工作。

2. 支持国货的"身土不二"精神

"身土不二"是韩国民间组织"韩国农协"在 20 世纪 60 年代提出的口号，旨在呼吁和鼓励韩国国民购买本国农产品。"身土不二"即"韩国土地上生产的农产品最适合韩国人的体质"，所以在韩国人的观念中必须吃本国的农产品才是最好的。之后"身土不二"的范围不断扩展，逐渐进入到其他商品领域。韩国人也以用韩国货为荣。

韩国的科技创新能力培养，不是自上而下，而是自下而上。在韩国，企业是创新的主体，每一个企业经营者都深刻地意识到，如果缺乏自主知识产权，就不会得到政府的支持，更不会得到民众的理解和欢迎。因此，在韩国拥有自主的品牌，成为创业者最原始的动力。"身土不二"精神对政府能起到的推动作用，首先就是要为企业的发展提供支持。大量优先采购本土自主产品是政府可以做到的很重要的方面。

3. 追求文化自尊的民族精神

一个国家的文化高度，决定了这个国家公民的精神高度、生存高度。韩国人拥有非常自觉的传统文化保护意识、竞争意识和传播意识，文化归属感和优越感强烈，渗透到民族精神的深处。他们对文化具有尊重和敬仰的情怀，充分认识到文化以其自身的价值存在，而非任何外在附加物，文化的保护和传承是历史赋予当代人的使命和责任。韩国的民族自尊逐渐演化为文化自尊。中共中央政治局常委、中央纪委书记王岐山在"两会"期间谈到，"韩剧走在咱们前头"，是因为其"内核和灵魂，恰恰是历史传统文化的升华"，指出了韩国人注重在影视作品中融入传统文化的基因，展示传统文化自信，并致力于传播和推广传统文化的特点。

韩国科技主管部门把民族的精神变成了促进科技发展的动力，并且在各个部门、各个环节形成了有机的整体，把扶持和发展本国高科技企业当成使命，形成国家和地方经济的评价体系。当我们热衷于以市场换技术的时候，韩国人早已把发展科学技术，提高民族的创新能力上升为国家意志，并且制定了具体的法律制度。作为韩国经济的主体，企业承载着振兴经济的历史使命，它们以创世界"一流企业""一流产品"为信条，坚持"技术创新"和"经营革新"，抓住"培育核心竞争力"的根本，逐步使企业由小到大、由弱变强，具备了在国际市场上与世界顶尖企业争锋、较量的实力。

4. 自强不息的创新意识

在经历了 20 世纪六七十年代对引进技术进行模仿、改良和磨炼、积累的过程后，自 20 世纪 80 年代起，韩国企业开始向以技术创新为导向的阶段迈进。20 世纪 60 年代，韩国完全缺乏自主开发的能力，不得不引进技术，包括设备及一些生产技术知识。这种模仿创新具有投资少、风险小、见效快的特点，但这也同时造成了韩国对外国技术的严重依赖性，在一定程度上造成其经济发展后劲不足。为此，从 1982 年确立"科技立国"的战略开始，总统每季度主持召开一次"科技振兴大会"，制定和调整科技政策。20 世纪 80 年代末开始，韩国"科技立国"的重点转向形成独立自主的技术研究和开发能力。经过多年的发展，韩国已初步形成了以企业为开发主体，国家承担基础、先导、公益研究和战略储备技术开发，"产学研"结合和有健全法律保障的国家创新体系。2013 年，韩国总统朴槿惠在竞选之初提出"创造经济"概念，并于同年 4 月成立未来创造科学部作为"创造经济"的政策指挥中心。

二、韩国创新管理体系

韩国国家科研院所主要承担国家战略储备的开发，大学从事基础研究，产业技术和高新技术大部分由企业完成，逐步形成了"官、产、学、研"协调发展的国家创新体系。在创新能力方面，国家可以通过将政府支持与私人企业结合的方法提升自己的综合实力。

1. 韩国政府主导型创新管理体制

政府推动的创新型国家建设一直是韩国建设创新型国家的特色，在创新中发挥了极其重要的作用。韩国的政府主导型创新国家模式，形成了一套权威的创新管理行政体系，其行政管理体制建设非常完备。韩国《科学技术振兴法》（1992 年）设立了由国务总理主持的"综合科学技术审议会"以强化领导。

2. 韩国创新管理凸显市场作用

亚洲金融危机后，韩国在建设创新型国家的过程中更加重视发挥市场机制的作用。首先，表现在韩国更加注重对企业创新的投入。2004 年，韩国企业的研发投入占国家研发总投入的比重达到 75%，2005 年也维持在 75% 的高水平上，大量的产业技术和高新技术均由企业完成，企业已经成为技术创新的绝对主力军；其次，表现为韩国通过优惠政策对企业研究所的重点扶持。韩国在建设创新型国家过程中已经非常重视市场机制作用的发挥，但政府仍发挥非常重要的作用，只是其作用也逐渐转变为宏观上的扶持和控制。

3. 韩国创新管理突出创新重心

韩国经济和科技的成功经验之一，就是充分发挥大企业集团在技术创新活动中的组织和引领作用。韩国大企业集团的崛起得益于政府的重点扶植，这些大企业集团为韩国经济的腾飞和创新型国家的建设做出了巨大贡献。与此同时，韩国开始重点扶持中小企业的创新和发展。金融危机后，韩国对中小企业创新的重点扶持表现在三个方面。一是韩国出台了多项重点支持中小企业创新的政策，如国家规定中小企业可向中小企业事务管理局申请向国家技术开发信贷担保基金推荐，可获得贷款。二是韩国逐渐完善支持中小企业创新的支持系统。1990 年以前韩国大学的研究相对较弱，大学和私人机构间缺乏交流，没有形成技术扩散到中小企业的良性机制。为了解决这些问题，韩国狠下力气，重点建设创新支持机构。现在韩国创新支持机构中最重要的因素有两类：第一类是国家发起设计的机构，第二类是地区和区域发起设计的机构。这些机构主要是为中小企业的创新服务，在解决以前中小企业创新机制问题上起到了关键作用。三是韩国中小企业的创新取得了明显的进步。

4. 韩国创新管理突出自主品牌

韩国人对"身土不二"的坚持，其本质是对产品质量的坚持。产品如果失去了品质保证，消费者对产品的忠诚度便会降低。但民族企业要想真正得到发展，仅仅凭借这些努力是远远不够的。尤其是在全球化下面临诸多挑战的民族企业，创新、拥有核心竞争力才能在国内外竞争中掌握主导权。著名的三星、现代公司，作为民族企业其实力强大，十分深刻地影响着韩国的政治经济社会。纵观他们的在华企业，可以发现他们不仅人力资源上偏向于本土化，在原材料和加工零件的采购上都有着明显的"本土化特征"。

三、韩国创新保障体系

韩国为应对新经济的挑战而建立的一系列法令、政策，对韩国高科技的发展起到有力的促进和保障作用。从韩国近半个世纪的发展历程来看，在韩国经济发展和科技崛起的过程中，政府坚持以政策和立法为手段，为创新创造良好的环境和条件。

1. 韩国创新法律保障

韩国十分重视以立法手段规范、引导、促进科技开发，借以贯彻国家科技立国总体战略，保护和扶持民族工业，鼓励技术发明和创新，建立高效有序的研发体制，以尽快实现"科技强国"的目标。

20世纪60年代最初制定的法令明确提出今后若干年韩国科技发展的大政方针。当时为弥补韩国内部技术力量的不足，于1960年制定了《技术引进促进法》，1967年推出了科技政策基本法《科学技术振兴法》。20世纪60年代，韩国在以引进技术为主的发展阶段，及时颁布了《外资引进法》，并根据情况变化多次修订，在逐步放宽限制、简化手续的同时加强管理和调控，如不准引进与本国专利权、商标权形成竞争的同类技术，不准在引进合同中附加有损本国产业发展的不合理条款等，从而保证了引进技术的质量，减少了重复引进，并保护了国家利益。

20世纪70年代，韩国的科技法令逐渐形成体系。当时为适应由技术引进为主向强化自主开发阶段的转换，韩国制定了《技术开发促进法》（1972年），采取设立技术开发准备金、政府出资和税收减免等措施，扶持以核心产业技术为重点的研发项目，鼓励民营企业附设技术研究所，引进技术消化改良和运用本国技术进行生产。

20世纪80年代，韩国建立技术振兴扩大会议制度。当时民营企业附设研发机构和增加技术开发投资步伐加快，逐步取代政府成为技术研发和创新的主力，这方面《技术开发促进法》功不可没。韩国政府意识到，对引进技术的过分依赖会对国家造成"未来持续发展的危机"。为此，韩国政府于1973年分别推出了《特定研究机关育成法》和《技术开发促进法》，旨在鼓励和活跃民间技术的开发。

20世纪90年代，韩国以进入高科技国家为目标，制定了一系列强化政府对科技管理的法令。为进一步贯彻"科技立国"战略，韩国于1992年制定了《科学技术振兴法》，建立了科技振兴基金以扩大对科技研发的资金支持，并对科技人才培养、情报研究、"产学研"共同研发、扩大对外科技交流和技术评估标准等许多重大事项做出法律规定，所有这些都对韩国面向21世纪的科技振兴和发展产生了深远影响。1997年，韩国政府颁布了《科学技术创新特别法》，进一步强调了政府在国家技术创新系统中的重要作用，并强调发挥企业在技术创新中的主导作用。1999年，政府通过了《科学技术革新特别法》，决定设立以总统为首的国家科学技术委员会，负责协调政府各部门提出的科研计划。

进入21世纪，韩国为应对新经济的挑战而建立的一系列科技法令，对韩国高科技的发展起到了有力的促进和保障作用。到目前为止，韩国已经形成了一套从基本法、《科技振兴法》《科技创新特别法》《科学技术基本法》到各个具体方面的较为完善的科技法令体系。

2. 韩国创新产业政策保障

随着经济模式由"政府主导型"向"民间主导型"转变以及企业实力的增强，韩国技术研发的主体逐步转向企业，作为国家经济的主体，韩国企业同时也成为技术创新的主体。

韩国政府为企业缔造政策环境、培育企业核心竞争力。伴随着国际环境的变化，韩国政府适时地进行了产业结构升级。

20世纪60年代初，当许多发达资本主义国家由劳动密集型向资本密集型产业结构过渡的时候，韩国凭借其优越的区位优势和优质廉价的劳动力，以纺织和加工业为重点，积极发展劳动密集型产业，实现了产业结构的第一次升级。

20世纪70年代是韩国国家创新体系的充实和发展阶段，也是创新内涵转变的酝酿期。这一时期，韩国由60年代以劳动集约型工业、轻工业为中心的产业结构，逐步调整为以重型工业为中心的产业结构。为了大力发展重型工业，韩国政府在1973年选择钢铁、机械、造船、电子、非金属、石油化学工业等6个战略性行业，集中投资并对这些行业给予税收、金融的优惠政策。韩国又及时抓住机遇，把发达国家一些资本密集型重化工业吸收过来，实现了产业结构的第二次升级。

到了20世纪80年代，发达国家又开始新一轮的产业结构调整，韩国凭借多年积累的实力，放弃了片面强调资本密集型重化工业的高速增长方式，提出"科技立国"口号，投资电子、机械、汽车等占主导地位的新兴产业，发展技术密集型产业，从而实施了产业结构的第三次升级，为经济的高速高效发展奠定了坚实基础。

2000年以来，为迎接21世纪技术竞争时代的严峻挑战，创造新的经济增长点，培育能够支撑未来经济发展的高新技术产业和国际竞争能力，韩国政府加强了对科技开发的规划和引导，把战略重点进一步转向科技自主创新。2003年8月，韩国政府提出了《十大新一代成长动力产业》的科技发展工程，把智能机器人、未来型汽车、新一代半导体、数码电视广播、互动电视网、新一代移动通信、等离子显示器和绿色新药等作为十大关键技术，并制定了相应的措施。2005年6月，韩国政府组织了"有望技术委员会"，同年8月，韩国政府组织科技、企业界充分论证后，提出了《未来国家有望技术21工程》，❶ 把核聚变技术、海洋领土管理技术、超高性能计算机技术、人造卫星技术、高附加值生物工程技术、高性能材料技术、人工智能及清洁技术、再生能源技术等21项关键技术确定为国家重点扶持项目，集中力量进行攻关。

3. 韩国企业创新战略体系

财力、人力的大量投入对技术创新固然重要，但更为重要的还是正确的研发战略。韩国政府适时实施战略转变，不断提高技术研发的起点和层次，有利于把资源有效地集中到迅速提升企业"核心竞争力"的自主创新上来。

从20世纪80年代初开始，韩国企业在实力达到一定程度后，政府及时将"追赶型"战略转变为"超越型"，20世纪90年代以来，又进一步向"先导型"战略转变。90年代中期以后，韩国政府开始在加强技术供应者和需求者之间的联系方面做出政策上的努力，其结果是在1994年韩国科学技术院内设立"技术商业孵化器"和"技术创新中心"，1997年合并为"新技术创业支援中心"。1996年，为了加强大学研究开发活动和中小企业的联系，全国各地开始设立科技园区。

4. 韩国"出口导向"战略

韩国企业科技自主创新对国家经济发展的贡献是通过不断提高产品国际竞争力和附加

---

❶ 张锦芳. 韩国决定发展重点科学技术以提升综合国力［N/OL］. http：//news. xinhuanet. com/world/2005 - 08/31/content - 3426699 htm.

值，持续扩大国际市场的占有份额来实现的。正是由于企业集团充当出口主力军并建成半导体、汽车、机械、造船、石化、钢铁等一批主导出口的产业，才支撑了韩国经济的起飞和持续发展。

20世纪60年代中期，韩国汽车业从进口零部件进行整车组装开始起步，韩国政府及时制定了《汽车工业基本育成计划》，把汽车制造作为支柱产业重点发展。通过"国产化政策"，促进汽车由组装销售向自主生产转型。一方面由政府干预，推动企业整合，集中扶持大型企业集团，形成骨干生产企业和零部件配套企业；同时，提高进口壁垒，并规定产品达到国家质量、价格标准即停止进口，使企业能够安心消化核心技术，提高自主研发能力。随着国产化目标的实现，又及时转向"出口导向"战略，不断扩充汽车生产和外销能力，并稳步推进自主开发和汽车生产全球化。现代汽车正是在这一政策环境下，迅速跻身于世界前7位汽车生产企业行列的。

在发展外向型经济的过程中，韩国政府明确提出了"出口第一""输出立国"的口号，进一步强化了出口导向的基本国策。韩国企业在贯彻国家外向型发展战略、开辟海外市场的实践中认识到，先进技术是企业的生命线，在日趋激烈的国际竞争中要想存活和发展，必须不间断地向技术革新挑战。

韩国围绕"出口导向"战略，坚持引进、移植外国生产技术并积极消化吸收和开发创新，成功地发展了劳动密集型产业，进而经历了资本密集型产业、技术密集型产业的发展阶段，并不断在技术和知识密集型产业领域开拓前进。

5. 韩国投入保障政策

其一，韩国为创新提供资金资助，主要有政策金融、技术开发基金两种形式。政策金融主要包括财政拨款和政策性贷款。为支持企业进行研发，财政拨款为企业提供50%～90%的研究开发费用，而政策性贷款则负责为企业提供各种低息贷款。技术开发基金主要是针对特定领域的技术开发活动，主要包括中小企业创业基金、产业基础基金等。

其二，韩国为创新提供财政优惠政策，主要是针对技术创新，涵盖了从基础研究到成果产品化中的各个环节，包括技术最初开始研发的开发准备金制度、相关设备的投资税金的减免和折旧、技术转让的税收减免、成果推广的投资税金减免和折旧等。

其三，韩国还灵活运用税收政策来激励创新。韩国对技术开发实施税收优惠政策，如建立技术开发准备金制度。根据企业类型的不同，相关企业可按其收入总额的3%、4%、5%提取技术开发准备年金，并可将其计入成本。此外，税收优惠政策还包括技术及人才开发费税金减免制度，以及新技术推广投资税金减免制度等，如免除专职研究开发人员所得税及个人研发时的一些费用产生的税收；对新技术开发的流转税与所得税类的减免；技术开发人把技术转移给本国人士或本国企业时，减免全部所得税，转移给国外企业时对所得税减半；对风险投资企业给予特别税收优惠等。

6. 韩国政府采购政策

为推动企业的创新活动，韩国政府20世纪80年代开始实行对创新产品实施政府采购制度。韩国法律规定各部门可以在高出国外同类产品价格的情况下，优先采购本国产品。为支持中小企业发展，对一些中小企业开发的新技术，政府实施收购，并出资支持中试❶和

---

❶ 中试就是产品正式投产前的试验，是产品在大规模生产前的较小规模试验。

产业化；政府也要求国有企业优先采购国产产品。法律还规定，公共机关要参照本部门预算和年度工作计划制定采购中小企业产品计划，报国会审议后予以公布。

7. 韩国服务协调保障

韩国政府组建了研究开发中心，为"产学研"合作提供各种国内外各专业领域的科技信息。为协助企业实现新技术的成果转化，韩国还建立了科研成果商品化事业团、技术开发洽谈中心以及新技术成果实用化支援机构等。

第二节 韩国科技创新战略及政策

20 世纪 80 年代之前，韩国确立并实施政府主导型经济发展模式，科技开发完全置于政府主导之下；之后，随着经济发展模式由"政府主导型"转变为"民间主导型"，政府在科技发展方面的角色也由"全面主导"向"政策引导"转换。

一、韩国科技创新管理系统

早在 1962 年，为了辅助韩国经济的恢复，韩国政府在经济企划院设置了技术管理局，以承担制定有关国家科技计划、国家科学技术交流计划活动的职责。1967 年，技术管理局独立出来，成立科学技术部（Ministry of Science and Technology，简称 MOST），其主要任务为：预测科技发展趋势，制定科技发展及推动政策；发展具有前瞻性的大型国家主要竞争科技；资助政府补助的研究机构、大学及私人研究机构从事基础及应用研究；制定研发投资、人力资源、科技信息及国际科技合作等相关政策；推广公众科技认知等。另外，韩国科技部还设立了 14 个咨询委员会，同时将原来隶属于教育部的韩国科学技术信息中心也转到科技部之下。2004 年，韩国把科技部长提升为副总理级，同时在科技部下成立科技创新本部（副部级），如图 10.1 所示。

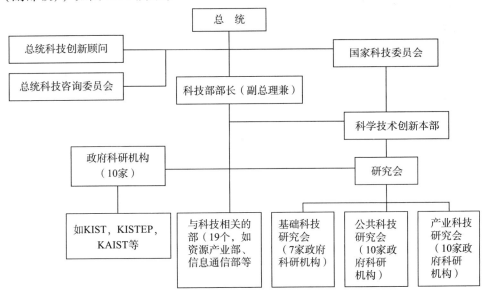

图 10.1 韩国科技行政管理体系

除科技部本身以外，韩国的科技行政系统还设有一些决策咨询性辅助机构或协调机构，这些机构包括国家科学技术咨询委员会、国家科学技术委员会等。工商能源部（Ministry of Commerce, Industry and Energy，简称 MOCIE）、信息通信部（Ministry of Information and Communication，简称 MIC）等亦为国家科技发展的重要部门。工商能源部的主要任务为计划并落实工业政策以推动工业发展及国际贸易，以及掌控能源的有效使用。工商能源部与科技部的区别在于：工商能源部着重应用科技及工业科技计划，强调策略性的科技发展，有效地将新技术商业化等，其科技政策的出发点是竞争性，亦督导、补助若干国家研究发展计划；而科技部着重基础研究，以及国家长程科技计划。信息通信部的主要职责为提供公共信息及通信服务。信息通信部亦督导若干国家研发计划，但不同于其他部门的是，信息通信部的研究计划经费来自信息及通信科技发展基金（Information and Communication Fund），而非国家科技经费。

其他科技发展相关部门还有国防部（Ministry of National Defense，简称 MND）、健康福利部（Ministry of Health and Welfare，简称 MOHW）、环境部（Ministry of Environment，简称 MOE）、农林部（Ministry of Agriculture and Forestry，简称 MAF）、海事渔业部（Ministry of Maritime Affairs and Fisher，简称 MOMAF）、建设交通部（Ministry of Construction and Transport，简称 MOCT）以及教育部（Ministry of Education，简称 MOE）等。

这些部门的设置和调整一方面体现了韩国金融危机后更加重视创新问题，另一方面使韩国的科技行政体系更加具有权威性，有利于对创新部门的协调和相关创新问题的解决。

二、韩国的科技研发投入体系

韩国政府为了摆脱对引进技术和模仿技术的过度依赖，在 1977 年建立了"韩国科学财团"，开始对基础科学研究活动给予支持。截至 20 世纪 80 年代，政府充当研发资金投入的主体，到 80 年代中期企业投入超过政府之后，政府仍继续发挥后盾作用，通过直接出资、设立基金和低息贷款、减免税收等形式，为科技研发特别是自主创新提供有力的支持。

1. 政府预算分配体制

韩国科技部通过两套系统来协调国家科技经费的拨划并制定重点科技的排序。其一为总统科技顾问；❶ 其二为国家科学与技术委员会，❷ 其成立目的为规划科技政策，决定重点科技发展顺序及分配预算。总之，韩国建立了体制化的科技研发预算分配体制，如图 10.2 所示。

其中，国家科技委员会确定研发预算分配的总体方案，并负责设置国家研发的优先级，对国家研发做出最终评论。而年度研发支出限额由计划预算部（Planning and Budget Ministry）和科学技术创新本部共同确定。其中，计划预算部还负责确立中长期财政计划。而科技部所属的科学技术创新本部对决定下一年度的研发预算也起主要作用，因为科学技术创新本部长担任国家科技委员会的行政主管，有很大的影响力。此外，科学技术创新本部还负责

---

❶ Presidential Council on Science and Technology（PCST），成立于 1991 年，为永久性组织，其成立目的在于强化总统在国家科技发展中扮演的角色，委员为两年一任，包括 11 位来自产业界及学术界的顶尖专家，通过每月一次对总统的报告提供适当建议，而各部会则被要求对各项建议作后续工作。

❷ National Science and Technology Council（NSTC），成立于 1999 年 1 月，其成员由科技相关部会的部长及科技界代表组成，并由总统担任主席，科技部部长担任秘书长。

·186·

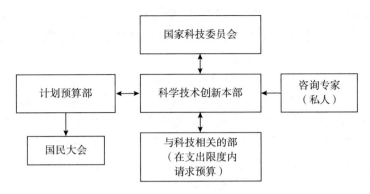

图 10.2　韩国 R&D 预算分配体制

分配各相关部门的研发预算，其下属的技术创新评估局负责评价各部门的研究成果和资金使用情况，但 500 亿韩元以上的项目需要由韩国发展研究所（KDI）等外部机构进行评估。评价标准包括论文发表、人才培养、技术转移等多项指标。评估成绩与该部门下一年度的科技预算挂钩，成绩好的增加预算，不好的减少预算。

2. 韩国补助研发制度

韩国政府还设有专门的补助科技研发的执行机构。1966 年成立由政府补助的研究机构（Government – supported Research Institute，简称 GRI），至 20 世纪 80 年代以后，GRI 系统历经几次重整，最近的一次在 1999 年 1 月，由相关法令规范新的运作、管理及发展方针，并赋予 GRI 较高的自主权。在新的制度下，共有 8 个 GRI 归科技部管理，其他所有的 GRI 则分属 5 个研究会，直接隶属于总理办公室。5 个研究会分别为基础科技研究会（Basic S&T Research Council）、工业科技研究会（Industrial S&T Research Council）、公共科技研究会（Public S&T Research Council）、经济及社会科学研究会（Economic and Social Science Research Council）、人文研究会（Humanities Research Council），其中前三者和科技直接相关。

3. 韩国科研奖励制度

韩国创新投入的政策还体现在各种科研奖励政策上。门类众多的科技奖励措施极大地激励着科研人员为国家努力工作。

韩国在科研实践中贯彻研究人员优先原则，研究经费逐年增加。2001 年，出台了《国家研究机构科研工作人员振奋士气综合对策》。2002 年科技部出台的《振奋科技人员士气》细则中对科研课题的选定、改善科研人员社会待遇等方面做出了具体规定。

韩国重视科技奖励，重奖贡献显著的科技人员，其设立的重大奖项包括"国家最高科学技术人奖""韩国科学奖""振兴科技功劳奖""韩国工程奖""青年科学家奖"，以及以历史著名科学家命名的荣誉奖"蒋英实奖"等共十几项，其中以"总统奖"和"韩国科技大奖"最具权威性。每年总统会亲自颁发 4 项"总统奖"：科学奖、技术奖、技能奖、科技服务奖，奖励对象为科学家、工程师、技术工人。对获奖者除给予荣誉表彰和数额不等的奖金外，优秀研究人员可享受政府"终身研究员"待遇、退休年龄延长至 65 岁、保证研究经费、允许参加国际学术会议、本人和家属可以享受医疗、就业、就学等多种特殊待遇。根据 2002 年 7 月政府开始实施的"终身研究员制度"规定，优秀研究人员还可申请 1～2 年的年假，可以利用年假进修或到国外参加学术活动，更新知识结构，提高学术水平。韩国科技部 1996 年设立"青年科技工作者奖"，奖励理工科研究领域 35 岁以下、成绩突出的青年研究人员。2003 年韩国设立了"大韩民国最高科学技术人才奖",对从事高水平科学研究、成绩显著的科研人员颁发总统奖章。这是韩国科技界的最高奖项,每年当选者不超过 4 人,奖金 3 亿韩元(约合 30 万美元)。

韩国从 2005 年开始实施国家权威科学家支援项目,目的在于建立广泛的国家优秀科研人员队伍,培养科研人员具备获得诺贝尔奖的能力。在提高国家地位的同时,为研究人员保障稳定的研究环境,为年轻的研究人员树立挑战的目标,2006 年 12 月,韩国教育人力资源部和韩国学术振兴财团公布了"2006 年国家级科学家支援项目",并评选出 10 位基础科学领域的科学家。这 10 名科研人员将连续 5 年每年获得 2 亿韩元的个人研究经费,必要时还可再延长 5 年。韩国负责教育的副总理金信一在大会上说,"拜托并希望大家都能成为诺贝尔奖得主,以提高韩国的地位。"

除了政府层面的资助外,各研究机构也在动员力量挑战诺贝尔奖。《东亚日报》报道说,首尔大学将从 2007 年 3 月开始实施"挑战课题事业"。该事业不问研究最终能否成功,而对具有独创性、冒险性的研究课题给予每年最多 1 亿韩元,最长 2 年的经费援助。首次当选的两大挑战课题分别是融合"物理学+生物学"和"地球科学+物理+化学"的综合性课题,是从 9∶1 的竞争率中选出来的。

三、韩国科研创新机构

韩国的科研单位由独立科研机构、分布在大学内的科研机构和分布在企业内的科研机构组成。在振兴计划中,韩国非常重视"产学研"合作,将其作为计划实施的一个重要组成部分,并且取得了显著成效。

1. 独立研究机构

韩国的独立科研机构分为国立(公立)科研机构、政府出资建立的非营利法人科研机构和其他非营利法人科研机构。在韩国"产、学、研"三角体制中,由韩国政府全额拨款或资助的国立(公立)研究机构是技术开发的"国家队",承担基础研究和核心产业技术应用研究,特别是民营企业无力承担的大型项目的研发。长期以来,韩国的重大科研开发项目都由政府确定,并大多由官办科研机构开发,官办科研机构已占全国研究机构总数的一半以上。

国立(公立)科研机构,由中央或地方政府设立,分布在农业、医学、自然科学、工学等领域。政府出资建立的非营利法人科研机构,从建立到运营以及开展研究开发活动均接受政府的资助,但以独立法人的形式运作。韩国科学技术研究所、原子能研究所、能源技术研究所、机械研究所、航空宇宙研究所、电工研究所、光州科学技术院等均属此类。其他非营利法人科研机构,建立时资金来自政府以外的其他渠道。作为民间非营利法人科研机构,接受国家项目的渠道可以是法人机构设立时给予认定的主管政府部门,也可以是政府其他部门。韩国政府以国家项目推动政府和民间的研究开发。

从 20 世纪 60 年代开始,韩国按技术领域成立了若干大型的隶属于政府的科研机构,这些研究机构作为韩国国家改革体制中最核心的主体,在国家研发体系中起到创造新一代增长动力的作用。如成立于 1966 年的韩国科技研究所(Korea Institute of Science and Technology,简称 KIST),从成立之日起就一直是带领韩国科学技术复兴和发展的领导性机构之一。在 20 世纪 60~90 年代,KIST 致力于高新工业核心技术的研发,为韩国前沿性产业升级做出了杰出贡献。在 21 世纪中，KIST 将会集中力量开发创新性和原创性的技术，为韩国乃至世界在下一时期的发展贡献力量。许多专项研究所由 KIST 中衍生而出，每一研究所均专门为某一策略领域的研究而设，如造船、海洋、电子、通信、能源、机械、化学等。

从 20 世纪 90 年代起，韩国政府下属的研究机构主要以量的增长为目标，实行以课题为中心的管理制度，强化各类研究机构的作用，如组建基础科学领域先导机构"高等科学院"；扩充基础科学发展与地区研究基地，加大对科学研究中心（SRC）、工程研究中心（ERC）以及地区研究中心（RRC）的扶持力度；组建"亚太理论物理中心"等高等科技机构，发展尖端科学技术，为创新奠定基础。

2. **企业研发团队**

韩国的企业研究机构分两类：一类是企业附设科研机构，另一类是产业技术联合科研机构。韩国政府的政策规定，允许企业以利润的 20% 作为研究开发的投资，而且头两年可将此作为亏损处理。政府还鼓励企业成立自己的科研机构，对应缴税款予以减免。在此政策鼓励下，韩国的大中企业，甚至一些小企业相继成立科研机构。目前，企业科研机构与官方科研机构和大学并驾齐驱，已经形成"三足鼎立"之势。

随着经济规模的持续扩大和竞争的不断加剧，单纯依靠国家科研已无法满足产业及经济发展的需求。因此，韩国政府在继续发挥其对技术创新的主导作用的同时，开始通过"产学研"协同技术开发，从 20 世纪 80 年代末开始，韩国企业纷纷设立技术研究所，加强独创技术和产品核心技术的独立研究开发。三位一体的合作体系确立以后，企业受到政府的影响纷纷设立自己的研究机构，增强独立研发能力，20 世纪 90 年代以后企业的研发投入占到国家总投入的 80% 以上。

韩国企业研究所主要承担本企业生产所需的技术研发任务，具有针对性强、成果转化直接、便捷的天然优势。企业研究所根据自身能力、实际需要和效益考量，除独立研发外，还采取与政府研究机构联手攻关及委托研究等多种方式开发新技术。所谓"委托研究"即企业提出研究课题，以招标方式选定承担对象后，双方或三方就成果规格和质量要求、研究经费、完成期限及专利等事项签订合同，研究成果经相关机构评估验收后，由企业按合同付酬。这种做法紧密结合了企业对关键技术的需求，被认为是"产、学、研"结合的一种有效方式。

20 世纪 80 年代末开始，韩国的研究体系逐步开始转变，形成了三位一体的联合创新体系，即确立了企业作为技术开发主体的地位；国家主要承担复杂的基础研究、先导性研究、短期内经济价值不明显但是长期来看社会价值较大的公益性研究，以及国家的技术战略储备方面的研究；大学则主要从事在近期经济效益不高，但是短期内可以看到市场需求的基础性需求。

3. **高校研究机构**

韩国自然科学领域的基础研究主要由大学承担。自 20 世纪 80 年代以来，韩国政府和一些部门与大财团联合，在大学相继设立了"产学研"机构，如半导体研究所、遗传工程研究所、基础电力共同研究所、新型材料共同研究所、自动化系统共同研究所、资源及能源共同研究所等。政府对大学的科研给予极大重视，教育部门下拨给大学的学术经费增长迅速，各个大公司也纷纷投资大学，借大学的智力搞技术开发。

韩国的大学承担教育和科研双重任务，在"产、学、研"三角体制中扮演着十分重要的角色。大学主要从事在近期经济效益不高，但是短期内可以看到市场需求的基础性研究。多年来，韩国在构筑"产、学"连接体制上进行了大量探索，取得了明显成效。例如，政府把大学研究开发投资中政府投资比例由目前的30%提高到欧美国家50%的水平，同时政府逐年增加"基础科学基金"等专项基金额，更新大学的科研设施。

2005年3月，韩国政府召开国家科学技术咨询会议，提出了新的重大改革举措，确立了"适应国家产业技术发展需要，建设世界水平研究型大学"的基本方针，把构建"产、学"合作体制作为政策重点。其具体措施包括：在理工科大学内设立由大学直接任法人的专门研发机构，促进大学企业化，借以强化对企业技术开发的支援；设立大学内的"产学协作技术股份公司"，向风险企业直接投资或以技术入股方式同企业进行合作；根据企业对革新型人才的需要改编课程设置，采用产学挂钩的奖学金培养制度等。

据此，韩国的大学会依据自身的发展定位，确立不同的以企业需求为导向的"产学研"协同创新模式。针对如汉城大学、浦项工业大学、延世大学等著名研究型大学，构建了以大学、企业和科研院所为开发主体、国家承担战略储备技术开发、有健全法律保障的国家创新体系，实现了信息通信、生物工程、纳米技术、航空航天等领域的技术突破。针对大多数普通高校，则主要采取鼓励发表学术成果、主动参与各种学术会议、参与知名校企联合研究、人才引进和外派进修等形式实现知识传播和转移。

近年来，政府主导"官产学研"之间的协同合作，加强科研机构的建设，充分发挥理工科大学、科学技术院和科学工业园区的人才基地作用。如韩国的大德科学园是集科技开发、教育、生产为一体的工业园区，在韩国的科技发展中发挥着核心作用，被喻为韩国的硅谷。1988年在大德研究开发区内设立"产学研交流中心"。2005年，韩国政府又将大德科技园区指定为"研究开发特区"，计划到2015年入驻的尖端企业数量将由目前的824个增至3000个，并吸引20家外国研发机构进驻。大德园区目前已成为创新技术的"孵化器"。光州、釜山、大邱等地也建立了同样功能的科学园区，成为韩国"产学研"联合的一方沃土，对其高科技发展提供着强大的智力支持。

四、韩国科技创新战略

较为科学的科技发展规划是保证未来科技研究和科技创新能够沿着正确的方向前进的指针。韩国的历届政府都非常重视对科学技术长期发展的规划。

1. "科技立国"战略

韩国各届政府一直比较重视科技在国家发展中的作用，强调"科技立国"战略。

20世纪60年代，确立以引进技术为主的科技工作路线。20世纪80年代，首次提出"科技立国"战略，建立科技发展的举国动员机制，特别是官、民分工合作体制，加大对自主研发的投入力度，并将重点转向电子、机械等技术密集型产业。20世纪90年代，韩国政府对"科技立国"战略进行改革与调整，如1997年韩国政府就制定了"1997～2005年科技发展五年计划"，这项计划的总目标是确保战略性核心领域的独创性技术革新力量，并在21世纪初在综合科技方面赶上西方发达国家水平。为此，韩国政府在1999年制定了《科技创新特别法》，对五年计划加以保障和完善。

21世纪初"科技立国"战略得到进一步发展。在经历了经济快速崛起和亚洲金融危机之后，韩国更加深刻地体会到科技在国家发展中的核心作用。2003年，卢武铉就任韩国总统后，明确提出"科学技术第二次立国"口号以及今后 10 年进入"世界科技八强"和"世界经济十强"的目标，并且在《2003～2007 年科技发展基本计划》中提出要确立国家科技发展的四个重点领域和十大战略产业的目标，2005 年又完成了第 3 次科学和技术规划纲要的制定工作，明确了建立"以科技为中心的社会"的战略导向。

所以，韩国通过制定科学的科技发展规划保证了韩国的科技创新能够沿着正确的道路前进，避免了盲目的摸索和资源的浪费。

2. "科学技术振兴计划"

自 1982 年开始，韩国每季度都要召开一次由政府各部门负责人、科技界、企业界代表参加的科技振兴扩大会议，检查全国对引进技术消化和学习的情况，审议决定科技大政方针，会议主席由总统出任。1988 年，科技振兴扩大会议改由民间主导进行，而政府则成立"科学技术委员会"，由副总理（韩国只设一位副总理）任委员长，担负宏观决策和调控任务，并有预算分配权。为了推进技术引进工作，韩国政府制定系统的"科学技术振兴计划"，建立科学技术行政机构和相关制度等，继 1989 年制定《尖端产业发展五年计划》之后，又相继出台了《G72 工程》《科学技术基本计划》，规划出科技振兴的中长期蓝图。2005 年又完成了第 3 次科学和技术规划纲要的制定工作。政府还加强对技术创新的资金支援，主要形式有政策性金融扶持和技术开发基金等形式。

1991 年韩国政府发表了《科学技术政策宣言》，提出把科技自主开发和高新技术消化和学习置于同等重要位置。随后，韩国政府提出了"研发模式从模仿变创造"以及"建设以科技知识为推动力的头脑强国"的口号。为此，韩国出台了一系列科技举措，如实施了关键技术选择和技术前瞻计划，制定中长期科技规划，大力发展本国的高级研究机构等。韩国从 20 世纪 90 年代开始把科技计划的制定转变为"自上而下"和"自下而上"相结合的方式，由政府确定长远的国家发展目标，选择技术领域，并征求基层专家的意见，经过反复调整，制定中长期科技计划，如"尖端和科学技术发展基本计划（1990 年）""为克服经济危机开发技术特别对策（1990 年）""第 7 次经济社会开发 5 年计划（1991 年）""科学技术革新综合对策（1992 年）""向 2010 年科学技术发展长期计划（1995）""韩国 2025 年构想（2000 年）"等。

3. 实施国家大型计划

在 20 世纪六七十年代，韩国国内的研发活动主要目标为有效仿造及吸取海外技术，及至 80 年代，韩国政府才开始建立系统的创新机制来催化工业重整。其国家研发计划基于《科技发展推动法案》(*The Technology Development Promotion Law*)，起始于 1982 年，由 MOST 推动，目的在于诱导企业界投资研发活动，并鼓励产业界、学术单位及 GRI 间的合作。近年更因多样的科技、社会、经济的需求，其国家研发计划已扩展至若干研究计划。目前其主要重点计划计有：极先进国家计划、引发开创性研究、策略性国家研发计划、国家研究实验室计划。

4. 韩国"产学研"三位一体战略

为提高国家的创新能力，政府采取一系列措施促进公共研发机构、企业与大学三者之间的技术合作。

政府通过共同研究开发事业积极推动"产学研"结合。如 1986 年在"科学技术团体总联合会"设立"产学合同委员会"，开始支援"产学研"之间的交流和辅助政策建立，制定《产业技术研究组合培养法》。1987 年实施的"先导技术计划"就是一个"产学研"各方广泛参与的高技术研究与发展计划。2000 年"特定研发计划"的 1900 多个课题中，85% 为合作研究。目前，韩国促进产学研合作研究的共同研究项目主要包括产业源头技术开发事业和"产学研"联盟事业。"产学研"联盟事业主要支持中小企业的技术开发，由"产学研"共同技术开发事业、企业下属研究所事业、"产学研"合作室事业三项构成。2009 年，这三项事业支持资金总规模为 977 亿韩元，项目支持比率为 75%，其中"产学研"共同技术开发事业预算为 597 亿韩元。

除政府推动的共同研究事业外，企业研究所也采取与政府研究机构联手攻关及委托研究等多种方式开发新技术。委托研究由于紧密结合了企业对关键技术的需求，被认为是"产学研"结合的一种有效方式。另外，韩国又陆续成立了多家"产学研"合作基金会，是统筹所在高校科研管理活动的中心，全权负责所有涉及"产学研"的合作事务，形成了"大学科技园""委托开发研究""产业技术研究组合""产学研合作研究中心以及参与国外产学研合作"等模式。

设立大学合作科学园区是"产学研"合作的重要形式，目的是使企业能够利用大学的研究力量、信息、技术和设备，加强大学研究成果向企业转让。大学合作科学园区承担着大学研究成果向企业转让、对新建企业的支持、加强人才培养和交流的职能。建立科技园区成为实现"产学研"结合、推动成果转化的有效途径。目前，韩国已建成或在建的大学合作科学园区有十几个。较具代表性的有首尔大学基础科学合作支援团、浦项工业大学的产业科学研究所、大宇高等技术研究院、延世大学的工学研究中心以及位于大田的大德科技园区。

第三节　韩国发展文化国力的实践

韩国的文化产业政策是把文化产业作为知识经济的核心产业进行培养。文化产业的长期目标就是要使韩国发展成为 21 世纪的世界文化大国和知识经济强国，即在美国、日本、欧洲的文化产业之后，韩国要做大自己的文化产业，力争使韩国跻身世界文化产业强国之列。韩国意识到，文化产业将是 21 世纪经济增长的动力。在经济上具有高附加价值的文化产业，应作为国家的核心产业进行大力培养。韩国制定的文化立国战略和一系列文化政策，带动了韩国各行业的发展，为其带来了很多实实在在的收益。

一、韩国的创新文化环境

韩国从政府到民众，对传统文化遗产的保护、弘扬和传承的意识，都高度自觉，且在保护和传播的过程中，注重保留文化遗产的原汁原味，仅在有限的范围内，根据时代要求进行适度创新。

1. 韩国政府建立了法制化、体系化和制度化的传统文化保护机制

早在 1962 年，韩国政府就颁布了《韩国文化财保护法》❶，而联合国教科文组织直到 1981 年才开始启动非物质文化遗产的评定，1983 年才制定相关政策规定，对韩国经验多有

---

❶　文化财类同于汉语的文化遗产。

借鉴；多年来形成了以"文化财委员会"为核心、以文化观光部下属的文化财厅为行政管理架构的文化遗产保护体系；在事件中不断摸索实行文化遗产保存记录和传授教育制度、无形文化遗产海外传播制度、文化遗产标准化、竞争性、动态性和针对性认证制度等一系列制度。韩国政府官员不是高高在上发号施令，或者发表一些走过场、空洞无物的讲话，而是深入到文化遗产保护和传播的具体环节之中，参与互动，与民众和游客打成一片。

2. 韩国民间积极参与文化传承与创新

韩国民间各个领域的组织、机构及个人都重视文化的传承与创新。在文化遗产保护方面，各种社会组织、学者和普通民众都乐于参与其中。

一方面，生活在当代的韩国人十分热衷于融入非物质文化遗产的活动过程中，在远离尘嚣中得到超脱的体验，丰富了人生内容。韩国各类文化遗产的发现、申报、推广过程中，民俗学者都表现十分活跃，各博物馆所要展示的内容也都会充分听取民俗学家的意见。而在每年的传统活动中，都有民俗学者的积极介入。例如，20世纪60年代初期，韩国民俗学会前会长、中央大学教授任东权先生首次发现了"江陵端午祭"，此后他积极研究并向政府申报了此项目，引起政府重视，将其列为国家重点文物，直到成功获选世界非物质文化遗产。

另一方面，韩国民间在挖掘传统文化时又适度创新。如"江陵端午祭"是韩国江陵保有的一项传统非物质文化遗存，与中国的端午节同宗同源，但它却成功地被联合国教科文组织认定为世界非物质文化遗产。它在祭仪、演戏和游艺等方面保存了传统风貌，同时积极开拓新的生长点，但不是生搬硬套地将现代文化植入其中，而是从其原体上进行新的提炼、整合，使传统升华，并富有时代风貌。他们在端午的集市中发现了"江陵人的共同体礼仪"，增强参与民众的集体归属感；通过强化活动的神圣性，给民众带来参与的自豪感；在广泛传播之中，为民众带来荣誉感体验等，都是基于传统适度创新的体现。

众所周知，韩国是发达的"西方国家"之一，西方文明深深地浸润在现代韩国的骨髓之中，然而却并未割裂现代和传统的关系、影响甚至取代传统文化在韩国民众日常生活中的意义和作用，两者并行不悖，且相互促进，造就了自由和繁荣的现代韩国，使文化底蕴建基于强大基石之上。

3. 韩国政府积极推出文化产业

作为生产文化产品的产业，文化产业是以文化和艺术作为源泉，对其进行存储，然后在一定程度上，对于创造性的成果进行大量生产或者从最初就对个人创造性的契机进行灵活运用的行业。

韩国的《文化产业振兴基本法》对文化产业进行了具体的定义。在《文化产业振兴基本法》第1版中，"文化产业"的定义是"对文化产品的计划、开发、制作、生产、流通、消费等，以及与之相关的服务的产业"，而对"文化产品"的界定则是"包括了文化的要素，并在经济上创造出了附加价值的有形、无形的商品（也包括与文化相关的内容以及数字文化内容）和服务以及其复合体"。在2002年的《文化产业振兴基本法》修订版中，"数字文化内容"的概念被增加进去，文化产业成为"包括了数字文化内容的搜集、加工、开发、制作、生产、存储、检索、流通等方面，以及相关服务的产业"。在修订版中，"数

字文化内容"指的是"包括了文化的要素，并在经济上创造出了附加价值的数字内容"。❶
作为产业动向分析机构的美国普华永道咨询公司认为，在韩国常常被称作"文化产业"的
产业应该被称为"娱乐和媒体产业"，它包括电影、电视、唱片、广播、广告、网络、游
戏、杂志出版、新闻出版、书籍出版、信息服务、游乐场、赌场、运动等产业群。而在 21
世纪，韩国政府将文化产业政策的侧重点放在了文化产业价值链、经营人才培养以及对发
达国家文化产业发展信息搜集方面。政府改变了以往主要靠重工业支撑国民经济的传统做
法，将 IT 业和娱乐产业作为新的经济增长点。

二、韩国创新文化产业管理

韩国政府基于对文化产业重要性的认识，十分重视文化产业的发展，通过采取多样化
的措施不断促进文化产业的发展，以跻身"文化产业五大强国"。

1. 以"文化立国"为国家战略

韩国历史上第一位文人民选总统金泳三在 1993 年上台后，废止了 1990 年设立的文化
部和体育青少年部。1994 年，根据总统的指示，在文化观光部内部设置了文化产业局。当
时，文化产业局由文化产业企划课、出版振兴课、电影振兴课、影像音盘课组成。1996 年，
文化产业政策开始进入运作轨道，于是著作权课就从艺术振兴局转到了文化产业局。2004
年 11 月，文化产业局被分成文化产业局和文化媒体局两个部分。韩国政府出面建立了"文
化产业振兴院"，其注重用文化产业带动其他产业发展。

1998 年正式提出"文化立国"方针，1998 年年初，文化体育部和公报处被取消，由文
化观光部取代，并从 1999～2002 年先后颁布一系列扶持文化保障政策，如《文化产业发展
5 年计划》《文化产业前景 21》和《文化产业发展推进计划》，明确了韩国文化产业发展战
略和中长期发展计划，有力地推动了文化产业的发展。

文化观光部的成立，使文化政策和文化产业政策、观光政策之间产生了协同效应，从
而也形成了真正的政策促进体系。韩国的文化产业政策或文化政策与观光政策相结合，使
产业部门之间能够最大地发挥关联作用，从而促进政策体系在政府组织法上得到体现。

在政府组织改组中所注入的这种政策意识，可以从 1999 年韩国国务总理办公室所发布
的五大国家政策指标之一的"文化、观光的培育"中体现出来。将文化产业局分成文化产
业局和文化媒体局，则是对急剧变化的数字环境做出的积极回应。已有的文化产业局组织
结构非常庞大，这成为文化产业政策有效发挥的一个障碍，因此对它进行改革就十分必要。
新设立的文化媒体局由三个课组成，是将原文化产业局中的出版新闻课分成媒体产业振兴
课和出版产业课，然后再加上广播电视广告课。新的文化产业局则由文化产业政策课、影
像产业振兴课、游戏音乐产业课、文化内容振兴课这四个课组成。这样一来，通过从文化
产业局中将媒体这一块分离出来，使一些部门机能得到有效的改变，与电影、动画、游戏、
卡通形象、音乐等文化内容有关的产业得到专门系统化的管理。

2. 完善的著作权保护政策

文化产业创造出高附加值的过程与著作权的保护具有不可分割的关系，因此著作权政
策可称作文化产业政策的核心领域。

---

❶ 姜锡一，赵五星，陆地. 韩国文化产业［M］. 北京：外语教学与研究出版社，2009：2.

一方面，1990 年后韩国国内施行的《著作权法》的两次修订，都是围绕着文化产业中的两个环境要素的变化而进行的，即全球化和数字化的媒体环境。20 世纪 90 年代《著作权法》进行了第一次修订，其宗旨在于促进国内法律与国际性条约的协调。2000 年以后对《著作权法》的再次修订，则反映了电子计算机技术的发展。

另一方面，著作权政策还包含文化产业的建设等相关事宜，因为著作权政策与文化产业政策有着紧密的关系。著作权制度的目标在于通过保护著作权，为著作权人提供适当的经济补偿，从而在促进创造性创作活动的同时，也提供给数量庞大的消费者以接触并使用这些产品的机会，之后这些机会再不断增加，从而在更大程度上实现大众对文化产品的公平享受。

除了《著作权法》外，有关文化产业的法律制度有：为建立文化产业发展的基础，强化其竞争力，制定的支持和振兴文化产业基本事项的《文化产业促进法》《文化产业振兴基本法》❶；与电影的制作、进口、等级分类、上映等有关的《电影振兴法》；与音盘、录像制品及游戏盘的制作、供给、销售、提供视听、进口、等级分类等有关的《唱片、录像带暨游戏制品法》；影像文化的顺畅流通和影像产业的振兴的《影像振兴基本法》；为保障报纸等定期刊物的功能并建立健全发展功能的基础，追求舆论多样化的《关于保障新闻等的自由和职能的法律》；与出版、印刷事项及出版、印刷文化产业的支持、培育和出版物的审查及建立健全流通秩序有关的《出版及印刷振兴法》；为保障新闻通信的自由和独立，在提升其公共责任的同时，为新闻通讯社的健全培育而规定了相关事项的《新闻通信振兴有关的法律》；为维护因新闻报道而被侵害的国民权利，形成公正的言论，并实现言论的公共责任而制定的《关于媒体仲裁和受害救济的法律》（简称《媒体仲裁法》）；为地域新闻有健全的发展基础以及舆论的多元化和各地区社会的均衡发展而制定的《地区报业发展支持特别法》；与韩国广播电视广告公社的设置和广播电视广告的销售事项有关的《广播电视广告公社法》；以及规定了无线广播电视、有线广播电视及韩国广播电视公社等有关事项的《广播电视法》，等等。

3. 多元文化产业资金投入政策

韩国在文化产业的资金上舍得投入，不断加大文化产业预算。文化事业的财政预算2000 年首次突破国家总预算的 1%；2001 年又上调 9.1%，进入"1 兆韩元时代"。据统计，韩国文化产业预算由 1998 年的 168 亿元增加到 2003 年的 1878 亿元，占文化事业总预算的比例由 3.5% 增长到约 17.9%。

加强文化产业基础设施建设，对一些大型文化项目进行经济支援，成立管理投资资金的专门公司，做到专款专用。为此，韩国成立了各种基金会，如文艺振兴基金、文艺产业振兴基金、信息化促进基金、广播发展基金、电影振兴基金、出版基金等。此外，国家在文化产业相关领域基本上都有一套奖励措施。

加大了对影像、游戏、动画、音乐等重点文化产业的奖励力度。"国务总理奖"（大奖）为最高奖项，奖金 1000 万韩元，"文化观光部长官奖"（优秀奖）奖金 500 万韩元，"特别奖"奖金 300 万韩元。文化观光部计划 2003 年把"大奖"升格为"总统奖"，提升奖励的权威性。与此同时，政府还在经济政策上完善有关文化经济政策，利用税收、信贷

❶ 《文化产业振兴基本法》于 1999 年 2 月制定，2002 年 1 月进行全文第一次修订，2003 年 5 月再次修订。

等经济杠杆，实行多种优惠政策，如为重点发展的游戏、动画等风险企业，对进驻文化产业园区的单位提供长期低息贷款，减少甚至免除税务负担。❶

三、韩国创新文化传播途径

"韩流"文化出口主打产品为游戏、电视剧、电影。"韩流"文化产品出口不仅为韩国赚取了大笔外汇，更为国家形象的提升立下汗马功劳。韩国设立了许多机构推广韩国文化，从组织上保证"韩流"的影响力。

1. 政府着力打造"韩流"文化产品

为了推动文化产业，韩国成立文化产业专责机构，将文化资产转化为创意产业，并以进入国际市场为目标。这些机构包括：在首尔建立"韩流发祥园地"，在北京、上海等地建设"韩流体验馆"，对"韩流"文化盛行国家和地区的使领馆加派文化官员，成立"韩国文化振兴院"，在"韩流"影响大的国家和城市设驻外办事处，在韩国多个城市举办过多届"韩流商品博览会"等。

2. 力推韩剧引领"蝴蝶效应"

作为"韩流"文化的主要承载者之一，韩剧充当了重要角色。韩国的文化产业一直具有文化地标的意义，每年的釜山电影节已成为韩国文化的名片，而不断推出的"韩剧"总能产生引领时尚的"蝴蝶效应"。如今，一种被称为"无言表演"的舞台艺术又为韩国的文化产业增添异彩。

在韩国古装剧中，令人印象的是对古代韩国文化的尊崇、描述和展现。如在中国家喻户晓的《大长今》一剧，对韩国的传统饮食文化进行了精描细画，并将它融入了动人的历史人物和故事的演绎之中，获得了生动传神、润物无声的传播效应。随着该剧的热播及在海外的广泛流行，韩国文化在各国深入人心，无形中提升了国家的品牌形象。像《大长今》这样的韩剧为数不少，《商道》《李祘》《医道》《马医》《大风水》等都从某个具体的文化现象展开剧情，而在现代剧中，浓郁的家庭观念和传统文化精神则是其主要文化背景。近年来，《继承者》和《来自星星的你》再次掀起一股"韩流"狂潮。

3. 重点打造高附加值的游戏产品

为了开发高附加价值的文化产品，扩大韩国文化产品的海外市场，提高韩国文化产业的竞争力，韩国政府在多个方面给予文化产业大力支持。从 1998 年开始，通过支持韩国的游戏产业参加 E3、ECTS 等海外有名的游戏展示会，大约为 236 个公司进军海外市场提供了契机。从 2001 年开始，韩国每年召开"世界网络游戏大会"，每年吸引来自 40 多个国家的约两万人参加。"首尔影像风险中心"从 1998 年设立到 2003 年关闭，通过支持 60 个公司（电影公司 29 个，动画公司 14 个，游戏公司 17 个）取得了一定的成果。

在韩国创意产业中，电子游戏产业相对成功。韩国采取的政策性措施有：①重整政府、协会、电子游戏厂商之间的关系；②促进民间投资电子游戏产业；③强力保护具有传统文化的产业；④成立韩国游戏产业开发院；⑤推行多媒体分级制度。

---

❶ 张永文，李谷兰. 韩国发展文化产业的战略和措施［J］. 北京观察，2003（12）.

4. 发展文化技术推动"创造经济"发展

在韩国，文化技术❶已成为文化创意产业发展的核心要素。"文化技术"利用人文社会学要素，刺激感性和想象力，形成创意，用理工科学要素表现文化创意，从而形成具备新价值的文化商品，可称为"创造经济"时代的主要推动力量。

早在 2001 年 8 月召开的韩国国民经济咨询会议中，就将文化技术（CT）、信息技术（IT）、纳米技术（NT）、生命工学技术（BT）、环境技术（ET）和宇宙航空技术（ST）等视为 21 世纪最有发展前景的战略技术。❷

文化技术作为其中重要一环，并在电影、广播电视、游戏、演出和展示等文化产业制作和流通过程中，发挥了不可替代的重要作用。目前，文化技术不仅在韩国传统的电影、电视、动画的电脑特效方面发挥作用，而且将趣味性、注意力的要素注入游戏中，开发功能性游戏，用于预防痴呆和教育训练等，还将数码技术与舞台模拟技术相结合，开发数字化模拟演出、舞台转换、音响照明相关的智能舞台装置技术，成为文化创意产业发展和决定其竞争力的决定性要素。

四、韩国创新文化产业特点

1. 政府主导发展模式

韩国文化产业以私人兴办为主，政府积极主导的模式。这种模式在文化产业的管理、生产、融资、人才培养等诸方面都有自己的特色。这种模式的特点是政府在文化产业的发展过程中，主要从宏观上进行管理，杜绝微观上成为办文化的主角，既让产业快速繁荣发展，又防止文化偏离既定的目标。这种模式和机制的优点是政府通过政策和法律以及财税等手段的强有力调控，一方面整合文化产业链条中的各种力量和资源，引导文化产业发展中的良性竞争，促使文化事业单位向文化企业单位转型，并避免不必要的恶性竞争和资源浪费；另一方面，政府在宏观上可以掌控整个文化的发展的态势和步伐，同时可以引导文化产业的发展和文化产品的生产与出口，积极弘扬本民族的优秀文化。

韩国的最高文化行政机构是文化观光部，下设文化产业局、政策局、艺术局、观光局、体育局和青少年局等智能部门，致力于把文化产业打造成国家的支柱产业。其中，文化产业局的管理目标是制定文化产业发展的中长期战略和政策，推动文化产业成为 21 世纪韩国国民经济中的支柱产业。

2. 强有力的政策支持

在市场机制之外，韩国在文化产业政策上提出多样化的对策，对于文化产业非经济性的价值要给予充分的关注。随着大众传播媒体的发展，文化传播得以向大众扩散，与政府的支持与否无关。通过市场，大众文化产业的成长对文化的传播做出了很大的贡献。

3. 努力打造民族品牌

韩国政府积极鼓励并支持文化产品的民族品牌的生产与出口。韩国出口战略是，利用国内市场收回制作成本，通过海外市场营利。为此，他们采取了一系列措施。首先，在北

---

❶ 作为包含理工科技和人文科学、设计、艺术领域的知识和感性要素的一种技术统称。

❷ 张乃禹. 韩国"创造经济"：以文化创意为内驱力［N］. 中国社会科学报，2015 - 1 - 21.

京和日本东京设立办事处，向国内提供中国、日本文化产业发展信息，进行文化产业海外发展政策、开发、出口等咨询和说明，为拓展海外市场服务。其次，韩国政府积极鼓励并支持文化产品的民族品牌的生产与出口。1999 年 1 月韩国广播文化交流财团设立"影像制品出口支援中心"，为每年生产 1000 部以上出口影像制品提供资金支持；2002 年文化产业振兴院选定 10 个出口唱片项目，各支持 3000 万韩元制作费和 2500 万韩元外文版制作费，签约时先提供 80%，制作完成检验合格后再提供 20%。除此以外，政府还特别成立了影音分轨公司，对翻译和制作费用几乎给予全额补助。再次，韩国还利用互联网、代理商，开发直销、合作经销等多种手段，逐步构建起国际营销网，加强市场运作。2004 年，韩国文化产品已经在世界市场上占到 3.5% 的份额，并已经拥有三星、LG 等全球著名品牌。最后，积极与其他国家"共同制作"的产品逐渐增多，主要目的是解决资金不足，学习先进技术，打入国际市场。

4. 建构文化集约生产及运营机制

韩国优化资源组合，发展集约生产经营，形成文化发展的规模优势，提升研发生产能力和文化产业的整体实力。具体发展文化产业生产经营的总体战略是，2001 ~ 2010 年的 10 年，全国共建 10 多个文化产业园区，10 个传统文化产业园区，1 ~ 2 个综合文化产业园区，形成全国文化产业链，旨在优化资源组合，发展集约经营，形成规模优势，提升研发生产能力和文化产业的整体实力。《文化产业振兴基本法》规定，文化产业园区是"产、学、研"联姻，对文化产业进行研究开发、技术训练、信息交流、生产制作的"集合体"，建设方针是地方政府为主，中央政府支持，动员民间参与。国家为文化产业园区各支持 200 亿韩元（在 2 ~ 3 年分期拨款），传统文化产业园区各支持 50 亿韩元，综合文化产业园区各支持 300 亿韩元。先期计划 2005 年前共建成 7 个文化产业园区：大田（尖端影像、多媒体业）、清州（学习用游戏业）、春川（动画业）、富川（出版漫画业）、庆州（VR 基础产业）、光州（设计、工艺、卡通形象业）、全州（数码影像、音像业）。

此外还建立了几个"共同制作室"。由文化产业振兴院投资 32 亿韩元建立的"共同制作室"，为那些热心文化产业、具有一定技术，但深受资金短缺困扰的中小企业提供长期、系统的扶持，改变了过去一次性支持的做法。通过公平竞争，获准使用共同制作室的企业或个人，从产品的开发、制作，到所需资金和人力，可得到多方面的支持。

5. 制定详细的人才培养计划

政府非常重视加大对文化产业管理、生产、运营、创意以及出口翻译等人才的培养，重点抓好电影、卡通、游戏、广播影像等产业的高级人才培养。同时，加强艺术学科的实用性教育，扩大文化产业与纯艺术人员之间的交流合作，构建"文化艺术和文化产业双赢"的人才培养机制。尤其是注重培养对东南亚、东亚国家进行文化出口的人才。

一方面，"产、学、研"联手，成立"CT 产业人才培养委员会"，负责文化产业人才培养计划的制定、协调等，设立"教育机构认证委员会"，对文化产业教育机构实行认证制，对优秀者给予奖励和提供资金支持。文化产业振兴院建立文化产业专门人才数据库，加强专业资格培训，委托院校和企业开展文化产业从业人员资格培训，并逐步规范化。2003 年新增游戏专家资格培训，取得高级游戏专家资格证上岗人员可以享受一些优惠。

另一方面，加强院校人才培养。近年来，新建首尔游戏学院、全州文化产业大学、清江文化产业大学、大邱文化开发中心、网络信息学院、传统文化学校等。如在一些大学开设了文化产业相关专业共 80 余种，与美国、日本、中国等国家加强人才交流与合作，选派人员出国研修，培养具有世界水准的专业人才。

最后，利用网络及其他教育机构进行培养。由文化产业研究开发中心负责，通过"产、学、研"联合办学，培养特殊专业的教授级人才。此外，发挥一些非正规院校的作用，向其赋予更多的教学任务。

第四节　助推韩国创新的人才培养模式

教育对一个国家和民族的生存发展具有重要的决定作用，韩国人崇尚文化，历来十分重视教育。韩国经济开发初期即着手建立和完善国家教育体系，并于 20 世纪 70 年代初制定并推行"教育立国"战略，全力巩固初等义务教育、普及中等教育、提高高等教育并加强职业技术教育，力求构建高级科学家占 5%、工程技术人员占 10%、技术工人占 85% 的梯次人才结构。

一、韩国完善的教育体系

韩国素有"尊师重教"的优秀传统，"卖牛供子女上学"已成历史佳话，而"教育热"持续升温则是当今的现实。在韩国，要进入大学，必须完成 12 年基础教育。

1. 制定"依法治教"战略

韩国建立之初于 1949 年颁布的教育基本法典——《教育法》不仅有一般原则性规定，而且对各级各类教育的各个方面，以及国家、社会、个人等所应遵循的教育行为规范都有具体规定。韩国"依法治教"战略主要表现在两个方面。

一是根据实际需要在《教育法》基础上制定专项教育政策法规，以扶持教育事业的发展。韩国自 1949 年以来已经制定和不断修改的教育法规数量非常大，这里仅以与高等教育、私立教育有关的法规为例。与高等教育有关的专项法规有：《大学设置基准令》（1955年）、《高等学校设置法》（1956 年）、《大学生定员令》（1965 年）、《学位登记制》（1965年）、《首尔大学综合化方案》（1969 年）、《引进教授任期制》（1973 年）、《学术振兴法》（1979 年）、《韩国教员大学设置令》（1984 年）、《虚拟大学法》（1997 年）和《高等教育法》（1998 年）。关于私立教育的专项法规有：《私立学校法》（1963 年）、《私立高等学校财务政策》（1969 年）、《私立学校教师退休实施法》（1973 年）、《私立学校教师健康保险法》（1977 年）等。

二是不断修订已有的教育法规，以适应社会进步、经济发展需要。比如说，截至 1993年和 1997 年，韩国分别对《私立教育法》和《教育法》修订了 18 次和 38 次。

2. 构建三重教育经费投入体系

韩国教育经费来源于中央政府、地方政府和私立学校独立资金三大部分。

中央政府教育预算为管理中小学教育的教育厅提供资金，为国立大学的运营管理提供资金，为私立大学提供部分资助，为教育行政和有关研究机构提供资助。中央政府的教育预算由国家税收支持。韩国的教育资金由中央政府统一筹措，政府拨款占整个教育预算的绝大部分。教育部的预算虽然年年不同，但是通常占政府支出总额的 23.9%。

地方政府教育经费用于支持中小学教育，其中 85% 来源于中央政府，15% 来自学生家长和地方政府。

韩国的私立学校存在于从小学到各类学院和大学的各个教育阶段，其中有80%的初级学院和大学是私立的。私立学校的资金主要依赖于学费、中央政府和各区域给予的支持以及学校财团。

3. 设立自上而下的教育行政管理体制

韩国政府深信，国家竞争力取决于人力资源和个人的竞争力，要进一步重视教育而彻底做好挑战未来的准备。为此，将以往的教育部长提升为副总理，统筹管理有关人力资源的所有部门。

韩国教育部❶是国家行政机关之一，目标是推动韩国国内的教育发展，构建一个开放教育的社会环境，推进义务教育和终身教育。教育部负责处理学校招生名额、师资审核、课程设置、学位审议以及规定统一课程等事务，以及负责有关学术活动、科学及公众教育的政策方针的制定和执行。有关学龄前及中小学教育行政则由各市道教育厅负责。各道和广域市还设有教育委员会，在各郡、市也有教育委员会下属的专员，负责小学、初中和高中的教育活动。政府对委员会进行有关基本政策方面的指导并提供财政支援。教育部下设大韩民国学术院事务局、国史编撰委员会、国际教育振兴院、教员惩戒裁审委员会和国立特殊教育院等五个直属机构。韩国教育法及有关法令规定，所有公立或私立高等院校均须接受教育部的监督。大学校长和董事会董事的任命亦须经教育部批准。

教育部设立了专门的监察局，包括民愿调查官和负责事务性工作的人员，负责对地方教育厅、国（公）立大学以及私立大学进行监察。作为内设机构，与监察院没有被领导的关系，只接受其指导和监督，而且不负责对教育部自身的监察。

地方教育厅也设有专门的监察机构，负责对本区域教育行政部门及各类学校进行监察。如济州道教育厅设有专门的宣传监察室，承担宣传和监察两项任务。

在大学中没有设立专门的监察机构，但学校相关部门如总务局等，承担一定的监察工作职能，进行内部自我监察。

高等教育机构在组织课程方面有很大程度的自主权。但根据教育人力资源部法律规定，各大专院校的学习应包括普通和文科教育课程，其中有国文、至少两门外国语、哲学入门、文化史、一般科学理论和体育等基本科目。《教育公务员法》对教师基本资格也作了具体规定。

二、韩国科技人员培养体系

1. 韩国构建高等教育人才培养体系

从教育体系构成上来讲，韩国的高等学校由一般大学、产业大学、教育大学、专科大学、广播通信大学、技术大学组成，一切高等教育机构都在教育人力资源部的管理之下。其差异在于：①综合大学和单科大学为4年制（医学院和牙医学院为6年制）；②教育大学为4年制（师范学院为4年制）；③专科、广播函授大学和电视大学为2年制；④相当于大学的各类学校，如护士学校和神学院等为2～4年制。其中，实行本科教育的机构为"大学

---

❶ 其前身为1948年设置文教部；1990年改称教育部；2001年改称教育与人力资源部，部门长官由副总理兼任。2008年与科学技术部合并为教育科学技术部。2013年3月22日改称教育部，科学技术的业务移交给新设立的未来创造科学部。

校"（一般为综合性大学）或者"大学"；实行研究生教育的机构为"大学院"，"大学院"多数设在大学校里，也有单独设立的"大学院"。韩国实行专科教育的机构称"专门大学"，专科大学的办学宗旨在于培养出理论和实用技术双全的中间级技术人员。

从教育机构的属性来看，韩国的大学分为国立、公立和私立三种。国立和公立学校主要依靠政府财政拨款办学。目前韩国有 4 年制大学、学院 115 所，师范学院 11 所，另有研究生院 316 所。私立院校与政府办学相结合，形成了韩国教育的一个显著特点。韩国《教育法》允许社会团体和私人办学，而且还通过《私立学校法》承认私立学校具有私立学校基金法人地位，基金法人组织的校董事会不仅拥有任命校长和教职员的权力，也有权决定新生录取标准与方法，而且还享有经费使用权。比如，《私立学校法》规定私立学校的开办者为三类：一是学校法人；二是私立学校经营者；三是除学校法人、公共团体以外的法人和其他私人。正因为有法律保护和政府支持，韩国私立高等教育从 20 世纪 50 年代中期起一直保持稳步发展势头，并在整个高等教育领域占据绝对优势。95% 的韩国院校都是私立院校。在韩国，质量高、信誉好的学校往往也是私立院校。

2. 韩国推动建立全社会重视科技人员培养计划

韩国政府推出了"全国信息化教育计划"，进行全民的信息化普及教育。在全国各地建立起数量众多的"区域信息化中心"，并在所有邮局配备互联网计算机站，让边远的山区和海岛上的居民都可以免费使用互联网。

为了开发青少年的科技能力，使其更具创意和能动性，韩国科技文化财团 2001 年建立了全国中小学科学班——"网络科学研究中心"，后改名为"青少年科学探求班"。韩国科学技术财团从 425 个课题中选出 126 个课题，对每项课题给予 100 万 ~ 300 万韩元的资助。2001 年共资助了 6500 万韩元（40 个课题），2002 年资助了 1.98 亿韩元（112 个课题）。2003 年，韩国对全国中小学"科学探求班"给予了 2.5 亿韩元的资助。

对特殊、急需科技人才免除服兵役；大量聘用理工科人才担任公职，到 2008 年，4 级以上高级公职人员中，理工科人才所占比重达 30% 以上，以此提高理工科人才的社会地位，引导全社会重视科技。

3. 韩国推动建立企业培养科技创新人才体制

作为技术研发主体和新技术的主要使用者，韩国企业对人才的渴求和重视可以说超乎寻常、达到极致。以"人才经营"为本，千方百计地发掘、培育、重用和厚待人才，成为三星等韩国著名大企业集团创新技术的无穷动力，也是他们掌握"核心竞争力"的根本保证。这方面三星等大型企业集团堪称范例。

三星在人才培养方面颇有建树：一是在国内最先建立了公司的"人才教育院"，系统培训部门主管、业务骨干和新员工；二是首创国内第一所公司大学"三星电子工科大学"，其前身是 1989 年建立的公司内"半导体科技大学"，2002 年经教育部门批准转为有学位授予权的正式大学，聘请世界著名教授、专家任教，学费由公司全额负担；三是最先实行"海外地区专家制度"，由公司出资派部门领导和业务骨干驻国外研修一年，使其成为具有国际视野和市场开拓能力的专家。

以优厚待遇吸引、留住、激励人才是三星"人才战略"的重要一环。三星为实现高级核心人才占比达到 3% ~ 5% 的目标，除高度信任和重用外，还给以相应的薪酬、待遇。其具体做法是将核心人才分为三级：具有世界级技术水平的 S 级人才享受所属企业 CEO 级待遇；在支柱产业部门发挥核心作用的 A 级人才享受公司高层领导级待遇；有望成为未来 S 级人才者享受准公司高层领导级待遇。业绩突出的技术专家，其年薪加奖金实际上已高于企业最高主管的收入。年度"自豪三星人奖"获得者，除奖金5000万韩元之外再晋升一级。

4. 韩国积极推出创新人才培养政策

自 2008 年以来，韩国教育科技部密集推出一系列以"培养创新人才"为宗旨的教育政策，包括以分层教学为目标的分科教学改革，去管制、去标准化的高中多样化改革，力推学科融合教育，以校企合作为基础的学校等。日前，韩国产业通商部提出，将发展创意产业融合特性化研究院产业计划，以 360 余名硕士生为对象，培养创意融合型人才。以学校具体创新项目为例，韩国产业技术大学 2015 学年的"创新人才培养项目"很是抓人眼球。该项目以入学成绩优秀学生为对象，对其在大学期间提供体制化管理和定制型人才培养体系，课程包括领导力、创意挑战、全球化战略等，旨在培养其成为新时代的创意融合型领导人才。

三、韩国创意人才培养模式

为了配合政府提出的"文化隆盛"目标，对创意产业相关创作者和创作活动进行分层次、阶段性的扶持，营造良好的创意创作环境，韩国于 2014 年年初特别设立了"创意韩国实验室"。"创意韩国实验室"以业余创作人员为对象，通过多种文化创意的体验，开发创作者潜力，达到创意共享、共同创作的目的，被称为"开放的创意工作室"。作为"创意融合"的一环，"创意韩国实验室"的最终目的在于提供在创意创作中可以灵活运用的原始素材，鼓励文化创意资源流通交易，进行创意人才的多样化交流，培养创作力量。同时，通过"创意融合"，推进"创意发电站"建设，扶植现有公私合营的社会间接资本与设施的孵化培养，使处于创业准备阶段或创业初期的文化企业能够在创业和经营方面取得成功。

四、韩国海外人才交流体系

韩国政府在行政和财政上积极支持国际教育交流与合作计划。目前，韩国教育部已与世界上约 80 个国家签署了关于代表团交流、学者交流、留学生交流、语言教学、合作研究等各项内容的双边教育交流协议，并积极参与联合国教科文组织、世界经合组织和亚太经合组织的多边国际交流活动。

韩国政府还积极鼓励和支持外国高等教育机构开展韩国学研究，为培养相关领域的教师及授课提供赠款，促进学者交流，为研究和出版筹措经费并提供材料。截至 2000 年，韩国已同世界上 35 个国家的 180 多所大学建立了交流与合作关系。

此外，政府还支持和鼓励国内大学外国语言文学系同外国大学的相关科系开展学术及文化交流，并与美国、日本和加拿大等国签署了青年交流项目，每年邀请和派遣百余名大学生及青年教师来韩或出访，旨在增进青年对国际社会的理解，加强与世界各国在文化、科学、社会等领域的交流。从 20 世纪 70 年代末至今，韩国政府还耗资近 300 万美元，资助百余名高级科研人员及大学教授赴海外学习和研究国外先进科学技术。

近年来，韩国放宽了有关出国留学的政策。从前出国留学仅限于大学生、研究生以上程度，现在初中毕业生也可出国学习。为了鼓励和支持海外留学，韩国政府还设立国费奖学金（国家公派）项目。从 1977 年至今，韩国政府共向海外派遣了近 2000 名国费留学生（绝大多数是硕士或博士研究生）。

第十一章 印度：从"世界办公室"迈向"创新型国家"

印度是一个发展中国家。它现在已经有十多亿人口，也有两弹一星，也是一个核国家。它力图通过发展科学技术实现大国梦想。在制定经济政策时，印度政府提出包容性创新理念。自2010年以来，印度政府从国家层面强化科技创新战略规划，提出"从世界办公室迈向创新型国家"的国家战略。近年来，印度更加注重推动印度科技创新与包容性经济政策的融合。智库"经济学人信息部"❶评价印度是最具创新性的国家，其排名从2002～2006年的第58名上升到了2009～2013年的第54名。世界经济论坛发布的"全球竞争力指数"同样认为印度是最具创新性的国家。印度国家创新体系中的关键要素包括高等教育体系、科技政策制定和实施的制度基础、优秀的研究中心及研发机构、软件技术园等。

第一节 印度创新理念与创新体制

2007年，印度政府首次提出创新概念。近年来印度政府提出要"从服务业大国迈向创新型国家"的国家战略，并围绕加强科技创新的战略规划和前瞻部署、强化科技创新的管理协调职能、探索具有本国特色的"印度创新模式"，提出包容性创新理念。这些执政理念的演变得到了国际上的广泛好评，2007年10月，世界银行曾发表过一份题为《释放印度的创新：迈向可持续和包容性增长》的报告，讨论印度如何在保持信息产业、医药卫生等高端产业领先地位的同时，在各个领域推动创新，让创新惠及穷人。

一、印度创新理念

大力推进面向低收入群体的包容性创新是印度近年来创新的重要导向。这也使印度的国家创新体系较有效率，这在国际上已经得到了公认。

1. "金字塔底层"的创新战略

印度学者普拉哈拉德针对印度现实提出的"金字塔底层"的创新战略，逐步被印度政府接受。"金字塔底层"的创新战略强调科技必须要为金字塔底层的人民提供能得到、用得上、买得起的产品和服务，要走出一条科技创新与包容性发展融合的道路。在承认组织和具有创业精神的个人驱动创新的同时，国家在启动、支持和鼓励创新方面具有巨大的影响力。金字塔底层成为一个全球创新的平台，这项举措具有很强的现实意义，不仅极大地激发了印度基层的创新活力，而且获得了国际社会的高度认可。

"金字塔底层"的创新战略强调增强小企业的科研实力。尤其是位于小城镇以及农村地

---

❶ 2007年在思科系统公司的赞助下，经济学人信息部创立了创新指数体系。

区的企业的科研实力，推进包容性创新和节俭创新。

由于贯彻"金字塔底层"的创新战略，2012 年，印度国家创新委员会的"创新十年"计划获得欧洲创意战略和创新研究院颁发的素有工业奥斯卡之称的"赫尔墨斯革新大奖"之"最具人性化创新政策奖"。

2. 包容性发展的经济政策

包容性发展的概念可以追溯到社会排斥理论❶和诺贝尔经济学奖得主阿玛蒂亚·森（Amartya Sen），的福利经济学理论❷。印度政府认识到，要持之以恒开展高新技术方面的国际贸易竞争。传统的科技创新常常是由专利、版权和发表的论文等知识产权加以衡量的，传统观点认为创新是昂贵的，需要大量高素质的人才、资金和设施资源。用研发投入经费、科研人员数量、产出专利数量、版权和发表的论文等知识产权来评价一个系统的创新能力，这主要适用于高技术，而且并不必然导向创新。所以，印度在制定经济政策时，提出包容性创新理念，即在评价一个系统的创新能力时，要看是否为基层人民提供经济实惠和便利的产品和服务。印度第四套科技创新政策具有与印度"包容性创新"经济政策紧密相关的鲜明特色。此外，印政府将"十二五规划"的基调定为：快速、可持续、包容性的增长。为此，印度专门设立"创新型初创企业投资基金"，每年投入约 100 亿卢比（约合 11.3 亿人民币），通过公私伙伴关系的组织模式进行管理。

包容性创新在印度不断得到发展壮大，其衡量标准是低投入、高绩效以及可以大规模推广使用。这种创新的成功例子不胜枚举，包括 2500 美元左右的汽车，70 美元的电冰箱，45 美元的平板计算机等。包容性创新理论和实践得到了国际好评。

3. "为了人民的科学政策"

印度政府认为，科技创新不单纯是科学技术的附属物，而应全方位地垂直整合到社会经济进程当中，创新是未来社会财富和经济财富的主要来源。因此，印度科技部门的思维方式要从"为了科学的政策"转向"为了人民的科学政策"，认为金字塔底层的低收入群体不仅应该成为科技创新的受益者，也应该是科技创新的重要参与者。"十二五"以来，为进一步推动包容性创新，印度政府联合大学、企业出台了系列举措。

二、印度创新管理制度

印度政府意识到，创新是一个复杂系统过程，国家需要重新设计一系列管理协调机构来更有效地工作，而不仅仅是科学和技术机构。近年来，印度政府不断强化科技创新的协调管理，增强了科学决策能力，进一步加强了科技创新管理的统筹力度。

1. 强化科技部的职能

印度将科技部长提升为副总理（国务委员）级。印度中央政府的部长分为三个级别：内阁部长最高，参与中央决策；国务部长次之；再就是一般的部长。2011 年前，印度科技部的领导结构是一位国务部长加一位秘书；2011 年年初，科技部领导结构发生了变化，科技部长提升为内阁部长，凸显了新形势下印度政府对科技工作及科技引领经济社会发展的高度重视。

---

❶ 始于 20 世纪 60 年代西方国家对贫困以及剥夺概念的探讨。
❷ 关注个人生存和发展能力，关注公平、正义等问题和人类福利的增长。

2. 创建国家创新机构

推进创新的方法之一是创建国家创新机构，成立国家、邦和行业的创新委员会。首先，政府成立了总理科学顾问委员会和国家知识委员会，允许这些机构就国家科技发展问题、知识社会给印度带来的机遇和挑战等直接向总理提出建议。其次，2009 年，制定该国经济增长五年规划的印度计划委员会专门设立了一个创新专家组，用创新帮助印度实现更广泛的经济增长。最后，2010 年，在时任印度总理辛格（Singh）的亲自提议和推动之下，印度成立了"国家创新委员会"，由总理的前科学顾问、著名电信科学家萨姆·皮特罗达（Sam Pitroda）任主席，委员会成员则来自学术界、研究机构和产业界。国家创新委员会的使命是要设计相关机制和制度，负责制定创新战略，加强科技创新管理的统筹协调，促进政府与产业界、大学、研究机构的紧密合作，构建创新生态系统，其重要工作内容之一是负责制定"印度十年创新路线图（2010—2020）"，帮助建立适当的框架，以利于印度创新发展。

3. 强调民间管理与政府管理相结合的管理模式

如班加罗尔软件科技园一开始采用政府管理模式，但当开发区进入成熟阶段并具有一定规模以后，开始采取"官、学、产"共管体制。

三、印度创新保障体系

面对知识经济带来的机遇和挑战，印度政府着手制定了一系列推动科技创新体系建设的措施。如果一个国家想在全球化经济竞争中脱颖而出，它需要把握的一个最重要的关键影响因素，就是一揽子创新保障措施。政府的一系列支持国家创新生态系统的组合措施，包括税收、贸易、人才、技术。

1. 完善了创新法律体系

印度积极营造有利于科技创新的法律环境，建设政策法规体系，完善政策法规体系。各地政府部门十分重视利用法律来保护信息产业的发展。[1]

2005 年开始实施新的《专利法》，使知识产权制度与国际全面接轨。2008 年，印度科技部公布了《国家创新法》，从法律层面对研发和创新活动的支持进行明确规定，以确保印度未来在科技创新的领先地位。为使数据保护法制化，政府修订了 2000 年的《信息技术法》，为软件和信息技术外包行业提供符合国际标准和规范的数据保护法律体系。同时，印度还制定与国际惯例接轨的《新专利法》，提高了专利审批速度，并新增保护计算机软件和医药产品专利的条款，在逐步完善传统医药处方和草药资源的专利系统的基础上，扩大对个人和组织申报专利的支持，积极争取国际知识产权组织和发达国家认同，将传统知识作为"超前艺术"纳入国际知识产权体系。2008 年印度出台《科学家创新收入提成法案》，规定在抵扣专利保护与应用的相关费用后，科学家可以从其创造的知识产权收入中得到至少 30% 的份额，以提升公共科学研究机构的吸引力，促进公共研究机构知识产权产业化。

2. 完善了政策保障体系

长期以来，印度把科技视为改善国民经济和人民生活的手段。这一长期政治承诺在印

---

❶ 安娜李·萨克森尼安. 班加罗尔：亚洲的硅谷吗？［J］. 经济社会体制比较，2001（2）：78-88.

度政府基本政策文件中都有所体现。不同时期的科技政策对应着印度不同时期的战略需求（见表11.1）。

表11.1　印度4套中长期创新政策情况

时间	政策名称	实质	主要内容及效果
1958	《科学政策决议》	科学政策	运行25年，建立起完整的科技部门，推行一系列科技计划，完成了国防、核能、空间和海洋领域的科学布局，初步建立起现代科学体系
1985	《技术政策声明》	技术政策	强调利用现代技术加强国家竞争，完成技术自给，推动了计算机、生物、制药等高技术产业的发展，成为"世界后勤办公室"
2003	《科学技术政策》	研发政策	强调研发投入、科技产出、科技成果转化，强调创新创业是印度发展能量所在，提出建立科技、研发与经济社会协同发展政策，支持5家印度企业跻身全球最有创新性企业50强，推动设立印度海外公民卡以吸引顶级科技人才
2013	《2013科学、技术与创新政策》	科技创新政策	提出"依靠科技创新实现国家发展雄心"的使命，强调科技创新政策与经济政策的融合，重点是建立一个强大的和可行的科学、研究和创新体系，为印度开辟高科技主导的道路

此外，印度的系列"五年计划"保持了创新战略的持续性。梳理印度历年"五年计划"，可以发现印度政府对重大关键技术领域的遴选和资助具有战略持续性。印度的"十二五"规划确定了具体的研究重点，建议国家实验室的经费按降序投入下列领域：航天、制药、材料、信息技术、生物学、地球系统和探测（包括大陆和近海地球物理研究）以及能源。在印度中央政府的资助中，原子能、航天和海洋勘探是重点领域。在"十二五"规划中，印度科技部遴选出IT、制药、航天、工程等重大关键领域加大研发投入，致力于建造世界级基础设施。

3. 加快建设基础设施保障体系

早在1998年，瓦杰帕伊政府提出将印度建成"全球信息技术超级大国"和"信息革命时代先驱"的目标，但瓶颈问题主要集中在基础设施的不足上。所以在后来著名的《IT行动计划》中专门指出，"修改和增补现行政策与程序，消除发展的瓶颈"问题，而这些问题主要集中在了IT制造商们最常抱怨的两个问题：①包括通信、道路、机场和能源供应在内的基础设施的不足；②商业活动所接触到的过重的官僚风气和过多的官场文件。❶ 在科技部与国家创新委的参与之下，印度科技和创新系统也将努力解决国家面对的紧迫挑战，包括推动印度早日实现能源独立、食品与粮食安全、建立印度全民医疗、建立自然环境资源管理等国家关键问题，致力于建造世界级基础设施，如超级计算机部门计划建造千兆级计算机，推动印度实现进入超级计算机世界前五强国家行列的目标；空间部门计划在未来5年承担58项任务，其中包括2013年11月的火星计划以及第二个登月计划；地球科学部将创办地震学国家中心，继续完成在印度西部钻出8000米深钻孔的工作；原子能部将在海得拉巴和维沙卡帕特南两个新园区研究完成反应堆建造工作；印度科学与工业研究理事会提出建立包括系统生物学、仿生材料学和太阳能在内的5个新研究机构。印度第四套科技政策使得印度政府研发机构、大学、非政府组织和产业建设了大量的科技基础设施。

---

❶ 安娜李·萨克森尼安. 班加罗尔：亚洲的硅谷吗？[J]. 经济社会体制比较，2001，(2)：78-88.

4. 不断增强对创新的投入体系

首先，印度提高国家预算投入。印度的科技投入总量不及中国，但由于印度将科技投入集中在有限的几个领域，队伍精干，人均研究经费约为中国科技人员的三倍。印度计划2017年研发投入占GDP的比例要提高到2%。

其次，印度强化科技创新资助机构的职能，新设一批科技创新资助机构。类似美国国家科学基金会，印度科研与工程研究委员会主要负责资助在大学和国家实验室的研究机构，其经费有所增加，资助职能进一步增强。

最后，印度还设立各类有针对性的创新基金。印度政府意识到，无论是传统的科学支持机构还是大型灵活的经济部门都不能充分地支持创新，如果他们想在以技术为驱动的经济竞争中繁荣发展，就需要设立创新型基金，专门用于促进技术创新，特别是在小型和中型公司，以及与大学合作方面。因此印度政府设立了包容性创新基金等多项创新型基金，主要有以下几种。

（1）印度国家创新委员会下设创新基金，基金以公私合营模式由政府和私营部门投入。创新基金将采取伞型基金（基金中的基金）模式，将现有的创新各方和网络纳入其中。另外政府要建立指导网络和创业团体，扩大创新基础，推动创新产品和服务的推广。政府增加了科技投入，并全面推动双边和多边国际科技合作。目前，印度政府相继提出了加强生物技术、纳米技术、医学研究、印度科学院基础设施建设的计划和基金。印美科技合作获得了突破性进展，印俄、印加、印荷、印以等科技合作也得到了加强。

（2）印度专门设立印度包容性创新基金。基金总额为500亿卢比（约合57亿人民币），专门用于激励传统风险投资不愿意介入的创新链条早期的种子资金阶段，主要支持健康、教育、农业、纺织和手工业等社会民生领域的创新。

（3）印度设立促进地方创新基金，旨在为各地特色发展问题寻找科技解决方案。

（4）设立促进社会创新基金，支持可能无商业利润但有高社会回报的创意和科技冒险。

（5）探索预算外补助金和创新税收激励的新方式。专门为政府所属研发机构、学术机构和大学中的新思想、新设计以及甘冒失败风险的意愿提供支持。

5. 构建"蜜蜂网络"推动民间创新

20世纪80年代后期，国际民间创新运动的先锋，印度国家管理学院的古普塔（Anil Gupta）教授提出并创建了民间创新网络——小蜜蜂网络（Honey Bee），探讨如何通过松散的网络将那些民间创新者联系在一起。该网络主要是通过教育、农业、乡村发展、小型企业、研究所等相关机构的帮助，与各类政府性和民间性机构协作，共同发起全国性创新成果特别是金字塔底层群体创新成果的搜集、展示和推广活动，从而打造民间创新商业化的金三角。

民间创新主要的障碍物不是缺少发明或是创新，而是完全缺少对这些创新者的指导和支持。如何实现创新、投资和企业这个稳固的金三角成为挑战。这三个因素几乎不可能同时存在于一个人身上，通常情况下是三个因素来自于三个不同的方面。在10年漫长的搜集过程中，印度的小蜜蜂网络数据库中包含了近10000个民间创新的例子，在这些搜集到的民间创新成果中，完成商业化的例子却少之又少。❶ 为此古普塔教授在研究民间创新商业化

---

❶ Anil K Gupta. Business Incubation Development in India［N/OL］. www. sristi. org/anilg/node/242：Aprl 23ᵗʰ, 2009.

问题中提出应该建立民间创新企业孵化器，通过企业孵化来完成民间创新的商业化，并且提出这个孵化器应提供包括政策、组织和技术三个方面的支持。❶ 于 1997 年由印度古基拉特邦政府出资成立的 GIAN（Grass roots Innovation Augmentation Network）就是一种民间创新企业孵化器，GIAN 帮助民间创新者申请专利，并帮助民间创新者孵化创新产品，还给与一些企业家及创新者创新成果孵化许可，❷ 旨在将创新、投资和企业家联合在一起，其最终目的就是实现民间创新的商业化。❸

此外，小蜜蜂网络为民间创新知识产权保护奋斗了近 20 年的时间，古普塔教授希望通过事前同意书的方式来保护民间创新知识产权。古普塔教授提出，政府、社会组织或者其他机构在搜集民间创新时，首先应征得民间创新者的同意，在与民间创新者签订了事前同意书的情况下，才能进行民间创新的搜集工作。他曾建议，各国政府应对专利法进行改革，将民间创新的专利保护纳入到专利保护法中。政府或者其他社会组织、机构对民间创新者申请专利应主动提供帮助。❹

第二节　印度创新体系中的科技力量

现代印度科技成就日益显著，对国际社会产生了越来越大的影响。信息技术已经成为印度政治家和决策者们最为关注的事情。而班加罗尔早在 20 世纪 80 年代就被冠以"印度电子之都""全球 10 大高科技城市"等诸多美名。❺ 印度国家创新体系日臻完善，而国家创新体系是促进信息技术成功发展的关键。2013 年 1 月，印度总理在第 100 次科学大会上重申，"以科技主导的创新是发展的关键所在"。❻

一、印度科技创新管理体系

目前，印度政府并没有对国立科研机构进行民营化的改造。2003 年印度新公布的科技政策中也没有任何科研机构民营化的改革计划，而是强调科研机构的自主管理和减少部门干预。印度科研机构的管理制度分为两个层次：一是科研组织的社团管理制度，二是下属研究所或实验室的内部管理条例。

1. 印度科研组织的社团管理制度

国家科研机构是指国家资助的非营利性质的科研组织。科学组织实行自主管理，经费主要来自政府拨款，学术研究自主进行，管理采用社团方式。

❶ Anil K Gupta. Augmenting Innovations：Models of Incubators［N/OL］www. sristi. org/CONF. PAPERS% 201979 – 2003/Augmenting% 20innovations. doc；April 23th，2009.

❷ Riya Sinha，Dileep Koradia，T N Prakash. Building upon Grassroots' Innovations：Articulating Social and Ethical Capital［N/OL］. www. sristi. org/papers/new/Building% 20upon% 20Grassroots% 20brazil% 20paper. doc；May1st，2009.

❸ 冯迪凡. 蜜蜂网络：为草根创新者打造财富之链［N/OL］. http：//www. p5w. net/news/gjcj/200706/t1035926. htm，2009 – 4 – 21.

❹ Anil K Gupta. G2G – Grassroots to Global：The Knowledge Rights of Creative Communities［N/OL］. www. sristi. org/CONF. PAPERS%201979 – 2003/G2G% 20 – % 20Grassroots% 20to% 20Global,% 202008. doc：April 29th，2009.

❺ Waibel M，Eckert R，Bose M，et al. Bangalore：globalisation and fragmentation in Indias hightech – capital［J］. ASIEN（The German Journal on Contemporary Asia），2007（103）：45 – 58.

❻ 封颖，徐峰. 创新是发展的关键所在——印度政府科技创新管理政策趋势［N/OL］. 科技日报网络版，2014 – 02 – 07.

民间科研组织是指民办的公益性科学研究组织。与国家科研机构一样，民间或非政府组织的科研组织也要按照《社团注册法》注册为社团组织，并建立相应的理事会、顾问委员会、学术委员会和管理委员会等管理部门。

企业内部的研发机构一般无须进行社团注册。为了享受政府对企业内部研发机构的税收优惠，企业内研发机构通常由印度政府科学与工业研究部进行资格认定，但不是法律意义上的注册。资格认定的有效期通常为3年。

2. 印度科研机构内部管理制度

印度科研机构的设置和管理机制都是根据《社团注册法》规定的统一模式建立的。各类科学研究机构都具有社团法人资格。科研机构实行理事会制度，并建立一套包括理事会、管理委员会、学术委员会、顾问委员会和绩效评估委员会在内的内部管理体制。

根据《印度社团法》的相关条款，印度设有科学与工业研究理事会学会，学会由主席、副主席和若干委员组成。目前，印度政府总理是学会的主席，科技部部长是学会副主席。理事会设有管理委员会。管理委员会由理事会理事长、财务委员（来自政府部门的副部长级的官员）、两位下属研究所的所长、两位来自国有企业的知名企业家、3位知名企业家或技术人员（其中1位来自学术部门）和两位来自政府部门的领导组成。其中研究所的所长由理事会理事长提名。目前，印度科学与工业研究理事会的委员包括财政部和科技部秘书，以及印度计划委员会的科技顾问。

二、印度科技研发机构

印度科研机构的设置和管理机制都是根据《社团注册法》规定的统一模式建立的。印度科研机构有三种类型，包括国家科研机构、民间科研组织和企业内部研发机构。就管理体制而言，无论是国家还是民营科研机构，都必须根据《社团注册法》进行注册，按照《社团注册法》所规定的管理和运作机制进行管理和运作。

1. 国家科研机构

国家科研机构是指隶属于不同科技管理部门和社会经济发展部门的科研机构。印度的科研院所主要分布在科技部、农业部、国防部和卫生与家庭福利部，以及环境与森林部等联邦政府所属的国防研究组织、空间研究组织、医学研究理事会、农业研究理事会和科学与工业研究理事会等几大研究组织中。这些政府所属的国立研究所、研究中心、国家实验室、地区实验室和研究院主要从事基础研究、应用开发和技术推广三个方面的科技工作。

印度政府对科研机构的财政拨款主要是通过政府全额拨款和浮动差额拨款两种方式进行。总体上看，实行政府全额拨款的机构占80%，这些研究机构主要从事国防、基础研究、医学、环境和农业领域的研究和技术推广，如印度国防部、空间部、原子能部和科技部下属的研究机构。实行差额拨款的占20%，如印度科学与工业研究理事会所属研究所和国家实验室。无论是全额拨款还是浮动差额拨款的科研机构，政府都鼓励他们通过合作项目、合同研究、咨询和技术服务等方式争取国外和国内政府部门和企业的研究经费。

2. 民间科研组织

民间科研组织包括民营科研机构和非政府组织所属的科研机构，是指民办的公益性科学研究组织。与国家科研机构一样，民间或非政府组织的科研机构也要按照《社团注册法》注册为社团组织，并建立相应的理事会、顾问委员会、学术委员会和管理委员会等管理部门，例如印度一些行业组织，诸如化工、茶叶、棉麻和橡胶等行业建立的民间研究组织都是根据《社团注册法》成立的科研机构。通常这类民间科研组织都得到相关行业的财政支持，也可以向政府有关部门申请经费。

3. 企业研发机构

企业内部的研发中心是指经印度政府有关部门认可的隶属于企业的研究开发机构。企业内部的研发机构一般无须进行社团注册。为了享受政府对企业内部研发机构的税收优惠，企业内研发机构通常由印度政府科学与工业研究部进行资格认定，但不是法律意义上的注册。资格认定的有效期通常为 3 年。印度对企业内部研究开发机构的认证制和激励政策，有效地刺激了企业对研究与开发的投入，提高了企业对研究与开发的重视程度，对促进全国企业的技术、技术创新发挥了积极的作用。在政府的推动下，印度企业内部研究开发机构已成为一支重要的以企业为主体的技术创新力量。这些研究开发机构既属于所在企业，又能享受到国家的优惠政策；更重要的是，它们扎根生产第一线，完全根据企业和市场的需求，确定自己研究与开发的重点和方向，减少了企业依靠外来技术进行创新的中间环节和由此带来的各方面的不便利因素。

三、印度科技发展战略及计划

2010 年以来，印度政府从国家层面强化科技创新战略规划，提出"从世界办公室迈向创新型国家"的国家战略，从国家层面强化科技创新战略规划，并选择重大关键领域加强前瞻部署。

1. "创新的十年"战略计划

时任印度总理辛格宣布，2010～2020 年为印度"创新的十年"，并推出"印度十年创新路线图"。在总理的亲自提议和推动之下，印度国家创新委员会于 2010 年成立，使命是推动印度成为创新型国家；2011 年印度科技部部长由国务部长级别提升为内阁部长级别。2013 年 1 月，印度中央政府发布了建国以来的第四套科技创新政策，在推进包容性创新、加强创新人才培养等方面出台了诸多重大举措。印度政府还设立印度创新计划。该计划由印度工业联合会与安捷伦公司联合设立，目标是支持草根创新者的创意和发明，印度阿默达巴德管理学院对该计划提供孵化支持，印度工业联合会负责该计划的推广。

2001 年，印度政府制定了新的"科技政策实施战略"，支持空间科技、核技术、信息科技、生物科技、海洋科技的发展，确定纳米材料和碳化学、光化学、神经科学、等离子研究、气候研究、非线性动力学等重要基础研究领域。确定生物有害物的控制，生化肥料和水技术、自动化技术、并行计算机、新材料、飞机导航系统、微电子学和光子学等为重点应用技术领域，计划未来五年政府的科技投入翻一番。

2. 印度国家的"五年计划"

印度实施"十五""十一五""十二五"连续三个五年计划，结果证明印度政府对重大关键技术领域资助具有战略持续性。在印度"十二五"规划中进一步明确了科技创新的具体目标和指标：到 2017 年印度科技地位要提高到全球第六，并在 2020 年成为全球科技五强；承诺将 GERD 提升为 GDP 的 2%，并且特别强调科技创新成果贡献于产业；科学出版物占全球比重从 3% 提高到 5%；专利申请数量翻番，商用专利率从不足 2% 提高到 5%～6%；全社会研发经费从 0.9% 提高至国内生产总值的 2%，研发预算的 10%～15% 专门用于加强商业和科研的联系。

3.《IT 行动计划》

印度最突出的就是软件生产技术，现在排世界第二位或者是第三位，大量接收西方发达国家的订单，产业运营非常成功。

1998 年印度成立了国家信息技术与软件发展工作委员会，该委员会为使印度变成"信息技术产品头号供应国"提供政策建议。委员会由来自私人部门、政府和大学的资深代表组成，拥有很大的权力。在成立一年后，委员会发布了《IT 行动计划》。《IT 行动计划》成为继 1984 年计算机政策❶和 1986 年软件政策❷之后最为雄心勃勃的 IT 相关政策。《IT 行动计划》列举了 108 条建议，目的是"修改和增补现行政策与程序，消除发展的瓶颈，重现印度的辉煌"。《IT 行动计划》还设定了到 2008 年实现 500 亿美元软件出口和"IT 渗透到整个国家"的目标。《IT 行动计划》为印度信息产业发展提供了变革的动力和宏伟的蓝图。瓦杰帕依总理在 1999 年下半年成立了一个新的部——信息产业部以监管计划的执行，这也反映出政府对计划的支持。

在 1984 年以前，印度软件业的经济资本在高度管制的制度框架以及自力更生的意识形态之下，❸ 只能满足于自给自足模型下的循环。与全球经济的隔绝使得经济资本的运作成为一个恶性循环，在这种"嵌入的自主性"下，❹ 不但企业家的创新动机被极力地压制，刺激软件出口的政策也未能引发预期的效果。这使印度孤立在全球经济之外，导致该时期刺激软件出口的努力没有效果。进口高级计算机以换取一定数量软件出口的政策并没有被广泛地接受。拉吉夫·甘地（Rajiv Gandhi）当选总理标志着印度软件和计算机产业政策改革的转折点。甘地政府是第一个强调在电子、软件、通信和其他新兴产业中实行新政策的政府，甘地政府还发起铁路订票系统和其他一些政府程序的信息化。其中最重要的革新就是建立远程信息处理开发中心。中心率先开发出本土的数字交换技术，促使印度从电子机械向数字交换与传输方向发展。1985 年德州仪器开始在班加罗尔开展外包业务，成为班加罗尔软件行业第一家真正意义上"引进来"的跨国公司。❺

4. 软件科技园计划

20 世纪 90 年代初，印度政府根据信息技术发展的潮流，特别是美国信息高速公路发展的趋势，制定了重点发展计算机软件的长远战略，由印度电子部倡导的"软件科技园计划"确保了印度出口的基础设施和行政管理支持。电子部在 1990 年宣布首批三个软件科技园建

---

❶ 在电子部部长助理塞莎吉里（N. Seshagiri）的推动下，在 1984 年 11 月颁布的一项计算机产业的政策中，软件业被确认为产业，可以合法获得投资补贴以及其他优惠。该政策同时降低了软件和个人计算机的进口关税，并允许计算机进口换取软件出口的项目可以享受特殊的低关税水平。

❷ 1986 年颁布的《计算机软件出口、发展和培训政策》标志着印度软件业正式摒弃了进口替代和自力更生的思想。这项政策的目的在于使印度公司能够自由获得最新的技术和软件设备，以提高它们的国际竞争力和鼓励高附加值产品出口，从而推动国内软件业的发展，使软件出口实现"能级跃迁"式的增长，更是标志着进口替代成为了支撑 80 年代后期软件行业发展的主导思想。在这一主导思想下，无论是印度公司自由获得最新的技术和软件设备，还是用于刺激新公司的建立和出口增长的外商投资以及风险投资都得到了极大的鼓励。

❸ 这个框架基于进口替代型产业的自给自足模型，同时受到印度经济强调自力更生的意识形态的影响。

❹ 嵌入的自主性是指城市的行动以及其力所能及的范围会受到城市同国家之间、城市同全球化经济之间等关系的限制。

❺ Pani N. Resource cities across phases of globalization: evidence from Bangalore [J]. Habitat International, 2009, 33 (1): 114 – 119.

立在班加罗尔、蒲那和布巴内斯瓦尔。

1991 年 6 月，印度软件科技园注册为独立的机构，这反映出电子部希望避免政府对产业的直接干预。到 1998 年，共有 25 个在不同的软件科技园在印度国内的各地建立（全部由电子部发起的）。软件科技园的引入与 1991 年开始的印度经济自由化进程是一致的。印度的科技园区内聚集着各类金融机构，如班加罗尔证券交易所、印度工业发展银行等，这些不同类型的金融机构较好地满足了班加罗尔日益增长的投融资需求，使该地区的资金流通便利。

近年来随着生物技术的发展，班加罗尔又成为生物技术发展的"麦加之地"，进驻到该市的生物技术企业占到印度的 40%。更重要的是，制造业和生产服务业的迅猛发展带动了诸如零售、奢侈品、银行、会计、法律、广告、建筑、私营教育和医疗等生活服务业的逐渐成熟。❶ 从这个意义上讲，班加罗尔正塑造着发展中国家乃至全世界创新型城市建设的楷模。作为唯一进入"世界十大科技城市"榜单的发展中国家城市，班加罗尔的成功引发了学术界一定的关注。

第三节 印度创新文化建设

印度有着丰富和悠久的文化遗产，考古发掘的文物可以追溯到 5000 年前的历史，古老的印度教神像、佛教石雕展示出先人高超的智慧和创造力。印度文化具有极大包容性、强烈宗教性、深刻内省性、稳定连续性。

一、印度的创新文化环境

印度积极进行创新文化建设，开放度高，广泛地开展国际交流与合作，既鼓励成功，又能容忍失败。❷

1. 印度注重推动传统知识与现代科技的结合和跨学科研究

黑格尔、梁漱溟等思想家将印度文化看作与西方文化、中国文化比肩的文化样式。正如尼赫鲁（Nehru）所说，"使印度维持着生命力，使她经历这样久远的年代的，不是什么秘密的教义，或者密传的知识，而是一种仁慈的人道主义和她多样性的宽宏大度的文化。"❸

印度尤其注重传统知识与现代科技创新交融，力图从传承千年的印度传统知识中挖掘智慧，应对当前面临挑战。古代印度创造出了举世闻名的佛教文化及其建筑、雕塑（刻）技术，从此使印度文化圈成为世界三大文化圈之一。古代印度除了引进中国的四大发明以及养蚕和丝织技术等以外，主要是将其佛教文化及其建筑艺术输出到了中国，并由此远传至朝鲜和日本。

印度在近现代形成了类似于"和魂洋才"即"佛魂洋才"❹ 的对外技术与文化观，受

---

❶ Bharadwaj P. The Silicon Valley of India——Will "IT" be the Boon or Bane for the Metropolis? [J]. Competitive - ness Review，2005，15（2）：82.

❷ 林元旦，郭中原. 印度硅谷——班加罗尔成功的奥秘 [J]. 中国行政管理，2001（8）：45 - 46.

❸ Jawaharlal Nehru, The Discovery of India [M]. New Delhi：Penguin Books，2003：61.

❹ 指印度在近现代的技术转移仅限于器物层和制度层的范围内，而在观念层上仍然保持着印度的文化传统和技术特色。

其影响的技术转移仅限于器物层和制度层的范围内，而在观念层上仍然保持着印度的文化传统和技术特色。他们在认识和处理传统与现代的关系上，大都认同并吸收外来的技术器物，或认同或拒斥外来的社会文化制度，全面拒斥外来的文化价值观念，维护本民族的文化传统。

2. 印度积极打造敬业与合作的文化

在印度文化的影响下，印度软件开发团队充满了相互信任和通力合作的精神。敬业、合作和创新的文化是影响印度软件产业发展的最重要的文化因素。印度文化中敬业的文化和合作的文化是近年来推动印度软件产业低附加价值业务迅猛发展的主要文化动因，而印度文化中所缺乏的创新的文化将是制约印度软件产业从低附加价值业务向高附加价值业务发展的主要文化障碍。

在印度，软件产业被视为"国家的神经"，软件工程师也被视为"民族的英雄"。印度的 IT 部长有一段在印度几乎是家喻户晓的名言——"我希望印度的 IT 产业成为 10 亿人的产业，而不是成为五星级大酒店中少部分富有精英的产业。我相信，IT 能够为贫困者擦去泪水，能够改变整个国家和民族的命运。"正如萨珀斯坦和罗斯指出的那样，"印度软件工程师的优势在于，不管他们在哪里，他们都知道自己是印度人，他们都抱有自己的传统，与生俱来的意识、干劲和谦逊。他们都在为改善国家的贫穷状况而努力工作。"这显然意味着，在合作的文化的影响下，印度软件公司内部和软件公司之间进行合作的交易费用可以大大降低。

3. 印度积极塑造具有创造力的文化

印度传统充满了宗教色彩。在印度，宗教不仅是一种个人信仰和精神寄托，而且是一种潜在的精神力量，甚至是一种生活方式。《奥义书》上说，瑜伽六法是"克制呼吸、克制感官、静坐沉思、注意力集中、思考研究、一心不乱"，而现代思维科学的研究成果告诉我们，静坐沉思是激发创造力的最好状态之一。要有一种能充分发挥人的创造力的体制和文化，用以造就创业者的栖息地。西方现代文明突出个人的需求和价值，而印度文化则突出自然或社会整体的价值，强调整体的和谐有序。在人与自然关系上，印度文化强调人从属于自然整体，要求维护人与自然原初的和谐状态，这突出地表现在印度教"梵我一如"❶的观念中。

二、印度的创新文化产业管理

1. 政府的积极引导和扶持

印度政府对文化产业的发展历来十分重视。印度宪法中有专门的保护民族文化、促进文化发展的条款。政府制定的五年计划中都对文化的重要性予以充分肯定，并制定了相应的发展计划。在印度国家计划委员会编制的第九个五年计划文本中，有专门的段落对文化进行评价，从中央到地方的文化部门每年都可以得到经费的支持来发展文化产业。此外政府对文化产业的发展除了提供良好的政策发展环境，在政府职能方面，更多的是采取引导、刺激的方式，而非直接干预或控制。印度政府采取刺激文化产业发展的措施主要有以下几

---

❶　印度教的基本教义，指作为世界主宰的"梵"和个体灵魂的"我"在本质上是统一的。

种。①增加政府广告支出。为各级政府提供广告服务的印度广告和视觉公关局近日宣布，将支付给各媒体的广告费提高10%，同时放弃15%的佣金，此前，在2008年10月印度政府已宣布将广告支付提高24%。②对印刷媒体业采取免除新闻用纸的进口关税等刺激措施。③采取有效措施吸引动漫和游戏人才。

2. 积极培育文化产业市场主体

印度的文化产业是按照市场规律兴办和发展起来的。印度政府通过给予优惠政策等方式鼓励国内私人企业和财团投资文化产业，并取得了良好的效果。1991年，印度拉奥政府大胆引入了市场经济，实行"自由化、市场化、全球化、私有化"的新经济政策。这一系列改革使有线电视、无线通信、因特网很快进入印度，为社会发展带来了生机和活力。

3. 政府积极推动文化交流

为了加强与其他国家和地区的文化交流，印度专门成立了印度文化关系委员会（ICCR），这是一个权力很大的机构，除了进行官方和非营利性的文化活动之外，这个委员会还十分重视将印度的文化产品向世界推介，如组织印度艺术团体到国外进行演出、举行民间手工艺品的展销等。由于历史的原因，印度文化对南亚以及东南亚各国一直都有很大的影响力，印度充分利用了这种优势，使有特色的影视作品等在这些地区占有一定的份额，同时也努力向其他国家发展。印度政府从1999年解除了以前有关外国人不能投资印度电影工业的禁令，实行优惠的税收和金融政策，大大促进了国外资金的流入，国际著名电影及音乐公司，如华纳兄弟、环球、默多克、索尼、宝丽金、百代等纷纷在印度投资，为印度文化产品的国际化提供了资金、管理经验和网络。

三、印度创新文化传播体系

作为全球第二大发展中国家，印度近年来重视本国文化软实力的发展和推广，逐渐形成一套印度式的传播体系。

1. 印度着力打造电影产业集群

电影产业集群是一种有力促进电影产业空间组织形式变革、加快电影产业集聚、提高电影产业竞争力的有效方式。印度的电影业一直充当印度文化产业的主力军，被誉为世界的电影工厂。印度宝莱坞电影城每年的影片产量是美国好莱坞影片产量的近3倍，已形成了一个年营业额约12亿美元的市场，年产1200部影片，占据印度文化市场份额的80%。印度11亿多人口每年的电影票房约为20亿美元，超过了日本和英国，名列全球第二。最近几年，印度和俄罗斯、中国一道成为增长最快的电影市场。其中，印度增速最快，据统计，2010年印度的总票房达到36亿美元。❶

印度的通俗文化多年来一直影响着南亚次大陆、中东、东南亚乃至欧美一些国家。宝莱坞电影是印度通俗文化的代表，它是印度文化软实力的重要象征。丰富多彩的宝莱坞电影不仅改变了印度以往贫穷落后的形象，相反，它向世人展现了印度生机勃勃的新形象。

2. 印度力推音乐歌舞产业"走出去"战略

印度最具有潜力的文化产业是印度音乐歌舞。著名的印度之星歌舞团将大型歌舞晚会

---

❶ 梁君，杨霞. 印度发展文化产业的经验及其借鉴［J］. 特区经济，2011（12）：125.

《印度印象》带入整个世界，著名的歌舞片《倾国倾城》和《粉红色的回忆》中能歌善舞的女主角普蕾雅成为宝莱坞和世界著名演员，在印度乃至全球拥有广泛的影响力。印度文化产业靠这些著名歌舞剧目和明星打造出强大的音乐歌舞团体冲击欧美的音乐舞蹈产业市场，影响着世界文化潮流，创造着巨额的票房收入，拉动着印度的文化产业"走出去"。

印度还将佛教作为提升其文化软实力的重要手段，并以此加强其与东亚和东南亚国家的联系。印度还通过在国内外举办各种形式的印度文化节推销印度文化。此外，印度瑜伽、印度传统舞蹈、戏剧、独具特色的服饰和食品等重要的文化符号也在印度开发和传播文化软实力方面扮演着积极的角色。

3. 印度重点打造动漫产业

深厚的文化积淀和悠久的历史为印度动漫产业提供了丰富的题材，成为原创动画的源泉。印度动画业以低成本制作而闻名，因此许多欧美电影公司尤其是动画公司都选择印度作为其代工工厂。在印度制作一部大型动画片所需成本比美国便宜近60%。印度新兴的动漫和游戏产业由于人力成本相对较低和英语使用的优势，即使在全球经济放缓背景中仍获得索尼、迪士尼和巨影等大公司的大量制作外包业务。

2012年，印度工商联合会在其前期预算备忘录中表示，要对印度动画、游戏和视觉特效产业实行力推措施，促进该产业的发展。这些措施包括：①以印度理工学院和印度管理学院为基础，政府应当考虑为动画、游戏和视觉特效产业，以及其他应用和商业艺术类别设立"卓越中心"，并提供相关发展机会；②对动画产业实行10年免税期；③取消动画工作室和公司开发原创内容的服务税；④在10年期限内免除相关硬件的进口税；⑤为印度动漫产业参加国际市场活动时注册和出行所花的费用提供50%的市场发展补助，加强对印度动漫公司在世界市场展会中设立展位、进行展示等相关活动的支持，帮助引领印度本地制作公司走向国际市场，并收集和发布相关信息，支持基础设施建设，促进媒介市场的健康发展；⑥为促进国内游戏市场发展，本土基础设施消费税应从12.5%降到0%（与电影和音乐产业类似），有效的税收减免应该在15%左右，游戏控制器（游戏硬件）的进口税将会降低至0%，通过降低硬件安装成本，促进本国游戏开发产业生态发展；⑦商业银行应当为动画产业提供优先权，并为其提供优惠贷款服务；⑧政府应通过降低税率、采取激励措施（如免除支付国外艺术家费用的预提税）等方法，鼓励动漫产业相关实体在海外市场开发自主内容；⑨对经济特区内动画企业的一些出口限制应当取消，促进动画内容出口；⑩为动漫产业提供更多的补助金，类似法国的CNC基金，资助印度动画内容的合作制作和开发，提高印度动画创作者在全球的竞争力。

此外，印度卡纳塔克邦政府也于2012年公布了"卡纳塔克邦动画、视觉特效、游戏和漫画政策"，计划发展动漫产业的目标是：到2013年年底产值超过100亿卢比（约合14.6亿元人民币），到2015年实现至少40%的产业增长。和以前关于IT、通信和硬件产业的政策类似，这次的政策旨在为动漫这个新兴领域吸引投资、服务以及外包项目，同时培养高技术人才，建立人才体系，满足动漫产业的需求。

4. 政府大力推进"大众基础科学"普及工作

印度作为一个发展中的大国，深知科学技术的重要性。独立后，印度非常重视科学技术的发展和传播，在过去的几十年里，印度在科技普及领域做了许多工作。

20世纪末，正当科学传播在发达国家如火如荼展开的时候，印度也加紧开展本国科学传播工作。印度没有直接搬用美国、英国等发达国家的科学传播理念和模式，而是提出了自己的"大众基础科学"概念，并在 1989 年和 1999 相续出版了两本关于印度"大众基础科学"概念的重要文本。1999 年，印度科技部还制定了"大众基础科学"标准，以此来规范和推动科普工作。

印度的科普工作贯彻在其科技政策中。如 2013 年出台的第四套科技政策，是首次在广泛征求科学家和工业界代表的意见并在互联网上公开听取公众反馈的基础上制定的政策。其重要的内容有：在印度全社会各行各业中传播科学精神，增强社会各阶层年轻人实际运用科学的能力。

第四节　印度创新人才培养模式

在人力资源培养的经费投入方面，印度的投入比重始终高于中国。现在，印度拥有世界上一流的高等教育体系，在校大学生总人数超过中国，科技人员的总数仅次于美国，居世界第二位。目前，在美国硅谷和华盛顿地区的信息技术人员中，有 40% 是印度人或印侨。可见，印度在国内外都有着巨大的人才资源优势。

一、印度的创新教育改革

印度迅速崛起的一个重要原因是印度为发展科技，对教育精心规划，形成了教育促进科技创新的优势特点。

1. 国家高度重视人才培养政策的制定

印度"十一五规划"将教育和培养人才提升到首要位置。2011 年印度出台了《高等教育与研究法案》，对高等教育、职业教育与技术教育加强管理。第四套科技创新政策具有特别强调重视科技创新人才培养尤其是青少年人才培养的鲜明特色，在《2013 科学、技术与创新政策》中特别强调指出，为落实创新政策，首先就是要将科学与创新的精神植入社会各个部门，营造出创新环境与氛围，其次是为全国的年轻人创造学习科技增强技能的机会。而这两项任务都与培育人才紧密相关。鉴于印度劳动力年轻且基数巨大的优势，印度科技部联合相关部委，围绕提升人才规模和质量，采取了一系列措施。印度政府认为培育人才是创新的根基。围绕建立长远可持续的人才培养体系，动员地方开展人才培养，完善教育体系，激励大学开展研究，印度政府采取了一系列措施。《2013 科学、技术与创新政策》强调支持刚入行的创新人员和企业家们，为他们提供教育、培训和指导。

2. 印度把科技创新融入国民教育体系

印度创建出把创新渗入从小学到研究生院的创新教育体系。首先，印度注重科技创新的基础教育，在中小学设置创新课堂。其次，强化大学教育的创新导向，鼓励各类研发组织发挥教育和人才培养功能，加强培养适应新科技变革和产业革命的知识型技能型人才。最后，印度设立专门的创新工作坊和创新课程，教育和激励学生参与创新。在每一个区级教育和培训机构建立创新中心。

3. 印度筹建"创新大学"提升创新水准

设立 14 所创新大学，是印度政府第十二个五年计划中的重要项目，由时任总理辛格于 2010 年提出，并由总统普拉蒂巴·帕蒂尔（Pratibha Patil）正式宣布，目前已进入了开始实施的阶段。第一所创新大学将在首都德里附近的哈里亚纳省开始兴建。新设创新大学的目的是应时代的需求，以提升印度教育品质及迈向国际化。

所谓的"创新大学"，是指能迎头赶上或能与先进国家在研究上并驾齐驱，同时在学术上带动印度创新研究领域，解决重大问题的研究型大学，这些新的领域包括如都市化、绿能、公共卫生及环境保护等问题。创新大学与一般大学最大的差异，在于有完全的自主权，不需像其他大学事事受到大学拨款委员会的监督，学校当局有政策的决定权，除了可聘用外籍著名教授外，也可聘请外籍人士当校长，学校可制定自己特殊需要的研究领域、教授的薪资及课程等学校也有相当的自主权，同时也可招收外国学生，换言之，"创新"及"国际化"将是创新大学的特色。

印度教育部长西巴尔（Kipal Sibal）表示，创新大学除了上述的目标外，也希望能够提高每年博士的人数，印度目前每年约有 8 千名博士产生，相较于中国的 5 万名，显得微不足道，这个差距要迅速弥补。印度政府希望美国及英国著名大学来协助设立这些创新大学，这些著名大学包括麻州理工学院、哈佛、耶鲁、华盛顿等美国大学及英国的伦敦帝国学院，其中以美国哈佛与英国牛津两所大学的学术水准作为目标。

4. 印度推出"元大学"计划以促进创新合作

2009 年，时任印度总理辛格宣布，印度计划建立全球第一家"元大学"；政府批准其连接 18000 所学院和 419 所大学。

作为高等教育的全国性网络平台，师生可以通过该平台相互沟通，共享教材、学术刊物、研究，进行虚拟实验等。"元大学"最终将连接全国各地的大学、研究机构、图书馆、实验室、医院和农业机构等，对印度的国家知识网络进行整合，促进跨学科创新，重点方向包括气候变化，公共卫生和教育等。印度创新理事会主席皮特罗达（Sam Pitroda）说，作为一种工具，使用"元大学"的目的是反思教育，学生"在参与另一所大学的某个学科前将接受能力测试，并将授予学位"。

二、印度软件人才的培养体系

众所周知，目前印度的软件业是世界闻名的，而印度软件业的发展仅仅始于 20 世纪 80 年代中期。为什么在这么短的时间内，印度软件业能够获得如此迅速的发展？目前对这一问题的解释很多，但其中有一个原因肯定是十分重要的，那就是印度软件人才的培养模式。

1. 印度通过工程技术学院培养软件应用型人才

印度软件人才的培养主要是通过技术教育而不是科学教育来进行的。软件业需要的主要是技术人才，并不需要大量的科学人才。印度有 380 所大学的工程学院开设计算机专业，每年可培养 12.6 万名信息技术人才。同时，大量的私人成本和外资也进入计算机教育市场，形成了产业化的 IT 职业教育。目前，印度每年新增 50 万名软件人才，其中只有 7 万毕业于大学，其余都是通过技术培训的形式培养出来的。这些数据充分反映了印度技术人才的培养模式——重技术教育而不是科学教育。这与我国一提到发展计算机教育，便纷纷建立计算机科学硕士点、博士点形成鲜明对比。在 20 世纪 90 年代，印度每年约有 6.7 万名计算机科学的专业人员从教育学院和技术学校毕业，且有约 10 万人注册参加私人软件技术学院的学习。后来班加罗尔、卡纳塔克邦（包括临近邦）的大量工程学院毕业生也成为人力资源的主体。经济利益的强烈动机，动员着越来越多的印度人投身到软件行业当中，也动员着包括私营部门在内的社会各方力量掀起了兴办软件培训学院或者技术工程学院的热潮。比如，在 20 世纪 90 年代，印度每年约有 6.7 万名计算机科学的专业人员从教育学院和技术学校毕业，且有约 10 万人注册参加私人软件技术学院的学习。

2. 印度通过发展行业来带动软件人才的需求

一方面，印度通过加强国内产业的发展来积累人才。班加罗尔早期公共部门的发展在航空、国防电子和通信等行业中积累了大量的基础和应用型技术人才。

另一方面，印度通过开放型产业政策，利用外部力量锻炼人才。1984 年的开放型产业政策首次明确承认了劳务输出，即在国外的劳动密集型、低附加值编程服务，如译码和测试等都是合法出口。虽然程序员的工资往往在合同中已经严格按照代码行数确定，其在海外的住房和花销也被压制到了最低水平，但是相对于国内的就业状况来说已经有了极大的改善。低工资、高技术水平的劳动力无疑是印度 IT 产业初创期发展的比较优势。比如在 1994 年，印度的软件程序员和系统分析员的工资低于同样水平的美国人的十分之一，甚至比墨西哥等其他发展中国家还要低；而对于 Unix 系统的熟悉也使得印度程序员成为这一行业中世界独有的稀缺资源。在 20 世纪 90 年代，更是有越来越多的跨国公司为低廉的劳动力价格和高技术水平所吸引，纷纷效仿德州仪器在班加罗尔等高科技特区，建立起甚至与其总部的其他研究部门有着同等地位的海外开发中心。而海外研究所的发展也在区域治理的意义上促进了本土公司知识库的建立，培训过程的开展，以及质量控制过程和生产设备水平的提高。截至 1999 年 12 月，已经有 5 家印度公司获得了 CMMV 级认证（而同期美国仅有 6 家公司获得）。❶ 于是服务质量以及技术/项目管理能力的提升，反过来吸引了外商的进一步投资。

3. 印度通过软件科技园来培养人才

在 1985 年，印度工程人才库在研发方面的潜力第一次引起了人们的注意，当时德州仪器在班加罗尔开设了一个技术中心。如今，逾 200 家跨国公司在印度设有研发中心，这是为了充分利用当地庞大的工程师群体——印度较好的高等院校每年能培养出约 60 万名工程师——以及大批移居国外、但热切希望回国的博士。与此同时，班加罗尔软件科技园为全球化的中心城市提供了包括人力资源在内的大量资源。其中对外包最为关键的专门技术型人才和外语型人才，则早在 20 世纪初就已经开始积累。因此到了 20 世纪 80 年代，当经济资本的运营急需人力资源的供给时，班加罗尔 IT 产业的繁荣就开始了真正起飞。❷

班加罗尔通过软件人才与全世界联系起来。这座被称为"印度硅谷"的城市，正成为全球重要的创新中心。一方面，班加罗尔所在的卡纳塔克邦得益于 20 世纪 70 年代开始的教育改革，是印度平均受教育程度最高的邦，每年的毕业生占到全印度的 10%；❸另一方面，班加罗尔软件科技园的技术中心也成为印度工程人才库。与通用一样，微软、英特尔、谷歌、IBM 以及乐购等跨国企业，都在班加罗尔设立了研发中心。韦尔奇中心是通用电气在美国以外最大的研发中心。韦尔奇技术中心成立于 2000 年，当时拥有 275 名科学家和工程师。目前该中心拥有 4300 名员工，占通用全球研发"技术专家"的六分之一。该中心董

❶ 安娜李·萨克森尼安. 班加罗尔：亚洲的硅谷吗？[J]. 经济社会体制比较，2001，(2)：78 – 88.

❷ Pani N. Resource cities across phases of globalization: evidence from Bangalore [J]. Habitat International, 2009, 33 (1): 114 – 119.

❸ 祁明. 区域创新标杆 [M]. 北京：科学出版社，2009：387.

事总经理吉耶尔莫·威尔（Guillermo Wille）表示，今年这一比例将升至四分之一。为什么在印度开设研发中心？原因非常简单。在其他国家，不可能如此迅速地招到这么多工程师。班加罗尔以其庞大的外包产业闻名于世。在这里，大批二十多岁的大学毕业生从事着全球信息技术外包业的工作，输入数据、管理海外客户的软硬件。

4. 印度通过人才计划来培养和引进人才

印度的人才计划目前主要从培育和引进四类人才着手：青年人才、女性人才、理工科人才以及海外印度裔人才。印度推出青年科学人才资助计划，计划在 2017 年之前投入 5 亿美元，对优秀高中生给予补助，接受资助学生规模为 100 万人。而且注意培养在科技创新部门中的女性人才，推出帮助育后妇女重返就业岗位的绿色通道。

印度还设立"国家创新奖学金"和"工薪阶层创新大赛"来激励人才的培养。印度"国家创新奖学金"是创新委与印度人力资源部合作，对印度"国家人才搜寻计划"的补充，每年资助 1000 名 12～17 岁印度少年，至少有 50% 以上的获奖者必须来自印度农村地区，对女性有一定倾斜。这个奖学金除了激励创新人才，还志在提升家长、教师和整个教学体系对创新的认知。得奖学生被视为创业人才，会得到手把手的创新培训，鼓励把他们的创新推向创业进程，并且帮助他们联系（科技界和非科技界的）导师。印度"工薪阶层创新大赛"是为了降低体力劳动者劳累的创新解决方案大赛。

三、印度软件人才的培养模式

印度软件业的飞速发展大大得益其人才政策和培养模式，同时也大大推动了教育培训、动漫游戏、电子出版、互联网、电视传媒等文化产业的发展。

1. 以市场为导向

印度软件人才主要是通过职业教育而不是高等教育来培养的。目前，印度每年约有 50 万新生软件人才，其中大学毕业的只有 7.4 万，剩下的几乎全是通过职业教育与培训模式培养出来的，这充分反映了印度软件人才培养模式的职业教育定位。与此相适应，印度政府没有具体规定学校如何运作，而是以市场为导向，主要采取职业教育培训的形式，学校可以自己决定运作方式及收费标准。这种模式决定了职业培训中心必须具有良好的质量，否则就招不到学员。可以说，正是市场决定了非正规教育不但要有质量，而且还要对技术变化反应快，能及时提供培训等。

2. 淡化证书观念

淡化证书观念，尤其注重实际技能的掌握和运用，教学中注重工作态度等非智力因素的培训，强调实务教学，学习与实习并重。实践是印度软件人才培训的主要方式，即不是按照从基础理论到专业理论再到实习的路径来展开教学的，而是把传统教学顺序完全颠倒过来，先从"做"开始，学生在"做"的过程中如遇到问题，再以此为基础学习专业理论。

在教学模式上实现"产学研"结合。印度软件教育的一大特色是产业、教育互动关系密切，教学和新技术发展不脱节。学生毕业后投身软件业，把所学的"养分"回馈产业，形成良性的产学配套和循环体系。学校的策略是利用产业界的力量，欢迎企业到校园设立实验室，并随时根据企业和产业需要修改教学大纲、调整课程内容，使教学体系更加务实和灵活。

3. 全面质量管理

印度还大力推进教育标准化进程，关于教学内容，软件培训中心有严格规定，并建立统一标准。许多培训中心还引进了 ISO 9000 质量管理标准，重视课程开发，课程与实际需求紧密结合，实施全面质量管理。在 1984 年以前，印度软件业的经济资本在高度管制的制度框架以及自力更生的意识形态之下，只能满足于自给自足模型下的循环。而这一切直到甘地政府上台才得以改变。1992 年修订的《国家教育政策》为大学及学院系部提供了学术自主权，即分化学术集中管理权。这个自主权涉及入学制度、课程设置、教学进程和考试制度等。

4. 中介服务机构建设

印度存在大量职业中介机构和其他服务机构，● 如拥有 2 万名员工、计算机软件出口排名全国第一的塔塔咨询服务有限公司等。●

四、印度"海归人才"战略

1. 以"人脉"关系为基础的人才流通网络

印度软件产业的早期奠基者当中有很多都属于"海归派"，或是在完成了技术和资本的原始积累之后将经济和知识的资本从美国带回到印度本土，并充分利用本地高性价比的劳动力优势打造本土企业；或是受跨国公司的委派，回印度开设软件加工基地或软件研发中心。● 这些以"人脉"关系为基础的社会网络，使得印度和欧美尤其是和美国之间在高技术产业方面保持着非常密切的联系。在班加罗尔的软件科技园中，有 95% 的国际公司由生活或者工作在海外的印度人所经营。如通用在班加罗尔的研发中心里，也有约三分之一的雇员来自于美国。●

印度到美国的留学、工作和移民的热潮在 20 世纪 60 年代就已经开始，几十年来也积累了大量的由美国训练的或者以美国为基地的专业人才。虽然 20 世纪 80 年代软件行业的出口增长主要得力于单纯的劳务输出（即印度的程序员在其他国家工作，如美国），但经济资本的盘活始终使得知识资本以固定设备和技术投资，以及离岸人员培训的形式得到了前所未有的积累。特别是那些在美国经历过实践培训的专业技术人员，后来也成为以"人脉"为基础的社会资本增值的中坚力量。●

2. 印度设立科技人员学术休假制度

印度鼓励高校和科研机构建立和完善科技人员学术休假制度，鼓励科学家和技术人员在此期间进行成果完善和创意提炼。设立科技人员学术休假制度，把原来专属于美国大学教授每七年一次的学术带薪休假●推广到科技领域，鼓励科学家和技术人员在此期间开展商

● 安娜李·萨克森尼安. 班加罗尔：亚洲的硅谷吗？[J]. 经济社会体制比较，2001（2）：78 – 88.

● 吴坚. 天堂硅谷——杭州与印度硅谷——班加罗尔之比较 [J]. 浙江工程学院学报，2002，19（3）：181 – 186.

● 陈平. 印度班加罗尔信息产业集群研究 [J]. 商业研究，2007，(11)：125 – 128.

● Chacko E. From Brain Drain to Brain Gain：Reverse Migration to Bangalore and Hyderabad, Indias Globalizing High Tech Cities [J]. Geo Journal，2007，68（2）：131 – 140.

● 安娜李·萨克森尼安. 班加罗尔：亚洲的硅谷吗？[J]. 经济社会体制比较，2001，(2)：78 – 88.

● 学术休假项目于 1880 年由哈佛大学首创。据 1989 年出版的《牛津英语词典》称，在 1880 年，哈佛学院的校长艾利奥特批准工作七年以上的教师可以休假，休假期间享有半薪。

业冒险实践或者专心提炼创意。

学术休假在发达国家的高校已经制度化，是大学教师在职发展的一种重要而有效的制度形式，后被证实在提升教师教学水平、促进科研创新能力、提高教师队伍士气、缓解教师职业倦怠等方面有明显功效。

3. 对海外印度裔人才实行双重国籍制度

印度政府近年来为吸引和方便更多的海外印度人士和后代回印度访问、工作和生活，增强印度社会和经济发展的活力和竞争力，增加对祖籍国的认同和了解，1999～2006年大幅度调整和创新印度海外侨民返回和访问印度的旅行和海外公民身份证明的做法。印度政府给海外原印度籍人士发放海外印度公民身份证——OCI卡（Overseas Citizen of India，终生免签证），以及给在海外生长的印度人后代发放海外印度裔人士身份证——PIO卡（Person of Indian Origin Card，15年免签证），一举解决了印度作为国家和海外印度裔人士的多方多层次的需求。

作为国家人才政策的补充，海外印度人才持有"印度裔卡"或"海外公民证"持卡者在购房、医疗、社会保障、所得税、贷款额度、风险投资基金的申请、知识产权保护等方面都有"本土公民待遇"，但不享有选举和被选举权利。按照印度大使馆的官方统计，截至2010年3月，印度已经发放了400万"海外印度公民证"和700万个"印度裔卡"，这些证件的发放，大大加速海外印度裔人才的回流和环流。

第十二章　中国：实现"中国制造"到"中国创造"的蜕变

中国国家创新体系的构建始于 20 世纪 80 年代中期，涉及科技体制革新的经济体制改革。目前我国的国家创新体系建设已取得了显著成绩，正全面推进中国特色国家创新体系建设，着力提升"中国制造"的品质和"中国创造"的影响力。❶ 中国科技创新的基本指标是：到 2020 年建成创新型国家，使科技发展成为经济社会发展的有力支撑；经济增长的科技进步贡献率要从 39% 提高到 60% 以上，全社会的研发投入占 GDP 比重要从 1.35% 提高到 2.5%。中国步入引领世界的"创新经济体"之列。

第一节　中国创新理念与制度建设

中国国家科技创新体系是以政府为主导、充分发挥市场配置资源的基础性作用、各类科技创新主体紧密联系和有效互动的社会系统。2015 年，国务院发布《关于大力推进大众创业万众创新若干政策措施的意见》，成为新时期推动中国创新创业的指导意见。

一、中国国家创新理念的演化

中国国家的创新发展是和新中国的成长同步的。特别是改革开放以来，中国的创新系统不断发展演化，国家创新体系不断完善和加强。中国国家创新理念的演化大体上可以分为四个阶段。

1. "政府主导型"创新阶段（1949～1977 年）

这是中国创新理念的形成阶段，这一阶段的主要特征是建立各类科研机构，制定国家科技发展计划，逐步形成国家创新体系。1949 年 11 月，中国科学院成立。随后，政府部门的科研机构、企业的科研机构、大学的科研机构、地方科研机构都相继建立。这个时期的科技计划主要有"12 年科技发展规划"等。为了国防安全的需要，这一阶段中国的高新技术发展倾向于军事方面，在高能物理、化学物理、近地空间、海洋科学等方面进行了不懈努力，"两弹一星"的研制成功是其重要的标志。这些科技的成就，不但大大提高了中国的国际威望，而且促进了此后中国高新技术的建立和发展。此时的国家创新模式主要是"政府主导型"，由政府直接控制，相应的组织系统按照功能和行政隶属关系严格分工；创新动机来源于政府认为的国家经济、社会发展和国防安全需要，等等；政府是资源的投入主体，资源严格按计划配置，创新的执行者或组织者进行创新是为了完成政府任务，其利益不直接取决于它们的现实成果，同时也不承担创新失败的风险和责任。

---

❶ 李克强. 中国正处于建设创新型国家决定性阶段［N/OL］. 中国新闻网，2014-1-10.

2. 国家计划创新发展阶段（1978～1995 年）

中国创新体系的起源可以追溯到 20 世纪 80 年代中期，当时科学技术体系的改革被纳入经济改革更为广泛的议程之中。科技工业园、大学科技园和技术商业孵化器在"火炬计划"下启动，作为一种新的基础结构以鼓励发展工业和科学的关系，推动公共科研院所分离出新的企业，以缩小科研和产业之间的鸿沟。

这一阶段的主要表现是探索国家创新系统的发展模式和创新政策，出台了改革政策和措施。在这一时期，创新模式主要是计划主导模式，即设立国家科技计划，在国家科技计划中引入竞争机制。这种模式的形成是伴随着中国改革开放的进程而出现的。随着国有企业自主权的不断扩大，市场对企业的调节作用不断增强。通过改革拨款制度、培育和发展技术市场等措施，科研机构服务于经济建设的活力不断增强，科研成果商品化、产业化的进程不断加快，这一切都加速了我国国家创新体系的发展。在这一时期，国家科研经费大多以国家科技计划的形式出现，政府工作人员管理着科研经费的配置。国家先后出台了一系列的计划，如国家重点科技攻关计划、高技术发展计划（"863"计划）、火炬计划、星火计划、重大成果推广计划、国家自然科学基金、攀登计划等。与此同时，为迎接世界高新技术革命浪潮，中国也像许多国家一样兴办了许多科技园区。自 1985 年 7 月中国第一个高科技园区"深圳科学工业区"成立以来，中国已建立起国家级高新技术园区 52 个，总面积达 676. 16 平方公里。此外，还有省、市级高新技术园区或经济开发区 70 多个。

3. 国家技术创新系统阶段（1995～1998 年）

1995 年，国家启动了"科教兴国"战略。1996 年，国家决定启动"技术创新工程"，重点是提高企业的技术创新能力。这一时期突出了企业的技术创新模式，其显著特点是确立了市场经济的目标，从企业做起，进行企业制度和产权制度的改革，强化企业的创新功能。宏观管理体制也发生了重大变化，重大科技计划逐步由科技和经济主管部门联合制定，出现了新的参加对象，如国家工程中心（含国家工程研究中心、国家工程技术研究中心等）、生产力促进中心等，加快了科技成果的商品化、市场化。

在 20 世纪 90 年代持续的国际开放（如在 2001 年加入世贸组织）、公司治理和创新的框架条件的改进（如对知识产权的保护），以及大学与公共研究部门的进一步改革这些因素的联合作用下，这一刚刚成形的创新体系进一步成熟。

在世纪之交，特定区域内进行的国家政策的试验、区域和地方当局自下而上的主动拥护和严密的体系改革三者的联合作用，使得国家创新体系在整个中国经济的蓝图中逐渐构建起来。

4. 国家创新系统阶段（1998 年至今）

1997 年 12 月，中国科学院提交了《迎接知识经济时代，建设国家创新体系》的报告，提出了关于中国国家创新体系的概念："国家创新体系是由与知识创新和技术创新相关的机构和组织构成的网络系统，其主要组成部分是企业（以大型企业集团和高技术企业为主）、科研机构（包括国立科研机构、地方科研机构和非营利科研机构）和高等院校等；广义的国家创新体系还包括政府部门、其他教育培训机构、中介机构和起支撑作用的基础设施等。"这表明中国创新体系是知识创新和技术创新并举的系统。

1998 年 6 月，国务院通过了中国科学院关于开展知识创新工程试点工作的汇报提纲，决定由中国科学院先行启动"知识创新工程"，作为国家创新体系试点。"十五"计划纲要首次提出"建设国家创新体系""建立国家知识创新体系，促进知识创新工程"，实施"跨越式发展"的宏伟战略。"十一五"规划进一步指出，"按照自主创新、重点跨越、支撑发展、引领未来的方针，加快建设国家创新体系"。至 2006 年，中国国家创新体系是一个网络系统，是知识创新系统、技术创新系统、知识传播系统和知识应用系统之间相互作用的整体。《国家中长期科学和技术发展规划纲要（2006—2020 年）》中指出，国家科技创新体系是以政府为主导、充分发挥市场配置资源的基础性作用、各类科技创新主体紧密联系和有效互动的社会系统。目前，我国基本形成了政府、企业、科研院所及高校、技术创新支撑服务体系"四角相倚"的创新体系。我国科技体制改革紧紧围绕促进科技与经济结合，以加强科技创新、促进科技成果转化和产业化为目标，以调整结构、转换机制为重点，取得了重要突破和实质性进展。

为进一步加快推进创新型国家建设，2012 年 9 月 23 日，中共中央、国务院印发了《关于深化科技体制改革　加快国家创新体系建设的意见》，进一步强调要充分发挥科技对经济社会发展的支撑引领作用，深化科技体制改革。

国家创新体系的作用体现在对其组成主体的政府、企业、科研机构和大学的组织与协调，使它们相互作用，发挥各自的优势，其本质是在创新主体间形成协调机制。加强政府、科研机构、大学和企业之间的有机联系与分工合作，使技术创新成果更快更好地转化为现实生产力，加速高新技术产业的发展和传统产业的升级。国家创新体制作为科技体制的一种新形式，其性质属于科技政策，即调整各科技创新主体间的相互关系，优化科技发展的外部发展环境。政府是创新的发起者、组织者和推广者，通过投入、科技计划、立法和政策手段，制定科技发展战略，推动科技创新。

二、中国创新管理制度

2003 年 10 月，党的十六届三中全会通过的《中共中央关于完善社会主义市场经济体制若干问题的决定》明确提出，改革科技管理体制，加快国家创新体系建设，促进全社会科技资源高效配置和综合集成，提高科技创新能力，实现科技和经济社会发展紧密结合。总之，要立足中国国情，引入竞争机制，打破壁垒，形成合力，真正建立起中国自己的国家创新体系，为增强中华民族科技创新能力提供体制保障。

1. 中国高度集中型创新管理体制

中国的科技管理体系是高度集中的模式，分为最高决策机关、执行层和协调层以及下属从事高新技术研发和生产活动的机构，层次间呈垂直式的行政隶属关系。管理机构以完善环境、提高服务为目标，积极扶持科技型中小企业；政府的职能是对创新活动进行宏观调控和正确引导，以利于创新活动的政策调动科研人员的积极性，做好为国家创新体系健康发展的服务工作。

具体来讲，政府的作用是目标设定、实施保障、提供辅助、组织实施。目标设定是指制定、评价创新政策及相关的国家科技活动计划，与国家产业政策等目标一致。实施保障是为激励和刺激创新发展设立一系列手段和机构。政府通过立法、政策手段来推动技术创新，促进了科技与经济的结合。通过制定国家创新战略，确定有带动作用的新兴产业和重点战略产业作为国家扶持的重点，提高企业的创新能力以实现经济发展的跨越。组织实施是国家对一些重大创新项目可以采取直接由政府组织的方式予以实施。

2. 中国层次性创新政策体系

与中国高度集中型创新管理体制相关联，中国创新政策制定的框架为：中共中央和全国人大在宏观上把握方向，国务院及国家科技教育领导小组则负责制定并协调政策的实施，国务院部委是创新政策制定和实施的主体。

这种创新政策的体系由宏观到具体，由导向到执行，都能保持与具体制度间的一致性，进而保证我国创新政策体系的内在融贯性和覆盖性。中国的创新战略情景如图 12.1 所示。

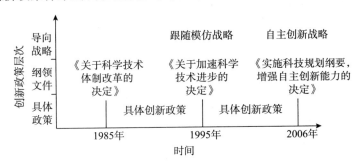

图 12.1 中国创新战略情景❶

3. 中国特色的市场引导机制

中国的创新贯彻以市场为导向的机制，坚持技术创新市场导向，紧扣经济社会发展重大需求，着力打通科技成果向现实生产力转化的通道，着力破除科学家、科技人员、企业家、创业者创新的障碍，着力解决要素驱动、投资驱动向创新驱动转变的制约，让创新真正落实到创造新的增长点上，把创新成果变成实实在在的产业活动。

2015 年 3 月出台的《中共中央国务院关于深化体制机制　改革加快实施创新驱动发展战略的若干意见》特别指出，加快实施创新驱动发展战略，就是要使市场在资源配置中起决定性作用和更好发挥政府作用，破除一切制约创新的思想障碍和制度藩篱，激发全社会创新活力和创造潜能，提升劳动、信息、知识、技术、管理、资本的效率和效益，强化科技同经济对接、创新成果同产业对接、创新项目同现实生产力对接、研发人员创新劳动同其利益收入对接，增强科技进步对经济发展的贡献度，营造大众创业、万众创新的政策环境和制度环境。

三、中国创新保障体系

完善的创新保障体系是构建高绩效国家创新体系的必要前提和保障，是建设创新型国家最基本的基础条件。

1. 完善了创新法律保障体系

在立法方面，中国积极构建法律体系来为创新保驾护航。1993 年 7 月，第八届全国人大常委会第二次会议通过《中华人民共和国科技进步法》（2007 年 12 月修订《中华人民共和国科学技术进步法》），这是新中国第一部科技基本法，是推进我国科技事业发展的重大法律保障。《中华人民共和国科技进步法》明确规定，国家保障科研自由，鼓励科学探索和

---

❶ 孙玉涛，曹聪. 战略情景转变下中国创新政策主体合作结构演进实证［J］. 研究与发展管理，2012（4）.

技术创新。为了促进科技成果转化为现实生产力，规范科技成果转化活动，加速科学技术进步，推动经济建设和社会发展，1996 年 5 月通过了《中华人民共和国促进科技成果转化法》，并于 2013 年进行了修改。此外，国家又陆续出台了《中华人民共和国专利法》《中华人民共和国技术合同法》《中华人民共和国农业技术推广法》等一系列法律法规，来促进科技成果的转化和科学技术进步。

2. 实现了稳定增长的科技投入体系

根据 2013 年 5 月 30 日科学技术部发展计划司发布的《科技统计报告》第 1 期，2012 年全国研究与试验发展经费投入总量已达 8687 亿元，比上年增加 1624.4 亿元，增长 23%。与国内生产总值之比达到 1.84%，比上年的 1.76% 有所提高。但是分活动类型看，全国用于基础研究的经费支出为 411.8 亿元，比上年增长 26.9%；应用研究经费支出为 1028.4 亿元，增长 15.1%；试验发展经费支出为 7246.8 亿元，增长 24%。基础研究、应用研究和试验发展占研究与试验发展经费总支出的比重分别为 4.7%、11.8% 和 83.5%。分执行部门看，各类企业经费支出为 6579.3 亿元，比上年增长 26.9%；政府属研究机构经费支出 1306.7 亿元，增长 10.1%；高等学校经费支出 688.9 亿元，增长 15.3%。企业、政府属研究机构、高等学校经费支出所占比重分别为 75.8%、15% 和 7.9%。

《国家中长期科学和技术发展规划纲要（2006—2020 年）》确定到 2020 年，全社会研究开发投入占国内生产总值的比重提高到 2.5% 以上，力争科技进步贡献率达到 60% 以上，对外技术依存度降低到 30% 以下，本国人发明专利年度授权量和国际科学论文被引用数均进入世界前 5 位。2010 年我国全社会研究开发投入应达 3600 亿元左右，2020 年达 9000 亿元左右。

此外，国家在激励个人、非营利性机构、公益性社会团体增加科技投入，提高民间资本投资研发活动的回报率等方面也逐步建立起一套相应的鼓励机制。

3. 形成了不断完善的政策保障体系

在政策层面，中国政府不断加强顶层设计，优化政策设计，坚持把提高创新政策的科学性作为目标和责任。目前，中国创新政策顶层设计已经明确。党的十八大提出，"科技创新是提高社会生产力和综合国力的战略支撑，必须摆在国家发展全局的核心位置"，强调要坚持走中国特色自主创新道路、实施创新驱动发展战略。中共中央、国务院出台《中共中央国务院关于深化体制机制改革 加快实施创新驱动发展战略的若干意见》（以下简称《意见》），作为指导深化体制机制改革，加快实施创新驱动发展的战略性意见。《意见》共 9 个部分 30 条，包括总体思路和主要目标，营造激励创新的公平竞争环境，建立技术创新市场导向机制，强化金融创新的功能，完善成果转化激励政策，构建更加高效的科研体系，创新培养、用好和吸引人才机制，推动形成深度融合的开放创新局面，加强创新政策统筹协调。《意见》指出，到 2020 年基本形成适应创新驱动发展要求的制度环境和政策法律体系，为进入创新型国家行列提供有力保障。为推动创新驱动发展战略，2015 年，国务院发布推进大众创业万众创新政策措施。

当前中国创新政策的体系的现状，已经涵盖了科研机构、高校、企业、中介结构等各类创新主体，覆盖了从基础研究、技术开发、技术转移到产业化等创新链各个环节，也包括了财政、税收、金融、知识产权等多样化工具。可以说，到目前为止具有中国特色的创新政策体系框架已经初步形成。中国正逐步建立起有利于创新的法律法规、政府激励政策、信息网络、大型科研设施与创新基地等国内软硬环境，逐步形成能有效参与国际竞争与合作的国际互动外部环境。同时，中国还完善了对技术创新公共服务平台的财政税收支持政策，研究制定财政支持区域科技创新服务机构的条件办法和程序，建立国家科技项目成果报告制度，促进科技成果计划顺序公开与转换。

4. 建立了知识产权保护体系

完善的知识产权保护是重要的创新制度基础设施。党的十七大报告中明确提出"实施知识产权战略"。2008 年，国家又颁布实施《国家知识产权战略纲要》。之后，国务院批复成立了由 28 个成员部门组成的国家知识产权战略实施工作部际联席会议，自 2009 年，国家知识产权战略实施工作部际联席会议连续六年制定年度推进计划，从而将知识产权工作上升到国家战略层面进行统筹部署和整体推进，与"科教兴国战略"和"人才强国战略"三策并举。由此，我国知识产权事业发展真正进入了战略主动期。

国家知识产权战略涵盖了知识产权的全部领域，包括专利、商标、版权与有关权利、集成电路布图设计、地理标记、生物新品种、商业秘密、传统知识、遗传资源、民间文艺，同时也涉及对知识产权的权利限制及禁止滥用知识产权等内容。"知识产权战略"实行"两条腿走路"的策略，即一抓技术引进，二抓自主知识产权。这彰显了中国要实现由知识产权大国向知识产权强国过渡的决心和策略。"知识产权战略"的目标是，到 2020 年，把我国建设成为知识产权创造、运用、保护和管理水平较高的国家；知识产权法治环境进一步完善，市场主体创造、运用、保护和管理知识产权的能力显著增强，知识产权意识深入人心，自主知识产权的水平和拥有量能够有效支撑创新型国家建设，知识产权制度对经济发展、文化繁荣和社会建设的促进作用充分显现。

仿照美国联邦巡回上诉法院、德国专利法院、日本知识产权裁判所等的司法制度建设，2014 年，中央全面深化改革领导小组第三次会议审议通过了《关于设立知识产权法院的方案》，力推知识产权法院专门化，有利于这类案件审理水平的提高。

5. 不断强化创新人才保障体系

"人才兴国战略"是《中共中央关于制定国民经济和社会发展第十二个五年规划的建议》提出的重要国家战略，旨在建设人才强国。坚持党管人才原则，坚持服务发展、人才优先、以用为本、创新机制、高端引领、整体开发的指导方针，加强现代化建设需要的各类人才队伍建设。建立健全政府宏观管理、市场有效配置、单位自主用人、人才自主择业的体制机制，形成多元化投入格局，明显提高人力资本投资比重。营造尊重人才的社会环境、平等公开和竞争择优的制度环境，促进优秀人才脱颖而出。改进人才管理方式，落实国家重大人才政策，抓好重大人才工程，推动人才事业全面发展。

第二节　中国创新体系中的科技力量

自改革初期以来，科技现代化就一直是中国的共识。目前，我国科技产出无论从专利申请量、授权量还是三大检索收录论文的数量，每年都以一定速度增长，科技产出取得了重要的成就。2012 年，我国三种专利申请量、授权量分别达到 205.1 万件和 125.5 万件，发明申请量居世界首位。步入 2013 年，我国每万人口发明专利拥有量已超过 3.3 件，提前实现了"十二五"规划目标。2012 年，我国受理商标注册申请 164.8 万件，商标累计有效注册量继续保持世界第一。作品著作权登记量 68.8 万件、软件著作权登记量 13.9 万件，均达历史新高。在数量不断提高的同时，各类知识产权的质量也在稳步提升。❶ 在高科技产业领域，中国占全世界高科技产品的出口份额从 2000 年的 6.5% 一路攀升到 2013 年的 36.5%。

一、中国科技创新管理体制

国家对科学技术采取集中式模式，这种集中式模式比较注重政策自上而下的集中度和宏观层面，政策的制定也变得常态化，基于既定规则，避免了各政府机构之间的推诿扯皮的现象。政策制定过程在不同的层面对外部的顾问和想法开放，同时促进自上而下的决策。

自 2003 年起，中国的科技管理变得更加结构化、更专注于具体行业也更加系统化，产生了新的技术工业政策典范。2014 年，《关于深化中央财政科技计划（专项、基金等）管理改革的方案》出台，此次改革的核心内容是推动政府科技管理职能的转变。按该方案，我国将建立公开统一的国家科技管理平台，平台中涉及建立联席会议制度、依托专业机构管理项目、设立战略咨询和综合评审委员会、建立统一的评估和监管机制、建立动态调整和终止机制、完善国家科技管理信息系统并主动向社会公开信息等多项改革内容。科技计划（专项、基金等）优化整合后将分作 5 类，全部纳入统一的国家科技管理平台管理。此次改革，将改变过去 40 多个部门管理 90 多个科技项目的"九龙治水"局面，盘活八九百亿元分散式碎片化投入科研项目的财政资金。按规划，2017 年，经过 3 年的改革过渡期后，我国的科研项目将全面按照优化整合后的 5 类科技计划（专项、基金等）运行，现有各类科技计划（专项、基金等）经费渠道将不再保留。

政府部门不再直接管理具体项目，主要负责科技发展战略、规划、政策、布局、评估和监管。建立公开统一的国家科技管理平台，健全统筹协调的科技宏观决策机制，加强部门功能性分工，统筹衔接基础研究、应用开发、成果转化、产业发展等各环节工作，进一步明晰中央和地方科技管理事权和职能定位，建立责权统一的协同联动机制，提高行政效能。

二、中国科技创新的国家战略

通过制定国家科技创新战略，确定有带动作用的新兴产业和重点战略产业作为国家扶持的重点，提高企业的创新能力以实现经济发展的跨越。

1. 国家中长期科技发展规划

2006 年被认为是继 1956 年知识分子会议、1978 年全国科学大会和 1995 年全国科技大会后的"中国科技发展史上新的里程碑"，媒体称"科学的春天又来了"。中国未来 15 年科技发展的目标是，到 2020 年建成创新型国家，使科技发展成为经济社会发展的有力支撑。2005 年的十六届五中全会已把建设创新型国家作为"十一五"时期的主要任务之一。我国各个时期的科技发展规划如表 12.1 所示。

---

❶ 国家知识产权战略实施五年成效斐然 ［N/OL］. 新华网，2013－6－5.

表 12.1 中国科技发展规划情况

发展规划	科技发展重点	科技发展目标	人才队伍建设
《1956—1967 科技发展远景规划纲要》	科学进军科技水准、超越世界水准、加强国际交流	12 个科学技术领域、12 项重点科技任务、57 项基础学科任务	积极培养科学领导骨干和合理配备辅助人员
《1963—1972 科学技术规划纲要》	动员和组织全国的科学技术力量，自力更生地解决我国社会主义建设中的关键科学技术问题	农业科学技术规划、工业科学技术、医学科学技术、技术科学（32 个重点项目，17 个学科）、基础科学（41 个项目）	建立一支能够独立解决我国建设中科学技术问题的、又红又专的科学技术队伍
《1978—1985 科技规划发展》	使部分重要的科技领域接近或达到世界 20 世纪 70 年代的水准，建立科学研发的研究基地	27 个重点领域、科技研究任务、基础研究规划（43 个重点科目、14 个重大项目）、重点发展领域	专业科研人才达到 80 万个，建立完整的科研体系
《1986—2000 科技发展规划》	使传统产业运用已成熟的技术、建立技术密集的新型产业、做好技术引进的准备、军转民的推广运用	高技术研究发展计划（"863"计划）、推动高技术产业化的火炬计划、面向农村的星火计划、支持基础研究的国家自然科学基金计划	通过各类计划形成了一批专家库
《1991—2000 科技发展十年规划》	使科技对经济成长的贡献达到 50%，高科技产品产值达到 4000 亿元	星火计划、火炬计划、"863"计划、攀登计划、"973"计划	培养和造就一支适应四化建设需要、具有国际科技竞争能力的优秀科技队伍
《2001—2005 "十五"计划》	加快科技体制改革、促进科技产业化、提升高科技技术创新能力、增加高科技产品出口	农业与生物科技结合、传统产业技术升级、提高服务业的知识力量、环境保护和开发	各级各类教育加快发展，基本普及九年义务教育的成果进一步巩固，初中毛入学率达到 90% 以上，高中阶段教育和高等教育毛入学率力争达 60% 左右和 15% 左右
《国家中长期科学和技术发展规划纲要（2006—2020 年)》	动员全党全社会走自主创新的道路，建设"创新型国家"，自主创新，重点跨越，支撑发展，引领未来	中国将在未来 15 年加快发展包括探月工程和载人航天在内的 16 个重大专项，以解决信息、生物、资源、健康等战略领域的重大紧迫问题以及军民两用技术和国防技术	实施人才强国战略，切实加强科技人才队伍建设

资料来源：www.most.gov.cn

2. 国家重大科技计划

作为国家三大主体科技计划的"863"计划、"973"计划以及支撑计划，被喻为中国驱动自主创新的"三驾马车"。

1986 年 3 月启动实施了"高技术研究发展计划"（"863"计划）是以政府为主导，以一些有限的领域为研究目标的一个基础研究的国家性计划，旨在提高我国自主创新能力，坚持战略性、前沿性和前瞻性，以前沿技术研究发展为重点，统筹部署高技术的集成应用和产业化示范，充分发挥高技术引领未来发展的先导作用。作为中国高技术研究发展的一项战略性计划，经过 20 多年的实施，"863" 计划有力地促进了中国高技术及其产业发展。它不仅是中国高技术发展的一面旗帜，而且成为中国科学技术发展的一面旗帜。

1997 年，中国政府制定 "国家重点基础研究发展计划"（"973" 计划），开展面向国家重大需求的重点基础研究。这是中国加强基础研究、提升自主创新能力的重大战略举措。"973" 计划的实施，实现了国家需求导向的基础研究的部署，建立了自由探索和国家需求导向 "双力驱动" 的基础研究资助体系，完善了基础研究布局。自 1998 年实施以来，"973" 计划围绕农业、能源、信息、资源环境、人口与健康、材料、综合交叉与重要科学前沿等领域进行战略部署，2006 年启动了蛋白质研究、量子调控研究、纳米研究、发育与生殖研究四个重大科学研究计划，共立项 384 项。

2006 年，"国家科技支撑计划"（支撑计划）在原国家科技攻关计划的基础上设立。支撑计划是国家科技计划体系的重要组成部分，以重大工艺技术及产业共性技术研究开发与产业化应用示范为重点，主要解决综合性、跨行业、跨地区的重大科技问题，突破技术瓶颈制约，提升产业竞争力。支撑计划的预算额度已接近 "863" 计划的投资预算。

此外，1991 年开始实施的 "重大基础研究项目计划"（攀登计划）是为了加强基础性研究而制订的一项国家基础性研究重大项目计划。

3. 国家重大科技创新工程

对于技术创新系统，国家实施了 "技术创新工程" "知识创新工程"（试点）等。这些工程的实施，构成了中国创新系统的核心内容，在国家层次上形成了建设国家创新系统的战略布局。

1996 年，国家决定启动 "技术创新工程"，重点是提高企业的科技创新能力。1997 年 12 月，中国科学院提交了《迎接知识经济时代，建设国家创新体系》的报告。该报告提出了面向知识经济时代的国家创新体系，1998 年年初，党中央国务院批准中国科学院实施知识创新工程，作为国家创新体系试点。针对技术创新体系建设中存在的薄弱环节和突出问题，2005 年 12 月，中国科技部、国资委、全国总工会 3 部门联合启动技术创新引导工程，2009 年 7 月 14 日，6 部门颁布了《国家技术创新工程总体实施方案》，推动国家技术创新工程的实施。2010 年 3 月 31 日，时任国务院总理的温家宝主持召开国务院常务会议，决定 2011～2020 年要继续深入实施知识创新工程，以解决关系国家全局和长远发展的基础性、战略性、前瞻性的重大科技问题为着力点，重点突破带动技术革命、促进产业振兴的前沿科学问题，突破提高人民群众健康水平、保障改善民生以及生态和环境保护等重大公益性科技问题，突破增强国际竞争力、维护国家安全的战略高技术问题。

4. "产学研" 联合开发工程

对于知识应用系统来说，有 "星火计划" "火炬计划" "科技成果重点推广计划" "产学研联合开发工程" 等。由此，中国逐步建立了以企业为主体、"产学研" 结合的技术创新体系。

1986 年开始实施的 "星火计划"，是经中国政府批准实施的第一个依靠科学技术促进农村经济发展的计划，是中国国民经济和科技发展计划的重要组成部分。其宗旨是：把先进适用的技术引向农村，引导亿万农民依靠科技发展农村经济，引导乡镇企业的科技进步，促进农村劳动者整体素质的提高,推动农业和农村经济持续、快速、健康发展。

1988 年开始实施的 "火炬计划",是一项发展中国高新技术产业的指导性计划。宗旨是发挥中国科技力量的优势和潜力,以市场为导向,促进高新技术成果商品化、高新技术商品产业化和高新技术产业国际化。建设和发展高新技术产业开发区是 "火炬计划" 的重要内容之一。全国已建立了 84 个国家高新技术产业开发区,在国民经济和社会发展中发挥着越来越 大的作用。高新技术创业服务中心是在吸取了国外企业孵化器成功发展经验的基础上,结合中国国情而建立起来的一种新型的社会公益型科技服务机构。高新技术创业服务中心是高新技术成果转化为产业的重要环节,是连接高新区与大专院校、科研院所和大中型企业的纽带,是高新技术产业发展支撑服务体系的重要组成部分。

1992 年,原国家经贸委、中国科学院和教育部联合启动实施 "产学研联合开发工程"。国家重大高科技产业发展中,建立以企业为主体,科研院所协同发展的企业化机制;支持 "产学研" 紧密结合的重点项目开发和在引进消化吸收基础上的技术创新工程。推动科技生产要素向企业的流动和国有企业技术创新机制的建立。国家科技计划和重大工程项目要向企业开放,重大产业化项目要建立以企业为主的组织实施机制。鼓励和引导企业与科研机构、高等院校联合建立研发机构、产业技术联盟等技术创新组织。此外,要高度重视中小企业、特别是科技型中小企业在自主创新中的重要作用,促进中小企业创新创业。

除此之外,国家和地方的产学研合作计划还有 "科技攻关计划" "技术改造计划" "国家科技成果重点推广计划" "新产品试制试产计划" "丰收计划" 及其他有关计划,为科技成果的推广应用起到了重要的引导和资助作用。

5. 科研基础条件建设工程

中国政府积极推进科研基础条件建设,通过科技基础条件平台,可以实行科技资源开放共享,构建了一批面向区域中小企业集群开展服务的行业技术创新服务平台。

(1) 国家科技基础条件平台建设专项。

国家科技基础条件平台建设专项(以下简称 "平台专项")由科技部、财政部共同组织实施,目前主要面向研究实验基地和大型科学仪器设备、自然科技资源、科学数据、科技文献、网络科技环境等国家科技基础条件资源的整合共享,促进全社会科技资源高效配置和综合利用。在 "十一五" 国家科技计划体系中,平台专项被列为与 "973" 计划、"863" 计划、支撑计划同等地位予以实施,由中央财政提供持续稳定的资金支持。2009 年 9 月 25 日,国家科技基础条件平台门户——中国科技资源共享网(www. escience. com)正式开通,启动了材料科学数据共享网、水文科学数据共享中心和基础科学数据共享网三个平台建设任务,中央财政支持经费 2127 万元。中国科技资源共享网作为我国政府建设的第一个全国性科技资源共享服务系统,对促进我国科技资源的整合、共享、服务和监督等工作具有重要作用。

(2) 科技基础性工作专项。

从 "十五" 开始,科技部、财政部共同实施了科技基础性工作专项。科技基础性工作是国家创新基础能力建设的重要内容,是对基本科学数据、资料和相关信息进行长期系统的采集、整理与保存,以探索基本规律,并推动这些科学资料的流动与使用的一项重要工作。

科技基础性工作分布在不同的部门和地区,有不同的经费渠道进行支持。围绕国家发展重大需求,重点支持了一批对经济社会和科技发展具有重大影响的基础性工作,取得了一批突出的成果。进入 21 世纪，大型远洋科考船、低空多用途航空飞行器、尖端观测仪器等新设备，以及传感器技术、通信技术、信息处理技术等新技术的应用和信息化发展，大幅提高了科技基础性工作的质量和水平，为科技基础性工作的能力、广度和深度提供了有利的条件支撑。

三、中国科技创新研发机构体系

1. 按照功能属性标准划分的科研机构体系

不同时期中国制定了不同标准的科研机构体系。20 世纪 80 年代中国对科研机构按照功能属性的标准进行划分，● 可分为以下四类。

（1）技术开发类型。凡主要从事技术开发工作（含试验发展、设计与试制、推广示范与技术服务及小批量单件常规生产）和近期可望取得实用价值的应用研究工作的单位属技术开发类型。

（2）基础研究类型。凡主要从事基础研究和近期尚不能取得实用价值的应用研究工作的单位属基础研究类型。

（3）多种类型。凡同时从事上述基础研究、技术开发两种类型工作，其中每种类型工作均占相当比重，但又均不占明显优势的单位属多种类型。

（4）社会公益事业、技术基础、农业科学研究类型。上述研究与开发机构是指各部门直属的独立经济核算的研究所和直属的研究院下属的研究所。凡专门从事以下三方面工作之一的单位属社会公益事业、技术基础和农业科学研究类型：①社会公益事业，如医药卫生、劳动保护、计划生育、灾害防治、环境科学等；②技术基础工作，如情报、标准、计量、观测等；③农业科学研究工作。

2. 以实现创新功能定位的科研机构体系

中国科研体制改革目前正处在探索阶段。随着以中国科学院、中国工程院以及研究型大学和国有大型企业为主力军的骨架创新体系已经形成，并进入实际操作阶段，在科研机构分类管理与评价方面，我国正在进行积极改革。例如，2014 年 11 月出台的《中国科学院"率先行动"计划暨全面深化改革纲要》中，提出按照创新研究院、卓越创新中心、大科学研究中心、特色研究所四种类型对现有科研机构进行分类改革。为稳步推进分类改革试点工作，中国科学院研究制定了《四类机构的标准、启动程序与共性政策》，目标是"十三五"期间建立四类机构并逐步完善体制机制，到 2030 年形成相对成熟定型、动态调整优化的中国特色现代科研院所治理体系。其中，中国政府系统的研究机构、高等院校及其附属研究机构和产业系统❷的研究机构基本属于国立科研体系范畴。

3. 不同类型科研机构战略规划

目前，中国对科研机构的建设进行规划，如国家重点实验室（国家实验室）、国家工程研究中心、国家工程技术研究中心建设等战略规划项目。

为支持基础研究和应用基础研究，1984 年原国家计委组织实施了"国家重点实验室建设计划"，主要任务是在教育部、中国科学院等部门的有关大学和研究所中，依托原有基础

● 参见国家科委《关于科研单位分类的暂行规定》（1986）。

❷ 在中国，特别是国有大型企业里面的科研机构，其属性仍然可划分为国立科研机构范畴。

建设一批国家重点实验室。2007年，中央财政设立了国家重点实验室专项经费，从开放运行、自主选题研究和科研仪器设备更新三方面，加大对国家重点实验室的稳定支持力度。截至目前，中央财政累计安排专项经费173.3亿元，其中2013年安排292个国家重点实验室27.48亿元，包括开放运行和自主选题研究经费20.72亿元，仪器设备购置和升级改造经费6.76亿元。

国家发改委负责的"国家工程研究中心"建设是以国家和行业利益为出发点，通过建立工程化研究、验证的设施和有利于技术创新、成果转化的机制，培育、提高自主创新能力，搭建产业与科研之间的"桥梁"，研究开发产业关键共性技术，加快科研成果向现实生产力转化，促进产业技术进步和核心竞争能力的提高。

国家科技部负责的"国家工程技术研究中心"是国家科技发展计划的重要组成部分，中心主要依托于行业、领域科技实力雄厚的重点科研机构、科技型企业或高校，拥有国内一流的工程技术研究开发、设计和试验的专业人才队伍，具有较完备的工程技术综合配套试验条件，能够提供多种综合性服务，与相关企业紧密联系，同时具有自我良性循环发展机制的科研开发实体。经过20年的建设与发展，国家工程中心总数达到294个（包含分中心在内共307个），分布在全国29个省、直辖市、自治区。工程中心涵盖了农业、电子与信息通信、制造业、材料、节能与新能源、现代交通、生物与医药、资源开发、环境保护、海洋、社会事业等领域。

四、中国科技创新体系的特点

中国科技发展中吸取了发达国家的经验，围绕着"国家创新体系"战略，逐步建立起了有中国特色的科技创新体系。

1. 科技管理模式遵循集中制原则

中国的科技管理体制、科技推进机制大都建立于计划经济时代。新中国成立后，我国重大科研项目都是在这一体制下上马，并取得像"两弹一星"这样令世人瞩目的科研奇迹的。这种重视顶层设计、从国家层面的创新科技发展战略和顶层规划，今后国家在"支持基础研究、前沿技术研究、社会公益性技术研究"时，依然有效。但是，政府主导的科研经费投入使国有科研机构过于依赖政府的战略选择，容易屈从个人利益、小团体利益和部门利益。潜心科研人员的利益缺失和话语权缺失使他们无法把握正确的科研方向、科研经费、科研成果等。尽快完善现行的科研体制，形成有利于科研人员潜心科研的科研项目投入、管理和评价机制，需要引入一种国家智库机制，即国家智库成员要具有独立性、广泛性，能够真正从国家战略和国家长远利益的角度设计国家科技发展战略和进行顶层规划。

2. 科研项目管理体制属于行政主导型

中国管理科技项目和资金的部门，有财政部、科技部、教育部、国家自然科学基金会、国家发展和改革委员会、社会科学部门和其他有关业务主管部门等。"八五"以来，中国以《国家科技计划项目管理规范》为基本规范，制定了《国家科技计划项目管理暂行办法》《科技项目招标投标管理暂行办法》《科技型中小企业技术创新基金项目监督管理实施方案》《国家科研计划课题评估评审管理暂行办法》和《关于加强国家科技计划成果管理的暂行规定》《中华人民共和国政府采购法》等一系列规章制度，标志着我国科技项目管理跨入了法制建设的时期。

与此同时，这种体制的缺点是缺乏统筹的管理制度和规范计划的实施。如"973"计划、"863"计划、"攻关计划"，各项目独立、管理不统一、互为封闭系统，内容也有交叉，容易重复立项，或重复报成果。目前，中国科技项目由行政主管部门委托有资格的管理机构进行监督管理，管理机构对项目实施负责全过程管理责任，定期向科技主管部门报告项目进展情况和管理建议。如"十二五"期间，国家科技计划项目立项、启动、执行和结题验收全过程将需要一种更为强烈的市场契约精神。而市场机制强大的资源配置能力和市场条件下的信用信息对称体系，则有助于国家科技项目成果绩效评价所需的友好环境进一步形成，有助于提高我国自主研发科技成果的质量水平。从项目选题征选就要有更广泛的参与度，需要经过充分的市场调研和论证。❶

3. 科研成果转化的社会支撑体系逐渐形成

目前，中国科研评价激励机制不甚合理，使得科研成果与产业界相脱离，转化率偏低。就拿高校来说，国家对高校的评价、高校对教师的评价均是重学术和基础研究、轻开发研究和成果转化，重成果档次、轻使用价值，使得科研成果的评价和科研成果的商业化处于一种分离状态。需要通过积极有效的政策激励和引导建立有效的成果转化机制和畅通的成果转化渠道。目前，国家相关的举措有：完善高校和科研机构技术类无形资产制度，扩大高校和科研机构资助权和使用权，设立科技成果转换引导基金，支持国家科技计划成果项目转移转化，完善技术转移转让优惠政策，扩大政策范围，完善大学科技园和孵化器税收优惠政策，进一步完善投资科技型中小企业创业投资机构税收优惠政策，鼓励创业投资企业更多投向初创科技型中小企业。

社会支撑子系统在科技成果转化过程中起着社会调控和组织管理的作用。它包括国家体制、宏观政策、资金、人才、物资等多方面，是科技成果顺利转化的保障。科技成果转化成商品并形成产业，只靠市场的拉动是不够的，还需要政府的推动。政府部门在科技成果转化过程中具有领导、协调、参与、支持、规范、管理服务等多种职能，它通过运用经济、法律、行政等手段进行引导、调控。在科技政策引导方面，逐渐提出要发挥企业在科技成果转化中的主体作用，改变科研立项的"学术思维"模式。例如，在《国家中长期科学和技术发展规划纲要（2006—2020年）》提出"建立企业为主体、产学研结合的技术创新体系"。据科技部提供的数据，我国企业承担科技计划项目所占比重在逐年提高，国家科技支撑计划95%以上的项目都有企业参与；"863"计划课题依托单位中，企业占30%；国家重大专项课题中，企业牵头的超过50%。目前，科技部正在构建的"产业联盟""创新联盟"等，就是为了搭建科研单位和企业之间的桥梁。

4. 培育起了积极、良好的社会创新氛围

社会创新文化是构建国家创新体系的重要保证，现在全国由上而下已经形成"大众创业、万众创新"的新共识。

李克强总理在2014年9月的夏季达沃斯论坛上提出，要在960万平方千米的土地上掀起"大众创业""草根创业"的新浪潮，形成"万众创新""人人创新"的新态势。此后，他在首届世界互联网大会、国务院常务会议和各种场合中频频阐释这一关键词。每到一地考察，他几乎都要与当地年轻的"创客"会面，希望激发民族的创业精神和创新基因。

---

❶ 参见《关于调整国家科技计划和公益性行业科研专项经费管理办法若干规定的通知》（财教【2011】434号）。

　　为进一步推动形成有利于创业创新的良好氛围，2015 年 6 月，国务院下发《国务院关于大力推进大众创业万众创新若干政策措施的意见》，共同推进大众创业万众创新蓬勃发展。国务院同意建立由发展改革委牵头的推进大众创业万众创新部际联席会议制度。联席会议由国家发展改革委、科技部、人力资源与社会保障部、财政部、工业和信息化部、教育部、公安部、国土资源部、住房城乡建设部、农业部、商务部、中国人民银行、国资委、国家税务总局、国家工商总局、国家统计局、国家知识产权局、法制办、银监会、证监会、保监会、外专局、外汇局、中国科协等部门和单位组成，由国家发展改革委主任担任召集人。联席会议办公室设在国家发展改革委，承担联席会议日常工作。

第三节　中国创新体系中的文化国力建设

　　从发展趋势来看，文化作为一种精神生产，对整个社会的经济具有导向和不断提升品位的作用。党的十六大报告指出，"当今世界，文化与经济和政治相互交融，在综合国力竞争中的地位和作用越来越突出"，进而提出，"完善文化产业政策，支持文化产业发展，增强我国文化产业的整体实力和竞争力"。就现实来看，近年来，中国文化产业的发展也相当迅速，但是与日本等国家相比还有待提高，在世界上的影响力还需加强，培育出我国的主打产品是当务之急。中国的文化产业也应当成为知识经济背景下最富现代意义的产业集群和经济增长点。

一、中国的创新文化产业现状

　　中国文化体制改革走过新时期 36 年，特别是 21 世纪以来的 14 年，从"被动改革"走向"主动改革"。

　　文化体制改革是中国文化产业发展的重要环节与主要线索，文化产业的定位也随之发生了惊人的变化和根本性的提升。文化产业的地位从边缘到中心，逐渐成为中国经济社会文化发展的一项重要国策。中国文化产业的战略定位是"综合国力的重要标志""国家软实力"的重要内容。

1. "文化搭台，经济唱戏"思路阶段（1978～1992 年）

　　从 1978 年党中央在十一届三中全会上确立改革开放的路线之后，市场经济逐步兴起，很快在 20 世纪 80 年代初就形成了初步的文化市场交易活动。图书和音像等市场的发展，成为新业态诞生的标志性事件。从 20 世纪 80 年代后期开始，文化产业的一些门类已经进入了规模化发展的阶段。1991 年，国务院在批转的《文化部关于文化事业若干经济政策意见的报告》中正式提出"文化经济"等。可以说，它是"摸着石头过河"政策的真实写照。这一阶段文化还没有赋予"产业"地位，是我国文化产业的兴起阶段。

2. "文化也是生产力"思路阶段（1993～2002 年）

　　从 20 世纪 90 年代开始，中国政府最高决策层提出了文化是我国综合国力的重要组成部分的理念。从这个时候起，为促进我国文化产业的发展，中国政府制定了一系列旨在促进文化产业发展的政策和措施。1999 年年底召开的中央经济工作会议宣布"我国已经进入必须通过结构调整才能促进经济发展的阶段"，做出了大力发展科技、文化等新兴产业的战略部署。中国的文化产业进入了自发性快速增长时期，是中国文化产业的全面扩张阶段。

国家开始有意识地运用"产业政策"推动文化产业的发展，政策基调以规范为主。坚定文化科技创新融合理念，深入实施科技带动文化创新、增强文化产业核心竞争力战略。党中央、国务院高度重视文化产业与科技创新融合发展，努力构建文化科技支撑体系、文化科技创新体系、文化科技管理体系，实施了一系列有力举措。这个时期最重要的事件或者发展标志之一，是文化产业发展由自发性发展进入国家层面的初步的自主性战略规划发展阶段。

"文化产业政策"这一概念❶在正式文献的出现是 2000 年 10 月由中国共产党第十五届中央委员会第五次全体会议通过的《中共中央关于制定国民经济和社会发展第十个五年规划的建议》。2000 年 10 月，中共十五届五中全会做出了"完善文化产业政策"以满足人们日益增长的文化消费需求，拉动我国产业结构的调整和产业优化升级，落实结构调整的战略部署。2001 年 3 月，九届全国人大四次会议批准的"十五"计划纲要和中共十六大及十六届三中、五中全会决议进一步明确了完善文化产业政策、发展文化产业的任务。2002 年11 月，党的十六大报告中明确提出了发展中国文化产业的战略构想。2003 年 10 月，十六届三中全会再次重申了这一发展战略，提出要"促进文化事业和文化产业的协调发展"。

2003 年 12 月 31 日，国务院办公厅发出《关于印发文化体制改革试点中支持文化产业发展和经营性文化事业单位转制为企业的两个规定的通知》（国办发〔2003〕105 号），在财税、投融资、国有资产处置、收入分配、社会保障等方面制定了一系列鼓励支持文化产业发展的政策，为推进文化体制改革试点工作、加快文化产业发展提供了有力的政策保障。2004 年文化部设立创新奖。2005 年 4 月 20 日，国务院办公厅颁布了《国务院关于非公有资本进入文化产业的若干决定》。

3. "文化产业应该成为支柱产业"思路阶段（2003～2008 年）

随着中国加入世界贸易组织和国际文化竞争的日益加剧，文化产业的战略地位得以真正确立。2003～2004 年为文化产业提速发展期，2005～2008 年为扎实助推期。

2003 年国务院召开的"文化体制改革试点工作会议"是国家在战略层面上制定改革促进发展的重大举措。通过促进文化事业单位转企和国有文化企业自主发展，作为我国全面发展文化产业的切入点。2004 年下半年和 2005 年年初，国家统计局先后发布了《文化及相关产业分类》《文化及相关产业分类统计指标体系》。2004 年国家统计局公布我国首个《文化及相关产业分类》，其中定义文化产业为：为社会公众提供文化、娱乐产品和服务的活动，以及这些有关的活动的集合。2003 年以来的文化体制改革试点，提出了"新文化发展观"，结束了多年来"双轨制"的历史，改变了一线文化机构与国家的关系，使之开始向市场主体转变。但是现在看来，令其真正成为市场主体还有待时日。

党的十七大报告、十七届六中全会，都着重强调科技创新对文化发展的重要推动作用，十七届六中全会通过《中共中央关于深化文化体制改革，推动社会主义文化大发展大繁荣若干重大问题的决定》，其中强调指出，"科技创新是文化发展的重要引擎，要发挥文化和科技相互促进的作用，深入实施科技带动战略"。这为我国文化产业的进一步发展提供了目标框架和制度保障，对文化和文化产业政策研究也提出了新的要求。2007 年 12 月，中共十七大报告指出，要"大力发展文化产业，实施重大文化产业项目带动战略，加快文化产业

---

❶ "文化产业"一词，1992 年首次出现在罗干主编的《重大战略决策——加强发展第三产业》（中国政法大学出版社 1992 年出版）一书中。

基地和区域性特色文化产业群建设，培育文化产业骨干企业和战略投资者，繁荣文化市场，增强国际竞争力。运用高新技术创新文化生产方式，培育新的文化业态，加快构建传输快捷、覆盖广泛的文化传播体系"。同样，十七大报告中也提出"文化软实力"这一概念，明确把"激发全民族文化创造活力，提高国家文化软实力"作为重要的文化发展战略，可谓意义重大，标志着提高我国文化软实力建设已经提上了议事日程。

2005 年 8 月 3~8 日，新华社连续播发《国务院关于非公有资本进入文化产业的若干决定》，中宣部等六部门《关于加强文化产品进口管理的办法》，文化部等五部委《关于文化领域引进外资的若干意见》等法规或文件，标志着文化产业、文化市场、文化生产力良好体制环境与政策环境的初步形成。2005 年 10 月，在《中共中央关于制定国民经济和社会发展第十一个五年规划的建议》中出现了"加大政府对文化事业的投入，逐步形成覆盖全社会的比较完备的公共文化服务体系"的战略规划，曾经较为宽泛的"文化事业"一词，开始彰显出"公共文化服务"的新面貌。

2006 年 8 月颁布的我国第一个关于文化建设的中长期规划《国家"十一五"时期文化发展规划纲要》，把文化发展纳入国家发展的总体战略加以统筹规划。2006 年 10 月 11 日，中共十六届六中全会通过公报，对中国当前和今后一个时期构建社会主义和谐社会做出五方面具体部署，其中第一条重点强调要"加快发展文化事业和文化产业，加强环境治理保护。"

2007 年 8 月，文化部印发《文化标准化中长期发展规划（2007—2020 年）》，规划确定了文化标准化工作需要坚持政府主导、重点保障、需求导向、共同参与、制定与实施并重、自主创新、国际化等基本原则，明确 2020 年以前，要建立起较为完善的文化标准体系，取得一批文化标准化理论研究重大成果，完成主要标准的制定（修订）工作，使文化标准化建设走向规范有序、健康发展的道路。2007 年 10 月，党的十七大报告明确指出，要大力发展文化产业，推动社会主义文化大发展大繁荣。在电视剧、动画、图书等产品数量上已经接近和超过世界文化产业强国。以动画为例，据国家广电总局公布的数据，2007 年中国电视动画片生产 101900 分钟（不含广告时间）。而同年日本电视动画片生产 125000 分钟（含广告时间）。据日本专家估计，在扣除电视广告时间的情况下，2007 年中国的电视动画产量已经超过了日本。这表明，中国的动画产业已经完成数量上的扩充阶段，应该适时地进入质量提升阶段。❶

4. "文化产业是经济转型升级的引擎"思路阶段（2009 年至今）

2009 年，国家在推动文化产业发展方面又采取了更加有力的举措，在国务院层面上提出了发展文化产业的振兴规划和系统化政策。国家认识到，加快振兴文化产业，也是中国增强"软实力"的必然途径。2009 年 9 月 26 日，国务院发布《文化产业振兴规划》，这是继纺织、轻工等规划之后的第十一大产业振兴规划。文化创意、文化传播渠道、文化资源整合、文化产业基地、骨干文化企业、新兴文化业态、对外文化贸易、主题公园、重大文化产业项目，是《文化产业振兴规划》的九大关键词。由此开始实施的国家文化创新工程，突破了行业局限，拓展了融合途径，创新了融合形态。

2010 年开始实施国家文化科技提升计划。2010 年 3 月 19 日，中共中央宣传部、中国

---

❶ 李思屈，等. 中国文化产业政策研究［M］. 杭州：浙江大学出版社，2012.

人民银行、财政部、文化部、国家广电总局、新闻出版总署、银监会、证监会、保监会九个部门发布了《关于金融支持文化产业振兴和发展繁荣的指导意见》（银发〔2010〕94号），以贯彻落实《国务院关于印发文化产业振兴规划的通知》（国发〔2009〕30号）精神，进一步改进和提升对我国文化产业的金融服务，支持文化产业振兴和发展繁荣。

2013年11月召开的十八届三中全会指出，紧紧围绕建设社会主义核心价值体系、社会主义文化强国战略，深化文化体制改革，推进文化体制机制创新，加快完善文化管理体制和文化生产经营机制，建立健全现代公共文化服务体系、现代文化市场体系，推动社会主义文化发展繁荣。这为促进科技创新与文化发展融合提供了广阔的现实背景。科技创新能够触动文化体制改革，文化体制改革需要科技创新，科技创新与文化体制改革是促进文化发展的双翼。文化体制改革为文化发展纾翼，科技创新为文化发展御风。

文化体制改革作为2014年"五位一体"全方位改革的重要内容，中央全面深化改革领导小组在2014年2月28日审议通过《深化文化体制改革实施方案》，新一轮文化体制改革的大幕已经拉开。❶

2015年3月5日李克强总理在政府工作报告中提出"大众创业、万众创新"，文化产业作为最具创新潜力的产业之一在提升国家和区域综合竞争力方面发挥着越来越重要的作用。

二、中国的创新文化产业管理

文化产业政策是党和国家文化方针政策的重要组成部分，是国家宏观经济政策在文化领域的具体体现，是政府间接管理文化事业和文化产业、促使其健康发展的重要手段，也是文化产业繁荣发展的内在要求。

1. 文化管理机构

中国文化产业政策法规的制定和实施主体包括几个相互独立、平行的行政主管部门，主要包括文化部、国家新闻出版广电总局等单位。它们职能不同、互有分工，共同组织实施文化产业政策及法规。省、直辖市一级的行政主管部门，主要包括文化厅、新闻出版局、广电局等，它们和更下一个层次的基层行政主管部门同时负责文化产业政策及法规的落实与执行。

1998年，文化部在精简机构的背景下成立了文化产业司。文化产业司下设政策研究规划处、产业发展指导处、动漫处、综合服务与信息处，标志着政府对于发展文化产业具有一定的前瞻性思考和积极探索的意识，也是我国政府对发展文化产业所做出的第一个重大决策。文化产业司的成立及其后来开展的各项管理工作和推动工作，加快了确立文化产业发展格局的速度。文化部陆续出台了文化产业和文化市场管理的一些政策。其后，各个相关部委也联合或者各自制定了发展文化产业的相关政策。1999年1月，召开了"全国文化产业发展工作会议"，同年4月，又举办了高规格的"亚洲文化产业和文化发展国际会议"，有20多个国家派代表参加。

2001年10月，文化部下发了《文化产业发展第十个五年规划纲要》，确定了"十五"

---

❶ 中央会议审议通过《深化文化体制改革实施方案》［N/OL］. http：//finance. sina. com. cn/stock/t/20140228/210418370789. shtml，2014－2－18.

期间中国文化产业发展的基本方针、主要目标和任务。

2. 文化管理体制

中国自 20 世纪 80 年代以来开始进行文化体制改革，90 年代开始确立社会主义市场经济体制的改革目标，至今已经初步建立起了由一系列行政法规和规章构筑起来的文化产业政策系统，以及由这个系统建立起来的文化管理机制，包括《文化娱乐场所管理条例》《演出市场管理条例》《电影管理条例》《出版管理条例》《广播电视管理条例》《音像制品管理条例》等，基本上涵盖了现行文化产业领域。

3. 文化产业规章制度

在广电领域相关的政策、法规、规章主要是 1997 年 9 月 1 日起施行的《广播电视管理条例》和 2002 年 2 月 1 日起施行的《电影管理条例》；2006 年 2 月 20 日起施行的《〈外商投资电影院暂行规定〉补充规定二》；2006 年 6 月 22 日起施行的《电影剧本（梗概）备案、电影片管理规定》；2008 年 1 月 31 日起施行的《互联网视听节目服务管理规定》等。

在出版领域相关的政策、法规、规章主要是 1990 年 12 月 25 日起施行的《报纸管理暂行规定》；2001 年 10 月 27 日起施行的《中华人民共和国著作权法》；2008 年 4 月 15 日起施行的《电子出版物出版管理规定》；2008 年 4 月 15 日起施行的《音像制品制作管理规定》；2008 年 5 月 1 日起施行的《图书出版管理规定》等。

在网络与动漫游戏领域相关的政策、法规、规章主要是 2000 年 9 月 20 日起施行的《互联网信息服务管理办法》；2006 年 7 月 1 日起施行的《信息网络传播权保护条例》；2007 年 12 月 29 日起施行的《互联网视听节目服务管理规定》；2008 年 2 月 22 日起施行的《中国互联网视听节目服务自律公约》；2008 年 8 月 13 日起施行的《关于扶持我国动漫产业发展的若干意见》；2008 年 12 月 18 日起施行的《动漫企业认定管理办法（试行）》等。

在艺术品与文化遗产领域相关的政策、法规、规章主要是 1986 年 3 月 12 日起施行的《保护世界文化和自然遗产公约》；1997 年 5 月 20 日起施行的《传统工艺美术保护条例》；1998 年 7 月 15 日起施行的《考古发掘管理办法》；2001 年 4 月 9 日起施行的《文物藏品定级标准》；2002 年 10 月 28 日起施行的《中华人民共和国文物保护法》（2002 年修订）；2003 年 7 月 1 日起施行的《中华人民共和国文物保护法实施条例》；2003 年 7 月 14 日起施行的《文物拍卖管理暂行规定》；2003 年 11 月 3 日起施行的《保护非物质文化遗产公约》；2004 年 7 月 1 日起施行的《美术品经营管理办法》；2005 年 12 月 22 日起施行的《国务院关于加强文化遗产保护的通知》等。

在旅游与文化市场等领域相关的政策、法规、规章主要是 2004 年 5 月 8 日起施行的《水利风景区管理办法》；2005 年 1 月 1 日起施行的《广告经营许可证管理办法》《广告管理条例施行细则》；2005 年 9 月 1 日起施行的《营业性演出管理条例》；2005 年 11 月 4 日起施行的《关于鼓励发展民营文艺表演团体的意见》；2006 年 1 月 16 日起施行的《文化部办公厅关于举办文化产业展会有关事项的通知》；2006 年 1 月 18 日起施行的《娱乐场所管理条例》；2006 年 3 月 1 日起施行的《娱乐场所管理条例》；2006 年 7 月 1 日起施行的《文化市场行政执法管理办法》；2006 年 12 月 1 日起施行的《风景名胜区条例》；2008 年 7 月 22 日起施行的《营业性演出管理条例》；2009 年 5 月 1 日起施行的《旅行社管理条例》等。

4. 文化产业投入制度

在管理上，中国政府逐渐将文化产业划归：公益性文化事业领域与经营性文化产业领域两大类。一方面，最有效地利用公共财政，建设发展公益性文化事业。统筹地区、城乡，科学论证公共文化需求、基本文化权利排序。进一步解决文化性事业单位身份、职能定位问题。同时注意监管文化系统国有资产保值增值，警惕流失贬值。另一方面，对经营性文化产业国家进行大力扶持。中国成立了全国性的文化产业投资基金，基金规模100亿元，由财政部注资引导。每年数十亿的文化产业扶持基金，以财政投入的形式投入到各种文化产业项目和相关企业。根据《文化产业振兴规划》，中央财政将在每年投入10亿元的基础上继续大幅增加文化产业发展专项资金规模。此外，政府鼓励有条件的文化企业通过主板和创业板上市融资；通过深化文化体制改革推动文化资源向优势企业适度集中。中国对文化产业制定了税收、金融、奖励、广告优惠等扶持政策。财政部、海关总署、国家税务总局联合印发《关于支持文化企业发展若干税收政策问题的通知》《关于文化体制改革中经营性文化事业单位转制为企业的若干税收政策问题的通知》等。

这一系列投入措施，一方面促成了中国文化产业的快速良好的发展，另一方面也有待于对这些政策的效益是否达到最优化进行研究，以推动中国文化产业更加科学地发展，财政投入更加有效和公平。

三、中国创新文化传播体系

文化产业是"大众创业、万众创新"最好的舞台和最广阔的空间，几乎每个人都可以参与，能够全面推进创新文化的传播。

1. 不同程度放开文化产业政策

国家支持文化产业的大力发展始于2000年，在党的十五届五中全会首次提出"完善文化产业政策，推动有关文化产业发展"，文化产业作为新兴的产业门类，以此为起点和标志获得了爆发式的发展。2002年，根据加入世界贸易组织时我国所做出的承诺，对部分文化项目和文化产品经营实行程度不同的开放，出台了一批行政规章。这一系列新的和原有的政策法规，对全国文化产业发展起到了积极的指导作用，同时为中外文化产业的合作与交流创造了有利条件。还有国际条约中1971年7月24日起施行的《世界版权公约》《伯尔尼保护文学和艺术作品公约》，世界贸易组织协定中《与贸易有关的知识产权协议》《世界知识产权组织版权条约》和《世界知识产权组织表演和录音制品条约》等。

基本开放的文化产业比较接近于服务业，且较少涉及意识形态或文化安全的问题，所以我国的开放程度比较大，多数行业目前已经允许外资参股、控股或设立外商独资企业。我国禁止外商投资的文化产业主要是与政治宣传、意识形态、文化安全等有关的文化行业。

2. 规范文化领域引进外资

我国文化产业之所以获得快速的发展，其原因当然有很多，但"文化+"跨业态融合融资无疑是其中重要的原因之一。外资的引入弥补了我国文化产业投入不足的瓶颈问题。

2005年7月6日，国家发布了文化部、国家广播电影电视总局、国家新闻出版总署、国家发展和改革委员会、商务部联合制定的《关于文化领域引进外资的若干意见》。在广电领域相关的对外政策、法规、规章主要是2004年1月1日起施行的《外商投资电影院暂行规定》；2004年8月1日起施行的《境外卫星电视频道落地管理办法》《境外机构设立驻华广播电视办事机构管理规定》；2004年8月10日起施行的《中外合作摄制电影片管理规定》；2004年10月21日起施行的《中外合作制作电视剧管理规定》；2004年10月23日起施行的《境外电视节目引进、播出管理规定》；2005 年 1 月 1 日起施行的《电影企业经营资格准入暂行规定》；2005 年 1 月 1 日起施行的《电影企业经营资格准入暂行规定》；2005 年 5 月 8 日起施行的《〈外商投资电影院暂行规定〉的补充规定》；2005 年 8 月 4 日起施行的《关于文化领域引进外资的若干意见》；2006 年 2 月 20 日起施行的《〈外商投资电影院暂行规定〉补充规定二》；2007 年 12 月 1 日起施行的《外商投资产业指导目录》等。截至 2010 年 4 月份，中外合资、合作或外商投资书报刊发行企业 40 多家，印刷企业 2500 多家，期刊版权合作 50 多家，中外图书合作年均 600 多种。❶

3. 促进文化产品出口

美国政府充分利用其国际政治经济优势来支持美国的文化商品占领国际市场。近年来，为促进中国文化产品与服务走出国门，中国政府出台了一系列鼓励和支持文化产品及服务出口的优惠政策，重点扶持具有民族特色的文化艺术、展览、电影、电视剧、动画片、网络游戏、出版物、民族音乐舞蹈和杂技等产品和服务的出口。

在文化产品进出口领域相关的对外政策、法规、规章主要是 2004 年 12 月 31 日起施行的《文化部关于促进商业演出展览文化产品出口的通知》；2005 年 7 月 14 日起施行的《关于进一步加强和改进文化产品和服务出口工作的意见》；2005 年 8 月 2 日起施行的《关于加强文化产品进口管理的办法》；2006 年 11 月 5 日起施行的《关于鼓励和支持文化产品和服务出口若干政策》；2007 年 4 月 11 日起施行的《文化产品和服务出口指导目录》。

4. 大力进行科普

国家大力推进科学普及和加强科学传播建设。1983 年 3 月 24 日，中国科协党组做出关于农村科普工作座谈会的报告。1984 年 12 月中共中央国务院发布了《关于加强科普工作的若干意见》。随着 1992 年社会主义市场经济体制的确立，社会各领域对科技的需求更为迫切，科普工作的重要性和紧迫性日益突出。1993 年《中华人民共和国科技进步法》第 6 条规定了国家普及科技知识，提高全体公民的科技文化水平；1993 年 11 月 26 日中国科协将拟定了《科普工作汇报提纲》正式报送中共中央办公厅。提纲指出，科技的普及是一种全社会的公共行为，对其重要性、地位、任务及政府、社会集团和公众个人的行为、权利和义务等应立法进行规范，并建议着手组织制定"中华人民共和国科学技术普及法"。

1999 年 12 月科技部会同中宣部、中科协等九部门联合发布《2000—2005 年科普工作纲要》；2000 年 11 月科技部会同教育部、中宣部等五部门联合发布《2001—2005 年中国青少年科普活动指导纲要》。2001 年 3 月国务院关于同意设立"科技活动周"的批复，4 月 5 日，中国科学院发布《科普经费管理办法》，11 月 21 日，科技部、教育部、中宣部、中科协、团中央发布《关于推进〈2001—2005 年中国青少年科普活动指导纲要〉实施工作的意见》。2001 年 12 月，国家环保总局、科技部发布《关于加强全国环境保护科普工作若干意见》。《国家中长期科学和技术发展规划纲要（2006—2020 年）》首次把科学普及创新文化建设写入规划，鼓励保障公益性科普事业，要求制定优惠政策，支持营利性的科普文化产业。为加强科学技术普及，各级政府不断组织开展重大科普活动，国家还实施科普门票收入免增营业税等政策。

为了全面提高中国公民的科学素质水平，2006 年国务院颁布实施《科学素质纲要》，

---

❶ 郭玉军，王卿. 我国文化产业利用外资的法律思考 [J]. 河北省政法管理干部学院学报，2011，127（4）：72.

目标是到 2015 年，科学技术教育、传播与普及有显著发展，基本形成公民科学素质建设的组织实施、基础设施、条件保障、监测评估等体系，中国公民具备基本科学素质的比例超过 5%。为此，2011 年国务院办公厅印发《全民科学素质行动计划纲要实施方案（2011—2015 年)》，2013 年中国科协科普部印发《中国科协 2013 年科普工作要点》，目的是营造科普产业发展良好氛围和环境，促进科普产业发挥更大的影响力和带动力，引导科普产业健康有序发展。

四、中国创新文化产业特点

1. 国家进行宏观调控

中国文化产业扶持政策已经从战略地位的确定发展到实施细则的制定，从一般性的财政鼓励和奖励发展到金融、保险支持体系的形成，完成了有中国特色的文化产业政策体系。中国的文化体制改革是和整个经济体制改革联系在一起的，文化体制改革不可能超越经济体制改革而率先进行。但是当社会主义市场经济体制逐步加快走向完善的时候，文化体制的改革就显示出它的紧迫性。

为此，国家出台了一系列政策措施。例如，《关于金融支持文化产业振兴和发展繁荣的指导意见》（银发〔2010〕94 号）特别强调：一方面，文化产业是国民经济的重要组成部分，在保增长、扩内需、调结构、促发展中发挥着重要作用；另一方面，加强金融业支持文化产业的力度，推动文化产业与金融业的对接，是培育新的经济增长点的需要，是促进文化大发展大繁荣的需要，是提高国家文化软实力和维护国家文化安全的需要。

2. 形成"两轮驱动"模式

2004 年 2 月，时任文化部部长孙家正在国务院办公室举行的记者招待会上表示，我国文化体制改革的基本思路是"两轮驱动"，一个轮子就是大力发展公共文化事业，另一个轮子就是发展文化产业。2006 年 1 月，中共中央、国务院发出了《关于深化文化体制改革的若干意见》，核心内容体现在两个方面：公益性文化事业的改革和经营性文化产业的发展。其中经营性文化产业的发展是文化体制改革的重点也是难点。

文化行政管理体制在简政放权、转变职能方面有所突破。21 世纪以来的文化体制改革，从五个方面来定位和规划国家文化产业：①公益性文化事业领域；②垄断性文化商品领域；③政治性文化产品领域；④经营性文化产业领域；⑤国家文化管理体制改革。这五个领域的品类剥离、功能划分是文化体制改革的重点，也是难点。这需要对文化功能真正深刻透彻的认识，也需要对现实问题非常勇敢踏实的把握。❶ 目前，文化部已取消或下放行政许可审批项目 9 项，新闻出版广电总局已取消或下放 29 项行政管理职责。国务院 2014 年还将取消和下放行政审批事项 200 项以上。

3. 文化产业组织集约化程度有待提高

中国的文化资源异常丰富，举世公认。文化已经具有原生形态、经济形态和技术形态，新兴文化产业得益于资本市场和信息技术两架马车拉动，才有了前所未见的高速度，才将大批文化资源转化为产业和财富。

---

❶ 于平，李凤亮. 文化科技创新发展报告（2013）［M］. 北京：社会科学文献出版社，2013：1-17.

1998 年，美国动画片《MuLan》已经向我们敲响了警钟：中国的文化资源已经经国际传媒资本之手转化为文化产品，成为中国文化产业界的强大竞争对手。但面对巨量的市场需求，以及国际传媒文化集团大兵压境，我国的文化产业在总体上缺乏竞争力，资源分散和集约化程度低的问题在新闻出版和广播影视业中表现得极充分。保护民族文化遗产，弘扬民族文化传统，确保民族文化安全，已经成为世界各国面对全球化的共同战略主题。

4. 文化产业"互联网+"的业态已经呈现

2015 年 7 月，《国务院关于积极推进"互联网+"行动的指导意见》（国发〔2015〕40号）下发，鼓励互联网与包括文化产业在内的各领域发展，激发文化创新活力，培育文化新业态，打造大众创业、万众创新和增加公共产品和公共服务的双引擎。中国文化产业正在成为创新型经济，文化产业要积极适应"互联网+"是未来文化产业发展的"新常态"。根据统计资料预测，到 2016 年年底互联网文化产业占比将达到 70%。❶

"互联网+文化"具有高知识性、高增值性和低能耗、低污染等特征。中国的文化产业结构正发生巨大变化，传统文化产业的转型升级已迫在眉睫，互联网企业正在主导文化产业并购和资源整合。目前，文化产业"互联网+资本"的效益逐步显现。据统计，中国游戏市场用户数量从 2008 年的 0.67 亿发展到 2014 年的 5.17 亿，与此同时市场规模从 185.6亿迅速扩容到 1144.8 亿，仅资本层面 2014 年文化产业并购就超过 160 起，涉及金额超过1000 亿元。❷

第四节　中国的创新教育

为了蓄积足够的高层次创新人才，中国政府下定决心要做最大的努力，在教育改革、人才培养方面推出了一系列举措。截至 2014 年年底，全国有普通高校 2529 所，其中本科院校 1202 所，高职院校 1327 所，高等教育毛入学率达到 37.5%，各类高等教育在学总规模 3559 万人，居世界第一。❸ 中国民办教育发展也正进入机遇期，各类民办教育在校生达4301.91 万人。❹ 2014 年高职院校在校生 973.6 万人，占高等教育的 45.5%。❺

一、中国创新教育战略

党的十七大报告在实现全面建设小康社会的新要求中明确提出："现代国民教育体系更加完善，终身教育体系基本形成，全民受教育程度和创新人才培养水平明显提高。"这意味着中国教育的发展始终与教育创新相伴而行，并在创新过程中解放思想显得至关重要。

1. "科教兴国"战略

1995 年，党中央、国务院发布了《中共中央、国务院关于加强科学技术进步的决定》，召开全国科技大会，首次正式提出实施科教兴国发展战略。同年，党的十四届五中全会在

---

❶ 2016 年年底互联网文化产业将占文化市场的 70%. http://www.ce.cn/culture/gd/201501/19/t20150119_4376257.shtml.
❷ 大数据时代："互联网+"文化产业变革将一触即发. http://game.91.com/chanye/news/21813975.html.
❸ 我国高教在校生规模居世界第一. http://www.shm.com.cn/jcld/html/2015-12/06/content_3143084.htm.
❹ 专家学者共识：我国民办教育发展正进入机遇期. http://www.jyb.cn/china/gnxw/201512/t20151201_645069.html.
❺ 高职院校年招生 300 余万 占高校招生总数超四成. http://education.news.cn/2014-06/26/c_1111330727.htm.

关于国民经济和社会发展"九五"计划和2010年远景目标的建议中把实施科教兴国战略列为今后15年直至整个21世纪加速中国社会主义现代化建设的重要方针之一。1996年，全国人大八届四次会议正式通过了国民经济和社会发展"九五"计划和2010年远景目标，科教兴国成为我们的基本国策。

1996年，国家科技领导小组成立，各地方相继成立了科技领导小组或科教兴省（区、市）领导小组，截至1997年6月，全国共有26个省（市、区）和计划单列市成立了科技领导小组。据统计，到1997年年底，全国已有20多个省、200多个城市制定了以科技促进经济发展的计划。同年5月，为了严格执行《中华人民共和国教育法》《中华人民共和国科技进步法》，落实《中国教育改革和发展纲要》《中共中央、国务院关于加速科学技术进步的决定》中有关教育、科技投入的规定，国务院办公厅转发了财政部《关于进一步做好教育科技经费预算安排和确保教师工资按时发放的通知》。该通知要求各级政府财政部门保证预算内教育和科技经费拨款的增长幅度高于财政经常性收入增长。该通知第一次明确了对财政预算执行中的超收部分，也要相应增加教育和科技的拨款，确保全年预算执行结果实现法律规定的增长幅度。

1998年，经中央批准，国家科技教育领导小组成立，目的要贯彻知识经济和建立创新体系的目标，国家要在财力上支持知识创新工程的试点，要加大对科技和教育的投入。

1999年6月召开的第三次全国教育工作会议，以及会前颁布的《中共中央国务院关于深化教育改革，全面推进素质教育的决定》，明确地将创新教育推到我国素质教育的核心和灵魂的位置。指出素质教育要以培养学生的创新精神和实践能力为重点后，素质教育由音、体、美这个层次提高到创新教育这个层次上，创新教育同时又为实施素质教育、深化素质教育找到了一个"抓手"，带动了素质教育的方方面面，创新教育无疑是素质教育的核心和灵魂。

2. "211工程"

"211工程"作为国家重点建设项目列入国民经济和社会发展中长期规划和第九个五年计划，从1995年起实施。"211工程"是为了面向21世纪，迎接世界新技术革命的挑战，中国政府集中中央、地方各方面的力量，重点建设100所左右的高等学校和一批重点学科、专业，使其达到世界一流大学的水平的建设工程。"211工程"是新中国成立以来国家正式立项在高等教育领域进行的规模最大的重点建设工程，是国家"九五"期间提出的高等教育发展工程，也是高等教育事业的系统改革工程。

为此，国务院专门成立了"211工程"部际协调小组，协调决定工程建设中的重大方针政策问题。协调小组由国务院、原国家计委、国家教委和财政部的主管领导组成。协调小组下设办公室，具体负责"211工程"建设项目的实施管理和检查评估工作。办公室由国家教委、原国家计委和财政部的有关同志组成，地点设在国家教委。"211工程"建设大学现共有112所，工程已不再增加建设高校。

3. "985工程"和"985平台"

"985工程"也称"世界一流大学"工程，是我国为了建设若干所世界一流大学和一批国际知名的高水平研究型大学而实施的建设工程。最初入选"985工程"的高等学校共有九所，被称"九校联盟"，截至2013年年末，"985工程"共有39所高校。

"985工程优势学科创新平台"是"985工程"大体系的重要组成部分，已经列入《国家中长期教育改革和发展规划纲要》，作为国家层面的重点工程长期实施。由于平台建设方式和"985 工程"平台相同，所以称为"985 工程优势学科创新建设平台"，又简称"985平台"。"985 平台"2006 年开始启动，是在高等教育系统实施的国家工程之一，项目以国家或行业发展急需的重点领域和重大需求为导向，围绕国家发展战略和学科前沿，重点建设一批平台基地。该项目与"985 工程"同期执行，每期获得的中央财政资金支持额度与"985 工程"高校接近。项目建设高校从列入"211 工程"建设的中央部属高校中遴选。项目由教育部、财政部共同负责实施，目前，全国共有 34 所顶尖行业特色型大学列入项目建设序列。

4. "2011 计划"

2011 年 5 月，教育部、财政部决定联合实施"2011 计划"，这是继"211 工程"和"985 工程"两项重点工程之后，旨在提升高校创新能力的中国高等教育领域的第三个重大国家工程。"2011 计划"的核心目标是提升人才、学科、科研三位一体的创新能力，工作重点是建立健全协同创新机制。

"2011 计划"与以往计划或工程在组织实施和支持方式等方面具有不同的特点，它既是推动性计划，更是引导性计划。针对中国教育、科技与经济社会发展结合不紧以及科研资源配置分散、封闭、低效等现实问题，"2011 计划"把协同创新机制建设作为重点，目的在于突破高校内部以及与外部的体制机制壁垒，促进创新组织从个体、封闭方式向流动、开放的方向转变；促进创新要素从孤立、分散的状态向汇聚、融合的方向转变；促进知识创新、技术创新、产品创新的分割状态向科技工作的上游、中游、下游联合、贯通的方向转变。

二、中国科技创新的人才战略

科技创新人才的培养和发展，是中国经济建设和社会发展取得成效的关键。中国政府在育才、引才、聚才、用才、留才的体制机制建设上做出了一系列举措。

1. "百千万人才工程"

"百人计划"是 1994 年中国科学院启动的一项高目标、高标准和高强度支持的人才引进与培养计划。朱日祥、曹健林、卢柯等 14 人成为 1994 年首批支持对象。该项目原计划在 20 世纪的最后几年中，以每人 200 万元的资助力度从国外吸引并培养百余名优秀青年学术带头人。十几年来，"百人计划"为中国科学凝聚了大批优秀人才，其中从海外引进的杰出青年人才上千位。"百人计划"包括引进海外杰出人才（以下简称 A 类）、引进国内优秀人才（以下简称 B 类）、以项目支持引进海内外优秀人才（以下简称 C 类）、支持"国家杰出青年科学基金"获得者（以下简称 D 类）、引进"青年千人计划"人才（以下简称 Y类）及用人单位自筹经费引进海内外优秀人才（以下简称 Z 类）。

2008 年 12 月，中共中央办公厅转发《中央人才工作协调小组关于实施海外高层次人才引进计划的意见》。海外高层次人才引进计划（简称"千人计划"），主要是围绕国家发展战略目标，从 2008 年开始，用 5 ~ 10 年，在国家重点创新项目、重点学科和重点实验室、中央企业和国有商业金融机构、以高新技术产业开发区为主的各类园区等，引进并有重点地支持一批能够突破关键技术、发展高新产业、带动新兴学科的战略科学家和领军人才回国（来华）创新创业。目前已累计引进近 4000 人，其中包括 40 多位发达国家的科学院院士等世界顶尖科技领军人才。

2012 年国家启动了"万人计划"。作为中国国家级人才工程,"万人计划"和"千人计划"一样,由中央人才工作协调小组统一领导,中组部牵头,中宣部、教育部、科技部、人力资源与社会保障部等共同实施。这是一个对国内高层次人才给予特殊支持的计划,也是一个与引进海外高层次人才"千人计划"并行的人才计划。这一计划准备用 10 年左右时间,遴选支持 1 万名自然科学、工程技术、哲学社会科学和高等教育领域的高层次人才。中央人才工作协调小组办公室负责人介绍,该计划不铺新摊子,不设新项目,主要是对国家人才发展规划相关重大人才工程进行整合打包,从国家层面提供特殊支持,形成与"千人计划"同等地位的国家人才工程。该计划包括 3 个层次 7 类人才。第一层次 100 名,为具有冲击诺贝尔奖、成长为世界级科学家潜力的杰出人才。第二层次 8000 名,为国家科技和产业发展急需紧缺的领军人才,包括科技创新领军人才、科技创业领军人才、哲学社会科学领军人才、教学名师、百千万工程领军人才。第三层次 2000 名,为 35 岁以下具有较大发展潜力的青年拔尖人才。

2. "长江学者"计划

为贯彻落实《国家中长期教育改革和发展规划纲要(2010—2020 年)》和《国家中长期人才发展规划纲要(2010—2020 年)》,教育部从 2011 年起实施新的"长江学者奖励计划"。

"长江学者奖励计划"是教育部与李嘉诚基金会为提高中国高等学校学术地位、振兴中国高等教育,于 1998 年共同筹资设立的专项高层次人才计划。该计划包括实行特聘教授岗位制度和长江学者成就奖两项内容。

"长江学者奖励计划"是落实科教兴国战略,配合"211 工程"建设,吸引和培养杰出人才,加速高校中青年学科带头人队伍建设的一项重大举措。其主要宗旨在于通过特聘教授岗位制度的实施,延揽大批海内外中青年学界精英参与我国高等学校重点学科建设,带动这些重点学科赶超或保持国际先进水平,并在若干年内培养、造就一批具有国际领先水平的学术带头人,以大大提高我国高校在世界范围内的学术地位和竞争实力。同时,通过特聘教授岗位制度的实施,对于推动我国高等学校的用人制度和分配制度改革,打破人才单位所有制、职务终身制,改变分配中存在的平均主义等弊端将起到有力的促进作用。"长江学者奖励计划"的实施有效地凝聚了一批高层次人才在高校从事科研、教学工作,特别是吸引了一批学术上卓有建树的海外优秀学者回国工作或为国服务。

3. "国家杰出青年科学基金"计划

1994 年,国家为促进青年科学技术人才的成长,并鼓励海外学者回国工作,加速培养、造就一批进入世界科技前沿的跨世纪优秀学术带头人,国家特设立"国家杰出青年科学基金"(简称"杰青基金"),并由科学基金委员会负责组织实施,进行日常管理。"国家杰出青年科学基金"资助国内与尚在境外和即将回国定居工作的优秀青年学者,在国内进行自然科学的基础研究和应用基础研究。国家杰出青年科学基金每年受理一次。

"国家杰出青年科学基金"支持在基础研究方面已取得突出成绩的青年学者自主选择研究方向开展创新研究,促进青年科技人才成长,吸引海外人才,培养进入世界科技前沿的优秀学术带头人。

4. "重大人才工程"计划

2010 年，国国务院颁发的《国家中长期人才发展规划纲要（2010—2020 年）》提出："到 2020 年，我国人才发展的总体目标是：培养和造就规模宏大、结构优化、布局合理、素质优良的人才队伍，确立国家人才竞争比较优势，进入世界人才强国行列，为在本世纪中叶基本实现社会主义现代化奠定人才基础。"这意味着从战略高度再次确定坚定不移地走"人才强国"之路，并设计了 12 项重大人才工程，分别是：①创新人才推进计划；②青年英才开发计划；③企业经营管理人才素质提升工程；④高素质教育人才培养工程；⑤文化名家工程；⑥全民健康卫生人才保障工程；⑦海外高层次人才引进计划（"千人计划"）；⑧专业技术人才知识更新工程；⑨国家高技能人才振兴计划；⑩现代农业人才支撑计划；⑪边远贫困地区、边疆民族地区和革命老区人才支持计划；⑫高校毕业生基层培养计划。

这些工程的设计充分考虑了人才发展的全局，既突出人才发展的战略重点，又统筹人才发展的各个领域和不同层面，培养国内人才与引进海外人才并重，是一个较为完整的工程体系。各工程实施周期为 10 年，分别由中组部、中宣部、人力资源与社会保障部、教育部、科技部、国资委、农业部、卫生部等部门牵头，会同相关部门组织实施。

参考文献

一、英文文献

［1］ V Mole, D Elliott. Enterprising Innovation: An Alternative Approach ［M］. London: France Pinter, 1987.

［2］ N Rosenberg. Perspectiues on Technology ［M］. Cambridge: Cambridge University Press, 1976.

［3］ I A Schumpeter. Theorie der Wirtschaftlichen Entwicklung ［M］. Leipzig: Duncker & Humblot GmbH, 1912.

［4］ I A Schumpeter. The Theory of Economic Development ［M］. Cambridge: Harvard University Press, 1934.

［5］ R Solow. Technical Change and the Aggregate Production Function ［J］. The Review of Economics and Statistics, 1957, 39 (3).

［6］ K Gronhaug, G Kaufmann. Innovation: A Cross – Disciplinary ［M］. Oslo: Norwegian University Press, 1988.

［7］ G Dosi. Technical Change and Industrial Transformation ［M］. London: The Macmillan Press, 1984.

［8］ R Landon, N Rosenberg. The Positive Sum Strategy, Hamessing Technology for Economics Growth ［M］. Washington DC: National Academy Press, 1986.

［9］ P F Drucker. Innovation and Enterpreneurship: Practice and Principles ［M］. New York: Harper & Row, 1985.

［10］ C Freeman. Technology Policy and Economic Performance: Lessons from Japan ［M］. London: Frances Pinter Publisher, 1987.

［11］ Lundvall B A. Product Innovation and User – Producer Interaction ［M］. Aalborg: Aalborg University Press, 1985.

［12］ Lundvall B A. National System of Innovation, Towards a Theory of Innovation and Interactive Learning ［M］. London: Frances Printer Publisher, 1992.

［13］ Nelson R R. National Innovation Systems – A Comparative Analysis ［M］. Oxford: Oxford University Press, 1993.

［14］ Patel P, Pavitt K. The Nature and Economic Importance of National Innovation Systems ［J］. STI Review, 1994 (14).

［15］ Edquist C. Systems of Innovation: Technologies, Institutions and Organization ［M］. London: Frances Pinter Publisher, 1997.

［16］ P Stoneman. Handbook of the Economics of Innovation and Technological Change ［M］. Oxford: Blackwell Publishers, 1995.

［17］ J S Metcalfte. Technological System and Technology Policy in Evolutionary from Work ［J］. Cambridge Journal of Economics, 1995 (19).

［18］ Pavitt K. Sectoral Patterns of Technical Change: towards a Taxonomy and a Theory ［J］. Research Policy, 1984 (13).

［19］ Faferberg J, Mowery D C, Nelson R. The Oxford Handbook of Innovation ［M］. Oxford: Oxford University Press, 2005.

［20］ Bergeki A, Jacobsson S, Carlsson B, et al. Analyzing the Dynamics and Functionality of Sectoral Innovation Systems – a Manual ［R］. Paper to be presented at the DRUID Summer Conference, 2005.

［21］ Industrial Structure Council. Science and Technology Policy Inducing Technological Innovation ［R］. Tokyo:

Industrial Structure Council METI, 2005.

［22］Adner R. Match Your Innovation Strategy to Your Innovation Ecosystem［J］. Harvard Business Review, 2006.

［23］Luoma – aho, Vilma, Saara Halonen. Intangibles and Innovation：The Role of Communication in the Innovation Ecosystem［J］. Innovation Journalism, 2010, 7（2）.

［24］Russell M G, Still K, Huhtamaki J, Rubensn. Transforming Innovation Ecosystems through Shared Vision and Network Orchestration［R］. Triple Helix IX International Conference, 2011.

［25］PCAST. Sustaining the Nation's Innovation Ecosystem：Maintaining the Strength of Our Science & Engineering Capabilities［R］, 2004.

［26］Council on Competitiveness. Innovate America：National Innovation Initiative Summit and Report［R］, 2005.

［27］Pat Choate. Hot Property：the Stealing of Ideas in an Age of Globalization［M］. New York：Knopf, 2005.

［28］Jaffe, Adam B, Josh Lerner. Innovation and its Discontents：How our Broken Patent System is Endangering Innovation and Progress, and What to do about it［M］. Princeton：Princeton University Press, 2004.

［29］Thomas Wallner, Martin Menrad. Extending the Innovation Ecosystem Framework［R］. Upper Austria University of Applied Sciences, School of Business, 2010.

［30］Charles Singer. History of Technology［M］. Oxford：Oxford University Press, 1958.

［31］George Bogliarello, Dean B Doner. The History and Philosophy of Technology［M］. Urbana：University of Illinois Press, 1979.

［32］L Winner. Autonomous Technology［M］. Boston：The MIT Press, 1977.

［33］E F Caldin. The Power and Limit of Science［M］. London：Chapman & Hall Ltd, 1949.

二、中文文献

［1］陈文化，彭福扬. 产于创新理论和技术创新的思考［J］. 自然辩证法研究，1998，14（6）：38.

［2］傅家骥. 技术创新学［M］. 北京：清华大学出版社，1998.

［3］熊彼特. 经济发展理论［M］. 北京：商务印书馆，1990.

［4］李志榕，王希俊. 创新设计与风险制控［J］. 求索，2007（7）.

［5］熊彼特. 资本主义、社会主义和民主主义［M］. 北京：商务印书馆，1985.

［6］西蒙·库兹涅茨. 现代经济增长：速率、结构和扩展［M］. 北京：北京经济学院出版社，1989.

［7］陈晓田，杨列勋. 技术创新十年［M］. 北京：科学出版社，1999.

［8］经济合作与发展组织. 技术创新统计手册［M］. 北京：中国统计出版社，1992.

［9］德鲁克. 管理——任务、责任、实践［M］. 北京：中国社会科学出版社，1987.

［10］德鲁克. 新现实——走向21世纪［M］. 北京：中国经济出版社，1993.

［11］青木昌彦. 比较制度分析［M］. 周黎安，译. 上海：上海远东出版社，2001.

［12］杉浦勉. 文化创造新经济［J］. 企业文化，2007（8）.

［13］魏江. 创新系统演进和集群创新系统构建［J］. 自然辩证法通讯，2004，26（1）.

［14］李钟文，威廉·米勒，玛格丽特·韩柯克，亨利·罗文. 硅谷优势——创新与创业精神的栖息地［M］. 北京：人民出版社，2002.

［15］朱迪·埃斯特琳. 美国创新在衰退？［M］. 北京：机械工业出版社，2010.

［16］安纳利·萨克森宁. 硅谷优势：硅谷和128号公路的文化和竞争［M］. 上海：上海远东出版社，2000.

［17］郭沫若. 郭沫若全集（历史篇）：第2卷［M］. 北京：人民出版社，1982.

［18］栾玉广. 自然辩证法原理［M］. 合肥：中国科学技术大学出版社，2001.

［19］F拉普. 技术哲学导论［M］. 刘武，等译. 沈阳：辽宁科学技术出版社，1986.

［20］马克思. 机器、自然力和科学的应用［M］. 北京：人民出版社，1978.

［21］贝尔纳. 历史上的科学［M］. 北京：科学出版社，1981.

［22］刘大椿. 学技术哲学导论［M］. 北京：中国人民大学出版社，2002.

［23］霍布斯. 利维坦［M］. 北京：商务印书馆，1986.

［24］乔治·萨顿. 科学史和新人文主义［M］. 陈恒六，刘兵，仲维光，译. 北京：华夏出版社，1989.

［25］乔治·萨顿. 科学的生命［M］. 刘珺珺，译. 北京：商务印书馆，1987.

［26］乔治·萨顿. 科学的历史研究［M］. 陈恒六，刘兵，仲维光，译. 北京：华夏出版社，1990.

［27］哈伯马斯. 作为意识形态的技术与科学［M］. 李黎，郭官义，译. 上海：学林出版社，2002.

［28］迈克尔·马凯. 科学与知识社会学［M］. 林聚任，译. 北京：东方出版社，2001.

［29］塞缪尔·亨廷顿. 文明的冲突与世界秩序的重建［M］. 周琪，译. 北京：新华出版社，1999.

［30］国家贸易技术装备公司. 技术创新思路探索［M］. 北京：中国经济出版社，1997.

［31］陈雅兰. 原始性创新理论与实证研究［M］. 北京：人民出版社，2007.

［32］林枭. 科技型人才聚集隐性知识转移障碍研究［D］. 太原：太原理工大学，2010.

［33］倪正茂. 科技法原理［M］. 上海：上海社会科学出版社，1998.

［34］世纪之交的国外科学学研究［M］. 杭州：浙江教育出版社，2000.

［35］爱德华·泰勒. 原始文化［M］. 上海：上海文艺出版社，1992.

［36］皮尔森. 文化战略［M］. 北京：中国社会科学出版社，1992.

［37］李德顺，等. 家园：文化建设论纲［M］. 哈尔滨：黑龙江教育出版社，2000.

［38］朱狄. 原始文化研究［M］. 北京：三联书店，1988.

［39］刘在平，秦永楠. 中国小百科全书·第四卷·人类社会（一）［M］. 长春：吉林大学出版社，2011.

［40］约瑟夫·奈. 美国注定领导世界？美国权力性质的变迁［M］. 北京：中国人民大学出版社，2012.

［41］唐晋. 论剑——崛起中的中国式软实力［M］. 北京：人民日报出版社，2008.

［42］方伟. 文化生产力：一种社会文明驱动源流的个人观［M］. 石家庄：河北教育出版社，2006.

［43］中国大百科全书·社会学卷［M］. 北京：中国大百科全书出版社，1991.

［44］斯诺. 对科学的傲慢与偏见［M］. 陈恒六，等译. 成都：四川人民出版社，1987.

［45］乔治·萨顿. 科学史与新人文主义［M］. 北京：华夏出版社，1987.

［46］韩建民. 萨顿新人文主义思想主脉［N］. 科学时报，2003 - 3 - 21.

［47］乔治·萨顿. 科学史与新人文主义［M］. 刘兵，等译. 上海：上海交通大学出版社，2007.

［48］托夫勒. 未来的冲击［M］. 北京：中信出版社，2006.

［49］李学勤，郭志坤. 中国古史寻证［M］. 上海：上海科技教育出版社，2002.

［50］F 培根. 新大西岛［M］. 北京：商务印书馆，1979.

［51］汉金斯. 科学与启蒙运动［M］. 上海：复旦大学出版社，2000.

［52］怀特海. 科学与近代世界［M］. 北京：商务印书馆，1989.

［53］韦伯. 新教伦理与资本主义精神［M］. 北京：三联书店，1987.

［54］恩斯特·卡西雷尔. 人论［M］. 上海：上海译文出版社，1985.

［55］斯诺. 两种文化［M］. 北京：三联书店，1994.

［56］贝尔纳. 科学的社会功能［M］. 北京：商务印书馆，1982.

［57］里克特. 科学是一种文化过程［M］. 北京：三联书店，1989.

［58］巴里·巴恩斯. 局外人看科学［M］. 鲁旭东，译. 北京：东方出版社，2001.

［59］齐曼. 元科学导论［M］. 刘珺珺，等译. 长沙：湖南人民出版社，1988.

［60］皮尔森. 科学的规范［M］. 李醒民，译. 北京：华夏出版社，1999.

［61］齐曼. 真科学：它是什么，它指什么［M］. 曾国屏，等译. 上海：上海科学教育出版社，2002.

［62］高亮华. 人文视野中的技术［M］. 北京：中国社会科学出版社，1996.

［63］庄锡昌，顾晓鸣，顾云深. 多维视野中的文化理论［M］. 杭州：浙江人民出版社，1987.

［64］三木清. 技术哲学［M］. 东京：岩波书店，1942.

［65］冈特·绍伊博尔德. 海德格尔分析新时代的科技［M］. 北京：中国社会科学出版社，1993.

［66］海德格. 存在与时间［M］. 北京：三联书店，1987.

［67］恩格斯. 自然辩证法［M］. 于光远，等编译. 北京：人民出版社，1984.

［68］泰利斯. 创新无止境［M］. 付稳，译. 北京：中国电力出版社，2014.

［69］尼古拉斯·尼葛洛庞帝. 创新的空气［N］. 余智骁，译. 经济观察报，2004-3-8.

［70］奥托·卡尔特霍夫，野中郁次郎. 光与影——企业创新［M］. 上海：上海交通大学出版社，1999.

［71］吴敬琏. 发展中国高新技术产业——制度重于技术［M］. 北京：中国发展出版社，2002.

［72］道格拉斯·凯尔纳，斯蒂文·贝斯特. 后现代理论［M］. 北京：中央编译出版社，2001.

［73］休谟. 人性论（上册）［M］. 关文运，译. 北京：商务印书馆，1991.

［74］迈克尔·波拉尼. 个人知识［M］. 贵阳：贵州人民出版社，2000.

［75］刘放桐. 现代西方哲学［M］. 北京：人民出版社，1990.

［76］杜威. 哲学的改造［M］. 北京：商务印书馆，1958.

［77］胡克. 理性、社会神话与民主［M］. 上海：上海人民出版社，1987.

［78］柳卸林. 技术创新经济学［M］. 北京：中国经济出版社，1992.

［79］朱斌. 当代美国科技［M］. 北京：社会科学文献出版社，2001.

［80］中央关注的若干重大问题［M］. 北京：中共中央党校出版社，2004.

［81］李同泽. 透视美国［M］. 北京：对外经济贸易大学出版社，2000.

［82］理查德·莱特. 穿过金色阳光的哈佛人［M］. 北京：中国轻工业出版社，2002.

［83］孙莱祥. 研究型大学的课程改革与教育创新［M］. 北京：高等教育出版社，2005.

［84］宫隆太郎，等. 日本的产业政策［M］. 北京：国际文化出版公司，1988.

［85］张利华. 日本战后科技体制与科技政策研究［M］. 北京：中国科学技术出版社，1992.

［86］莜莎·莫里斯-铃木. 日本的技术变革：从17世纪到21世纪［M］. 马春文，等译. 北京：中国经济出版社，2002.

［87］高永贵. 文化管理学［M］. 北京：北京大学出版社，2012.

［88］李常庆，等. 日本动漫产业与动漫文化研究［M］. 北京：北京大学出版社，2011.

［89］李永连. 战后日本的人力开发与教育［M］. 石家庄. 河北人民出版社，1993.

［90］中曾根康弘. 新的保守理论［M］. 金苏城，张和平，译. 世界知识出版社，1984.

［91］约翰·洛克. 政府论（下篇）［M］. 北京：中国人民大学出版社，2013.

［92］安娜李·萨克森尼安. 班加罗尔：亚洲的硅谷吗？［J］. 经济社会体制比较，2001（2）.

［93］祁明. 区域创新标杆［M］. 北京：科学出版社，2009.

［94］李思屈，等. 中国文化产业政策研究［M］. 杭州：浙江大学出版社，2012.

［95］魏屹东. 社会语境中的科学［J］. 自然辩证法研究，2000，（9）.

［96］马克思恩格斯选集［M］. 北京：人民出版社，1995.

［97］马克思恩格斯全集［M］. 北京：人民出版社，1972.

后　记

　　本成果为北京科技大学"十二五"校级规划教材建设项目。

　　本书从提出选题到获得学校立项到写作完成历时 2 年多，参阅了大量文献专著，并请教了国内相关研究领域内的许多专家、学者。

　　在撰写和修改的过程中，笔者与课题组及课程组的同仁进行了多轮商讨和争鸣。通过"头脑风暴"式的论证，形成了本书的框架和大纲。此外，参与相关课程的学生的课堂讨论也激发了笔者的写作灵感。在此一并致谢！

　　成书的过程是思考和创作的过程。问题意识是本书的出发点。在创新成为时代主题的大背景下，"科技创新与文化建设"之间的关系问题便成为一个学理问题，对它的思索与阐释便有着理论和现实的双重意义。立足于时代的发展，汲取前人的思想源泉，进行创新性地构思和布局，便成为本书的主要任务。

　　由于"科技创新与文化建设的理论与实践"是一个涉及面十分宽泛且研究角度颇复杂的议题，涉及的学科颇多，如哲学、管理学、经济学、史学、艺术以及与科技相关的学科，加之笔者水平所限，书中难免有不当和错误之处，敬请各位专家和同仁赐教。

　　本书得到北京科技大学教务处的出版资金资助，特此表示感谢。

钱振华

2015 年 10 月 1 日